本 书 编 委 会

主　　编　高红武

副 主 编　徐　静　李　然　余良谋

编写人员　李　理　王　琳　彭　莉　吴文彬

　　　　　王　涛　程　瑛

U0252062

丛 书 编 委 会

全国高职高专规划教材

水污染治理技术

——工学结合教材

高红武　主编

徐静　李然　余良谋　副主编

王宜明　主审

中国环境科学出版社·北京

图书在版编目（CIP）数据

水污染治理技术：工学结合教材/高红武主编. —北京：中国环境科学出版社，2012.4
全国高职高专规划教材
ISBN 978-7-5111-0509-7

Ⅰ.①水… Ⅱ.①高… Ⅲ.①水污染—污染防治—高等学校：技术学校—教材 Ⅳ.①X52

中国版本图书馆 CIP 数据核字（2011）第 028533 号

责任编辑 黄晓燕
助理编辑 赵楠婕
责任校对 扣志红
封面设计 中通世奥

出版发行　中国环境科学出版社
　　　　　（100062　北京东城区广渠门内大街 16 号）
　　　　　网　　址：http://www.cesp.com.cn
　　　　　联系电话：010-67112735
　　　　　发行热线：010-67125803，010-67113405（传真）
印　　刷　北京市联华印刷厂
经　　销　各地新华书店
版　　次　2012 年 4 月第 1 版
印　　次　2012 年 4 月第 1 次印刷
开　　本　787×960　1/16
印　　张　30.5
字　　数　530 千字
定　　价　46.00 元

前言

  《水污染治理技术》是高职高专环境监测与治理技术专业的核心课程之一。是在开设了基础课及化学类课程、环境工程单元操作（含流体力学）、环境微生物学等专业基础课后开设的，通过对本课程的学习，学生能掌握水污染治理技术的基本概念、理论及各种水污染治理工艺技术原理和设备，能够操作、运行、管理与维护水污染治理设备，具有从事一线水污染治理工艺设计、设备生产、设施运行管理与维护的基本技能。此前所编写出版的相关教材，大多涉及的专业理论知识过多，注重介绍基本处理方法原理，且局限于生活污水的治理技术，对各行业产生的工业废水着墨较少，不太适应高等职业教育培养高技能人才的需求。作为昆明冶金高等专科学校国家示范性高职院校建设成果之一，本教材根据环境监测与治理技术专业的人才培养目标以及对知识、能力、素质结构的要求，在课程教学内容的设置上，按照技术应用能力、职业素质培养为主线，本着"基础理论内容以应用为目的，以必须够用为度"的原则，以工学结合为切入点来精选内容，增加实践教学环节，强化学生能力的培养，针对性更强，具有一定的特色和较强的适应性，在内容广度、深度选择，兼顾不同需求等方面做了一些有益的探讨和尝试。以工作任务为导向，典型项目为切入点，引导学生学习水污染治理技术的基本概念及各种水污染治理工艺及所需设备选用。

  该教材共分七个教学情境。学习情境一水污染治理技术初步，介绍了水处理相关规范、标准和基本处理方法原理；学习情境二生活污水处理，介绍了各种生活污水处理工艺方法及实例；学习情境三至情境七分别介绍了钢铁工业废水、有色冶金工业废水、化学工业废水、轻工业废水、食品、制药和其他工业废水的处理与利用方法及实例，突出了我校冶金行业的特色办学理念，实现了理论教学与生产实践的紧密结合，能够充分调动学生自主学习的积极性，促进学生积极思考和实践，从而达到职业教育人才培养目标的要求。经过示范建设以来的教学实践，师生均感到效果明显改善。

本书是高职高专院校环保类专业的相关课程教材，建议学时为 84 学时，各学校可根据学校实际选讲有关知识，同时也可供各行各业工程技术人员参考。

本书由高红武任主编，徐静、李然、余良谋任副主编。章节编写分配如下：高红武编写学习情境一，徐静编写学习情境二（学习单元一、二、三），李然编写学习情境二（学习单元四、五、六、七），余良谋编写学习情境四（学习单元三、四、五、六），李理编写学习情境三，王琳编写学习情境五（学习单元三、四、五），彭莉编写学习情境六，吴文彬编写学习情境七（学习单位元二、三、四），王涛（云南南磷集团）参与编写学习情境五（学习单元一、二），程瑛（云南铜业锌业股份有限公司）参与编写学习情境四（学习单元一、二），任文春（云南省普洱市环境科学研究所）参与编写学习情景七（学习单元一）。全书由高红武统稿。

王宜明教授对全书进行了审校，在此深表谢意。

由于编者水平有限，编写时间仓促，书中难免存在疏漏和错误，诚望批评指正。

编者

2011.2

目录

水污染治理技术——工学结合教材

iv

水污染治理技术初步

【情境描述】

学习水污染控制相关法律法规、水质指标、控制标准，相关规范；掌握物理法、化学法、物理化学法、生物法等污水处理的基本方法及相关处理单元构筑物的结构特点及操作方式。具备水污染治理基本技术初步知识，能在后续污水处理工艺中利用这些知识进行流程运行控制。

学习单元一　污水处理相关规范、标准及基本方法

一、水资源及其循环

（一）水资源概述

天然水资源包括河川径流、地下水、积雪和冰川、湖泊水、沼泽水、海水。按水质划分为淡水和咸水。与其他自然资源不同，水资源是可再生的资源，可以重复多次使用；并出现年内和年际量的变化，其变化具有一定的周期和规律；储存形式和运动过程受自然地理因素和人类活动所影响。随着科学技术的发展，被人类所利用的水增多，例如海水淡化，人工催化降水，南极大陆冰的利用等。由于气候条件变化及各种水资源的时空分布不均，天然水资源量不等于可利用水量，因而往往采用修筑水库和地下水库来调蓄水源，或采用回收和处理的办法利用工业和生活污水，扩大水资源的利用。

如图 1-1 所示，地球的总水量约为 13.8 亿 km³，其中 97% 以上为海洋水，地球淡水总量为 0.38 亿 km³，不到全球总水量的 3%。其中地表水占 1.78%，地下水占 1.69%。其中 3/4 是在南北极的冰帽和冰川，目前极少被利用。而能供人类直接利用而且易于取得的淡水资源为 400 万 km³ 左右，仅占地球总水量的 0.3%。地球上水资源的分布及分配比见表 1-1。

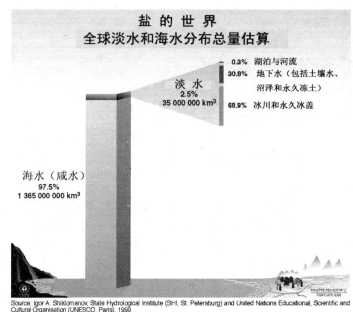

图 1-1　全球水资源配比情况

表 1-1　地球上水资源的分布及分配比

分布类型	体积/km³	分配比/%	分布类型	体积/km³	分配比/%
地表水			地下水（深层）	4 170 000	0.31
淡水湖	125 000	0.009 3	其他水		
咸水湖	104 000	0.007 8	冰盖及冰河	29 200 000	2.15
河　流	1 250	0.000 09	大气	13 000	0.001
地表以下的水			海洋	1 320 000 000	97.2
土壤及渗透水	67 000	0.005	生物体内	6 000	0.000 5
地下水（地面至地下 750 m）	4 170 000	0.31	总计	1 357 856 250	100

　　我国江河平均年径流量为 2.8 亿 m³，仅次于巴西、苏联、加拿大、美国、印度尼西亚，居世界第 6 位。但人均径流量只有世界人均径流量的 1/4，每亩耕地水量也只有世界平均值的 2/3。如图 1-2 所示。

　　我国水资源时空分布严重不均匀。就空间分布来说，长江流域及其以南地区，水资源约占全国水资源总量的 80%，但耕地面积只为全国的 36% 左右；黄、淮、海流域，水资源只有全国的 8%，而耕地则占全国的 40%。从时间分配来看，中国大部分地区冬春少雨，夏、秋雨量充沛，降水量大都集中在 5—9 月，占全年雨量的 70% 以上，且多暴雨。黄河和松花江等河，近 70 年来还出现连续 11～13 年的枯水年和

7~9 年的丰水年。中国地下水补给量为 7 718 亿 m³/a，其中长江流域最多，为 2 130 亿 m³/a。

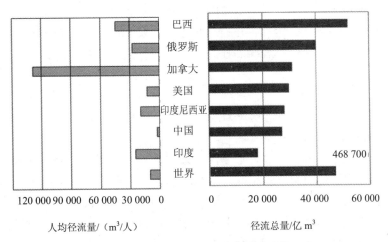

人均径流量/（m³/人） 径流总量/亿 m³

图 1-2 世界七个水资源丰富国家比较

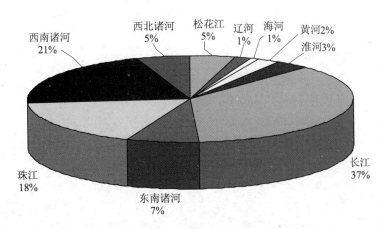

图 1-3 中国水资源总量分区变化情况

综上所述，我国水资源有以下特点：

① 水量在地区上分布不平衡。水资源分布与降水分布基本一致，东南多、西北少，由东南沿海地区向西北内陆递减，分布不均匀。

② 水量在时间分配上不均匀。受季风气候影响，降水量在年内分配不均，年际变化也大。大部分地区冬春少雨，多春旱；夏秋多雨，多洪涝。

③ 水土资源组合不相适应。东北、西北、黄淮河流域径流量占全国总量的 17%，但土地面积占全国的 65%，长江以南江河径流量占全国的 83%，土地面积仅占 35%。

而且各地对水资源的开发利用也不平衡，南方多水地区利用程度较低，北方少水地区地表水、浅层地下水开发利用程度较高。

随着经济的迅速发展，用水量日益增加，而水资源由于受到工业废水和生活污水的污染，水质日益恶化。我国水资源 70%受到污染，3 亿人在饮用不清洁水，1.9 亿人饮用水含有害物质。因此，正确认识中国水资源的特点，合理开发利用，防止水污染，保护水资源是刻不容缓的任务。

（二）水循环

水循环分为自然循环和社会循环两种。

1. 水的自然循环

地球上的水不是静止不动，而是不断通过运动和相变从一个地圈转向另一个地圈，或从一种空间转向另一种空间。水循环是一个复杂过程，如图 1-4 所示，但蒸发无疑是其初始的、最重要的环节。海陆表面的水分因太阳辐射而蒸发进入大气。在适宜条件下水汽凝结形成降雨。其中大部分直接降落在海洋中，形成水分在海洋与大气间的内循环；另一部分水汽被输送到陆地上空，以雨的形式降落到地面。一是通过蒸发和蒸腾返回大气；二是渗入地下形成土壤水和潜水，形成地表径流最终注入海洋，后者即是水分的海陆循环；三是内陆径流不能注入海洋，水分通过河面和内陆湖面蒸发再次进入大气圈。

图 1-4　水的自然循环

各种形式的水在循环中以不同周期自然更新。水的赋存形式不同，更新周期差别也很悬殊。多年冻土带的地下冰和极地冰盖更新周期最长，需1万年左右。海水更新则需2 500年，山岳冰川视其规模不同约需数10年至1 600年，深层地下水1 400年，较大的内陆海1 000年，湖泊数年至数十年，沼泽1～5年，土壤水280天至1年，河川水10～20天，大气水8～9天，生物水则仅需数小时。

水的自然循环使各种自然地理过程得以延续，也使人类赖以生存的水资源不断得到更新从而永续利用。因此，无论对自然界还是对人类社会都具有非同寻常的意义。

2．水的社会循环

除了上述水的自然循环外，随着人类的活动不断迁移转化，形成了水的社会循环。水的社会循环是指人类为了满足生活和生产的需求，不断取用天然水体中的水，经过使用，一部分天然水被消耗，但绝大部分却变成生活污水和生产废水排放，重新进入天然水体。

与水的自然循环不同，在水的社会循环中，水的性质在不断地发生变化。例如，在人类的生活用水中，只有很少一部分是作为饮用或食物加工以满足生命对水的需求，其余大部分水是用于卫生目的，如洗涤、冲厕等。这部分水经过使用会挟带大量污染物质。工业生产用水量很大，除了用一部分水作为工业原料外，大部分是用于冷却、洗涤或其他目的，使用后水质也发生显著变化，其污染程度随工业性质、用水性质及方式等因素而变。在农业生产中，化肥、农药使用量的日益增加使得降雨后的农田径流会挟带大量化学物质流入地面或地下水体，形成所谓"面源污染"。

如图1-5所示，在水的社会循环中，生活污水和工农业生产废水的排放，是形成自然界水污染的主要根源，也是水污染防治的主要对象。

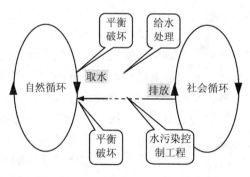

图1-5　水的社会循环对自然循环的影响

二、水污染的来源及危害

自然界的水在其蒸汽状态下通常近乎纯净。由于冷凝过程常常需要有一个表面或者晶核，水在变为液滴时有可能带入杂质。加上液态水的流动性很大，溶解能力又很强，因此在自然界循环中，水与大气、土壤和岩石表面接触的每一个环节都会有更多的杂质混入和溶入，自然界几乎不存在纯净的水。

（一）水污染的来源

水在自然循环与社会循环过程中因某物质的介入，导致其化学、物理、生物或者放射性等方面特性的改变，从而影响了水的有效利用，危害人体健康或者破坏生态环境，造成水质恶化的现象称为水污染。水污染治理技术中通常将水污染的来源分为工业污染源、生活污染源和面源污染三类。如图1-6所示。

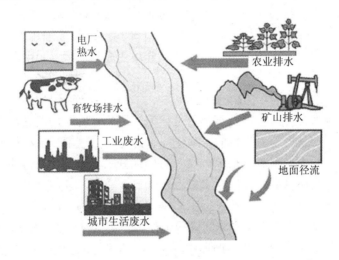

图1-6 水污染来源

1. 工业污染源

工业污染源是对水域环境造成有害影响的工业生产设备、装置或场所。工业生产中的一些环节，如原料生产、加工过程、加热或冷却过程等所用的设备、装置和场所排出含有不同污染物的废水，通过各种输送方式污染水域环境。除废渣堆放场和工业区由降水径流引起的污染发生源，属线污染源或面污染源外，多数的工业污染源属于水域的点污染源。工业生产过程要消耗大量新鲜水，排出废水，其中挟带许多原料、中间产品或成品，例如重金属、有毒化学品、酸碱、有机物、油类、悬浮物、放射性物质等。不同工业、不同产品、不同工艺过程及不同原材料等排出的废水水质、水量差异很大。因此，工业废水具有面广、量大、成分复杂、毒性大、不易净化、难处理的特点。

工业污染源的污染物类型可分为可降解的有机物、无机物、重金属和难降解的有机物等。随着化学工业的发展，越来越多的人工合成物进入水域，这种难降解物在水体中循环、富集，构成对人体健康威胁的污染来源。表 1-2 列出了主要工业污水及其来源。

表 1-2　主要工业污水及其来源

污水种类	污水的主要来源
重金属污水	矿、冶炼、金属处理、电镀、电池、特种玻璃及化工生产等
放射性污水	铀、钍、镭矿的开采加工，医院及同位素实验室
含铬污水	采矿、冶炼、电镀、制革、颜料、催化剂等
含氰污水	电镀、金银提取、选矿、煤气洗涤、核电站焦化、金属清洗
含油污水	炼油、机械、选矿及食品
含酚污水	焦化、炼油、化工、煤气、染料、木材防腐、合成树脂等
有机污水	化工、酿造、食品、造纸等
含砷污水	制药、农药、化工、化肥、采矿、冶炼、涂料、玻璃等

2. 生活污染源

生活污染源是指人类消费活动产生的污水。城市和人口密集的居住区是主要的生活污染源。水生活污染源来自居住建筑（住宅、工房）、公共建筑（旅社、学校、医院、饭店、菜场、浴室、公厕等）、事业单位的某些建筑（如机关、研究部门等）以及工厂中生活、办公用房等排出的污水。城市内除雨水和工业废水外的各种污水都是生活污染源。生活污水一般不含有毒物质，但含有大量的有机物（占 70%）、病原菌、寄生虫卵等，排入水体或渗入地下将造成严重污染，生活污水的水质、成分呈较规律的变化，用水量则呈较规律的季节变化，随着城市人口的增长及饮食结构的改变，其用水量不断增加，水质、成分有所变化。

与工业废水排放逐年降低相反，我国的生活污水排放量呈逐年上升趋势。

3. 面源污染

面源污染（Diffused Pollution，DP），也称非点源污染（Non-point Sourse Pollution，NPS），是指溶解和固体的污染物从非特定地点，在降水或融雪的冲刷作用下，通过径流过程而汇入受纳水体（包括河流、湖泊、水库和海湾等）并引起有机污染、水体富营养化或有毒有害等其他形式的污染。根据面源污染发生区域和过程的特点，一般将其分为城市面源污染和农业面源污染两大类。

面源污染自 20 世纪 70 年代被提出和证实以来，对水体污染所占比重随着对点源污染的大力治理呈上升趋势，而农业面源污染是面源污染的最主要组成部分。自 20 世纪 60 年代以来，虽然点源污染逐步得到了控制，但是水体的质量并未因此有所改善，人们逐渐意识到农业面源污染在水体富营养化中所起的作用。据统计，面源污染约占总污染量的 2/3，其中农业面源污染占面源污染总量的 68%～83%，农业已经成为美国河流污染的第一污染源。农业面源污染问题日益突出，开展相关研究寻求解决面源污染治理的方法尤为必要。

面源污染具有广域、分散、微量等特点。微量是指污染物浓度通常较点源污染低，但污染物总负荷却非常巨大；广域和分散指面源污染地理边界和发生位置难以识别和确定，随机性强、成因复杂、潜伏周期长、涉及范围广、控制难度大。

（二）水污染的危害

水污染危害主要体现在以下四个方面：

1. 加剧水资源短缺危机，破坏可持续发展的基础

水是人类赖以生存和发展的一种不可替代资源。水对我国社会和经济的可持续发展的重要作用显得比任何时期都更加突出。我国作为一个贫水国家，水污染使水体功能降低，甚至丧失，不仅使原来缺水的地区和城市更加缺水，而且使一些水资源丰富的地区和城市守着河、湖却不能得到清洁的、水质合格的水，形成了所谓的水质型缺水。这已经成为全国不少地区经济和社会发展的最大障碍。

2. 降低饮用水的安全性，威胁人民身体健康

饮用水的质量和安全与人体健康直接相关。安全饮用水的供给是以水质良好的水源为前提的。但是我国 90% 的城镇饮用水源已经受到城市污水、工业废水和农业废水的威胁。水污染问题使污水处理工艺受到前所未有的挑战，有的已不可能生产出安全的饮用水，甚至不能满足冷却水及工艺水的水质要求。

3. 影响农产品和渔业产品质量安全

由于大量未经充分处理的污水被用于灌溉，已经使 1 000 多万亩农田受到重金属和合成有机物的污染。长期的污水灌溉使病原体、"三致"物质通过粮食、蔬菜和水果等食物链迁移到人体内，造成污水灌溉区人群寄生虫、肠道疾病、肿瘤死亡率等大幅提高。

水污染对渔业的危害主要表现在养殖水体恶化，致病菌、病毒、有毒有害物质导致养殖生物大量死亡，经济损失相当严重。

4. 危害水体生态系统

富营养化的湖泊、水库因为藻类大量繁殖覆盖水面，水生生态系统结构、功能失调，溶解氧下降，使水生生物缺氧窒息死亡，水体使用功能受到很大影响，甚至使湖泊、水库退化，沼泽化。水污染还使海洋生态系统受到巨大的损害，大量的污染物直接注入海域，使海洋水质恶化，尤其是城市附近的海域污染严重，赤潮发生频次增加，面积扩大，珊瑚礁生态系统和沿海湿地生态系统退化，鱼类群落多样性明显下降，珍稀物种减少，海水中细菌及病毒含量增高，海水产品质量下降。

我国水污染造成的经济损失占 GDP 的 1.46%～2.84%。水体污染物种类繁多，依据污染物质所造成的环境问题，主要有以下几种类型。

① 酸、碱、盐等无机物污染及危害。水体中酸、碱、盐等无机物的污染，主要来自冶金、化学纤维、造纸、印染、炼油、农药等工业废水及酸雨。水体的 pH < 6.5

或 pH>8.5 时，都会使水生生物受到不良影响，严重时造成鱼虾绝迹。水体含盐量增高，会影响工农业及生活用水的水质，用其灌溉农田会使土地盐碱化。

② 重金属污染及危害。污染水体的重金属有汞、镉、铅、铬、钒、钴、钡等。其中汞的毒性最大，镉、铅、铬次之，砷由于毒性与重金属相似，常与重金属列在一起。重金属在工厂、矿山生产过程中随废水排出，进入水体后不能被微生物降解，经食物链的富集作用，能逐级在较高级生物体内成百上千倍地增加含量，最终进入人体（表 1-3）。例如，20 世纪 50 年代发生在日本的水俣病，就是一个典型的例子。

表 1-3　水生生物对常见重金属的平均富集倍数

重金属	淡 水 生 物			海 水 生 物		
	淡水藻	无脊椎动物	鱼类	淡水藻	无脊椎动物	鱼类
汞	1 000	10^5	1 000	1 000	10^5	1 700
镉	1 000	4 000	300	1 000	250 000	3 000
铬	4 000	2 000	200	2 000	2 000	400
砷	330	330	330	330	330	230
钴	1 000	1 500	5 000	1000	1 000	500
铜	1 000	1 000	200	1 000	1 700	670
锌	4 000	40 000	1 000	1 000	10^5	2 000
镍	1 000	100	40	250	250	100

③ 耗氧物质污染及危害。生活污水，食品加工和造纸等工业废水，含有碳水化合物、蛋白质、油脂、木质素等有机物质。这些物质悬浮或溶解于污水中，经微生物的生物化学作用而分解，由于在分解过程中要消耗氧气，被称为需氧污染物。这类污染物造成水中溶解氧减少，影响鱼类和其他水生生物的生长。水中溶解氧耗尽后，有机物将进行厌氧分解，产生 H_2S、NH_3 和一些有异味的有机物，使水质进一步恶化。

④ 植物营养物质污染及危害。生活污水和某些工业废水中，含有一定量的氮和磷等植物营养物质；施用磷肥、氮肥的农田水中，也含有磷和氮；含洗涤剂的污水中也有不少磷。水体中过量的磷和氮，成为水中微生物和藻类的营养，使得蓝绿藻和红藻等迅速生长。其繁殖、生长、腐败，导致水中氧气大量减少，使鱼虾等水生生物死亡、水质恶化。这种由于水体中植物营养物质过多蓄积而引起的污染，叫做水体的"富营养化"，在海湾出现的水体富营养化叫做"赤潮"。

⑤ 石油污染及危害。在石油的开采、贮运、炼制及使用过程中，由于原油和各种石油制品进入环境而造成污染。

石油中很多种成分具有一定的毒性，会破坏海洋生物的正常生活环境，造成生物机能障碍。石油在海水中形成油膜，影响海洋绿色植物的光合作用，使海兽、海鸟失去游泳和飞行的能力。黏度大的石油堵塞水生动物的呼吸和进水系统，使之窒息死亡。石油污染还会破坏海滨风景区和海滨浴场。

⑥ 难降解有机物污染及危害。随着石油化学工业的发展，生产出很多自然界没有的、难分解和有毒的有机化合物。其中污染水体的主要是有机氯农药、多环有机化合物、有机氮化合物、有机重金属化合物、合成洗涤剂等。例如，合成洗涤剂由表面活性剂、增净剂等组成。表面活性剂在环境中存留时间较长，消耗水体中的溶解氧，对水生生物有毒性，能造成鱼类畸形。增净剂为磷酸盐，可使水体富营养化。洗涤剂污水有大量泡沫，给污水处理厂的运转带来困难。

此外，对水体造成污染的还有氰化物、酚等可分解的无机、有机污染物。其他类型的还有病原体污染、放射性污染、悬浮固体物污染、热污染等。

三、水体自净与水环境容量

（一）水体自净

污染物随污水排入水体后，经过物理、化学与生物化学的作用，使污染浓度降低或总量减少，受污染的水体部分地或完全地恢复原状，这种现象称为水体自净作用。按照净化机理可分为以下三类。

1. 物理净化作用

水体的物理净化作用是指水体中的污染物通过稀释、混合、沉淀与挥发，使浓度降低，但总量不减。其中，稀释作用是一项重要的物理净化过程。

污水排入水体后，在流动的过程中，逐渐和水体水相混合，使污染物的浓度不断降低。其稀释效果受两种运动形式的影响，即对流与扩散。

混合包括三个阶段：① 竖向混合阶段：污染物排入河流后因分子扩散、湍流扩散、弥散作用逐步向河水中分散，由于一般河流的深度与宽度相比较小，所以首先在深度方向上达到浓度分布均匀，从排放口到深度上达到浓度分布均匀的阶段称为竖向混合阶段，同时也存在横向混合作用；② 横向混合阶段：当深度上达到浓度分布均匀后，在横向上还存在混合过程。经过一定距离后污染物在整个横断面上达到浓度分布均匀，这一过程称为横向混合阶段；③ 断面充分混合后阶段：在横向混合阶段后，污染物浓度在横断面上处处相等。河水向下游流动的过程中，持久性污染物的浓度将不再变化，而非持久性污染物浓度将不断减少。

污染物中的可沉淀物质，可通过沉淀去除，使水体中污染物的浓度降低，但易对河水造成二次污染。

污水排入水体后，在分子作用及水的流动作用下被稀释、扩散。水中污染物的稀释扩散程度与速率取决于以下三个方面。

（1）水体的流动状况。水体对污染物的迁移和稀释作用是由水体的平流运动、离散和扩散因素所决定的，一般来说，水体流动越快，湍流越急，污染物在水体中就混合得越快、越均匀，扩散地也就越远。如在奔腾的江河中，稀释、扩散就很快，而在滞流的湖泊、水库中扩散得就慢。

（2）水体径流量与废水排放量比。水体径流量与废水排放量比即稀释比。废水排放量越小，水体径流量越大，即稀释比越大，则污染物在水体中越充分混合，稀释后，浓度越低，水体污染程度越轻。

假设浓度为C_1、流量为q的污水排入浓度为C_0，流量为Q的河流中，经河水充分混合稀释后，在下游某断面上的河水中污染物将达到一个平衡浓度C_2，如图1-7所示。该值可用式（1-1）表示：

$$C_2 = \frac{QC_0 + qC_1}{Q + q} \qquad (1\text{-}1)$$

式中，C_0 —— 河水中污染物原有的浓度；

C_1 —— 污水中污染物的浓度；

Q —— 河水流量；

q —— 污水流量。

这个混合稀释表达式只有在q/Q和C_2/C_1值很小的情况下才比较适用，因为它没有考虑河流的流体动力学因素以及污染物本身的特点。

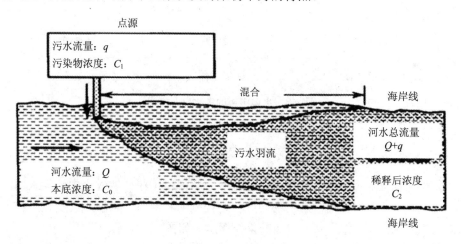

图 1-7　水体自净作用

（3）污染物及水体的理化性质。污染物本身的理化性质对其在水体中的稀释、扩散有一定的影响。如有的污染物密度较大，很容易沉淀，在水体中稀释、扩散程度比较差，大部分沉淀在排放口周围的底泥中。有些污染物质很容易与水中某些物质反应生成沉淀物，也很难在水体中稀释、扩散。同样，水体本身的性质也会给污染物在水体中的稀释、扩散带来一定的影响，如水体的酸碱度将影响到污染物是否在水中发生中和反应而生成沉淀物质，水中的悬浮物能吸附某些污染物而沉淀到底泥中，悬浮物含量越多，易被悬浮物吸附的污染物扩散就越慢。

另外，污染物在水中的稀释扩散作用还与排污口位置及排放形式有关，排污口位于水体湍流最强的地方或采用一些特殊的排放形式，都将会使污染物在水体中稀释、扩散得更快，这是污水排江排水处置技术中很关键的一环。

2. 化学净化作用

水体的化学净化作用是指水体中的污染物通过氧化还原、酸碱反应、分解合成、吸附凝聚等过程，使存在形态发生变化及浓度降低，但总量不减。

① 氧化还原：水体化学净化的主要作用。

② 酸碱反应：水体中存在的地表矿物质以及游离二氧化碳、碳酸盐等，对排入的酸、碱有一定的缓冲能力，使水体的 pH 值维持稳定。

③ 吸附凝聚：胶体微粒的存在，使污染物产生吸附、混凝和凝聚过程。

3. 生物化学净化作用

水体的生物化学净化作用是指水中污染物由于水生生物，特别是微生物的生命活动，使其浓度降低的过程。图 1-8 为水体中氮的生物自净过程。

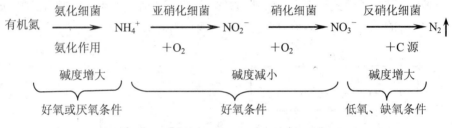

图 1-8　水体中氮的生物自净过程

（二）有机物的降解与溶解氧平衡

需氧污染物排入水体后即发生生物化学分解作用，在分解过程中消耗水中的溶解氧。在受污染的水体中，有机物的分解过程制约着水体中溶解氧的变化过程，因而水体中的溶解氧可作为水体自净的重要标志。如图 1-9 所示。

将污水排入河流处定为基点 0，向上游去的距离取负值，向下游去的距离取正值。在上游未受污染的区域，BOD_5 很低，DO 接近饱和值，在 0 点有污水排入。由溶解氧曲线可以看出：溶解氧与 BOD_5 有非常密切的关系。在污水排入前，河水中的溶解氧很高，污水排入后因分解作用耗氧，有机物耗氧速率大于大气复氧速率，溶解氧从 0 点开始向下逐渐降低。从 0 点流下 2.5 d，降至最低点，此点称为临界点。该点处耗氧速率等于复氧速率。临界点后，耗氧速率因有机物浓度降低而小于复氧速率，溶解氧又逐渐回升，最后恢复到近于污水注入前的状态。在污染河流中溶解氧曲线呈下垂状，称为氧垂曲线。

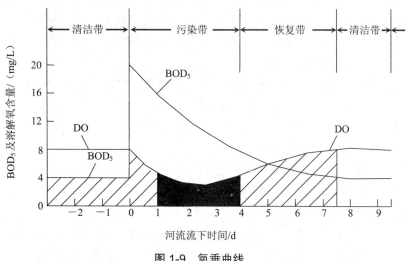

图 1-9　氧垂曲线

在图 1-9 中，根据 BOD_5 与溶解氧曲线，可把该河划分为污水排入前的清洁水区，排入后的水质污染恶化区，恢复区和恢复后的清洁水区。图中斜线部分表示溶解氧受污染后降低的时间，黑影部分表示溶解氧低于水体质量标准的时间。

（三）水环境容量

水体的自净作用说明了自然环境中存在着对污染物质的一定的容纳能力。这种容纳能力称为水环境容量。

水环境容量是指在不影响水的正常用途的情况下，水体所能容纳的污染物的量或自身调节净化并保持生态平衡的能力。水环境容量是制定地方性、专业性水域排放标准的依据之一，环境管理部门利用它确定在固定水域到底允许排入多少污染物。其大小与下列因素有关：

（1）水体特征

水体的各种水文参数（河宽、河深、流量、流速等），背景参数（水的 pH 值、碱度、硬度、污染物质的背景值等），自净参数（物理、物理化学、生物化学）和工程因素（水上的工程设施，如闸、堤、坝以及污水向水体的排放位置、排放方式等）。

（2）污染物特征

污染物的扩散性、持久性、生物降解性等都影响水环境容量，一般来说，污染物的物理化学性质越稳定，环境容量越小。耗氧有机物的水环境容量最大，难降解有机物的水环境容量很小，而重金属的水环境容量则甚微。

（3）水质目标

水体对污染物的容纳能力是相对于水体满足一定的用途和功能而言的。水的用途和功能要求不同，允许容纳的水体污染物量也不同。我国地面水环境质量标准将水体分为五类，每类水体允许的标准决定着水环境容量的大小。另外，由于各地自然条件和经济条件的差异较大，水质目标的确定还带有一定的社会性，因此水环境容量还是社会效益参数的函数。

假如某种污染物排入某地面水体，此水体的水环境容量可以用下式表示：

$$W=V(S-B)+C \tag{1-2}$$

式中，W—— 某地面水体的水环境容量；

V—— 该地面水体的体积；

S—— 地面水某污染物的环境标准（水质目标）；

B—— 地面水中某污染物的环境背景值；

C—— 地面水的自净能力。

水环境容量既反映了满足特定功能条件下水体对污染物的承受能力，也反映了污染物在水环境中的迁移、转化、降解、消亡规律。当水质目标确定之后，水环境容量的大小就取决于水体对污染物的自净能力。

综上所述，水环境容量具有以下意义：① 理论上是环境的自然规律参数和社会效益参数的多变量函数；反映污染物在水体中迁移、转化规律，也满足特定功能条件下对污染物的承受能力；② 实践上是环境管理目标的基本依据，是水环境规划的主要环境约束条件，也是污染物总量控制的关键参数。容量的大小与水体特征、水质目标、污染物特征有关。

四、污水水质指标与水污染控制标准

（一）污水水质指标

污水中含有的污染物千差万别，可用定性和定量的方法对污水中的污染物质作出定性、定量的检测以反映污水的水质。国家对水质的分析和检测制定有许多标准，其指标可以分为物理性、化学性、生物性三类。

单项指标用某一物理参数或某一物质的浓度来表示，如温度、pH 值、溶解氧等；而有些指标则是根据某一类物质的共同特性来表明在多种因素的作用下所形成的水质状况，称为综合指标，比如生化耗氧量表示水中能被生物降解的有机物的污染状况，总硬度表示水中含钙、镁等无机盐类的多少。

1. 物理性指标

（1）感官性指标

① 温度。许多工业废水排出温度较高，排入水体使水体温度升高，引起水体热污染。水温升高影响水生生物的生存和对水资源的利用。氧气在水中的溶解度随温度升高而减少，一方面水中溶解氧减少，另一方面水温升高加速耗氧反应，最终使

水体缺氧或水质恶化。

② 色度。一般纯净的天然水清澈透明，即无色。但带有金属化合物或有机化合物等有色污染物的污水呈现各种颜色。将有色污水用蒸馏水稀释后与参比水样对比，一直稀释到两水样色差一样，此时污水的稀释倍数即为其色度。

③ 嗅和味。可定性反映某种污染物的多少。天然水无嗅无味。当水体受到污染会产生异样气味。水的异臭来源于还原性硫和氮的化合物、挥发性有机物和氯气等污染物质。

（2）固体物质

水中所有残渣的总和成为总固体（TS），总固体包括溶解物质（DS）和悬浮固体物质（SS）。水样经过滤后，滤液蒸干所得固体即为溶解性固体（DS），滤渣脱水烘干后即是悬浮固体（SS）。固体残渣根据挥发性能可分为挥发性固体（VS）和固定性固体（FS）。将固体在 600℃的温度下灼烧，挥发掉的量即是 VS，灼烧残渣即是 FS。溶解性固体表示盐类的含量，悬浮固体表示水中不溶解的固态物质的量，挥发性固体反映固体中有机成分的量。

水体含盐量多将影响生物细胞的渗透压和生物的正常生长。悬浮固体将可能造成水道淤塞。挥发性固体是水体有机污染的重要来源，如图 1-10 所示。

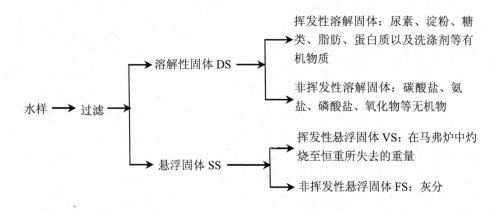

图 1-10　水体中的固体物质

2．化学性指标

（1）无机污染物指标

① pH 值。一般要求污水处理后的 pH 值在 6～9。当天然水体遭受酸碱污染时，pH 值发生变化，抑制水体中生物的生长，妨碍水体自净，还腐蚀船舶。若天然水体长期遭受酸碱污染，将使水质逐渐酸化或碱化，对正常生态系统造成影响。碱度指水中能与强酸发生中和作用的全部物质，按离子状态可分为三类：氢氧化物碱度，碳酸盐碱度，重碳酸盐碱度。

②　植物性营养元素。污水中的 N、P 为植物营养元素，从农作物生长角度看，植物营养元素是宝贵的物质，但过多的氮、磷进入天然水体易导致富营养化，导致水体植物尤其是藻类的大量繁殖，造成水中溶解氧的急剧变化，影响鱼类生存，并可能使某些湖泊由贫营养湖发展为沼泽和干地。

含氮化合物：氮是有机物中除碳以外的一种主要元素，也是微生物生长的重要元素。它消耗水体中的溶解氧，促进藻类等浮游生物的繁殖，形成水华、赤潮，引起鱼类死亡，水质迅速恶化。

含磷化合物：磷也是有机物中的一种主要元素，是仅次于氮的微生物生长的重要元素，主要来自于人体排泄物以及合成洗涤剂，牲畜饲养及含磷工业废水。它易导致藻类等浮游生物大量繁殖，破坏水体耗氧和复氧平衡，使水质迅速恶化，危害水产资源。

③　重金属。在环境中存在着各种各样的重金属污染源。重金属离子在水体中浓度达到 $0.01 \sim 10$ mg/L，即可产生毒性效应；一些重金属离子在微生物的作用下，会转化为毒性更大的金属有机化合物；水生生物从水体中摄取重金属后在体内积累，并经食物链进入人体，甚至还会通过遗传或母乳传给婴儿；重金属进入人体后，能在体内某些器官中积累，造成慢性中毒，有时 $10 \sim 30$ 年才显露出来。

（2）有机污染物指标

①　溶解氧（DO）。溶解在水中的分子态氧称溶解氧。天然水的溶解氧取决于水体与大气中氧的平衡。溶解氧的饱和含量和空气中氧的分压、大气压力、水温有密切关系。清洁地表水溶解氧接近饱和。由于藻类的生长，溶解氧可能过饱和。水体受有机、无机还原性物质污染时溶解氧降低。当大气中的氧来不及补充时，水中溶解氧逐渐降低以至于趋于零，此时厌氧菌繁殖，水质恶化，导致鱼虾死亡。

②　生化需氧量（BOD）。水体中所含的有机物成分复杂，利用水中有机物在一定条件下被好氧微生物分解所消耗的氧来间接表示水体中有机物的量称之为生化需氧量，即单位体积污水被好氧微生物分解所消耗的氧量（mg/L）。有机物生化耗氧过程与温度、时间等因素有关。温度越高，微生物活力越强，消耗有机物越快，需氧越多；时间越长，微生物降解有机物的数量和深度越大，需氧越多。通常把 20℃，5 d 测定的 BOD_5 作为衡量污水的有机物浓度指标。

③　化学需氧量（COD）。指在强酸性加热条件下，用重铬酸钾作氧化剂处理水样时所消耗氧化剂的量。以氧的 mg/L 表示。化学需氧量反映了水中受还原性物质污染的程度，水中还原性物质包括有机物、亚硝酸盐、亚铁盐、硫化物等。化学需氧量用 COD_{Cr} 或 COD 表示。如采用高锰酸钾作为氧化剂，则写作 COD_{Mn}。与 BOD_5 相比，COD_{Cr} 能够在较短的时间内（规定为 2 h）较精确地测出污水中耗氧物质的含量，不受水质限制。缺点是不能表示被微生物氧化的有机物量及污水中的还原性无机物消耗的部分氧，有一定误差。

如果污水中各种成分相对稳定，那么 COD 与 BOD 之间应有一定的比例关系。一般，$COD_{Cr} > BOD_{20} > BOD_5 > COD_{Mn}$。其中 BOD_5/COD_{Cr} 比值可作为污水是否适宜生化法处理的一个衡量指标。一般情况下 BOD_5/COD_{Cr} 大于 0.3 的污水才适于生化处理。

④ 总需氧量（TOD）。组成有机物的主要元素是 C、H、O、N、S 等。高温燃烧后，分别产生 CO_2、H_2O、NO_2 和 SO_2，所消耗的氧量称为总需氧量 TOD，TOD 的值一般大于 COD 的值。

⑤ 总有机碳（TOC）。有机物都含有碳元素，以碳的含量表示水体中有机物总量的综合指标。由于 TOC 的测定采用燃烧法，能将有机碳全部氧化，比 BOD_5 或 COD 更能直接表示有机物的总量，如图 1-11。

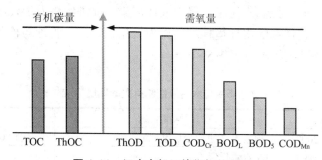

图 1-11 污水有机污染指标的关系

水质标准中主要指标浓度值见表 1-4。

表 1-4 水质标准中主要指标浓度值　　　　　　单位：mg/L

主要指标		COD_{Cr}	BOD_5	SS	NH_3-N	TP
一般污水		250~300	100~150	150~200	30（TKN=40）	4~5
国家排放标准 GB 18918	一 A	50	10	10	5（8）	1
	一 B	60	20	20	8（15）	1.5
	二级	100	30	30	25（30）	3
	三级	120	60	50	—	5
中水回用（冲厕）		—	10	5	10	—
地表水	Ⅰ类	小于 15	小于 3	无漂浮沉积物	0.5	0.02
	Ⅱ类	小于 15	3		0.5	0.1（0.25）
	Ⅲ类	15	4		1	0.1（0.05）
	Ⅳ类	20	6		2	0.2
	Ⅴ类	25	10		2	0.2
一般景观用水		COD_{Mn}	8	透明度大于 0.5 m	0.5	0.05
生活饮用水		感官性状与一般化学指标；毒理学指标；细菌学指标；反射性指标				

3．生物性指标

（1）细菌总数

水中细菌总数反映了水体有机污染程度和受细菌污染的程度。常以细菌个数/mL

计。如：饮用水小于 100 个/mL，医院排水小于 500 个/mL。细菌总数不能说明污染的来源，必须结合大肠菌群数来判断水体污染的来源和安全程度。

（2）大肠菌群

水是传播肠道疾病的一种重要媒介，而大肠菌群被视为最基本的粪便污染指示菌群。大肠菌群的值可表明水样被粪便污染的程度，间接表明有肠道病菌存在的可能性。常以大肠菌群数/L 计。

（二）水污染控制标准

为保护水资源，控制水污染，保障人体健康，促进经济发展，我国有关部门和地方政府制定了较详细的水环境标准，作为规划、设计、管理与检测的依据。与水污染控制有关的环境标准见表 1-5。

表 1-5　与水污染控制有关的环境标准

标准编号	标准名称	备注
GB 3838—2002	地表水环境质量标准	代替 GHZB1—1999
GB 3097—1997	海水水质标准	
GB 5749—2006	生活饮用水卫生标准	代替 GB 5749—1985
GB 11607—1989	渔业水质标准	
GB/T 1576—2008	工业锅炉水质标准	代替 GB 1576—2001
GB 5084—2005	农田灌溉水质标准	代替 GB 5084—92
GB/T 18921—2002	城市污水再生利用　景观环境用水	代替 GB 3544—88
GB/T 18920—2002	城市污水再生利用　城市杂用水水质	
GB 8979—1996	污水综合排放标准	代替 GB 8978—88
GB 3544—2001	造纸工业水污染物排放标准	代替 GWPB2—1999
GB 3552—1983	船舶污染物排放标准	
GB 4286—1984	船舶工业污染物排放标准	
GB 4914—1985	海洋石油开发工业含油污水排放标准	
GB 4287—1992	纺织染整工业水污染物排放标准	代替 GB 8978—88
GB 13457—1992	肉类加工工业水污染物排放标准	
GB 13458—2001	合成氨工业水污染物排放标准	代替 GWPB4—1999
GB 15580—1995	磷肥工业水污染物排放标准	
GB 15581—1995	烧碱、聚氯乙烯工业水污染排放标准	
GB 4284—1984	农用污泥污染物控制标准	
CJ 3082—1999	污水排入城市下水道水质标准	代替 CJ18—1986
CJ/T 95—2000	再生水回用景观水体的水质标准	

注：①GB 指国家标准；②CJ 指建设部标准。

为确定污水排入地表水体时的处理目标，国家环保局发布了《地表水环境质量标准》（GB 3838—2002）。该标准按照地表水五类使用功能，规定了水质项目及标准值、水质评价、水质项目的分析方法以及标准的实施与监督。

标准按资源功能区分地面水体为五类，并分别规定其水质标准。资源价值越高，水质要求越高。这五类水体为：

Ⅰ类 主要适用于源头水、国家自然保护区；

Ⅱ类 主要适用于集中式生活饮用水水源地一级保护区、珍贵鱼类保护区、鱼虾产卵场等；

Ⅲ类 主要适用于集中式生活饮用水水源地二级保护区、一般鱼类保护及游泳区；

Ⅳ类 主要适用于一般工业用水区及人体非直接接触的娱乐用水区；

Ⅴ类 主要适用于农业用水区及一般景观要求水域。

同一水域兼有多类功能类别的，依最高类别功能划分。

为保护江河、湖泊、运河、渠道、水库和海洋等地面水以及地下水水质，保障人体健康、维护生态平衡，促进国民经济和城乡建设的发展，原国家环保局发布了《污水综合排放标准》（GB 8979—1996）。该标准按照污水排放去向，分年限规定了69种水污染物最高允许排放浓度及部分行业最高允许排水量。

该标准分为三级：

排入 GB 3838—2002 中Ⅲ类水域（划定的保护区和游泳区除外）和排入 GB 3097 中二类海域的污水，执行一级标准。

排入 GB 3838—2002 中Ⅳ、Ⅴ类水域和排入 GB 3097 中三类海域的污水，执行二级标准。

排入设置二级污水处理厂的城镇排水系统的污水，执行三级标准。

《污水综合排放标准》将排放的污染物按其性质及控制方式分为二类。第一类污染物是指能在环境或动植物体内蓄积，对人体健康产生长远不良影响者。含有此类有害污染物的废水，不分行业和污水排放方式，也不分受纳水体的功能类别，一律在车间或车间处理设施排出口取样，其最高允许排放浓度必须符合该标准中已列出的"第一类污染物最高允许排放浓度"的规定。第二类污染物是指其长远影响小于第一类的污染物质，在排污单位排出口取样，其最高允许排放浓度必须符合该标准中列出的"第二类污染物最高允许排放浓度"的规定。

五、水污染治理的基本原则和方法

（一）水污染治理的基本原则

水污染控制的主要任务是控制各种污染源排放的污水对环境的污染，防止水资源的破坏和环境质量的下降，做好水污染控制工作应该坚持以防为主，防治结合，多管齐下。

1. 推行清洁生产，发展节水减污型企业

推行清洁生产就是要尽量不用或少用新鲜水，尽量不用或少用易产生污染的原料、设备或生产工艺，采用能够最大限度地、综合地利用原料资源的工艺过程，推行无废、少废技术，将污染减少或消灭于生产过程中。

2. 清污分流与污水资源化

清污分流是指将生产过程中的净水和污水排放分开加以收集，净水再利用，污水加以处理。把清污分流放在区域或流域的水污染控制和水资源保护、开发、利用的大系统中加以运用，则指经过处理的再生水与自然界地表水环境的关系的处理。

污水资源化是污水再生利用，可作为区域、流域水污染控制系统的一个污染控制环节来设计。一般来说，污水资源再生利用可以起到节水减污的作用。如果按其不同利用途径和对象来看，把污水资源化同可利用的自然净化结合起来，可起到直接削减污染负荷的作用。

3. 完善水污染防治法规与依法加强监督管理

多年来，我国颁布了环境保护法、水污染防治法、水法等一系列环保法律和标准，建立了一系列环境保护制度。进一步完善水污染防治措施，依法加强监督管理，严格实施环境政策，是我国水污染控制与水环境质量改善的关键。

4. 加快城市污水处理厂建设与综合防治面源污染

我国在水污染控制方面实现了四大转变：从单纯点源治理向流域综合整治转变；从末端治理逐步向全过程控制转变；从浓度控制向浓度和总量控制相结合转变；从分散的点源治理向集中控制与分散治理相结合转变。在城市污水处理厂建设过程中，应坚持污水收集系统先行原则、适度处理原则、成熟可靠和积极稳妥原则。

（二）污水处理基本方法与流程

1. 污水处理基本方法

（1）物理处理法

常被用作污水的一级处理或预处理。既可作为独立的处理方法，也可用作化学处理法、生物处理法的预处理方法。物理处理法主要是用来分离或回收废水中的不溶性悬浮物，其在处理的过程中不改变污染物质的组成和化学性质。常用方法有：筛滤截留、重力分离（自然沉淀和上浮），离心分离和蒸发浓缩等。一般物理处理法所需的投资和运行费用较低，常被优先考虑或采用。大多数的工业废水，用单纯物理方法净化，达不到理想的处理效果，需与其他的处理方法配合使用。

（2）化学处理法

主要是利用化学反应去除废水中的金属离子、有毒污染物、酸碱污染物、有机污染物等溶解性物质和胶体物质，同时回收利用有用成分，达到净化水质与综合利

用的双重效果。这种处理方法既能使污染物质与水分离，又能够改变污染物的性质，可达到比简单的物理处理方法更高的净化程度。常用的化学方法有：中和、混凝、化学沉淀、氧化还原法等。由于化学处理法采用化学药剂或材料，故处理费用较高，运行管理的要求也较严格。通常将化学处理法与物理处理法配合起来使用。如化学法处理之前，需用沉淀和过滤等手段作为预处理；或需采用沉淀和过滤等物理处理手段作为化学处理法的后处理等。

（3）物理化学处理法

在污水的回收处理过程中，利用某些物理化学过程，使污染物分离与去除，并回收其中的有用成分，使污水得到深度处理。尤其需从污水中回收某种特定的物质，或当污水有毒、有害，且不易被微生物降解时，采用物理化学处理方法最为适宜。常用处理法有：吸附、萃取、离子交换、电解法及电渗析、反渗透等膜分离技术方法等。

（4）生物处理法

利用自然界存在的大量微生物在有氧、厌氧及兼氧条件下降解有机物，使废水得到净化，创造有利于微生物生长繁殖的环境，使其大量繁殖，以提高分解氧化有机物效率的废水处理方法。利用微生物处理污水中的有机物，具有效率高、运行费用低、分解后的污泥可用作肥料等优点，主要用来除去污水中溶解的或胶体状的有机污染物质。常用的处理法有：好氧、厌氧与兼氧生物法，其中常见的有活性污泥法、生物膜法、厌氧消化法、兼氧塘等。

2．污水处理基本流程

城市污水与工业废水中的污染物多种多样，往往需要采用几种方法的组合，才能处理不同性质的污染物，达到净化的目的。

对于某种污水，采用哪几种处理方法，要根据污水水质、水量、回收其中有用物质的可能性、经济性、收纳水体的具体条件，结合调查研究和经济技术比较后决定，必要时还需进行试验。

现代污水处理技术，按处理程度划分，可分为一级、二级和三级处理。

一级处理，主要去除污水中呈悬浮状态的固体污染物质，物理处理法大部分只能完成一级处理的要求。经过一级处理的污水，BOD_5 一般可去除 30%左右，达不到排放标准。一级处理属于二级处理的预处理。

二级处理，主要去除污水中呈胶体和溶解状态的有机污染物质（BOD_5，COD），去除率可达 90%以上，使有机污染物达到排放标准。

三级处理，进一步处理难降解的有机物、氮和磷等能够导致水体富营养化的可溶性无机物等。主要方法有生物脱氮除磷法、混凝沉淀法、砂滤法、活性炭吸附法、离子交换法和电渗分析法等。

三级处理和深度处理不完全相同。三级处理常用于二级处理后，而深度处理则是以污水回收利用为目的，在一级或二级处理后增加的处理工艺。污水回用可以从工业上的重复利用到水体的补给水源或生活用水等方面。

城市污水处理典型流程见图1-12。

通过粗格栅的原污水经污水提升泵提升后，经过格栅或者筛滤器，之后进入沉砂池，砂水分离后的污水进入初次沉淀池，为一级处理（即物理处理）；二级处理从初沉池的出水进入生物处理设备，有活性污泥法和生物膜法（其中活性污泥法的反应器有曝气池，氧化沟等，生物膜法包括生物滤池、生物转盘、生物接触氧化法和生物流化床），生物处理设备的出水进入二次沉淀池，二沉池的出水经过消毒排放或者进入三级处理；三级处理包括生物脱氮除磷法，混凝沉淀法，砂滤法，活性炭吸附法，离子交换法和电渗析法。二沉池的污泥一部分回流至初次沉淀池或者生物处理设备，一部分进入污泥浓缩池，之后进入污泥消化池，经过脱水和干燥设备后，污泥被最后利用。

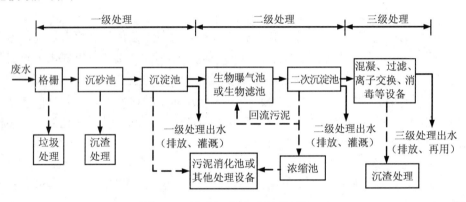

图 1-12　城市污水处理典型流程

典型工业废水处理工艺流程如图1-13。该图为丙烯腈生产工业废水处理工艺流程。工业废水处理流程，随工业性质、原料、成品及生产工艺的不同而不同，具体处理方法和流程应根据水质和水量及处理对象，经调查研究或试验后确定。

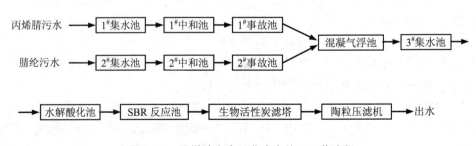

图 1-13　丙烯腈生产工业废水处理工艺流程

学习单元二　物理处理

在污水处理中，物理处理占有重要地位。与其他方法相比，具有设备简单、成本低、管理方便、效果稳定等优点。主要用于去除污水中的漂浮物、悬浮物、沙石、盐类和油类污染物，可从废水中回收有用的物质。常用的处理方法有：筛除、重力分离、气浮分离、离心分离、过滤以及蒸发结晶等。

一、筛除

污水在处理之前一般都先用筛除装置去除其中的粗大杂质，以免堵塞水泵、管道和阀门，保证后续处理设施的正常运行。格栅和筛网是污水处理过程中最常用的筛除设备。

（一）格栅

格栅用来去除可能堵塞水泵机组及管道阀门的较粗大悬浮物，保证后续处理设施能正常运行。

格栅由一组（或多组）相平行的金属栅条与框架组成，倾斜安装在进水的渠道或进水泵站集水井的进口处，拦截污水中粗大的悬浮物及杂质。

格栅所能截留污染物的数量，随所选用的栅条间距和水的性质而有很大的区别。一般以不堵塞水泵和水处理厂站的处理设备为原则。

设置在污水处理厂处理系统前的格栅，应考虑到使整个污水处理系统能正常运行，对处理设施或管道等均不应产生堵塞作用。可设置粗细两道格栅，栅条间距一般采用 16～25 mm，最大不超过 40 mm。所截留的污染物数量与地区的情况、污水沟道系统的类型、污水流量以及栅条的间距等因素有关。

栅渣的含水率约为 80%，密度约为 960 kg/m^3。

格栅的清渣方法，有人工清除和机械清除两种。每天的栅渣量大于 0.2 m^3 时，一般应采用机械清除方法。

1. 人工清渣的格栅

中小型城市的生活污水处理厂或所需截留的污染物量较少时，可采用人工清理的格栅。这类格栅由直钢条制成，一般与水平面成 45°～60°倾角安放，倾角小时，清理较省力，但占地较大。

人工清渣的格栅，其设计面积应采用较大的安全系数，一般不小于进水管渠有效面积的 2 倍，以免清渣过于频繁。在污水泵站前集水井中的格栅，应特别注重有害气体对操作人员的危害，并应采取有效的防范措施。格栅间应设置操作平台。

2. 机械清渣的格栅

机械清渣的格栅，倾角一般为 60°～70°，有时为 90°。机械清渣格栅过水面积一般应不小于进水管渠的有效面积的 1.2 倍。

格栅栅条的断面形状有圆形、矩形及方形，圆形的水力条件较方形好，但刚度较差。目前多采用断面形式为矩形的栅条。

设置格栅的渠道，宽度要适当，应使水流保持适当的流速，一方面泥沙不至于沉积在沟渠底部，另一方面截留的污染物又不至于冲过格栅。通常采用流速为 0.4～0.9 m/s。

为了防止栅条间隙堵塞，污水通过栅条间距的流速一般采用 0.6～1.0 m/s，最大流量时可高于 1.2～1.4 m/s。

为了防止格栅前渠道出现阻流回水现象，一般在设置格栅的渠道与栅前渠道的联结部，设有一展开角 $α_1$＝20°的渐扩部位。

为了保证格栅的正常工作，在实际采用上，城市污水栅条间距一般取 0.1～0.4 m。对工业污水，根据使用的格栅栅条间距以及清理时间间隔等因素，应留有因部分堵塞而必需的安全量。

格栅示意图如图 1-14。

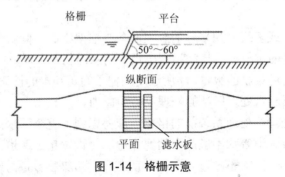

图 1-14 格栅示意

（二）筛网

当需要去除水中纤维、纸浆、藻类等稍小的杂质时，可选择不同孔径的筛网。孔径小于 10 mm 的筛网主要用于工业废水的预处理，可将尺寸大于 3 mm 的漂浮物截留在网上。孔径小于 0.1 mm 的细筛网则用于处理后出水的最终处理或重复利用水的处理。

应用于废水处理或短小纤维回收的筛网主要有两种形式，即振动筛网和水力筛网。振动式筛网见图 1-15。污水由渠道流至振动筛网上，进行水和悬浮物的分离，并利用机械振动，将呈倾斜面的振动筛网上截留的纤维等杂质卸到固定筛网上，进一步滤去附在纤维上的水滴。

水力筛网的构造见图 1-16。振动筛网呈截顶圆锥形，中心轴呈水平状态，锥体则呈倾斜方向。废水从圆锥体的小端进入，水流在从小端到大端的流动过程中，纤维状污染物被筛网截留，水则从筛网的细小孔中流入集水装置。由于整个筛网呈圆锥体，被截留的污染物沿筛网的倾斜面卸到固定筛上，以进一步滤去水滴。这种筛网依靠进水的水流作为旋转动力，因此在水力筛网的进水端一般不用筛网，而用不透水的材料制成壁面，必要时还可在壁面上设置固定的导水叶片，但不可过多地增加运动筛的重量。另外原水进水管的设置位置与出口的管径亦要适宜，以保证进水有一定的流速射向导水叶片，利用水的冲击力和重力作用产生旋转运动。

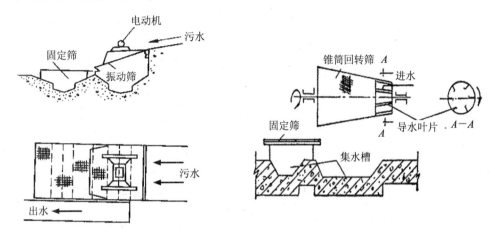

图 1-15　振动式筛网示意　　　　图 1-16　水力回转筛网示意

设计采用水力筛网时，一般应在废水进水管处保持一定的压力，压力的大小与筛网的大小及废水性质有关。

格栅或筛网截留的污染物的处置方法有：填埋、焚烧（820℃以上）及堆肥等，也可将栅渣粉碎后再返回废水中，作为可沉固体进入初沉污泥。粉碎机应设置在沉砂池后，以免大的无机颗粒损坏粉碎机。此外，大的破布和织物在粉碎前应先去除。

二、重力分离

重力分离又分为重力沉淀和重力上浮两种情况。当悬浮物的密度大于废水时，从悬浮液中依靠重力沉降作用把固体颗粒去除掉的现象叫做沉淀或沉降。沉淀分离在任何废水处理过程中都不可缺少，有时甚至多次重复使用。在沉淀过程中悬浮物颗粒形状、大小及密度等物理性质不发生变化称自由沉淀；悬浮物的颗粒形状大小不断地增大，则称为絮凝沉淀。悬浮物的密度小于1时就上浮，称重力上浮。对粒度小呈乳化状态或密度接近于1的悬浮性物质，难以自然沉降或上浮，必须依靠通入空气或进行机械搅拌，形成大量气泡，将乳化微粒黏附带到水面，与水进行分离，这种强制上浮又称气浮或浮选。

（一）原理

1. 沉淀类型

重力分离是依靠废水中悬浮物密度与废水不同的特点进行固液分离或液液分离去除废水中悬浮物的方法。

如图 1-17 所示，根据污水中悬浮物的含量和颗粒特性，沉降现象可以分为自由沉淀、絮凝沉淀、区域沉淀、压缩沉淀等类型。

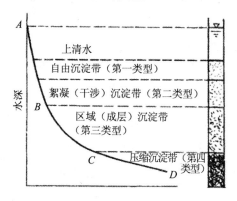

图 1-17　沉淀类型示意

（1）自由沉淀

沉淀过程中，固体颗粒之间互不聚合、黏合或干扰，单独地进行沉降。颗粒的物理性质（大小、形状、比重等），在沉降过程中均不发生任何变化。在废水悬浮物的浓度不太高、颗粒多为无机物时常发生自由沉淀，如在沉砂池中砂颗粒的沉降。

当固体颗粒静止处于水中时，要受到两个力的作用：一是它本身的重力；二是水对它的阻力。如果固体颗粒密度比水大，其所受的重力将比水大，颗粒就会自然地向下运动，开始沉淀时，颗粒加速下沉；但颗粒一旦开始运动，就会受到与运动方向相反的阻力作用，该阻力由运动速度产生，且与运动速度正相关，即速度增加，阻力增大，当颗粒下沉速度加速到某一值，使颗粒所受阻力与重力相等时，颗粒便会以此时的下沉速度匀速下沉，直到完成整个自由沉淀过程。

（2）絮凝沉淀

当悬浮物浓度较高（50～500 mg/L）时，沉淀过程中颗粒间可能互相碰撞产生絮凝作用，使颗粒粒径与质量逐渐加大，沉速加快。如活性污泥在二沉池中的沉淀。有时污水中的悬浮物浓度虽不很高，但沉淀过程中悬浮颗粒却具有附聚、凝聚的性能，使颗粒间相互黏合，结成较大的聚凝体或混凝体，悬浮物颗粒及其沉降速度随着沉降深度增加而增加。如初次澄清池中发生的沉淀。有时为了提高沉淀效率，向废水中投加絮凝剂或混凝剂，使水中的胶体态悬浮物颗粒失去稳定性后，相互碰撞和附聚，搭接成为较大的颗粒或絮状物，使悬浮物容易从水中沉淀分离出来。由于需要投加化学药剂而产生絮凝作用，故此归为化学处理法。

（3）区域沉淀（成层沉淀）

当废水中悬浮物的浓度增加到一定程度（如活性污泥或化学凝聚污泥的浓度＞500 mg/L）时，由于悬浮物浓度较高而发生颗粒间的相互干扰，造成沉降速度减小，使悬浮物颗粒甚至相互拥挤在一起，形成绒体（毯）状的大块面积沉降，在下沉的固体层与上部的清液相层之间有明显的交界面。如二次澄清池中的活性污泥沉降、给水系统中的矾花沉降等。

（4）压缩沉淀

多发生于沉淀下来的固体颗粒层中。由于废水中的悬浮物浓度过高，颗粒间相互支撑，上层颗粒在重力作用下挤压下层颗粒间的间隙水，使固体颗粒得到了进一步的浓缩。如二沉池泥斗和浓缩池的污泥浓缩过程。

对于不同类型的污水，在不同的处理阶段中，上述四种沉淀现象都有可能发生。

2. 理想沉淀池

为了便于说明沉淀池的工作原理，先作如下假设：①悬浮颗粒在沉淀区等速下沉，速度为 u；②水流水平流动，在过水断面上，各点流速相等，水平流速为 v；③进口区域，悬浮颗粒均匀分布在整个过水断面上；④颗粒沉到池底即被去除。

理想沉淀池分流入区、流出区、沉淀区和底部的污泥区。根据上述假设，进入理想沉淀池的每个颗粒均具有随水流运动的水平分速度 v 以及垂直下沉的分速度 u，其运动轨迹是向下倾斜的直线。从图 1-18 中可以看出，必存在一种从 A 点进入、流速为 u_0 的颗粒，最后刚好在出水口 D 点沉入池底污泥区。根据几何相似原理，则 $u_0/v＝H/L$，即 $u_0＝vH/L$。如果用 u_t 来表示颗粒物在池中垂直下沉的分速度，则会出现以下情况：

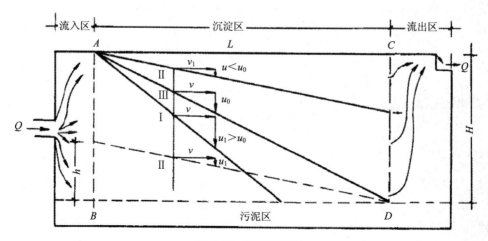

图 1-18　理想沉淀池

1）u_t 大于 u_0 沉入池底（代表 I 轨迹的颗粒）；

2）u_t 小于 u_0 且运动轨迹在 AD 线以上，不能被去除（代表 II 轨迹的颗粒）；

3）u_t 小于 u_0 且运动轨迹在 AD 线以下，仍可以被去除（代表虚线 II 轨迹的颗粒）。

设沉速 $u_t < u_0$ 的颗粒质量所占百分数为 P_0，则可被沉淀去除的量为 $u_t/u_0 \mathrm{d}_p$，故总去除率 $\eta = (1 - P_0) + \dfrac{1}{u_0} \displaystyle\int_0^{u_0} u_t \mathrm{d}_p$。

讨论：

（1）将实际数据 Q、L、B、H 代入，则颗粒在池内最长沉淀时间为：

$$t = \frac{L}{v} = \frac{H}{u_0} \tag{1-3}$$

沉淀池容积：

$$V = Qt = HLB \tag{1-4}$$

$$Q = \frac{HBL}{t} = \frac{HA}{t} = Au_0 \tag{1-5}$$

所以

$$\frac{Q}{A} = u_0 = q \tag{1-6}$$

Q/A 的物理意义：在单位时间内通过沉淀池单位表面积的流量，即表面负荷率或溢流率，用 q 表示[m³/（m²·s）或 m³/（m²·h）]。表面负荷的数值等于颗粒沉速 u_0。

（2）沉速 u_t 的颗粒去除率

由

$$L/v = h/u_t, \quad h = u_t L/v$$

则沉速为 u_t 的颗粒去除率为：

$$\eta = \frac{h}{H} = \frac{u_t L}{vH} = \frac{\dfrac{u_t}{v}}{\dfrac{H}{L}} = \frac{\dfrac{u_t}{v}}{\dfrac{HB}{LB}} = \frac{u_t}{\dfrac{Q}{A}} = \frac{u_t}{q} = \frac{u_t}{u_0} \tag{1-7}$$

由以上推导可知，平流式理想沉淀池的去除率取决于表面负荷及颗粒沉速 u_t，而与 t 无关。

（二）主要设备（构筑物）类型

大部分含有无机或有机悬浮物的污水，都可通过重力分离设备（构筑物）去除悬浮物。对重力分离设备（构筑物）的要求是能最大限度地除去废水中的悬浮物，减轻后续净化设备的负担。沉淀池的工作原理是让污水在池中缓慢地流动，使悬浮物在重力作用下沉降。根据其功能和结构的不同，可选用不同类型的重力分离设备

（构筑物）。

1. 沉砂池

沉砂池的作用是从污水中去除砂子、煤渣等比重较大的颗粒，以免这些杂质影响后续处理构筑物的正常运行。

沉砂池的工作原理是以重力分离为基础，即将进入沉砂池的污水流速控制在只能使比重大的无机颗粒下沉，而有机悬浮颗粒则随水流带走。

沉砂池可分为平流式沉砂池、竖流式沉砂池和曝气沉砂池三种基本形式。

1）平流式沉砂池

平流式沉砂池是最常用的一种沉砂池，由入流渠、出流渠、闸板、砂斗组成。具有构造简单、工作稳定、处理效果好且易于排砂等特点，但重力排砂时构筑物需高架。其水流部分是一个加深加宽的明渠，两端设有闸板。池底一般应有 0.01～0.02 的坡度，并设有 1～2 个贮砂斗。贮砂斗的容积按 2 日沉砂量计算，斗壁与水平面的倾角不应小于 55°，下接排砂管。沉砂可用闸阀或射流泵、螺旋泵排出。

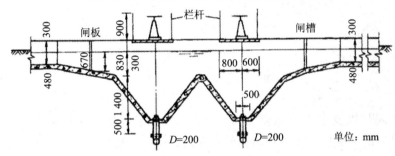

图 1-19 平流式沉砂池构造示意

2）曝气沉砂池

曝气沉砂池从 20 世纪 50 年代开始使用。具有以下特点：① 沉砂中含有机物的量低于 5%；② 由于池中设有曝气设备，具有预曝气、脱臭、防止污水厌氧分解、除泡作用以及加速污水中油类的分离等作用。这些特点对后续的沉淀、曝气、污泥消化池的正常运行以及对沉砂的干燥脱水提供了有利条件。由于曝气作用，废水中有机颗粒经常处于悬浮状态，砂粒互相摩擦并承受曝气的剪切力，砂粒上附着的有机污染物能够去除，有利于取得较为纯净的砂粒。在旋流的离心力作用下，这些密度较大的砂粒被甩向外部沉入集砂槽，而密度较小的有机物随水流向前流动被带到下一处理单元。另外，在水中曝气可脱臭，改善水质，有利于后续处理，还可起到预曝气作用。

（1）构造

如图 1-20 所示，曝气沉砂池是一长形渠道，沿渠壁一侧的整个长度方向，距池底 60～90 cm 处安设曝气装置，在其下部设集砂斗，池底有一定的坡度，以保证砂粒滑入。横断面呈矩形，底坡 $i=0.1\sim0.5$，坡向砂槽；砂槽上方设曝气器，曝气器安装高度距池底 0.6～0.9 m。

（2）工作原理

污水在池中存在着两种运动形式，其一为水平流动（流速一般取 0.1 m/s，不得超过 0.3 m/s），同时，由于在池的一侧有曝气作用，因而在池的横断面上产生旋转运动，整个池内水流产生螺旋状前进的流动形式。旋转速度在过水断面的中心处最小，而在池的周边则为最大。空气的供给量应保证在池中污水的旋流速度达到 0.25～0.4 m/s，一般取 0.4 m/s。

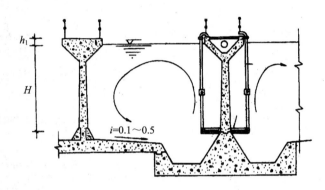

图 1-20　曝气沉砂池构造示意

由于曝气以及水流的螺旋旋转作用，污水中悬浮颗粒相互碰撞、摩擦并受到气泡上升时的冲刷作用，使黏附在砂粒上的有机污染物得以去除，沉于池底的砂粒较为纯净。有机物含量只有 5%左右的砂粒，长期搁置也不易腐化。

曝气沉砂池的形状应尽可能不产生偏流和死角，在砂槽上方宜安装纵向挡板，进出口布置，应防止产生短流。

2．沉淀池

沉淀池是分离悬浮物的一种常用处理构筑物。

用于生物处理法中作预处理的称为初次沉淀池。设置在生物处理构筑物后的称为二次沉淀池，是生物处理工艺中的一个组成部分。

（1）分类

沉淀池按水流方向分为平流式、竖流式及辐流式三种。

按工艺布置可分为：初沉池和二沉池。初沉池可作为一级污水处理的主体构筑物，或作为二级处理的预处理，可去除 40%～55%的 SS、20%～30%的 BOD_5；降低后续构筑物负荷；二沉池位于生物处理装置后，用于泥水分离，是生物处理的重要组成部分。经生物处理再加上二沉池沉淀后，一般可去除 70%～90%的 SS 和 65%～95%的 BOD_5。

（2）优缺点和适用条件

平流式：沉淀效果好，耐冲击负荷与温度变化，施工简单，造价较低。但配水不易均匀，采用多个泥斗排泥时每个泥斗需单独设排泥管，操作量大；采用链式刮泥设备，因长期浸泡水中而生锈。适用于大中型污水处理厂和地下水位高、地质条件差的地区。

竖流式：排泥方便，管理简单，占地面积少。但池深大，施工困难，对冲击负荷与温度变化适应能力差，造价高，池径不宜过大，否则布水不均。适于小型污水处理厂。

辐流式：机械排泥，运行效果较好，管理较方便，排泥设备已定型。但排泥设备复杂，对施工质量要求高。适用于地下水位较高地区和大中型污水处理厂。

（3）平流式沉淀池

平流式沉淀池是最早和最常用的形式，尤其在较大流量的水处理厂中应用较多。从平面上看平流式沉淀池是一个长矩形的池子，由进水区、沉淀区、缓冲区、污泥区、出水区五区以及排泥装置组成。其示意如图1-21。

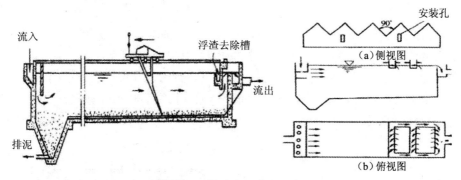

图 1-21 平流式沉淀池示意

水通过进水槽和孔口流入池内，在挡板作用下，在池子澄清区的半高处均匀地分布在整个宽度上。水在澄清区内缓缓流动，水中悬浮物逐渐沉向池底。沉淀池末端设有溢流堰和出水槽，澄清区出水溢过堰口，通过出水槽排出池外。如水中有浮渣，堰口前需设挡板及浮渣收集设备。在沉淀池前端设有污泥斗，池底污泥在刮泥机的缓缓推动下刮入污泥斗内。开启排泥管上的闸阀，在静水压力（1.5～2 m 水头）的作用下，斗中污泥由排泥管排出池外。排泥管管径采用 200 mm，以防堵塞。池底坡度采用 0.01～0.02，倾向污泥斗。如池子个数较多，也可装设一台公用的刮泥车，轮流在各个池面的铁轨上缓慢移动，进行刮泥操作，将泥刮到污泥斗中，再用砂泵或靠静水压力排出池外。

如沉渣比重大，含水率低，流动性差，不能靠静水压力排泥，如冶金工业生产污水中的铁渣、煤屑等，可利用电动单轨抓斗来清除沉渣。有些给水沉淀池底部采用许多条穿孔排泥管，靠静水压力排泥。

如沉淀池体积不大，底部也可做成许多污泥斗，斗的坡度采用 45°～50°，可省去排泥机械。每个污泥斗应单独设一根排泥管，不能多斗合用一根。

要使沉淀池发挥正常功效，必须排泥通畅。针对沉渣的特性选择正确的排泥方法及设备，否则将使沉淀池的运行恶化。例如有机性污泥由于排泥不畅，在池底产生厌氧发酵漂浮起来，或者大量沉渣堵塞排泥管道，迫使沉淀池停产。另外，要尽可能使污泥浓稠，以减少污泥脱水、干化工作的负担。污泥含水率与污泥性质、排泥周期及排泥方法有关。例如对城市污水的污泥，夏季时每天排泥 1～2 次，含水率达 97%～98%，冬季时可二三天排泥一次，污泥在斗内浓缩，含水率可达 95%～96%。

沉淀池的进水装置应尽可能使进水均匀地分布在整个池子的横断面，以免造成短流，要减少紊流对沉淀产生的不利影响，减少死水区，提高沉淀池的容积利用系数。

在混凝沉淀处理中，经过反应后的矾花进入沉淀池时，要尽量避免被紊流打碎，否则将显著降低沉淀效果。因此，反应池与沉淀池之间不宜用管渠相连，应当使水流经过反应后缓慢、均匀地直接进入沉淀池。

（4）竖流式沉淀池

竖流式沉淀池的平面形状一般为圆形或方形。图 1-22 为圆形竖流式沉淀池。水由中心管的下口流入池中，通过反射板的拦阻向四周分布于整个水平断面上，缓缓向上流动。沉速超过上升流速的颗粒则向下沉降到污泥斗中，澄清后的水由池四周的堰口溢出池外。污泥斗倾斜角 45°～60°，排泥管直径 200 mm，排泥静水压为 1.5～2 m，可不必装设排泥机械。

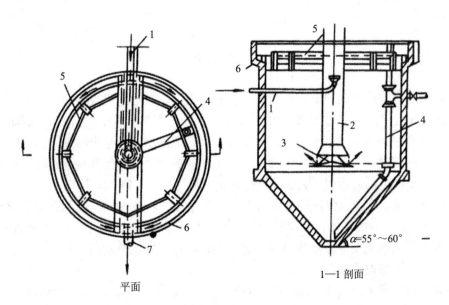

1—进水渠；2—中央管；3—反射板；4—排泥管；5—挡板；6—集水槽；7—出水管

图 1-22　圆形竖流式沉淀池构造示意

（5）辐流式沉淀池

辐流式沉淀池是直径较大、水深相对较浅的圆形池子，直径一般在 20～30 m，最大可达 100 m，池深约 2.5～5 m，适用于大型污水处理厂。可分为中心进水周边出水、周边进水周边出水和周边进水中心出水三种类型，均由进水区、沉淀区、缓冲区、污泥区、出水区五区以及排泥装置组成（图 1-23）。进水区设穿孔整流板，穿孔率为 10%～20%。出水区设出水堰，堰前设挡板，拦截浮渣。中央进水的辐流沉淀池，进口流速很大，呈紊流状，影响沉淀效果，尤其当进水悬浮物浓度较高时更为明显。为克服这一缺点，可采用周边进水中央出水或周边进水周边出水的辐流沉淀池。

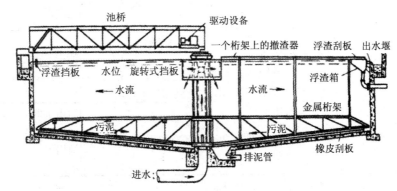

（a）中心进水周边出水辐流式沉淀池

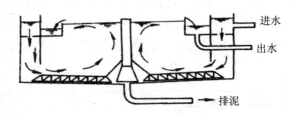

（b）周边进水周边出水辐流式沉淀池

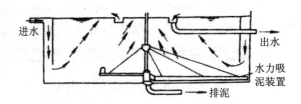

（c）周边进水中心出水辐流式沉淀池

图 1-23　辐流式沉淀池构造示意

（6）沉淀池类型选择

选择沉淀池类型时，应综合考虑以下因素：①水量的大小；②水中悬浮物质的物理性质及其沉降特性；③污水处理厂的总体布置及地形地质情况等。

表 1-6　各种沉淀池比较

池型	优点	缺点	适用条件
平流式	沉淀效果好；对冲击负荷和温度变化适应能力强；施工简易，造价较低	配水不均匀；采用多斗排泥时，每个泥斗需要单独设排泥管，操作量大，管理复杂；采用链带式刮泥排泥时，机件浸于水中，易腐蚀	适用于地下水位高及地质较差地区；适用于大、中、小型污水处理厂
竖流式	排泥方便，管理简单；占地面积小	池子深度较大，施工困难；造价较高；对冲击负荷和温度变化适应能力较差；池径不宜过大，否则布水不均匀	适用于小型污水处理厂，在给水厂中并不多用
辐流式	多为间歇排泥，运行较稳定，管理较简单；排泥设备运行也较稳定	水流不易均匀，沉淀效果较差；机械排泥设备复杂，对施工质量要求较高	适用于地下水位较高的地区；适用于大、中型污水处理厂

（7）斜板（斜管）沉淀池

为提高沉淀池处理能力，缩小体积和占地面积，将一组平行板或平行管，相互平行地重叠在一起，以一定的角度安装于平流沉淀池中，水流从平行板或平行管的一端流到另一端，使每两块板间或每一根管，都相当于一个很浅的小沉淀池。

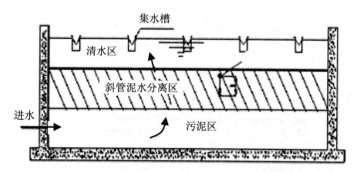

图 1-24　斜板（斜管）沉淀池构造示意

其优点是利用了浅层沉淀原理与层流原理，水流在板间或管内流动具有较大的湿润周边，较小的水力半径，所以雷诺数较低，对沉淀极为有利，斜板或斜管增加了沉淀面积，缩短了沉降距离，提高了沉淀效率，减少了沉淀时间。

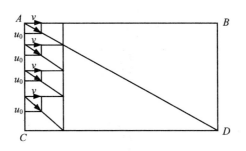

图 1-25　缩小沉淀区深度对沉淀过程的影响

由图 1-25 可见，u_0 表示池中悬浮固体的横向移动速率，v 表示池中悬浮固体的纵向移动速率。如将水深为 H 的沉淀池分隔为 n 个水深为 H/n 的沉淀池，则当沉淀区长度为原沉淀区长度 L 的 $1/n$ 时，就可处理与原来的沉淀池相同的水量，并达到完全相同的处理效果。这说明，减小沉淀池的深度，可以缩短沉淀时间，因而减少沉淀池的体积，也就可以提高沉淀效率。

为了让沉到底部的污泥便于流动排除，需要把这些浅的沉淀区倾斜 60°，超过污泥的休止角，因此称为斜板沉淀池。如浅沉淀区内进一步分隔成蜂窝形或波纹形管，则称为斜管沉淀池。斜板（管）沉淀池内的水流条件，由于 Re 数（$= \dfrac{vR}{\gamma}$）中的 R 很小，使 Re 数远小于 500，属于层流状态而水流条件得到显著改善，不致受到紊流产生的搅拌影响，而一般沉淀池内 Re 数远大于 500，因而干扰了颗粒的下沉。由 $u_0 = q_0 = Q/A$，如保持沉淀效率及 u_0 不变，沉淀区面积 A 增大 n 倍，理论上通过的水量也可增大 n 倍。斜板（管）沉滤池可藉装置许多斜板来增大沉淀面积 A，形成许多浅层沉淀池，因此斜板（管）沉淀池的生产能力可以显著地提高。

如图 1-26 所示，根据水流和泥流的相对方向，将斜板（管）沉淀池分为逆向流（异向流），同向流，横向流（侧向流）三种类型。逆向流为水流向上，泥流向下。同向流为水流、泥流都向下，靠集水支渠将澄清水和沉泥分开。水流在进水、出水的水压差（一般在 10 cm 左右）推动，通过多孔调节板（平均开孔率在 40% 左右），进入集水支渠，再向上流到池子表面的出口集水系统，流出池外。集水装置是同向流斜板沉淀池的关键装置之一，既要取出清水，又不能干扰沉泥，因此，该处的水流状态必须保持稳定，不应出现流速的突变，同时在整个集水横断面上应做到均匀集水。同向流斜板的优点是：水流促进泥的向下滑动，保持板身的清洁，因而可以将斜板倾角减为 30°～40°，从而提高沉淀效果，缺点是构造上比较复杂。

横向流为水流大致水平流动，泥流向下。斜板倾角 60°。横向流斜板水流条件比较差，板间支撑也较难以布置，在国内很少应用。

逆向流斜板（管）的长度通常采用 1～1.2 m。同向流斜板长度通常采用 2～2.5 m，上部倾角 30°~40°，下部倾角 60°。为了防止污泥堵塞及斜板变形，板间垂直间距不能太小，以 80~120 mm 为宜；斜管内切圆直径不宜小于 35~50 mm。板材不宜采用涂树脂的纸蜂窝或木材等，宜采用聚内烯塑料。给水处理用作生活饮用时，板材必须无毒性。

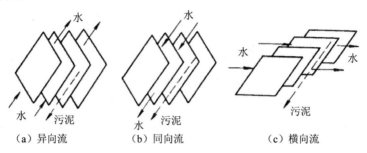

（a）异向流　　　　（b）同向流　　　　（c）横向流

图 1-26　各种泥、水流动方向示意

三、气浮分离

（一）原理

气浮分离是在污水中，通入细小而均匀的气泡，使难沉降的固体颗粒或细小的油粒借助表面的疏水性，黏附在气泡上，借气泡上浮力带到水面上，形成浮渣或浮油被排除。

利用气浮的原理可自然沉淀或上浮难以去除的悬浮物以及比重接近 1 的固体颗粒。气浮法可以从污水中分离出脂肪、油类、纤维和其他低密度的固体污染物；也用于浓缩活性污泥处理法排出的污泥，浓缩化学混凝处理过程中产生的絮状化学污泥等。

利用气浮分离技术去除污水中固体悬浮物时需具备以下基本条件：① 必须向水中提供足够量的细微气泡；② 必须使污水中的污染物质能形成悬浮状态；③ 必须使气泡与悬浮的物质产生黏附作用。有了上述这三个基本条件，才能完成污水处理过程，达到污染物质从水中去除的目的。

气浮分离的影响因素有：

1. 水中颗粒与气泡黏附的条件

由于悬浮颗粒对水的润湿性质不同，其对气泡的黏附情况也有很大的差别。污染物呈"亲水性"不能气浮，污染物呈"疏水性"可以气浮。向水中投加浮选剂改变污染物的疏水性能，可以使污染物由亲水性物质变为疏水性。

2. 气泡的稳定性

气泡浮到水面后，水分很快蒸发，泡沫极易破灭，会使已经浮到水面的污染物又脱落回到水中。投加起泡剂（表面活性物质）可达到改善气泡稳定性的目的。

3. 气浮中气泡对絮体和颗粒单体的结合方式

气浮过程中气泡对混凝絮体和颗粒单体的结合可以有三种方式，即气泡顶托，气泡裹携和气粒吸附。显然，它们之间的裹携和粘附力的强弱，即气、粒（絮凝体）结合的牢固程度与否，不仅与颗粒、絮凝体的形状有关，更重要的受水、气、粒三相界面性质的影响。水中活性剂的含量，水中的硬度，悬浮物的浓度，都和气泡的粘浮强度有着密切的联系。气浮运行的好坏与此有根本的关联。在实际应用中须调整水质。

4. 气泡直径

气泡的直径越小，能除去的污染物颗粒就越细，净化效率也越高。

按气泡产生的不同方式，气浮分为布气气浮、加压溶气气浮和电解气浮。

产生气泡的方法有溶气法和散气法。溶气法，又称加压溶气气浮。将气体压入废水的溶气罐中，水—气充分接触，气在水中溶解达到饱和度，气泡的直径一般小于 80 μm。散气法采用多孔扩散板曝气和叶轮搅拌产生气泡，气泡直径较大，在 1 000 μm 左右。

气浮分离已被广泛应用于去除含油废水（石油化工、机械加工、食品工业废水等）中的悬浮油（气泡直径 >10 μm，隔油池）和溶解性乳化油（气泡直径 <10 μm，一般 0.1~2 μm 气浮）；造纸厂白水回收纤维；染色废水处理；毛纺工业洗毛废水（羊毛脂及洗涤剂）处理等。也常用来作为饮用水的前处理措施，对于含藻类的湖水或水库水、低温低浊水，是一种较好的处理方法。

气浮法的主要优点是处理效率较高，一般只需 10~20 min 即可完成固液分离，且占地较少；生成的污泥比较干燥，表面刮泥也较方便；在处理废水时，由于向水中曝气，增加了水中的溶解氧，对后续的生化处理有利。

气浮法的缺点是电耗较大，设备的维修和管理工作量也较大，特别是减压阀、释放器或射流器等容易被堵塞。

（二）气浮设备

在污水处理过程中常用的气浮设备是气浮池。根据水流方向的不同，气浮池分为平流式和竖流式两种。通常废水在分离室的停留时间不少于 60 min。平流式气浮池（图 1-27）的长宽比应大于 3，水平流速为 4~10 m³/s，工作区水深 1.5~2.5 m。竖流式气浮池（图 1-28）为圆形或方形池，污水从下部进入，向上流动，油渣集于水面，借助上部的刮渣机将油渣收集。竖流式气浮池的高度为 4~5 m，长、宽或直径为 9~10 m，与竖式沉淀池类似。

（三）气浮工艺

加压气浮按加压情况分为部分溶气方式加压、全溶气方式加压和回流水加压三种，如图 1-29 所示。加压气浮装置由加压水泵、空气压缩机、溶气罐、溶气释放器和气浮池等组成。其中，回流水加压气浮是将处理后的部分废水加压溶气，回流量一般为 20%～50%。这种流程处理的效果较好，不会打碎絮凝体，出水的水质稳定，加压泵及溶气罐的容量及能耗等都较小，但气浮池的体积则相应增大。

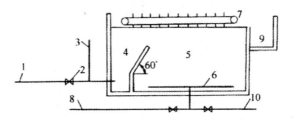

1—溶气水管；2—减压释放及混合设备；3—原水管；4—接触区；5—分离区；6—集水管；

7—刮渣设备；8—回流管；9—集渣槽；10—出水管

图 1-27　有回流的平流式气浮池示意

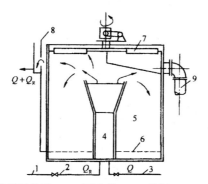

1—溶气水管；2—减压释放器；3—原水管；4—接触区；5—分离区；6—集水管；

7—刮渣机；8—水位调节器；9—排渣管

图 1-28　竖流式气浮池示意

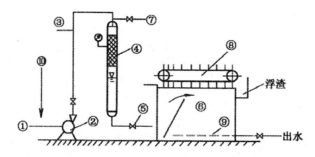

1—废水进入；2—加压泵；3—空气进入；4—压力溶气罐（含填料层）；5—减压阀；

6—气浮池；7—放气阀；8—刮渣机；9—出水系统；10—化学药剂

图 1-29　不同类型加压溶气气浮工艺流程

四、离心分离

（一）原理

利用快速旋转所产生的离心力使含有悬浮固体（或乳状油）的污水进行高速旋转，由于悬浮颗粒、乳化油等和水的质量不同，受到的离心力作用大小不等而进行分离的方法称为离心分离法。

当离心分离设备中分离颗粒密度大于介质密度时，分离颗粒被沉降在离心设备的最外侧；而当颗粒密度小于介质密度时，分离颗粒被"浮上"在离心设备最里面，利用不同的排出口将其分别引出。因此离心设备包括离心沉降和离心浮上两种。

悬浮颗粒受到的离心力与重力之比称为分离因数 a。在进行离心分离时，离心力对悬浮颗粒的作用远远超过重力，分离因数 a 越大，分离性能也越好。

（二）离心分离设备

按离心力产生方式的不同，离心分离设备分为水旋分离设备和器旋分离设备两大类型。

水旋分离设备的容器固定不动，由沿切向高速进入器内的水流本身造成的旋转来产生离心力。这类分离设备称为水力旋流器（或旋流分离器）。

器旋分离设备是依靠容器的高速旋转带动器内水流旋转来产生离心力。这类分离设备称为离心机。

1. 水力旋流器

水力旋流器有压力式和重力式两种。

压力式水力旋流器：含悬浮物的废水在水泵或其他外加压力的作用下，以切线方向进入旋流器后高速旋转，在离心力作用下，较大的颗粒被抛向器壁并旋转，沿壁向下随浓液至底部排泥管排出，较小的颗粒旋转到一定程度后随二次涡流向上运动，通过中心溢流管至分离器顶部，由排水管排出器外。工作时，在旋流器的中心部分上下有空气旋涡柱贯通，空气一般由下部进入，上部排出。

重力式水力旋流器：水流在分离器内的旋转靠进出口的水位差压力。污水从切线方向进入器内，造成旋流，在离心力和重力作用下，悬浮颗粒甩向器壁并向器底水池集中，同时污水水质得到净化。重力式水力旋流器，广泛用于回收轧钢废水中的氧化铁皮，回收率可达 90%～95%，出水可循环使用。与沉淀池相比，占地面积小，基建、运行费用低，管理方便；避免了压力式水力旋流器的水泵与设备的磨损，动能消耗大等缺点。但埋深较大，在地下水位高的地区，施工较麻烦。

水力旋流器液流中的颗粒受离心力作用，沉降到器壁，并随液流下降到锥形底的出口，成为较稠的悬浮液而排出，称为底流。澄清的液体或含有较小较轻颗粒的液体，则形成向上的内旋流，经上部出水管从顶部溢流管排出，称为溢流。

　　水力旋流器的分离效率随颗粒性质及其大小、进水压力、废水的黏滞度和设备构造条件等因素不同而不同。由于水力旋流器具有体积小，单位容积处理能力高[1 000 m³/(m²·h)]，用料少，易于安装和维护方便等优点，广泛用于去除轧钢废水中的氧化铁皮；纸浆、矿浆的除砂；建材工业中金刚砂的分离以及澄清、浓缩和颗粒分级等。还用作高浊度废水的预处理以代替庞大的预沉池。缺点是设备易受磨损，特别是圆周速度很大的圆锥部分，需消耗较多的电能。图 1-30 为水力旋流器示意图。

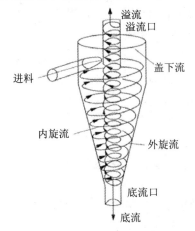

图 1-30　水力旋流器结构示意

2. 离心机

　　离心机依靠一个可以转动的圆筒（又称转鼓），在外借传动设备驱动下产生高速旋转，液体也随同旋转，其中不同密度的组分产生不同的离心力，达到分离的目的。

　　离心机设备紧凑、效率高，但设备复杂，只适用于处理小批量的废水、污泥脱水、很难用于处理一般过滤法处理的废水和分离回收废水中的有用物质，如从洗羊毛废水中回收羊毛脂。

　　离心机的种类很多，按分离因数（a）划分，有常速离心机和高速离心机两种。常速离心机主要用于分离颗粒不太大的悬浮物。高速离心机主要用于分离乳状液和细粒悬浮液。按操作原理划分，有过滤式离心机、沉降式离心机和分离式离心机三种。过滤式离心机适用于分离含有晶粒和其他固体颗粒的悬浮液。沉降式和分离式离心机用于分离不易过滤的悬浮液及乳浊液，或使悬浮液增浓。

五、过滤分离

（一）原理

　　水和废水通过粒状滤料床层时，其中的悬浮颗粒和胶体被截留在滤料表面和内部空隙中，这种通过粒状介质层分离不溶性污染物的方法称为粒状介质过滤。它既可用于化学混凝和生化处理之后作为后续处理，也可用于活性炭吸附和离子交换等深度处理之前的预处理。

过滤除污包括阻力截留、重力沉降和接触絮凝三种机理。

阻力截留：当原水自上而下流过粒状滤料层时，粒径较大的悬浮颗粒被截留在表层滤料的空隙中，使此层滤料间的空隙越来越小，截污能力也随之变得越来越强，结果逐渐形成一层主要由被截留的固体颗粒构成的滤膜，并由它起主要过滤作用。这种作用属于阻力截留或筛滤作用。筛滤作用的强度主要取决于表层滤料的最小粒径和水中悬浮物的粒径，并与过流速度有关。悬浮物粒径越大，表层滤料的粒径越小，过滤速度越慢，就越容易形成表层滤膜，滤膜的截污能力也就越强。

重力沉降：原水通过滤料层时，众多的滤料表面提供了巨大的沉降面积。据估计，$1 m^3$ 粒径为 $0.5 mm$ 的滤料中就拥有 $400 m^2$ 可供悬浮物沉降的有效面积，形成无数的"小沉淀池"，悬浮颗粒极易在此沉降下来。重力沉降强度主要与滤料直径和过滤速度有关。滤料越小，沉降面积越大；滤速越小，水流越平稳，越有利于悬浮物的沉降。

接触絮凝：由于滤料具有巨大的表面积，与悬浮物之间有明显的物理吸附作用。此外，用作滤料的砂粒在水中常常带有表面负电荷，能吸附带正电荷的胶体，在滤料表面形成带正电荷的薄膜，从而吸附带负电荷的杂质和各种有机物等胶体，在砂粒上发生接触絮凝。大多数情况下，滤料表面对尚未凝聚的胶体还能起接触碰撞的媒介作用，促进其凝聚过程。

实际过滤过程中，上述三种机理往往同时起作用，只是在不同条件下有主次之分。对粒径较大的悬浮颗粒，以阻力截留为主，主要发生在滤层表面，常称表面过滤；对细微悬浮物，以发生在滤料深层的重力沉降和接触絮凝为主，称深层过滤。经过一定时间的使用以后，过水的阻力增加，须采取一定的措施，如采用反冲洗将截留物从过滤介质上除去。

常用的过滤介质有两类：一种是颗粒状材料，如石英砂、无烟煤、金属屑、纤维球以及聚氯乙烯球或聚丙乙烯球等；另一种是多孔性介质，如格栅、筛网、帆布或尼龙布、微孔管等。

按过滤介质划分，常用的过滤设备有以下几种类型：

1. 砂滤

根据使用目的不同，采用不同形式的单层、双层或多层滤料的滤池。一般以卵石作垫层，采用粒径 $0.5 \sim 1.2 mm$、滤料层厚度 $1.0 \sim 1.3 m$ 的粒状介质为滤料，用于过滤细小的悬浮物或乳化油。根据进水方式，过滤设备有重力式滤池和压力式滤池两种。单层滤料多用石英砂，双层滤料上层用无烟煤，底层用石英砂；多层滤料用无烟煤、石英砂及石榴石等。滤速可达到 $8 \sim 10 m/h$，甚至更大一些。使用一段时间后，滤料空隙被污物堵塞，过滤阻力增加，需用水反冲，并用压缩空气辅助吹洗，使料层重新恢复纳污的能力，继续投入运行。

砂滤属于深层过滤，在水处理中应用最多。

2．筛网过滤

筛网过滤装置的形式很多，有转鼓式、圆盘式、帘带式等。一般网眼直径小于5 mm，适用于除去废水中不能被格栅截留，难以用沉淀法处理的细小悬浮物。如滤除废水中的纤维、纸浆等纤维性物质。具体内容在前面筛除处理部分已有阐述。

3．布滤

用帆布、尼龙布或毡布等作为过滤介质，一般用于过滤细小的悬浮物（如纺织厂废水中的花衣毛等）、废水中的沉渣（如石膏）或污泥脱水等。

4．微孔管过滤

适用于过滤不溶性的盐类、煤粉等细小的悬浮物颗粒。微孔管由聚氯乙烯树脂、多孔性陶瓷等一些特殊的材料制成。将一定直径、长度的众多微孔管进行适当的组装后放在反应池内，出口与水泵的吸水管相连便构成了多孔管过滤器。运行时，废水通过微孔管的孔隙抽出，处理后的出水很清，不溶性或细小的固体颗粒悬浮物等被截留在管外。堵塞时可用清水或压缩空气反向吹洗；堵塞严重时将微孔管取出，用铁丝刷带水进行清洗。

（二）快滤池的冲洗

快滤池工作一段时间后，由于滤料层中所含污泥的数量大大增加，滤池可能出现两种情况：一是由于砂层中所含的污泥已经逐层饱和，水中悬浮杂质开始穿透砂层，随水流出滤池。使滤池出水水质下降。二是由于滤层中所含的污泥逐渐增加，使滤层孔隙逐渐变小，水头损失随之增加，达到最大允许水头损失。因此快滤池必须定期冲洗。

冲洗的目的是使砂层恢复原来的工作能力。冲洗是用一定强度的水流由下而上地通过滤层，使滤层在上升的水流中逐渐膨胀到一定高度，由滤料间高速水流所产生的剪力使滤料上吸附的悬浮物脱落下来，并随反冲水流出滤池。这样当冲洗结束时，砂粒已得到清洗，滤池可以重新投入工作。

1．滤池冲洗质量的要求

滤池的冲洗要求满足：冲洗水在整个滤池的底部平面上应均匀分布，并防止水中带有气泡；冲洗水流必须保证有足够的上升流速（即足够的冲洗强度和水头），使砂层达到一定的膨胀高度；要有一定的冲洗时间；冲洗水的排除要迅速。

2．滤池的冲洗方法

常用方法是反冲洗。

反冲洗辅以表面冲洗：如快滤池的进水浊度太高，再加上滤池的冲洗强度小，冲洗水量不足，单采用反冲洗，往往不能将滤料冲洗干净。若在反冲洗的同时辅以表面冲洗，表面冲洗管上有喷嘴或孔眼，利用射流使滤料颗粒表面的污泥更易于脱落，可提高冲洗的质量，并减少冲洗用水量。

反冲洗辅以压缩空气：一般用于粗滤料滤池的冲洗（如压力滤池或用于废水处理），因粗滤料要求冲洗强度很大，势必增大冲洗用水量，如辅以压缩空气，可以减少洗砂水量。有些快滤池冲洗强度不够，冲洗质量不高，在这种情形下，如在冲洗时辅以压缩空气，也可提高滤池的冲洗质量。使用压缩空气时，常在承托层下另加一套空气管系统。

3．冲洗影响因素

（1）滤层膨胀率

沉积于滤层内的污物靠上升的反洗水流以及滤料颗粒间的碰撞、摩擦而剥落下来，并随水流冲走。因此，反洗强度要使滤料悬浮起来，势必造成滤层的膨胀。但反洗强度过大，滤层膨胀过高，减少了单位体积流化床的滤料颗粒数，使碰撞机会减少，反洗效果变差；还会造成滤料流失和冲洗水的浪费。因此，确定适宜的反洗强度和滤层膨胀率十分重要。

在冲洗时，滤层膨胀后所增加的厚度与膨胀前厚度之比称为滤层的膨胀率，可用下式表示：

$$e = \frac{l - l_0}{l_0} \times 100\% = (\frac{\varepsilon - \varepsilon_0}{1 - \varepsilon}) \times 100\% \qquad （1\text{-}8）$$

式中，e——滤层膨胀率（以百分率计）；

l_0——滤池膨胀前的厚度；

l——滤池膨胀后的厚度；

ε_0——滤池膨胀前的空隙率；

ε——滤池膨胀后的空隙率。

（2）冲洗强度

单位面积滤层上所通过的冲洗流量称为冲洗强度，以 L/（s·m²）计。在 20℃水温下，设计冲洗强度一般按表 1-7 确定。但若滤料级配与规范所定相差较大，则应通过计算并参照类似情况下的生产经验确定。

表 1-7　冲洗强度、膨胀率和冲洗时间

序号	滤层	冲洗强度/[L/（s·m²）]	膨胀率/%	冲洗时间/min
1	石英砂滤料	12～15	45	7～5
2	双层滤料	13～16	50	8～6
3	三层滤料	16～17	55	7～5

（三）配水系统

配水系统均匀性对冲洗效果影响很大。配水不均匀，部分滤层膨胀不足，而部分滤层膨胀过大，会导致局部发生移动，造成漏砂现象。配水系统可分为大阻力配水系统和小阻力配水系统。

1. 大阻力配水系统

大阻力配水系统由一条干管和多条带孔支管组成，外形呈"丰"字形（图1-31）。干管埋于池底中心，支管埋于承托层中间，距池底有一定高度，支管下开两排小孔，与中心线成45°角交错排列。孔的口径小，出流阻力大，使管内沿程水头损失的差别与孔口水头损失相比非常小，使整个孔口的水头损失趋于一致，以达到均匀布水的目的。

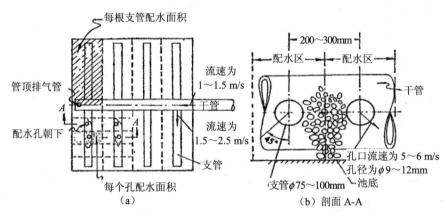

图1-31　管式大阻力配水系统示意

大阻力配水系统的干管和支管可由经验确定，其设计数据列于表1-8。

表1-8　管式大阻力配水系统设计参数

系数	单位	数值
干管进口流速	m/s	1.0～1.5
支管进口流速	m/s	1.5～2.5
支管间距	m	0.2～0.3
支管直径	mm	75～100
配水孔总面积		占总面积的0.2%～0.5%
配水孔直径	mm	9～12
配水孔间距	mm	75～300

2．小阻力配水系统

小阻力配水系统则是采用配水室代替配水管，在室顶按照栅条、尼龙网和多孔板等配水装置。由于配水室中水流速度很小，反洗水流经配水系统的水头损失也大大减小，要求的冲洗水头在 2 m 以下，且结构也较简单，但配水均匀性较差，常应用于面积较小的虹吸滤池等新型滤池。图 1-32 为小阻力配水系统构造示意。

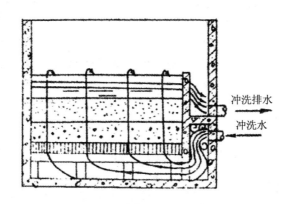

冲洗排水

冲洗水

图 1-32　小阻力配水系统示意

（四）冲洗水的供应

滤池所需的冲洗水流量，由冲洗强度与滤池面积的乘积确定。冲洗水可由冲洗高位水箱或冲洗水泵供给。后者投资省，但操作较为麻烦，在冲洗的短时间内耗电量大；前者造价较高，但操作简单，允许较长时间内向水箱输水，专用水泵小，电耗较均匀。如有地形或其他条件可利用时，建造冲洗水塔较好。

1．冲洗水塔

如图 1-33 所示，水箱中的水深不宜超过 3m，以免冲洗初期和冲洗末期的冲洗强度相差过大。水箱应在冲洗间歇时间内充满。水箱容积按单个滤池冲洗水量的 1.5 倍计算。

水箱底部高出滤池排水槽顶的高度 H_g（m）为：

$$H_g = h_1 + h_2 + h_3 + h_4 + h_5 \tag{1-9}$$

式中，h_1——冲洗水箱与滤池的沿程水头损失与局部水头损失之和，m；

h_2——配水系统水塔损失，m；

h_3——承托层水头损失，m；

h_4——滤料层水塔损失，m；

h_5——备用水头，一般为 1.5～2.0 m。

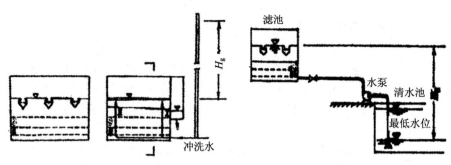

（a）用高位水箱冲洗滤池示意图　　　　　　　　（b）用水泵供水冲洗滤池示意图

图 1-33　用高位水箱与用户水泵供给冲洗滤池示意

其中，

$$h_2 = \left(\frac{q}{10\mu K}\right)^2 \frac{1}{2g} \tag{1-10}$$

式中，q——冲洗强度，$\text{L/}(\text{s·m}^2)$；

$\quad\quad \mu$——孔眼流量系数，一般为 $0.65\sim0.7$；

$\quad\quad K$——孔眼总面积与滤池面积比，采用 $0.2\%\sim0.25\%$；

$\quad\quad g$——重力加速度，$9.81\ \text{m/s}^2$。

$$h_3 = 0.022 H_1 g \tag{1-11}$$

式中，H_1——承托层厚度，m。

$$h_4 = \left(\frac{\rho_s}{\rho_F} - 1\right)(1 - \varepsilon_0) L_0 \tag{1-12}$$

式中，ρ_s——滤料密度，kg/m；

$\quad\quad \rho_F$——水的密度，kg/m；

$\quad\quad \varepsilon_0$——滤料膨胀前的孔隙率；

$\quad\quad L_0$——滤层厚度，m。

2．冲洗水泵

利用水泵冲洗，其布置形式如图1-33（b）所示。水泵的流量按冲洗一个滤池来计算，其所需水泵的扬程 H，可按下式计算：

$$H = H_0 + h_1 + h_2 + h_3 + h_4 + h_5 \tag{1-13}$$

式中，H_0——冲洗排水槽顶与清水池最低水位的高程差，m；

$\quad\quad h_1$——清水池与滤池间冲洗管道的沿程与局部水头损失之和，m；

其他符号同前。

水泵冲洗建造费用低，可以连续冲洗几个滤池。在冲洗过程中冲洗强度的变化较小。但冲洗水泵间断工作，设备功率很大，在短时间内需要消耗大量电力，因此电网负荷极不均匀。在考虑采用哪种冲洗方式时，应按当时当地的具体情况来确定，一般中小面积的滤池，偏重于水泵冲洗。

（五）过滤设备

1．普通快滤池

（1）构造及工作过程

普通快滤池应用较广，一般是矩形的钢筋混凝土池子，可以几个池子相连呈单行或双行排列。其构造如图 1-34 所示。普通快滤池的过滤工艺过程包括过滤和反冲洗两个基本阶段。过滤即截留污染物；反冲洗即把被截留的污染物从滤料层中洗去，使之恢复过滤能力。从过滤开始到结束延续的时间成为滤池的工作周期，一般应大于 8 h，最长可达 48 h。从过滤开始到反冲洗结束称为一个过滤循环。

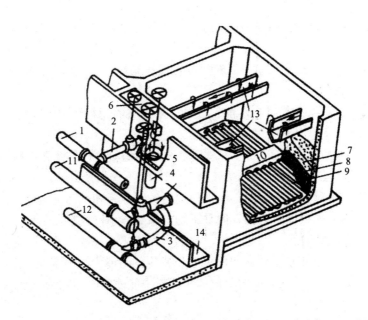

1—进水干管；2—进水支管；3—清水支管；4—排水管；5—排水阀；6—集水渠；
7—滤料层；8—承托层；9—配水支管；10—配水干管；11—冲洗水管；12—清水总管；
13—排水槽；14—废水渠

图 1-34　普通快滤池构造示意

过滤开始时，原水从进水管经集水渠、洗砂排水槽分配进入滤池，在池内水自上而下穿过滤料层、垫料层（承托层），由配水系统收集，并经清水管排出。经过一段时间的过滤后，滤料层被悬浮颗粒所阻塞，水头损失逐渐增大到一个极限值，滤池的出水量锐减；另一方面，水流的冲刷力又会使一些已截留的悬浮颗粒从滤料表面剥离下来而被大量带出，影响出水水质。此时，滤池应停止工作，进行反冲洗。

反冲洗时，关闭混水管及清水管，开启排水阀及反冲洗进水管，反冲洗水自下而上通过配水系统、垫料层、滤料层，并由洗砂排水槽收集，经积水渠内的排水管排走。反冲洗过程中，由于反洗水的进入会使滤料层膨胀流化，滤料颗粒之间相互摩擦、碰撞，附着在滤料表面的悬浮物质被冲刷下来，由反洗水带走。

滤池经过反冲洗后，恢复了过滤和截污的能力，又可重新投入工作。如果刚开始过滤时出水水质较差，则应排入下水道，直至出水合格，这称为初滤排水。

（2）滤料和垫层

滤料是滤池中最重要的组成部分，是完成过滤的主要介质。优良的滤料须满足以下要求：有足够机械强度、有足够化学稳定性、有一定颗粒级配和适当空隙率。滤料的性能指标有：

1）粒径。粒径表示滤料颗粒的大小，通常指能把滤料颗粒包围在内的一个假想的球体的直径；

2）滤料的级配。级配表示不同粒径的颗粒在滤料中的比例，滤料颗粒的级配可由筛分试验求得；

3）有效粒径。有效粒径表示能使占总质量 10%的滤料通过的筛孔直径（mm），记作 d_{10}；

4）不均匀系数。d_{80} 表示能使占总质量 80%的滤料通过的筛孔直径（mm），d_{80} 与 d_{10} 的比值称为滤料的不均匀系数，以 k_{80} 表示。不均匀系数越大，滤料越不均匀，小颗粒会填充于大颗粒的间隙间，从而使滤料的孔隙率和纳污能力降低，水头损失增大，因此不均匀系数以小为佳。但是不均匀系数越小，滤料加工费用也越高。通常 k_{80} 应控制在 1.65～1.8；

5）纳污能力。滤料层承纳污染物的容量常用纳污能力来表示。其含义是在保证出水水质的前提下，在过滤周期内单位体积滤料中能截留的污物量，以 kg/m^3 或 g/m^3 为单位；

6）孔隙率和比表面积。孔隙率是指在一定体积的滤料层中空隙所占的体积与总体积的比值。比表面积指单位质量或单位体积的滤料所具有的表面积，以 cm^2/g 或 cm^2/cm^3 为单位。

常用的滤料有石英砂、无烟煤粒、石榴石粒、磁铁矿粒、白云石粒、花岗岩粒以及聚苯乙烯发泡塑料等。

承托层主要起承托滤料的作用。要求不会被反洗水冲动，形成的孔隙均匀，使布水均匀，化学稳定性好，机械强度高。通常，承托层采用天然卵石或碎石。

2. 虹吸滤池

虹吸滤池是快滤池的一种，是利用虹吸原理进水和排走反冲洗水，因此节省了两个闸门。此外，它利用小阻力配水系统和池子本身的水位来进行反冲洗，不需要另设冲洗水箱或水泵，加之较易利用水力，自动控制池子的运行，所以应用较广。

与普通快滤池相同，采用小阻力配水系统，所不同的是利用虹吸原理进水和排走反洗水。虹吸滤池不需要大型进水阀或控制滤速装置，也不需冲洗水塔或水泵。比同规模的快滤池造价投资省 20%～30%，但滤池深度较大（5～6 m）。适用于中、小型污水处理厂。

虹吸滤池是由 6～8 个单元滤池组成的一个整体。滤池的形状主要是矩形，水量少时也可建成圆形。图 1-35 为圆形虹吸滤池构造和工作示意图。滤池的中心部分相当于普通快滤池的管廊，滤池的进水和冲洗水的排除由虹吸管完成。

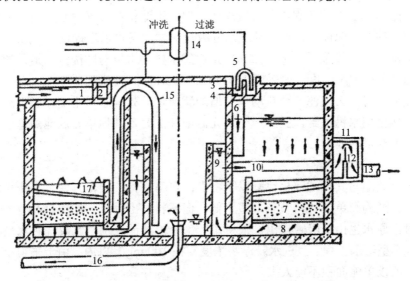

1—进水槽；2—配水槽；3—进水虹吸管；4—单元滤池进水槽；5—进水堰；6—布水管；
7—滤层；8—配水系统；9—集水槽；10—出水管；11—出水井；12—控制堰；13—清水管；
14—真空系统；15—冲洗虹吸管；16—冲洗排水管；17—冲洗排水槽

图 1-35　虹吸滤池构造

图 1-35 的右半部表示过滤时的情况，经过澄清的水由进水槽流入滤池上部的配水槽。经进水虹吸管流入单元滤池进水槽，再经过进水堰（调节单元滤池的进水量）和布水管流入滤池。水经过滤层和配水系统而流入集水槽，再经出水管流入出水井，通过控制堰流出滤池。

滤池在过滤过程中滤层的含污量不断增加，水头损失不断增长，要保持控制堰上的水位，即维持一定的滤速，则滤池内的水位应该不断地上升，才能克服滤层增长的水头损失。当滤池内水位上升到预定的高度时，水头损失达到了最大允许值（一般采用 1.5～2.0 m），滤层就需要进行冲洗。

虹吸滤池在过滤时，由于滤后水位永远高于滤层，保持正水头过滤，所以不会发生负水头现象。每个单元滤层内的水位，由于通过滤层的水头损失不同而不同。

滤池的配水系统必须采用小阻力配水系统，因此利用滤池本身滤过水的水位（清水槽内水位）即可冲洗。

图 1-35 的左半部表示滤池冲洗时的情况：首先破坏进水虹吸管的真空，则配水槽的水不再进入滤池，滤池继续过滤。起初滤池内水位下降较快，但很快就无显著下降，此时就可以开始冲洗。利用真空系统抽出冲洗虹吸管中的空气，使它形成虹吸，并把滤池内的存水通过冲洗虹吸管抽到池中心的下部，再由冲洗排水管排走。此时滤池内水位较低，当清水槽的水位与池内水位形成一定的水位差时，冲洗工作正式开始。冲洗水的流程与普通快滤池相似。当滤料冲洗干净后，破坏冲洗虹吸管的真空，冲洗立即停止，再启动进水虹吸管，滤池又可以进行过滤。

冲洗水头一般采用 1.1～1.3 m。是由集水槽的水位与冲洗排水槽顶的高差来控制。滤池平均冲洗强度一般采用 10～15 L/（s·m²），冲洗历时 5～6 min。一个单元滤池在冲洗时，其他滤池会自动调整增加滤速使总处理水量不变。由于滤池的冲洗水是直接由集水槽供给，因此一个单元滤池冲洗时，其他单元滤池的总出水量必须满足冲洗水量的要求。

3. 无阀滤池

无阀滤池与其他滤池相比有以下特点：自动进行，操作方便，工作稳定可靠；负水头；结构简单，材料节省，造价低。但滤料进出困难，滤池总高度较大；滤池冲洗时，原水也由虹吸管排出，浪费了一部分澄清的原水，且反洗污水量大。多用于中、小型给水工程，且进水悬浮物浓度宜在 100 mg/L 以内。由于采用小阻力配水系统，所以单池面积不能太大。

如图 1-36 所示，水由进水管送入滤池，经过滤层自上而下进行过滤，滤后清水从连通管进入清（冲洗）水箱内贮存。水箱充满后，水从出水管溢流入清水池。

滤池运行中，滤层不断截留悬浮物，滤层阻力逐渐增加，促使虹吸上升管内的水位不断升高，当水位达到虹吸辅助管管口时，水自该管中落下，并通过气管不断将虹吸下降管中的空气带走，使虹吸管内形成真空，发生虹吸作用，则水槽中的水自下而上地通过滤层，对滤料进行反冲洗。此时滤池仍在进水，反冲洗开始后，进水和冲洗排水同时经虹吸上升管、下降管排至排水井排出。

当冲洗水箱水面下降到虹吸破坏管口时，空气进入虹吸管虹吸作用被破坏，滤池反冲洗结束。然后，滤池又进水，进入下一周期的运行。

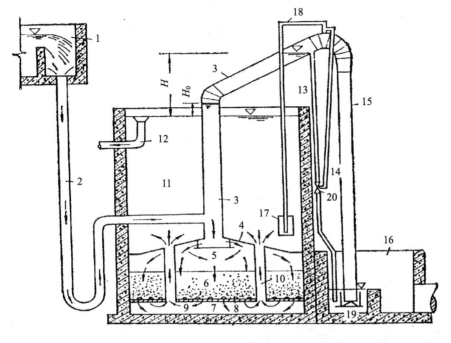

1—进水配水槽；2—进水管；3—虹吸上升管；4—顶盖；5—配水挡板；6—滤层；7—滤头；

8—垫板；9—集水空间；10—联络管；11—冲洗水箱；12—出水管；

13—虹吸辅助管；14—抽气管；15—虹吸下降管；16—排水井；17—虹吸破坏斗；

18—虹吸破坏管；19—水射器；20—冲洗强度调节器

图 1-36　无阀滤池构造

无阀滤池的运行全部自动，操作方便；节省大型闸阀，造价比普通快滤池低30%～50%。缺点是总高度较大，出水标高较高；反冲洗时要浪费一部分澄清水。

六、蒸发与结晶

蒸发与结晶是根据传热原理实现废水的净化和回收利用。在不同温度下，蒸发与结晶根据污染物（溶质）的溶解度不同，采用升温或降温的方式使溶剂蒸发、溶质结晶，进行废水的净化和有用物质的回收利用。

（一）蒸发

1. 原理

蒸发法是依靠加热使溶液中的溶剂（如水等）汽化，溶液得到浓缩的过程。对于废水，蒸发既是以浓缩、分离方式治理污水的过程，也是换热的过程。

用蒸发法处理废水，废水中非挥发性的溶解离子、固体颗粒和胶体状物质，仅有极少量随蒸汽上升而被带走，其余留在浓缩液中，处理效率在 95%以上；其适应性强，对各种粒子的去除范围宽，100～0.05 μm 的微小颗粒均能去除。用蒸发回收造纸废液中的碱、金属酸洗废液中的酸，对放射性裂变产物废水进行无害化处理，是较为有效的方法。但不足之处是耗热量大，设备费用较高，金属材料消耗量多，浓缩液仍需进一步回收或处理等。

2．蒸发器的种类和特性

蒸发器的种类很多，按溶液的循环方式可分为自然循环蒸发器、强制循环蒸发器和不循环蒸发器等。

（1）自然循环蒸发器。

该设备比较紧凑，传热面积大，而且清洗修理也很简单方便。但循环速度不高，不适用于温差小或黏度大于 $1.0×10^{-4}$ Pa·s 的溶液，占地面积和重量都比较大。

（2）强制循环蒸发器

为提高传热系数，防止结晶或生垢，在蒸发器的循环管上安装了循环泵，使加热室中溶液的循环速度增加到 1.5～3.5 m/s，传热系数比自然循环式大 2～3 倍。这种蒸发器适用于需节约贵重设备材料用量，蒸发易结晶和黏性的溶液。缺点是蒸发器的成本高，循环系统消耗一定的能量，料液在器内停留时间较长等。

（3）薄膜蒸发器

是一种单程蒸发器，溶液在器内不做循环，只通过一次就可达到所要求的浓度，且稀浓溶液也不再相混。由于传热效率高，蒸发速度极快（仅几秒或十几秒）而受到重视，应用于中草药废水的处理，电镀废液中回收有用金属等。薄膜蒸发器又分成长管式、旋风式和回转式薄膜蒸发器等，均在生产中得到了应用。

（4）浸没燃烧蒸发器

其蒸发方法实质上是将高温烟气直接喷入被蒸发的溶液中，蒸发废液中的水分。它是以燃料（煤气或油）与空气燃烧产生的高温烟气作为加热剂，再经浸没在液面下边的出口喷嘴，直接与废液进行激烈的液相至气相传热与气相至液相的传热。由于气液两相间的温差很大，产生强烈的翻腾鼓泡，使废水迅速升温至沸点汽化，随废气排出，达到蒸发浓缩的目的。用于处理冶金工业的硫酸酸洗废液，回收硫酸和亚硫酸铁效果较好。

（二）结晶

1．原理

结晶是溶液中的固体溶质以晶体状态析出的过程。利用过饱和溶液的不稳定原理，将废水中过剩的溶解物质以结晶形式析出，再将母液分离出来就得到了纯净的产品。利用结晶的方法可回收废水中有用物质或去除污染物。

结晶和溶解是相反的两个过程，当溶液中有足够量的溶质时，就会达到下列的动态平衡：

未溶解的溶质——→溶液中的溶质（溶解）

溶液中的溶质——→未溶解的溶质（结晶）

在一定温度下达到动态平衡的溶液称之饱和溶液，而溶液中溶质的浓度就是该溶质的溶解度。若溶液中溶质的浓度大于溶解度称为过饱和溶液，过饱和溶液容易结晶溶质。从溶液中获得晶体的必要条件就是使溶液达到过饱和的状态。

2．结晶的方法

结晶的方法主要有两大类，即移除一部分溶剂的结晶和不移除溶剂的结晶。

移除一部分溶剂的结晶：溶液的过饱和状态可利用溶剂在沸点时的蒸发或在低于沸点时的汽化而达到，其适用于溶解度随温度降低而变化不大的物质的结晶，如NaCl、KBr 等。按操作方式分为：蒸发式、真空蒸发式、汽化式。相对应的设备有蒸发结晶器、摇动结晶器、真空结晶器等。

不移除溶剂的结晶：溶剂的过饱和状态则通过冷却的方法达到，该法适用于溶解度随温度降低而显著降低的物质的结晶。主要有水冷却式和冷冻盐水冷却式两种形式。

学习单元三　　化学处理

化学处理法主要处理废水中的溶解性或胶体状态的污染物质。它既可使污染性物质与水分离，也能改变污染性物质的性质，如降低废水中的酸碱度、去除金属离子、氧化某些物质及有机物等，可达到比物理方法更高的净化程度。特别是要从废水中回收有用物质或当废水中含有某种有毒、有害且又不易被微生物降解的物质时，采用化学处理方法最为适宜。然而，化学处理法常采用化学药剂或材料，运行费用一般都比较高，操作与管理的要求也比较严格，在化学法的前处理或后处理过程中，还需配合使用物理处理方法。

一、中和处理

（一）概述

很多工业废水往往含酸或含碱。酸性废水中可能含无机酸（如硫酸、盐酸、硝酸、磷酸等）或有机酸（如醋酸、草酸、柠檬酸等）。碱性废水中的碱性物质有苛性钠、碳酸钠、硫化钠和胺类等。根据我国工业废水和城市污水的排放标准，排放废水的 pH 值应在 6～9。超出规定范围的都应加以处理。工业废水含酸、碱的量往往差别很大。通常将酸的含量大于 3%～5%的含酸废水称为废酸液，将碱的含量大于

1%～3%的含碱废水称为废碱液。废酸液和废碱液应尽量加以回收利用。低浓度的含酸废水和含碱废水，回收的价值不大，可采用中和法处理。

废水的中和处理就是使废水进行酸碱的中和反应，调节废水的酸碱度（pH 值），使其呈中性、接近中性或适宜于下步处理的 pH 值范围。如，以生物处理而言，需将处理系统中废水的 pH 值维持在 6.5～8.5，以确保最佳的生物活力。

酸碱废水的来源很广，化工厂、化学纤维厂、金属酸洗与电镀厂等及制酸或用酸过程，都排出大量的酸性废水。有的含无机酸如硫酸、盐酸等；有的含有机酸如醋酸等；也有几种酸并存的情况。酸具有强腐蚀性，碱危害程度较小，但在排至水体或进入其他处理设施前，均须对酸碱废液先进行必要的回收，再对低浓度的酸碱废水进行适当的中和处理。通常废水中除含有酸或碱以外，往往还含有悬浮物、金属盐类、有机物等杂质，影响酸、碱废水的回收与处理。

（二）基本原理

酸性废水用碱中和，碱性废水用酸中和，两者都是中和反应。

当酸和碱的当量相等时，达到等当点。由于作用的酸、碱的强弱不同，等当点时的 pH 不一定等于 7。当强酸与弱碱中和时，等当点时的溶液 pH 值小于 7；当弱酸与强碱中和时，等当点时的溶液 pH 值大于 7。

需要投加的酸、碱中和剂的量，理论上可按化学反应式进行计算。但实际废水的成分比较复杂，干扰酸碱平衡的因素较多。例如酸性废水中往往含有重金属离子 Fe^{3+}、Al^{3+}、Cu^{2+} 等，在用碱进行中和时，会生成金属氢氧化物沉淀，消耗部分碱。此时，应通过实验得出中和曲线，以确定中和剂投加量。

图 1-37 显示不同强度的酸与强碱中和时的中和曲线。

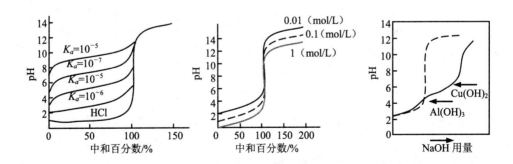

图 1-37　不同强度的酸与强碱中和时的中和曲线

（三）方法

废水中和方法有均衡法和 pH 值直接控制法。

（1）均衡法。即在均衡池中将酸性和碱性废水混合中和。由于工业废水的水量和水质一般不均衡，随生产的变化而变化。为了进行水量的调节和水质的均合，减小高峰流量和高浓度废水的影响，需设置足够容积的均衡池作为预处理的设施或中和设备，若废水中和后达不到规定的 pH 值，需加废酸或废碱进行调节。

（2）pH 值直接控制法。常用的方法有酸碱废水相互中和、药剂中和法和过滤中和法等。

酸性废水的中和：对于酸性废水，常用药剂法和过滤法进行中和。

药剂中和法能处理任何浓度、任何性质的酸性废水，对水质和水量波动适应性强，中和剂利用率高。采用的药剂有石灰、废碱、石灰石和电石渣等，药剂的选用应考虑药剂的供应情况、溶解性、反应速度、成本、二次污染等因素。通常是将石灰制成乳液湿投或石灰石粉碎成细粒后干投。处理设备包括废水调节池、石灰乳配制槽或石灰石粉碎机、投药装置、混合反应池、沉淀池以及污泥干化床等。在混合反应池中进行必要的搅拌，防止石灰渣的沉淀。废水在其中的停留时间一般不大于 5 min。沉淀池中的废水，可停留 1～2 h，产生的沉渣容积约为废水量的 10%～15%，沉渣含水率为 90%～95%，送干化床脱水干化。药剂中和法劳动条件较差、处理成本高、污泥较多、脱水麻烦，只在酸性废水中含有重金属盐类、有机物或有廉价的中和剂时采用。

过滤中和法是选择碱性滤料（如粒状的石灰石、大理石、白云石或电石渣等）填充成一定形式的滤床，酸性废水通过滤料进行中和过滤。与药剂中和法相比，其操作方便、运行费用低、劳动条件好，产生沉渣只有污水体积的 0.1%。但进水硫酸浓度受到限制。主要设备有：普通中和滤池，等速升流式膨胀中和滤池，高滤速（60～70 m/h）或高速变速升流膨胀中和滤池，滚筒式中和器等。

碱性废水常用废酸、酸性废水中和或与烟道气中和，投酸中和法是采用废强酸或酸性废水进行中和处理。所用设备和中和程序与酸性废水中和法相同。

烟道气中和法是利用烟道气中的二氧化碳与二氧化硫溶于水中形成的酸中和碱性废水。方法是将烟道气通入碱性废水，或利用碱性废水作为除尘的喷淋水，两者均可得到良好的处理效果。但处理后废水中的悬浮物含量大为增加，硫化物、耗氧量和色度也都有所增加，还需对废水进行补充处理。

选择中和方法时应考虑以下因素：

① 含酸或含碱废水所含酸类或碱类的性质、浓度、水量及其变化规律。

② 寻找能就地取材的酸性或碱性废料，并尽可能地加以利用。

③ 本地区中和药剂或材料（如石灰、石灰石等）的供应情况。

④ 接纳废水的水体性质和城市下水管道能容纳废水的条件。

此外，酸性污水还可根据排出情况及含酸浓度，对中和方法进行选择。

如工厂内同时有酸性和碱性废水时，可以先用碱性废水中和，然后剩余的酸再用碱性物质中和。

1. 酸性废水的中和处理

酸性废水中和的方法主要有投药中和法和碱性物料过滤法。

中和药剂的投加量，可按化学反应式进行估算。比较正确的方法是通过试验，根据中和曲线确定。碱性药剂的用量可按下式计算：

$$G = (K/P)(QC_1 a_1 + QC_2 a_2)$$

式中，Q —— 废水流量，m^3/d；

C_1 —— 废水含酸量，kg/m^3；

a_1 —— 中和 1 kg 酸所需的碱性药剂，kg；

a_2 —— 中和 1 kg 酸性盐类所需的碱性药剂，kg；

C_2 —— 废水中需中和的酸性盐类量，kg/m^3；

K —— 考虑部分药剂不能完全参加反应的加大系数。用石灰湿投时，K 取 1.05～1.10；

P —— 药剂的有效成分含量。一般生石灰含 CaO 60%～80%，熟石灰含 $Ca(OH)_2$ 65%～75%，电石渣含 CaO 60%～70%。

石灰的投加可以用干法或湿法。干法是将石灰粉直接计量投入水中。使用较多的是湿投法，即将石灰先消解，配制成石灰乳液，然后投加。石灰用量少时，如图 1-38 所示，生石灰先在消解槽内加水搅拌消化。消化后的石灰浆流到有机械或水力搅拌的石灰乳贮槽，加水搅拌均匀，配制成浓度为 5%～15%的石灰乳液。配制好的石灰乳用投配器控制投加量，加入到中和池。

石灰用量多时，可采用图 1-39 的石灰乳配制系统。石灰由输送带送入贮料斗，再进入石灰消解机。石灰消解机由电动机、搅拌筒和变速箱组成，利用搅拌筒的旋转和筒内螺旋叶片的搅动，石灰加水拌和消解生成石灰乳，经筛网筛后流入石灰乳槽（用以沉淀分离石灰乳中的灰、砂等杂物），然后用石灰乳泵打到贮槽，加水搅拌配制成浓度为 5%～15%的石灰乳液，再经投料箱和计量泵，将石灰乳加入到混合池。为了防止在投药箱内产生沉淀，箱内装有机械搅拌设备。

中和反应在专门的池内进行。由于反应时间较快，可以将混合池和反应池合二为一，采用隔板式或机械搅拌。停留时间采用 5～20 min。

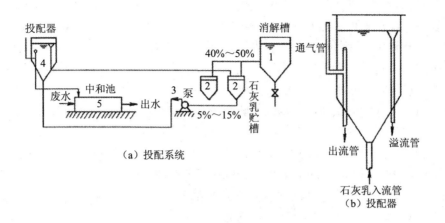

图 1-38 石灰乳投配流程

投药中和法可采用间歇处理或连续流式处理。当废水量少，废水间断产生时可采用间歇处理，设置 2~3 个池子，交替工作。当废水量大时，一般用连续流式处理，为获得稳定可靠的中和效果，可采用多级（二级或三级）串联。

中和过程中形成的各种沉淀物应及时分离，以防堵塞管道。一般采用沉淀池进行分离。

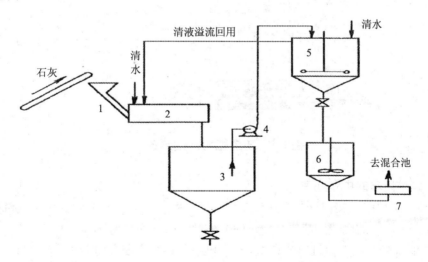

图 1-39 石灰乳配置示意

1—输送带；2—石灰消解机；3—石灰乳槽；4—石灰乳泵；5—贮槽；6—投料箱；7—计量泵

当中和剂为颗粒时，常采用过滤的形式使酸性废水和中和剂充分接触，得到中和。常用的碱性滤料为：石灰石、大理石、白云石。前两者的主要成分是 $CaCO_3$，

后者的主要成分是 $CaCO_3 \cdot MgCO_3$。滤料的选择与废水性质及当地材料供应密切相关。在用过滤法处理含硫酸的酸性废水时，要防止粒料表面形成硫酸钙外壳，使滤料失去中和作用。因此，以石灰石为滤料时，硫酸浓度一般不应超过 $1 \sim 2$ g/L，而以白云石为滤料时，则浓度可适当提高。如硫酸浓度超过允许值，可以回流中和后的出水，用以稀释原水。

采用升流式膨胀滤池，可以改善硫酸废水的中和过滤。当粒料的粒径较细（<3 mm），废水上升滤速较高（$50 \sim 70$ m/h）时，滤床膨胀，粒料相互碰撞摩擦，有助于防止结壳。某厂用这种滤池处理酸度低于 $2.2 \sim 2.3$ g/L 的硫酸废水，达到了中和目的。所用滤池的直径为 1.2 m，深度为 2.9 m；石灰石滤床高 $1 \sim 1.2$ m，膨胀后高 $1.4 \sim 1.8$ m。废水从池底进入，从池顶墙周溢出，流速为 $50 \sim 55$ m/h。出水饱含 CO_2，pH 值接近 4.5，曝气后，pH 值上升到 6 以上。

升流式膨胀滤池要求布水均匀，常采用大阻力配水系统。池子的直径一般不应太大（不大于 $1.5 \sim 2.0$ m）。图 1-40 是升流式膨胀滤池的示意图。

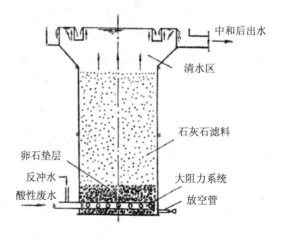

图 1-40　升流式膨胀滤池示意

2. 碱性废水的中和处理

碱性废水用酸性物质进行中和。常用的酸性物质有：（1）工业用酸（硫酸和盐酸）；（2）工厂中的废硫酸或废盐酸；（3）酸性废气（如烟道气等）。

废酸的价格低，能促进废物利用。但废酸中往往含有较多的杂质，有时有害（如重金属离子等），不能由于废酸的利用而使处理后的出水中含有超量的有毒有害物质。

硫酸的价格较低，应用较广。盐酸的优点是反应物的溶解度高，沉渣量少，但价格较高，出水中的溶解盐类含量也高。

碱性废水中和处理的设备与酸性废水中和处理基本相同，要有混合反应池。如产生沉淀物，则应设置沉淀池。

酸性药剂的消耗量可按化学反应式计算其理论量，表 1-9 列出一些数据供参考。

表 1-9 酸性药剂理论消耗量 单位：kg 酸/kg 碱

碱	酸性药剂							
	H_2SO_4		HCl		HNO_3		CO_2	SO_3
	100%	98%	100%	86%	100%	65%		
NaOH	1.22	1.24	0.91	2.53	1.57	2.42	0.55	0.80
KOH	0.88	0.90	0.65	1.80	1.13	1.74	0.39	0.57
$Ca(OH)_2$	1.32	1.35	0.99	2.74	1.70	2.62	0.59	0.86
NH_3	2.88	2.94	2.14	5.95	3.71	5.71	1.29	1.88

烟道气中，含有 CO_2 和少量的 SO_2、H_2S，可用以中和碱性废水，其反应式为：

$$CO_2+2NaOH \Longrightarrow Na_2CO_3+H_2O$$

$$SO_2+2NaOH \Longrightarrow Na_2SO_3+H_2O$$

$$H_2S+2NaOH \Longrightarrow Na_2S+2H_2O$$

用烟道气中和碱性废水一般在喷淋塔中进行，如图 1-41 所示。碱性废水从塔顶用布液器喷出，经过填料下流，烟道气则自塔底进入，逆流而上。在水气逆流接触过程中，废水和烟道气都得到了净化，使废水处理与消烟除尘、气体净化结合起来。有资料表明，将含 12%～14% CO_2 的烟道气与硫化物含量为 30 mg/L、pH 值为 11 的印染厂硫化染料废水，经喷淋塔接触 20 min，pH 值可降至 6.4，硫化物去除率达 98%。但用烟道气中和一般的碱性废水，出水中的硫化物、耗氧量和色度都会有显著增加。

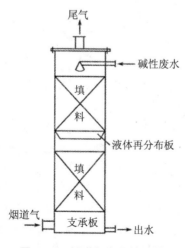

图 1-41 烟道气中和喷淋塔

二、混凝和化学沉淀

在废水处理中，混凝法通常与沉淀法配合使用，故称为混凝沉淀法。可作为初级处理的手段，也可作为二级处理或深度处理的一种工艺。

（一）混凝

1．混凝原理

化学混凝处理的对象主要是水中的微小悬浮物和胶体杂质。水中大颗粒的悬浮物由于受重力的作用而下沉，可用沉淀等方法除去。但微小粒径的悬浮物和胶体，能在水中长期保持分散悬浮状态，即使静置数十小时以上，也不会自然沉降。这是由于胶体微粒及细微悬浮颗粒具有"稳定性"。

（1）胶体的稳定性

胶体微粒都带有电荷。天然水中的黏土类胶体微粒及污水中的胶态蛋白质和淀粉微粒等都带有负电荷，其结构示意图见图1-42，中心称为胶核。其表面选择性地吸附了一层带有同性电荷的离子，这些离子可由胶核的组成物直接电离产生，也可从水中选择吸附 H^+ 或 OH^- 离子。这层离子称为胶体微粒的电位离子，决定胶粒电荷的大小和电性。

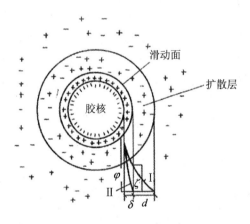

图 1-42 胶体结构和双电层示意

由于电位离子的静电引力，在其周围又吸附了大量的异性离子。形成了所谓"双电层"。这些异性离子紧靠电位离子的部分被牢固地吸引着。当胶核运动时，随着一起运动，形成固定的离子层。而其他的异性离子离电位离子较远，受到的引力较弱，不随胶核一起运动，并有向水中扩散的趋势，形成了扩散层。固定的离子层与扩散层之间的交界面称为滑动面。滑动面以内的部分称为胶粒，胶粒与扩散层之间，有一个电位差。此电位称为胶体的电动电位，常称为ζ电位。而胶核表面的电位离子与溶液之间的电位差称为总电位或φ电位。

胶粒在水中受几方面的影响：① 由于上述的胶粒带电现象，带相同电荷的胶粒产生静电斥力，而且ζ电位愈高，胶粒间的静电斥力愈大；② 受水分子热运动的撞击，使微粒在水中作不规则的运动，即"布朗运动"；③ 胶粒之间还存在着相互引力——范德华引力。范德华引力的大小与胶粒间距的 2 次方成反比，当间距较大时，此引力忽略不计。

一般水中的胶粒ζ电位较高。其互相间斥力不仅与电位有关，还与胶粒的间距有关，距离愈近，斥力愈大。而布朗运动的动能不足以将两颗胶粒推近到使范德华引力发挥作用的距离。因此，胶体微粒不能相互聚结而长期保持稳定的分散状态。

使胶体微粒不能相互聚结的另一个因素是水化作用。由于胶粒带电，将极性水分子吸引到它的周围形成一层水化膜。水化膜同样能阻止胶粒间相互接触。但水化膜是伴随胶粒带电而产生的，如果胶粒的电位消除或减弱，水化膜也就随之消失或减弱。

（2）混凝原理

化学混凝的机理涉及的因素很多，如水中杂质的成分和浓度、水温，水的 pH 值、碱度，以及混凝剂的性质和混凝条件等。但归结起来，可以认为主要是两方面的作用：①压缩双电层作用。如前所述，水中胶粒能维持稳定的分散悬游状态，主要是由于胶粒的ζ电位。如能消除或降低胶粒的电位，就有可能使微粒碰撞聚结，失去稳定性。在水中投加电解质——混凝剂可达此目的。例如天然水中带负电荷的黏土胶粒，在投入铁盐或铝盐等混凝剂后，混凝剂提供的大量正离子会涌入胶体扩散层甚至吸附层。因为胶核表面的总电位不变，增加扩散层及吸附层中的正离子浓度，就使扩散层减薄，图 1-42 中的ζ电位降低。当大量正离子涌入吸附层以致扩散层完全消失时，ζ电位为零，称为等电状态。在等电状态下，胶粒间静电斥力消失，胶粒最易发生聚结。实际上，ζ电位只要降至某一程度而使胶粒间排斥的能量小于胶粒布朗运动的动能时，胶粒就开始产生明显的聚结，这时的零电位称为临界电位。胶粒因ζ电位降低或消除以致失去稳定性的过程，称为胶粒脱稳。脱稳的胶粒相互聚结，称为凝聚。压缩双电层作用是阐明胶体凝聚的一个重要理论。适用于无机盐混凝剂所提供的简单离子的情况。但是，如仅用双电层作用原理来解释水中的混凝现象，会产生一些矛盾。例如，三价铝盐或铁盐混凝剂投量过多时效果反而下降，水中的胶粒又会重新获得稳定。又如在等电位状态下，混凝效果似应最好，但生产实践却表明，混凝效果最佳时的ζ电位常大于零。于是，提出了第二种作用。② 吸附架桥作用。三价铝盐或铁盐以及其他高分子混凝剂溶于水后，经水解和缩聚反应形成高分子聚合物，具有线型结构。这类高分子物质可被胶体微粒强烈吸附。因其线型长度较大，当它的一端吸附某一胶粒后，另一端又吸附另一胶粒，在相距较远的两胶粒间进行吸附架桥，使颗粒逐渐结大，形成肉眼可见的粗大絮凝体。这种由高分子物质吸附架桥作用而使颗粒相互黏结的过程，称为絮凝。

上述两种作用产生的微粒凝结现象——凝聚和絮凝总称为混凝。

压缩双电层作用和吸附架桥作用，对于不同类型的混凝剂，所起的作用程度并不相同。对高分子混凝剂特别是有机高分子混凝剂，吸附架桥可能起主要作用，对硫酸铝等无机混凝剂，压缩双电层作用和吸附架桥作用都具有重要作用。下面以硫酸铝为例讨论混凝的过程。

硫酸铝 $Al_2(SO_4)_3 \cdot 18H_2O$ 溶于水后，离解出 Al^{3+}，并结合有 6 个配位水分子，成为水合铝离子 $[Al(H_2O)_6]^{3+}$。水合铝离子进一步水解，形成单羟基单核络合物：

$$[Al(H_2O)_6]^{3+}+H_2O \rightleftharpoons [Al(OH)(H_2O)_5]^{2+}+H_3O^+$$

单羟基单核络合物又进一步水解：

$$[Al(OH)(H_2O)_5]^{2+}+H_2O \rightleftharpoons [Al(OH)_2(H_2O)_4]^+ +H_3O^+$$

$$[Al(OH)_2(H_2O)_4]^++H_2O \rightleftharpoons [Al(OH)_3(H_2O)_3] +H_3O^+$$

上述反应中，降低水中 H^+（或 H_3O^+）浓度或提高 pH 值，使反应趋向右方，水合羟基络合物的电荷逐渐降低，最终生成中性氢氧化铝难溶沉淀物。当 pH<4 时，水解受到抑制，水中存在的主要是 $[Al(H_2O)_6]^{3+}$；当 pH＝4～5 时，水中有 $[Al(OH)(H_2O)_5]^{2+}$、$[Al(OH)_2(H_2O)_4]^+$ 及少量 $[Al(OH)_3(H_2O)_3]$；当 pH＝7～8 时，水中主要是 $[Al(OH)_3(H_2O)_3]$ 沉淀物。上述反应式有助于理解 pH 值对铝离子水解的影响，但不能反映铝离子在水中化学反应的全部过程。在某一特定 pH 值时，水解产物还有许多复杂的高聚物和络合物同时共存。因为初步水解产物中的羟基 OH－具有桥键性质。在由 $[Al(H_2O)_6]^{3+}$ 转向 $[Al(OH)_3(H_2O)_3]$ 的中间过程中，羟基可将单核络合物通过桥键缩聚成多核络合物，如：

$$[Al(H_2O)_6]^{3+}+[Al(OH)(H_2O)_5]^{2+} \rightleftharpoons [Al(H_2O)_5Al\text{-}OH\text{-}Al(H_2O)_5]^{5+}+H_2O$$

$$或[Al(H_2O)_6]^{3+}+[Al(OH)(H_2O)_5]^{2+} \rightleftharpoons [Al_2(OH)(H_2O)_{10}]^{5+}+H_2O$$

两个单羟基络合物通过羟基桥联可缩合成双羟基双核络合物：

$$2[Al(OH)(H_2O)_5]^{2+} \rightleftharpoons [(H_2O)_4 Al \genfrac{}{}{0pt}{}{OH}{OH} Al (H_2O)_4]^{4+} + 2H_2O$$

$$或 \quad 2[Al(OH)(H_2O)_5]^{2+} \rightleftharpoons [Al_2(OH)_2(H_2O)_3]^{4+}+2H_2O$$

上述反应也可称为高分子缩聚反应。缩聚反应的连续进行，可使络合物变成高分子聚合物。在缩聚反应的同时，聚合物水解反应仍继续进行，使在水中形成多种形态的高聚物。在 pH 值低时，高电荷低聚合度的络合物占多数，在 pH 值高时，低电荷高聚合度的高聚物占多数。

从上面的化学反应过程可以看出，三价铝盐发挥混凝作用的是各种形态的水解聚合物。带有正电荷的水解聚合物，同时起到压缩双电层的脱稳和吸附架桥作用。

为使硫酸铝达到优异的混凝效果，应尽量使胶体脱稳和吸附架桥作用都得到充分发挥。在三价铝离子的水解缩聚逐步趋向氢氧化铝时，应充分利用中间产物——带电聚合物降低或消除胶体ζ电位，使胶粒脱稳。因此，当混凝剂投入水中后，应立即进行剧烈搅拌，使带电聚合物迅速均匀地与全部胶体杂质接触，使胶粒脱稳，随后，脱稳胶粒在相互凝聚的同时，靠聚合度不断增大的高聚物的吸附架桥作用，形成大的絮凝体，使混凝过程很好地完成。

2. 混凝剂和助凝剂

（1）混凝剂

用于水处理中的混凝剂应要求：混凝效果良好，对人体健康无害，价廉易得，使用方便。混凝剂的种类较多，主要有以下两大类：

① 无机盐类混凝剂。

目前应用最广的无机盐类混凝剂是铝盐和铁盐。铝盐中主要有硫酸铝、明矾等。硫酸铝$[Al_2(SO_4)_3 \cdot 18H_2O]$有精制和粗制两种。精制硫酸铝是白色结晶体。粗制硫酸铝的Al_2O_3含量不少于14.5%～16.5%，不溶杂质含量大于24%～30%，价格较低，但质量不稳定，因含不溶杂质较多，增加了药液配制和排除废液等方面的困难。明矾是硫酸铝和硫酸钾的复盐$[Al_2(SO_4)_3 \cdot K_2SO_4 \cdot 24H_2O]$，$Al_2O_3$含量约10.6%，是天然矿物。硫酸铝混凝效果较好，使用方便，对处理后的水质没有任何不良影响，但水温低时，硫酸铝水解困难，形成的絮凝体较松散，效果不及铁盐。

铁盐中主要有三氯化铁、硫酸亚铁和硫酸铁等。三氯化铁是褐色结晶体，极易溶解，形成的絮凝体较紧密，易沉淀，但三氯化铁腐蚀性强，易吸水潮解，不易保管。硫酸亚铁（$FeSO_4 \cdot 7H_2O$）是半透明绿色结晶体，离解出的二价铁离子（Fe^{2+}）不具有三价铁盐的良好混凝作用，使用时应将二价铁氧化成三价铁。同时，残留在水中的Fe^{2+}会使处理后的水带色，Fe^{2+}与水中某些有色物质作用后，会生成颜色更深的溶解物。

② 高分子混凝剂。

高分子混凝剂有无机和有机两种。聚合氯化铝和聚合氯化铁是目前使用比较广泛的无机高分子混凝剂。聚合氯化铝的混凝作用与硫酸铝并无差别。硫酸铝投入水中后，主要是各种形态的水解聚合物发挥混凝作用。但由于影响硫酸铝化学反应的因素复杂，根据不同水质控制水解聚合物的形态。人工合成的聚合氯化铝则是在人工控制的条件下预先制成最优形态的聚合物，投入水中后可发挥优良的混凝作用。它对各种水质适应性较强，适用的pH值范围较广，对低温水效果也较好，形成的絮凝体粒大而重，所需的投量约为硫酸铝的1/3～1/2。

有机高分子混凝剂分为天然和人工合成。这类混凝剂都具有巨大的线性分子。每一大分子由许多链节组成，链节间以共价键结合。使用较多的是人工合成的聚丙烯酰胺，分子结构为：

$$\cdots\cdots\boxed{\begin{array}{c}-CH_2-CH-\\ |\\ CONH_2\end{array}}CH_2-CH-CH_2-CH-\cdots\cdots$$

链 节

聚丙烯酰胺的聚合度可多达 2 万～9 万，相应的分子量高达 150 万～600 万。凡有机高分子混凝剂的链节上含有可离解基团，离解后带正电的称为阳离子型，带负电的称为阴离子型。如果链节上不含可离解基团的称非离子型。聚丙烯酰胺即为非离子型高聚物。

有机高分子混凝剂由于分子上的链节与水中胶体微粒有极强的吸附作用，混凝效果优异。即使是阴离子型高聚物，对负电胶体也有强的吸附作用。但对于未经脱稳的胶体，由于静电斥力有碍于吸附架桥作用，通常作助凝剂使用。阳离子型的吸附作用尤其强烈，且在吸附的同时，对负电胶体有电中和的脱稳作用。

有机高分子混凝剂虽然效果优异，但制造过程复杂，价格较贵。另外，由于聚丙烯酰胺的单体——丙烯酰胺有一定的毒性，因此其毒性问题引起了人们的注意和研究。

（2）助凝剂

用混凝剂不能取得良好效果时，可投加某些辅助药剂以提高混凝效果，这种辅助药剂称为助凝剂。助凝剂可调节或改善混凝的条件，例如当原水的碱度不足时可投加石灰或碳酸氢钠等，当采用硫酸亚铁作混凝剂时可加氯气将亚铁（Fe^{2+}）氧化成三价铁离子（Fe^{3+}）等。助凝剂也可改善絮凝体的结构，利用高分子助凝剂的强烈吸附架桥作用，使细小松散的絮凝体变得粗大而紧密，常用的有聚丙烯酰胺、活化硅酸、骨胶、海藻酸钠、红花树等。

3. 影响混凝效果的主要因素

影响混凝效果的因素较复杂，主要有水温、水质和水力条件等。

① 水温。水温对混凝效果有明显的影响。无机盐类混凝剂的水解是吸热反应，水温低时，水解困难，特别是硫酸铝，当水温低于 5℃时，水解速度非常缓慢。而且，水温低，黏度大，不利于脱稳胶粒相互絮凝，影响絮凝体的结大以及后续的沉淀处理的效果。改善的办法是投加高分子助凝剂或是用气浮法代替沉淀法作为后续处理。

② 水的 pH 值和碱度。水的 pH 值对混凝的影响程度，视混凝剂的品种而异。用硫酸铝去除水中浊度时，最佳 pH 值范围在 6.5～7.5，用于除色时，pH 值在 4.5～5。用三价铁盐时，最佳 pH 值范围在 6.0～8.4，比硫酸铝宽。如用硫酸亚铁，只有在 pH>8.5 和水中有足够溶解氧时，才能迅速形成 Fe^{3+}，这就使设备和操作较复杂。为此，常采用加氯氧化的方法，其反应为：

$$6FeSO_4+3Cl_2 =\!=\!= 2Fe_2(SO_4)_3+2FeCl_3$$

高分子混凝剂尤其是有机高分子混凝剂，混凝的效果受 pH 值的影响较小。

从铝盐和铁盐的水解反应式可以看出,水解过程中不断产生的H^+必将使水的pH值下降。要使 pH 值保持在最佳的范围内,应有碱性物质与其中和。当原水中碱度充分时,pH略有下降而不致影响混凝效果。当原水中碱度不足或混凝剂投量较大时,水的 pH 值将大幅度下降,影响混凝效果。此时,应投加石灰或碳酸氢钠等。

③ 水中杂质的成分、性质和浓度

水中杂质的成分、性质和浓度都对混凝效果有明显的影响。例如,天然水中含黏土类杂质为主,需要投加的混凝剂的量较少,而废水中含有大量有机物时,需要投加较多的混凝剂才有混凝效果,其投量可达 10～100 mg/L。但影响的因素比较复杂,理论上只限于作些定性推断和估计。在生产和实用上,主要靠混凝试验,以选择合适的混凝剂品种和最佳投量。

④ 水力条件

混凝过程中的水力条件对絮凝体的形成影响极大。整个混凝过程可以分为两个阶段:混合和反应。这两个阶段在水力条件上的配合非常重要。

混合阶段的要求是使药剂迅速均匀地扩散到全部水中以创造良好的水解和聚合条件,使胶体脱稳并借颗粒的布朗运动和紊动水流进行凝聚。在此阶段并不要求形成大的絮凝体。混合要求快速和剧烈搅拌,在几秒钟或一分钟内完成。对于高分子混凝剂,其在水中的形态不像无机盐混凝剂那样受时间的影响,混合的作用主要是使药剂在水中均匀分散,对"快速"和"剧烈"的要求并不严格。

反应阶段的要求是使混凝剂的微粒通过絮凝形成大的具有良好沉淀性能的絮凝体。反应阶段的搅拌强度或水流速度应随着絮凝体的结大而逐渐降低,以免结大的絮凝体被打碎。如果在化学混凝以后不经沉淀处理而直接进行接触过滤或是进行气浮处理,反应阶段可以省略。

4. 化学混凝的设备

化学混凝的设备包括:混凝剂的配制和投加设备、混合设备和反应设备。

(1)混凝剂的配制和投加设备

混凝药剂投加到要处理的水中,可以用干投法和湿投法。干投法就是将固体药剂(如硫酸铝)破碎成粉末后定量地投加,这种方法现使用较少。目前常用的湿投法是将混凝剂先溶解,再配制成一定浓度的溶液后定量地投加。因此,它包括溶解配制设备和投加设备。

1)混凝剂的溶解和配制是在溶解池中进行溶解。溶解池应有搅拌装置,搅拌的目的是加速药剂的溶解。搅拌的方法常有机械搅拌、压缩空气搅拌和水泵搅拌等。机械搅拌是用电动机带动桨板或涡轮。压缩空气搅拌是向溶解池通入压缩空气进行搅拌。水泵搅拌是直接用水泵从溶解电池内抽取溶液再循环回到溶解池。无机盐类混凝剂的溶解池,搅拌装置和管配件等都应考虑防腐措施或用防腐材料。当使用$FeCl_3$时,腐蚀性特强,更需注意。

药剂溶解完全后，将浓药液送入溶液池，用清水稀释到一定的浓度备用。无机混凝剂溶液的浓度一般为 10%～20%。有机高分子混凝剂溶液的浓度一般为 0.5%～1.0%。

溶液池容积可按下式计算：

$$W_1 = \frac{24 \times 100 \cdot a \cdot Q}{1\,000 \times 1\,000 \cdot b \cdot n} = \frac{a \cdot Q}{417 \cdot b \cdot n}$$

式中，W_1—— 溶液池容积，m^3；

Q—— 处理的水量，m^3/h；

a—— 混凝剂的最大投加量，mg/L；

b—— 溶液浓度，%；

n—— 每天配制次数，一般为 2～6 次。

溶解池的容积：

$$W_2 = （0.2～0.3）W_1$$

2）混凝剂溶液的投加 药剂投入原水中必须有计量及定量设备，并能随时调节投加量。计量设备可以用转子流量计，电磁流量计等。图 1-43 是一种常用且简单的计量设备。配制好的药剂溶液通过浮球阀进入恒位水箱。箱中液位靠浮球阀保持恒定。在恒定液位下 h 处有出液管，管端装有苗嘴或孔板，见图 1-44 的（a）和（b）。因作用水头 h 恒定，一定口径的苗嘴或是一定开启度的孔板的出流量是恒定的。当需要调节投药量时，可以更换苗嘴或是改变孔板的出口断面。

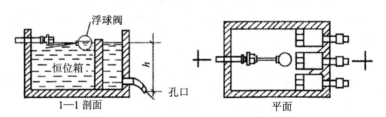

图 1-43　计量设备

图 1-44　苗嘴和孔板

药剂投入原水中的方式，可采用在泵前靠重力投加（图 1-45），也可以用水射器投加（图 1-46）或直接用计量泵投加。

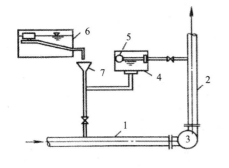

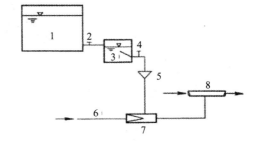

1—吸水管；2—出水管；3—水泵；4—水封箱；

5—浮球阀；6—溶液池；7—漏斗管

1—溶液池；2—阀门；3—投药箱；4—阀门；

5—漏斗；6—高压水管；7—水射器；8—原水

图 1-45 泵前重力投加   图 1-46 水射器投加

（2）混合设备

常用的混合方式是水泵混合、隔板混合和机械混合。

1）水泵混合是利用提升水泵进行混合的方法。药剂在水泵的吸水管上或吸水喇叭口处投入，利用水泵叶轮的高速转动达到快速而剧烈混合。用水泵混合效果好，不需另建混合设备。但用三氯化铁作混凝剂时，对水泵叶轮有一定腐蚀作用。另外，当水泵到处理构筑物的管线很长时，可能会在长距离的管道中过早地形成絮凝体并被打碎，不利于以后的处理。

2）隔板混合如图 1-47 所示，在混合池内设有数块隔板，水流通过隔板孔道时产生急剧的收缩和扩散，形成涡流，使药剂与原水充分混合。隔板间距约为池宽的 2 倍。隔板孔道交错设置，流过孔道时的流速不应小于 1 m/s，池内平均流速不小于 0.6 m/s。混合时间一般为 10～30 s。在处理水量稳定时，隔板混合的效果较好；如流量变化较大时，混合效果不稳定。

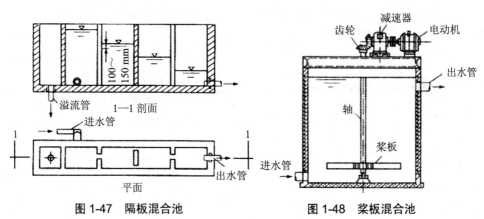

图 1-47 隔板混合池   图 1-48 桨板混合池

3）机械混合用电动机带动桨板或螺旋桨进行强烈搅拌，是一种有效的混合方法。如图1-48如示，桨板的外缘线速度一般用2 m/s左右，混合时间为10～30 s。机械搅拌的强度可以调节，比较机动。这种方法的缺点是增加了机械设备，增加维修保养工作和消耗动力。

（3）反应设备

反应设备有水力搅拌和机械搅拌两大类。常用的有隔板反应池和机械搅拌反应池。

1）隔板反应池。往复式隔板反应池如图1-49所示。它是利用水流断面上流速分布不均匀所造成的速度梯度，促进颗粒相互碰撞进行絮凝。为避免结成的絮凝体被打碎，隔板中的流速应逐渐减小。

隔板式反应池构造简单，管理方便，效果较好，但反应时间较长，容积较大，主要适用于处理水量较大的处理厂，因水量过小时，隔板间距过狭，难以施工和维修。

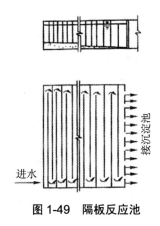

图1-49　隔板反应池

隔板反应池的主要设计参数可采用：

a．反应池隔板间的流速，起端部分为0.5～0.6 m/s，末端部分为0.15～0.2 m/s。隔板的间距从进口到出口，逐渐放宽。

b．反应时间为20～30 min。

c．为便于施工和检修，隔板间距应大于0.5～0.7 m。池底应有0.02～0.03坡度并设排泥管。

d．转弯处的过水断面积应是隔板间过水断面积的1.2～1.5倍。

e．反应池的总水头损失为0.3～0.5 m。

2）机械反应池。机械搅拌反应池如图1-50所示。图中的转动轴是垂直的，也可以用水平轴式。

机械反应池效果好，大小处理厂都可适用，并能适应水质、水量的变化，但需要机械设备，增加了机械维修保养工作和动力消耗。

桨板式机械反应池的主要设计参数可采用：

① 每台搅拌设备上的桨板总面积为水流截面积的 10%～20%，不超过 25%。桨板长度不大于叶轮直径的 75%，宽度为 10～30 cm。

② 叶轮半径中心点的旋转线速度在第一格用 0.5～0.6 m/s，以后逐格减少，最后一格采用 0.1～0.2 m/s，不得小于 0.3 m/s。

③ 反应时间为 15～20 min。

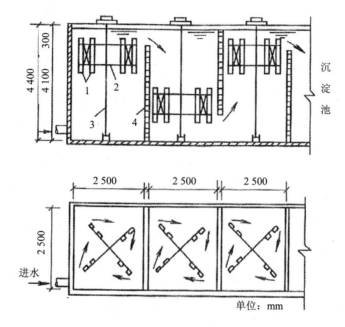

1—桨板；2—叶轮；3—旋转轴；4—隔墙

图 1-50　机械搅拌反应池

（二）化学沉淀法

向废水中投加某些化学药剂，使之与废水中的污染物发生化学反应，形成难溶的沉淀物的方法称为化学沉淀法。

废水中含有一些危害性很大的重金属（如 Hg、Zn、Cd、Cr、Pb、Cn 等），和某些非金属（如 As、F 等）都可应用化学沉淀法去除。

化学沉淀法的工艺流程和设备与化学混凝法相类似，包括：（1）化学药剂（沉淀剂）的配制和投加设备；（2）混合、反应设备；（3）使沉淀物与水分离的设备（如沉淀池、浮上池等）。

1. 基本原理

化合物在水中的溶解量都有一个限度。当化合物在水中的溶解量低于这个限度时，能继续溶解到水中去，直至到达这个限度，这时溶液达饱和状态，即饱和溶液。化合物在饱和溶液中的浓度叫饱和浓度，习惯上称做溶解度。例如硫化锌的饱和浓度是 $3.47×10^{-12}$mol/L，溶解度也就是 $3.47×10^{-12}$mol/L。如果化合物在溶液中的浓度超过饱和浓度，就会从溶液中析出；这个同溶解过程相反的过程叫沉淀过程，析出的物质叫沉淀。

在化学中，把在 100 g 水中最大溶解量在 1 g 以上的，列为"可溶"物质；在 0.1 g 以下的，列为"难溶"物质；介于两者之间的，列为"微溶"物质。

无机化合物一般都是电解质。当电解质溶解于水中时，其分子或多或少地离解成带阴阳电荷的两种离子，这个过程叫电离；已电离的分子数与溶解的电解质分子总数的比值，叫电离度，通常用百分率来表示。电离度既和电解质的性质有关，又和溶液的浓度有关。用化学沉淀法处理废水时涉及的沉淀物几乎都是难溶的电解质。难溶无机化合物的溶液都是稀溶液，电离度可以作为 100%，即溶解的电解质可作为全部以离子状态存在于溶液中。例如，在难溶化合物硫化锌的溶液中，硫化锌分子全部离解为锌离子和硫离子。因此，在硫化锌的饱和溶液中，固态的硫化锌和溶解的硫化锌成如下的平衡关系：

$$ZnS（固体）\rightleftharpoons Zn^{2+}+S^{2-}$$

即在饱和溶液中，固体的硫化锌不断地溶解、电离为锌离子和硫离子，而溶液中的锌离子和硫离子又不断地化合、沉积为固体硫化锌，溶解过程和沉淀过程达到平衡状态。显然，这时

$$[Zn^{2+}][S^{2-}]=K_{ZnS}$$

而 $[Zn^{2+}]$ 和 $[S^{2-}]$ 等于硫化锌的溶解度，即 $3.47×10^{-12}$。上式中的 K 叫溶度积，$K_{ZnS}=（3.47×10^{-12}）^2=1.2×10^{-23}$。

在一个有多种离子的溶液中，如果其中两种离子 A^+ 和 B^- 能化合成难溶化合物 AB，则可能出现下列三种情况之一：(1) $[A^+][B^-]<K_{AB}$，(2) $[A^+][B^-]=K_{AB}$，(3) $[A^+][B^-]>K_{AB}$。当 $[A^+][B^-]>K_{AB}$ 时，必有难溶化合物 AB 从溶液中沉淀析出，不论 $[A^+]$ 和 $[B^-]$ 来自哪些化合物。例如，在溶液中既有锌离子，又有硫离子，而不管是否来自硫化锌，其浓度的乘积不可能大于 $1.2×10^{-23}$；否则，过量的锌离子和硫离子就会化合、沉积为固体的硫化锌，从而降低溶液中锌离子和硫离子的浓度，使它们的浓度的乘积正好等于硫化锌的溶度积。

从上面的讨论中可以看出，如果废水中含有多量的锌离子，需要降低它的浓度时，可向废水中投加某种可溶硫化物，提高废水中硫离子的浓度，使锌离子和硫离子的浓度的乘积超过硫化锌的溶度积，硫化锌就会从废水中沉淀出来，废水中锌离子的浓度就下降。这里的可溶性硫化物叫沉淀剂，加沉淀剂以降低水溶液中某种离子的浓度的方法就是化学沉淀法。

废水中的很多种无机化合物的离子，可采用以上原理，从水中去除。至于某一

种具体的离子是否可采用化学沉淀法与废水分离，首先决定于是否能找到适宜的沉淀剂。沉淀剂的选择可参看化学手册中的溶度积表。表 1-10 是一个摘录的简表。

表 1-10 溶度积简表

化合物	溶度积	化合物	溶度积
$Al(OH)_3$	1.1×10^{-15}（18℃）	$Fe(OH)_2$	1.64×10^{-14}（18℃）
AgBr	4.1×10^{-13}（18℃）	$Fe(OH)_3$	1.1×10^{-36}（18℃）
AgCl	1.56×10^{-10}（25℃）	FeS	3.7×10^{-19}（18℃）
Ag_2CO_3	6.15×10^{-12}（25℃）	Hg_2Br_2	1.3×10^{-21}（25℃）
Ag_2CrO_4	1.2×10^{-12}（14.8℃）	Hg_2Cl_2	2×10^{-18}（25℃）
AgI	1.5×10^{-16}（25℃）	Hg_2I_2	1.2×10^{-28}（25℃）
Ag_2S	1.5×10^{-48}（18℃）	HgS	$4 \times 10^{-53} \sim 2 \times 10^{-45}$（18℃）
$BaCO_3$	7×10^{-9}（16℃）	$MgCO_3$	2.6×10^{-5}（12℃）
$BaCrO_4$	1.6×10^{-10}（18℃）	MgF_2	7.1×10^{-9}（18℃）
BaF_2	1.7×10^{-6}（18℃）	$Mg(OH)_2$	1.2×10^{-11}（18℃）
$BaSO_4$	0.87×10^{-10}（18℃）	$Mn(OH)_2$	4×10^{-14}（18℃）
$CaCO_3$	0.99×10^{-8}（15℃）	Mns	1.4×10^{-15}（18℃）
CaF_2	3.4×10^{-11}（18℃）	NiS	1.4×10^{-24}（18℃）
$CaSO_4$	2.45×10^{-5}（25℃）	$PbCO_3$	3.3×10^{-14}（18℃）
CdS	3.6×10^{-10}（18℃）	$PbCrO_4$	1.77×10^{-14}（18℃）
CoS	3×10^{-26}（18℃）	PbF_2	3.2×10^{-8}（18℃）
CuBr	4.15×10^{-8}（18~20℃）	PbI_2	7.47×10^{-9}（15℃）
CuCl	1.02×10^{-6}（18~20℃）	PbS	3.4×10^{-29}（18℃）
CuI	5.06×10^{-12}（18~20℃）	$PbSO_4$	1.06×10^{-8}（18℃）
CuS	8.5×10^{-45}（18℃）	$Zn(OH)_2$	1.8×10^{-14}（18~20℃）
Cu_2S	2×10^{-47}（16~18℃）	ZnS	1.2×10^{-22}（18℃）

2. 化学沉淀法的应用

从表 1-10 可以看出，重金属的硫化物和氢氧化物大都难以溶解。一些重金属的碳酸盐等也是难溶的。因此，可以选用氢氧化物（常用的是烧碱和石灰等）和硫化物（常用的有 Na_2S 等）等作为沉淀剂以去除废水中的一些有毒有害离子。现举例说明：

（1）黏胶纤维厂含锌废水的处理

黏胶纤维厂的含锌废水来自塑化槽，废水中含硫酸、硫酸钠和硫酸锌。按《污水综合排放标准》规定，出厂废水中锌的含量不得超过 5 mg/L。所以，废水必须除锌。从溶度积表得知：氢氧化锌和硫化锌都是难溶化合物，它们的溶度积如下：

$$[Zn^{2+}]\ [OH^-]^2 = 1.8 \times 10^{-14}$$

$$[Zn^{2+}] \quad [S^{2-}] \quad =1.2\times10^{-28}$$

如果用硫化物做沉淀剂，由于废水中含有硫酸，硫化物必然与硫酸起反应，产生硫化氢。硫化氢是有毒气体，所以选用氢氧化物作为沉淀剂。

石灰的价格较低。但用石灰时，与硫酸中和，产生硫酸钙。从溶度积表得知，硫酸钙是难溶化合物，与氢氧化锌同时从废水中析出，妨碍氢氧化锌的利用。而如果用烧碱做沉淀剂去处理塑化槽排出的浓废水，则可得到纯净的氢氧化锌，能回用于配制黏胶生产中所需的酸浴。如果烧碱供应有限，需要用石灰补充，则可以试用两级化学沉淀，先中和硫酸，沉淀硫酸钙，然后沉淀氢氧化锌。

烧碱的用量，决定于废水中的硫酸和硫酸锌的含量。如果废水含硫酸和硫酸锌各约 9 g/L，则烧碱用量可计算如下：

$$H_2SO_4+2NaOH \longrightarrow Na_2SO_4+2H_2O$$

$$\begin{array}{cc} 98 & 80 \\ 9 & x \end{array}$$

$$98:80=9:x$$

$$x=\frac{80\times9}{98}=7.3 \text{ g/L}$$

$$ZnSO_4+2NaOH \longrightarrow Zn(OH)_2\downarrow+Na_2SO_4$$

$$\begin{array}{cc} 161 & 80 \\ 9 & y \end{array}$$

$$161:80=9:y$$

$$y=\frac{80\times9}{161}=4.5 \text{ g/L}$$

$$\therefore \quad NaOH=x+y=7.3+4.5=11.8 \text{ g/L}$$

烧碱用量中约有 40% 用于回收锌，而 60% 以上用于中和硫酸。

经过化学沉淀之后，残留的锌离子浓度决定于废水的终点 pH 值。例如，当终点 pH 值为 7 时，

$$[H^+]=10^{-7}$$

$$[OH^-]=\frac{10^{-14}}{[H^+]}=10^{-7}$$

$$[Zn^{2+}]=\frac{1.8\times10^{-14}}{[OH^-]^2}=\frac{1.8\times10^{-14}}{(10^{-7})^2}=1.8 \text{ mol/L}$$

$$=1.8\times65.4=118 \text{ g/L}$$

当终点 pH 值为 10 时，

$$[H^+]=10^{-10}$$

$$[OH^-] = \frac{10^{-14}}{[H^+]} = 10^{-4}$$

$$[Zn^{2+}] = \frac{1.8 \times 10^{-14}}{[OH^-]^2} = \frac{1.8 \times 10^{-14}}{(10^{-4})^2} = 1.8 \times 10^{-6} \text{ mol/L}$$

$$= 1.8 \times 10^{-6} \times 65.4 = 118 \times 10^{-6} \text{ g/L}$$

$$= 0.12 \text{ mg/L}$$

根据相关标准规定，锌离子浓度的限值为 5mg/L，则

$$[Zn^{2+}] = 5 \text{ mg/L} = 5 \times 10^{-3} \div 65.4 \text{ mol/L}$$

$$[OH^-] = \left(\frac{1.8 \times 10^{-14}}{[Zn^{2+}]} \right)^{1/2} = \left(\frac{1.8 \times 10^{-14}}{5 \times 10^{-3}/65.4} \right)^{1/2}$$

$$= (2.35 \times 10^{-10})^{1/2} = (10^{0.372} \times 10^{-10})^{1/2}$$

$$= (10^{-9.628})^{1/2} = 10^{-4.814}$$

$$\therefore [H^+] = \frac{10^{-14}}{[OH^-]} = \frac{10^{-14}}{10^{-4.814}} = 10^{-9.19}$$

故废水的终点 pH 值应当是 9.19。在运行中可以简便地用这个 pH 值来控制整个过程。过程的出水 pH 值应略高于 9.19；例如可以采用 pH 值 9.5 作为控制值，以保证处理后水中的锌离子浓度低于 5 mg/L。

（2）硫化物沉淀法除汞

废水中溶解的无机汞化合物可以用硫化物沉淀法处理。由于硫化汞的溶度积很小，此法的除汞率很高。对于有机汞，则必须先用氧化剂（如氯）将其氧化成无机汞。

可用硫氢化钠（NaHS）或硫化钠（Na₂S）作沉淀剂，与溶解的汞化合物的反应为：

$$Hg^{2+} + S^{2-} \longrightarrow HgS\downarrow$$
$$Hg^+ + S^{2-} \longrightarrow Hg_2S\downarrow \longrightarrow HgS\downarrow + Hg\downarrow$$

提高沉淀剂（S^{2-}）浓度有利于硫化汞的沉淀析出。但是硫化物过量时，很容易使溶解度极低的硫化汞（溶度积为 $4 \times 10^{-53} \sim 2 \times 10^{-49}$）转化为可溶的络合物，即

$$HgS + S^{2-} \longrightarrow HgS_2^{2-}$$

在 pH 值很高时，转化更容易，因此，废水的 pH 值最好维持在 7 或 7.5 左右。当废水的流量和水质不稳定时，可用碳酸钠做缓冲剂，用量为 2 g/L。另外，在反应过程中，可补充投加 FeSO₄，以除去过量硫离子 $Fe^{2+} + S^{2-} \longrightarrow FeS\downarrow$。这样，不仅有利于汞的去除，也有利于沉淀的分离，FeS 沉淀可作为 HgS 的共沉物而促使其沉降，

Fe(OH)$_2$ 也对 HgS 微粒起絮凝作用。投加 FeSO$_4$ 时，沉淀反应宜在 pH 值为 8～9 的条件进行。

图 1-51 是某厂含汞废水的处理流程。废水含汞 5～10 mg/L，pH＝2～4。废水先在中和器中加碱调节 pH 值至 8～9。然后进入反应器，投加 6% 的 Na$_2$S 溶液和 7% 的 FeSO$_4$ 溶液。反应生成的悬浮液用水泵送至管式过滤器，滤液排入排水管道。滤渣定期用压缩空气吹出。硫化钠的投加量为 30 mg/L。处理后的出水可达到排放标准。

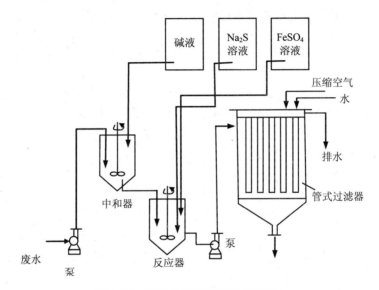

图 1-51　硫化物沉淀法处理含汞废水

用硫化物沉淀法处理含汞废水后，产生 HgS 沉渣。HgS 本身的毒性不大，但如随意排到环境中，经微生物的转化，可变成剧毒的甲基汞。因此，泥渣必须妥当处置。某厂采用电解法回收金属汞，回收率达 90%～95%，金属汞的纯度达 99.9%。

（3）碳酸盐沉淀法除铅

铅蓄电池废水含有较高浓度的铅，可投加碳酸钠作为沉淀剂。试验表明，在 pH＝6.4～8.7 时，投碳酸钠作沉淀剂，再经过砂滤，出水的总铅为 0.2～3.8 mg/L，可溶性铅为 0.1 mg/L。如采用白云石（CaCO$_3$·MgCO$_3$）过滤池处理含铅废水，可使溶解的铅变成碳酸铅沉淀，然后用清水反冲洗滤池，可除去碳酸铅沉淀，使滤池得再生。

三、氧化还原

水中有些无机和有机的溶解性杂质，可通过化学反应将其氧化或还原，转化成无害的物质，或转化成气体或固体从水中分离，从而达到处理的要求。对于无机物，氧化还原反应的实质是元素（原子或离子）失去或得到电子。在反应中，某一元素失去电子，必是另一元素得到电子。得到电子的物质称为氧化剂，在反应中，本身被还原，相反，失去电子的物质称为还原剂，在反应中本身则被氧化。某物质是否表现出氧化剂或还原剂的作用，是由反应中两种物质的氧化还原能力的比较而决定的。氧化还原能力是指某物质失去或得到电子的难易程度，可用氧化还原电位作为指标。许多物质的标准氧化还原电位 E^0 可在化学书中查到。标准氧化还原电位值由负值到正值依次排列。凡排在前面的可以作为后者的还原剂，放出电子。凡排在后面的可以作为前者的氧化剂，得到电子。E^0 的正值电位较大的，是较强的氧化剂，E^0 的负值较大的，是较强的还原剂。氧化剂和还原剂的电位差越大，反应进行得越完全。对于有机物的氧化和还原过程，难以用电子的得失来分析，因为碳原子经常是以共价键与其他原子相结合的。实用上，常将加氧或去氢的反应称为氧化，加氢或去氧的反应称为还原。有时，有机物与强氧化剂作用生成 CO_2、H_2O 等，可定为氧化反应。

1. 氧化法

（1）空气氧化法

地下水常含有较高的溶解性 Fe^{2+}，可通过曝气，利用空气中的 O_2 将 Fe^{2+} 氧化成 Fe^{3+}，并与水中的碱作用而形成 $Fe(OH)_3$，其反应式为：

$$4Fe^{2+}+O_2+2H_2O+8HCO_3^- == 4Fe(OH)_3\downarrow+8CO_2$$

曝气不仅是供氧，还能驱除 CO_2，提高 pH 值，对加速 Fe^{2+} 的氧化有利。但分子氧在常温常压下的反应很慢。因而多采用天然锰砂滤池，这是一种接触催化除铁工艺。天然锰砂是含有高价锰的氧化物，能对水中二价铁的氧化反应起催化作用，大大加快其反应速度。一般认为其反应为：

$$3MnO_2+O_2 == MnO \cdot Mn_2O_7$$

$$MnO \cdot Mn_2O_7+4Fe^{2+}+2H_2O == 3MnO_2+4Fe^{3+}+4OH^-$$

这两个反应的速度很快，大大加快了二价铁氧化成三价铁的速度。

天然锰砂在除铁过程中，在其表面逐渐形成一种黄色薄膜。主要成分为 γ 型的羟基氧化铁（γ—FeOOH），在含铁地下水的正常 pH 值条件下能与二价铁离子进行离子交换，并置换出等当量的氢离子：

$$Fe^{2+}+FeO(OH) == FeO(OFe)^++H^+$$

被交换吸附的二价铁继续进行水解和氧化，产生羟基氧化铁，使催化物质得到再生：

$$FeO(OFe)^++\frac{1}{4}O_2+\frac{3}{2}H_2O == 2FeO(OH)+H^+$$

新生成的羟基氧化铁作为"活性滤膜"物质又参与新的催化除铁，新的天然锰砂在投入使用一段时间后（约一周时间），能逐渐形成"活性滤膜"，使催化除铁效果显著提高，其过程是一个自动催化过程。

天然锰砂能使水中二价铁在较低的 pH 条件下顺利地进行氧化反应。当水的 pH 值不低于 5.5～6.0 时，不需要另外加药以提高水的 pH 值。天然锰砂滤池不仅能对水中的二价铁的氧化反应有很强的催化作用，并能同时完成对水中铁质的截留去除。所以，曝气后的含铁地下水只需经天然锰砂一次过滤，就能完成全部除铁过程，其流程如图 1-52。

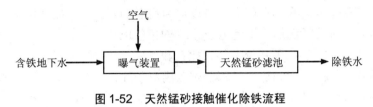

图 1-52　天然锰砂接触催化除铁流程

用天然锰砂除铁时，铁质在锰砂表面附着比较牢固，一般不会随水流走。但在锰砂滤池反冲洗时，如反冲过于强烈，会将表面上的"活性滤膜"冲掉，再投入使用时，除铁效果将显著降低。

如用石英砂滤池过滤经曝气后的含铁地下水，能在滤料表面逐渐形成黄色薄膜，称为人工锈砂，能起催化氧化作用。但锈膜形成的过程十分缓慢。如要大大加速"活性滤膜"的形成，可向水中投加硫酸亚铁，使水中二价铁浓度达到 100～200 mg/L，并调整水的 pH 值为 6～7。将此含铁水曝气后立即经石英砂滤层过滤，并将滤后水抽回池前循环使用。如此对石英砂滤层连续处理 60～70 h 后，便可形成具有接触催化除铁能力的人工锈砂。

（2）氯化处理

在给水处理和废水处理中，氯被广泛地用做消毒剂，用以杀灭水中的细菌和有害微生物。

氯又可作为氧化剂，用于废水处理。

氯化处理常用的药剂有液氯、漂白粉、次氯酸钠、二氧化氯等。

1）电镀含氰废水的处理

电镀含氰废水中的氰化合物通常是氰化物，致毒物质是氰根。氰根可以氧化为二氧化碳和氮，从而失去毒性。其处理方式可分批，也可连续；随着处理方式的不同，操作也有所不同。

在分批处理时，先加碱把废水的 pH 值提高到 10 以上，同时按计算量（CN^-：$Cl_2 = 1 : 2.7$）加氯，然后把 pH 值调整到 8.5，随即第二次加氯（按计算量 CN^-：$Cl_2 = 1 : 4.1$ 的 110%）。其化学反应式为：

$$CN^- + 2OH^- + Cl_2 \longrightarrow CNO^- + 2Cl^- + H_2O$$
$$2CNO^- + 4OH^- + 3Cl_2 \longrightarrow 2CO_2\uparrow + N_2\uparrow + 6Cl^- + 2H_2O$$

上面的第一个化学反应比较快，只要数分钟就能完成。第二个化学反应却很慢，而且受 pH 值的影响，pH 值愈高，则反应愈慢，反应时间至少要 1 h。

在连续处理时，可先加酸把 pH 值降到 5，同时加氯，把氰根转化为氯化氰，然后加碱把废水的 pH 值提高到 11.5 左右，随即第二次加氯。pH 回降到 10 以下。其化学反应式为：

$$CN^- + H^+ \longrightarrow HCN$$

$$HCN + Cl_2 \longrightarrow CNCl + H^+ + Cl^-$$

$$CNCl + 2OH^- \longrightarrow CNO^- + Cl^- + H_2O$$

$$2CNO^- + 4OH^- + 3Cl_2 \longrightarrow 2CO_2\uparrow + N_2\uparrow + 6Cl^- + 2H_2O$$

上面的四个反应中，前三个很快，而第四个很慢。

氰酸根毒性很小，可视为无毒，当条件许可时，在上述氯化法中，第二次加氯可减免；但如果废水排出后可能进入还原性环境时，氰酸根可能被还原为氰根，就必须第二次加氯，以保安全。碱性物质常用石灰或烧碱。

2）废水脱色

有些有机废水，如印染浸水，经过生物处理后，仍有一定的色度，不符合排放要求。加氯可以有较好的脱色效果，但氯的用量大，在一般温度下反应时间也较长。而且某些染料经氯化后可能产生有毒的物质。

（3）臭氧氧化法

臭氧（O_3）是氧的同素异构体，可作为强氧化剂在水的消毒中应用，也可用于废水的脱色和深度处理。

臭氧具有强氧化作用，主要的原因是臭氧分子中的氧原子本身就是强烈亲电子或亲质子的。

臭氧的制取方法很多。目前在工业上常用干燥空气或氧气经无声放电制取。

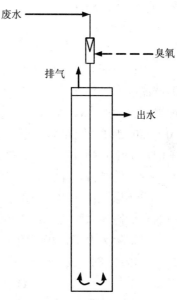

图 1-53 臭氧发生器

$$3O_2 - 288.4 \text{ kJ} \xrightarrow[\text{无声放电}]{} 2O_3$$

常用的管式臭氧发生器，内有数十至上百组放电管。每组放电管有两根同心圆管，外管为金属管（常用不锈钢或铝管），内管为玻璃管或瓷管（管内壁涂有银或石墨作导电层）。玻璃管一端封死，管壁与金属管之间有 1～3 mm 的环状放电间隙，在 1 万～2 万 V 的高压电场下，使通过的干燥净化的空气（或氧气）中一部分氧分子经电子轰击分解成氧原子，再与氧分子合成为 O_3，或直接合成为 O_3。用这种方法生产的臭氧浓度为 1%～3%（重量比）。

水的臭氧处理在混合反应器（接触反应器）内进行。反应器应促使臭氧和水充分接触，扩散混合，使之与水中的杂质充分反应。

微孔扩散板式的反应器中，废水从上而下流动，臭氧从池底的扩散板喷出，以微小气泡上升，与废水逆流接触，接触时间越长，反应进行越充分。用射流器使臭氧与水充分混合是一种有效的方法。如设计恰当，臭氧与水可充分混合反应，因而可以充分利用臭氧并缩短接触反应的时间，其流程如图 1-53。臭氧具有强腐蚀性，因此设备及管路应采用耐腐蚀的材料或进行防腐处理。用臭氧处理 $100 \ m^3/h$ 的印染废水，废水先经混凝沉淀，再投加 20 mg/L 臭氧，脱色率达 90%以上。在某炼油厂废水用臭氧作深度处理的中型试验中，臭氧投量 40 mg/L，与水接触时间 15～30 min，废水中的酚从 0.18 mg/L 降至 0.015 mg/L，油从 14.5 mg/L 降至 0.1 mg/L，COD 从 52 mg/L 降至 33 mg/L。

2. 还原法

（1）电还原沉淀法除铬

电镀车间是产生铬废水的主要来源。含铬废水来自铬镀槽的洗涤废水和钝化槽的洗涤废水（钝化是一种电镀后处理过程，用含铬酸或重铬酸钠的溶液浸泡镀件，使镀层表面产生钝化膜，保护镀层，镀锌时必须采用钝化）。镀铬后洗涤水中含 Cr^{6+} 70～150 mg/L，钝化后洗涤水中的含铬变化很大，有时可高达 200～300 mg/L。废水中的六价铬有两种形式：铬酸根（CrO_4^{2-}）和重铬酸根（$Cr_2O_7^{2-}$）。六价铬有剧毒，而三价铬的毒性较小。

电还原沉淀法也称电解法，化学反应是在电解槽里进行。在通电过程中，废水中的六价铬还原为三价铬，随后转化为氢氧化铬。

以钢板为电极，极板附近发生如下的化学反应：

阳极：　$Fe - 2e \longrightarrow Fe^{2+}$

$$CrO_4^{2-} + 3Fe^{2+} + 8H^+ \longrightarrow Cr^{3+} + 3Fe^{3+} + 4H_2O$$

阴极：$2H^+ + 2e \longrightarrow H_2 \uparrow$

阴极也存在铬酸根的还原反应：

$$CrO_4^{2-} + 3e + 8H^+ \longrightarrow Cr^{3+} + 4H_2O$$

但是铬酸根的还原反应主要发生在阳极，实践表明：当以碳极为阳极时，铬酸根的还原反应极为缓慢，当两极间以膜分隔时，阴极室中的铬酸根浓度基本上不变。此外，废水中其他重金属离子也将在阴极上析出而得以除去。

$$Zn^{2+} + 2e \longrightarrow Zn \downarrow$$
$$Ni^{2+} + 2e \longrightarrow Ni \downarrow$$
$$Cu^{2+} + 2e \longrightarrow Cu \downarrow$$

在阳极，有极化或钝化现象，可能由下列反应造成：

$$8OH^- - 8e + 3Fe \longrightarrow Fe_3O_4 + 4H_2O$$
$$2CrO_4^{2-} + Fe^{2+} \longrightarrow Fe(CrO_4)_2\downarrow$$

一般常借助电流换向进行电极转换，阳极转为阴极，阴极转为阳极，以克服极化。

为了减少电能消耗，常把食盐加入废水（用量 1 g/L 左右），以提高废水的导电率，降低电极间电压。食盐的氯离子有降低阳极极化的作用，但功效有限。废水投加食盐后，增加了水的含盐量，使废水不能循环使用，这是电解法的一个缺点。

除食盐影响化学反应外，其他主要影响因素有极距、阳极电流密度、搅拌和 pH 值等。极距影响电能消耗和反应时间。阳极和阴极的距离愈大，电路中溶液（废水）的电阻愈大。当电流为定值时，电阻愈大，两极间的电位差愈大，电能消耗就愈大。据报道，国内现有设备采用的极距为 30～50 mm。

阳极电流密度是电流与阳极极板面积的比值，反映化学反应的速率。阳极电流密度的值要恰当，一般在 0.005～0.2 A/m²。

电解槽中，化学反应发生在极板附近，为使槽中废水水质均匀，加速电解，一般用压缩空气搅拌废水，空气用量为 0.2～0.3 m/（min·m³）有效容积。由于废水中的溶解氧会氧化从阳极板上进入废水的亚铁离子，降低电解效率，增加耗电量，因此压缩空气用量不宜过大。

阳极和阴极的反应式表明，废水中的氢离子不断减少，pH 值将不断上升。三价铬离子在 pH 值为 7～10.5 时同氢氧根离子结合成氢氧化铬沉淀，抑止 pH 值的上升，并使废水中的铬元素分离出来。含铬废水的 pH 值在 4 左右，进入电解槽时不予调整，流过电解槽时逐渐上升，出槽水的 pH 值一般在 7 左右。为了进一步降低废水中三价铬的含量，最好把流出电解槽的水的 pH 值调整到 8～9。

（2）还原法除汞

在还原法中，使汞化合物转化为金属汞。有电解法、置换法和还原剂法。

1）电解法

电解法用锌板做阴极，铜板做阳极。当废水中含盐量不足，导电率偏低时，可加食盐（1.5 g/L）和碘化钾（0.005 g/L）。汞离子在锌极上还原为汞，同锌结合成汞齐。

2）置换法

可用比汞活泼的金属——铜、铁、锌、铝或钠汞齐置换废水中的汞离子，例如：

$$Zn + Hg_2^{2+} \longrightarrow 2Hg\downarrow + Zn^{2+}$$
$$2NaHg_x + Hg_2^{2+} \longrightarrow (2x+2)Hg\downarrow + 2Na^+$$

钠和锌本身也有毒，但其毒性较弱，允许的排放浓度比较高（分别为 1 mg/L 和 5 mg/L）。当用这些金属处理含汞废水时，从废水中析出的汞在金属表面形成汞齐或汞滴，用干馏法可以回收到纯净的汞，并使金属恢复洁净的表面，再次用于置换。

为了加快化学反应的进行，供置换用的金属应有很大的表面积，所以常制成粒状滤料或粉剂。在用铜粒做滤料时，废水经过滤床的时间若采用半小时，则其汞浓度可降低到 0.05 mg/L 以下，达到排放标准。

（3）还原剂法

采用的还原剂有联氨（肼）、羟胺（胲）、次磷酸盐、甲醛和硼氢化钠。反应时汞从废水中析出，用过滤法回收。当滤层孔径为 5 μm 时，出水汞含量约为 0.1 g/L。

图 1-54 是某化工厂用铜屑过滤法处理含酸含汞浓度大的废水的流程图。该厂的废酸浓度达 30%，含汞量为 600～700 mg/L。废酸经铜屑过滤塔的接触时间不低于 40 min。处理后废酸中含汞量可降至 10 mg/L 以下，除汞效率为 98.5%。

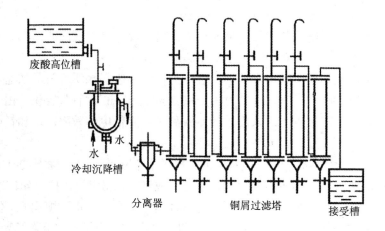

图 1-54　铜屑置换法处理含酸含汞浓度大的废水

四、消毒

（一）消毒目的和方法

消毒主要是杀死对人体健康有害的病原微生物。目前所用的消毒方法一般并不能杀死所有的有害微生物，防止的传染病也只限于伤寒、霍乱及细菌性痢疾等几种。饮用水消毒合格的主要指标为大肠菌群每 100 mL 不得检出。

水处理工程中常用的消毒方法有氯消毒、臭氧消毒、紫外线消毒等。由于氯的价格低廉、消毒效果良好和使用较方便等，所以是最常用的消毒药剂。

城市给水厂中水经混凝沉淀、过滤以后，能除掉很多细菌，但远不能达到饮用水的水质标准。一般来说，混凝沉淀可以去除进入沉淀池水中的大肠菌 50%～90%，过滤可以去除进入滤池水中大肠菌的 90%左右。水质较好的河水每升约含大肠菌

10 000 个，通过混凝沉淀、过滤后往往还会含有大肠菌 100 个左右，所以最后必须用消毒来解决。按给水厂中常用的加氯量，加氯一次约可去除大肠菌 90%，每升 100 个大肠菌的水加氯后大肠菌约可减少至 10 个，这样再加强处理操作，提高处理效果就可以达到饮用水标准。如原水中大肠菌特别多，第一次消毒后还需再一次消毒。

生活污水和某些工业废水中不但存在着大量细菌，还含有较多的病毒、阿米巴孢囊等。通过一般的废水处理过程都还不能将其灭绝。对于城市废水，普通生物滤池只能除去大肠菌 80%～90%，活性污泥法也只能除去 90%～95%。为了防止疾病的传播，废水经过一般处理后，必要时也须进行消毒。

（二）饮用水消毒

1. 氯消毒

（1）氯的消毒作用

加氯消毒可使用液氯，也可使用漂白粉。

当在不含氨的水中加入氯气后，即产生下列反应：

$$Cl_2 + H_2O \Longleftrightarrow HOCl + HCl$$
$$HOCl \Longleftrightarrow H^+ + OCl^-$$

HOCl 为次氯酸，OCl^- 为次氯酸根，两者在水里所占的比例主要决定于水的 pH 值。

HOCl 和 OCl^- 都有氧化能力，但 HOCl 是中性分子，可以扩散到带负电的细菌表面，并渗入细菌体内，借氯原子的氧化作用破坏菌体内的酶，使细菌死亡，而 OCl^- 带负电，难以靠近带负电的细菌，虽有氧化能力，也很难起到消毒作用。从图 1-55 可以看出，水的 pH 值越低，所含的 HOCl 越多，因而消毒效果较好。

当水中有氨时（不少地面水源中，由于有机污染而常含有一定量的氨），所产生的 HOCl 就会和氨化合产生一类叫胺的化合物，其成分视水的 pH 值及 Cl_2 和 NH_3 含量的比值等而定。

$$NH_3 + HOCl \Longleftrightarrow NH_2Cl + H_2O$$
$$NH_3 + 2HOCl \Longleftrightarrow NHCl_2 + 2H_2O$$
$$NH_3 + 3HOCl \Longleftrightarrow NCl_3 + 3H_2O$$

NH_2Cl、$NHCl_2$ 和 NCl_3 分别叫做一氯胺、二氯胺和三氯胺（三氯化氮）。

当水的 pH 值在 5～8.5 时，NH_2Cl 和 $NHCl_2$ 同时存在。但 pH 值低时，$NHCl_2$ 较多。$NHCl_2$ 的杀菌力比 NH_2Cl 强，所以水的 pH 值低一些有利于消毒。NCl_3 要在 pH 值低于 4.4 时才产生，在一般自来水中不大可能形成。

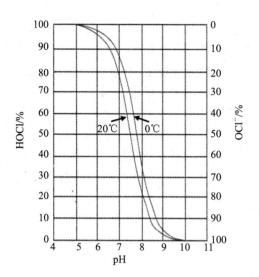

图 1-55　HOCl 和 OCl⁻ 比例与 pH 值、温度的关系

氯胺的消毒依靠 HOCl，但进行地比 HOCl 缓慢，这是因为只有当 HOCl 因消毒消耗后，第二反应和第三反应才向左边进行，继续供给消毒所需的 HOCl。

水中 HOCl 和 OCl⁻ 中所含的氯总量称为游离性或自由性氯，氯胺所含的氯总量则称为化合性氯。

氯加入水中后，一部分被能与氯化合的杂质消耗掉，剩余的部分称为余氯。我国生活饮用水卫生标准（GB 5749—2006）规定，加氯接触 30 min 后，游离性余氯不应低于 0.3 mg/L，集中式给水厂的出厂水除应符合上述要求外，管网末梢水的游离性余氯不应低于 0.05 mg/L。保留一定数量余氯的目的是为了保证自来水出厂后还具有持续的杀菌力。氯胺的杀菌能力不及 HOCl 强，其杀菌作用也比较缓慢，所以对于余氯量的要求要高一些，与水的接触时间也要长一些。游离性氯与水的接触时间应为 15～30 min，化合性氯与水的接触时间应不少于 1～2 h。表 1-11 所列是美国根据其公共卫生署报道的研究，建议用于消毒的最低余氯量。应注意，这些规定都只能保证杀死伤寒、霍乱和细菌性痢疾等几种病菌。当水的 pH 值在 7 左右时，灭杀病毒所需的游离性余氯量约为杀死一般细菌的 2～20 倍。杀死赤痢阿米巴所需游离性余氯为 3～10 mg/L，接触时间 30 min，而杀死炭疽杆菌可能需投加更多的氯。赤痢阿米巴的个体较大（可长达 10～50 μm），常不能通过砂滤池的砂层，故可在过滤中除去。各种氯化合物的氧化能力可用有效氯来表示，其含义是指含氯化合物中氧化态氯的百分含量，以 Cl_2 作为 100% 来进行比较。漂白粉所含的有效氯为 25%～35%。漂白粉加入水中后也会产生 HOCl，其消毒原理与氯气相同。

表 1-11 美国为保证有效消毒而建议的余氯量

pH 值	在 10min 接触时间后的最低游离性余氯量/（mg/L）	在 60min 接触时间后的最低化合性余氯量/（mg/L）
6.0	0.2	1.0
7.0	0.2	1.5
8.0	0.4	1.8
9.0	0.8	不采用
10.0	0.8	不采用

　　加氯处理的方法也称氯化处理或氯化法。氯化处理还包括了消毒以外的处理作用。

　　近年来发现氯化消毒过程中可能产生致癌性的三氯甲烷等化合物。国内外都在探索更为理想的消毒药剂，以保证人民的身体健康。

　　（2）加氯量

　　消毒时在水中的加氯量可以分为两部分，即需氯量和余氯量。需氯量指用于杀死细菌和氧化有机物等所消耗的氯量。余氯量是指水经加氯消毒，接触一定时间后余留在水中的氯量。

　　测定需氯量时，可在一组水样中，加入不同剂量的氯或漂白粉，经一定接触时间后测定水中余氯含量，确定满足需氯要求的剂量。所需余氯的性质、种类与数量，水温和接触时间等应根据实际要求决定。在进行需氯量试验的同时必须以细菌检验配合才能得到可靠的结果。

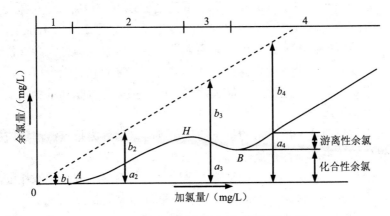

图 1-56 水中杂质主要为氨时的试验结果

　　图 1-56 中虚线（该线与坐标轴成 45°交角）表示水中无杂质时加氯量与余氯间的关系。需氯量为零，余氯量等于加氯量。实线表示氯与杂质化合后的情况，虚线

与实线之间的纵坐标 b 值即需氯量。需氯量代表一些被氯氧化的杂质，如细菌、有机物等，氧化后产物不是次氯酸和氯胺，不能为余氯测定所反映。a 代表余氯量，a 加 b 即加氯量。通常可把实线分为四个区：在 1 区内，氯先与水中所含的还原性物质（如 NO_2^-、Fe^{2+}、H_2S 等）反应，被还原为不起消毒作用的氯离子（Cl^-）。一般余氯测定不能反映出 Cl^-。这时的余氯量为零，在此过程中虽然也会杀死一些细菌，但消毒效果不可靠。在 2 区内，氯与氨开始化合，产生氯胺，有余氯存在，但余氯是化合性氯，有一定的消毒效果。3 区内仍然是化合性余氯，随加氯量的增加，开始出现下列反应：

$$NH_2Cl + NHCl_2 + HOCl \longrightarrow N_2O + 4HCl$$
$$2NH_2Cl + HOCl \longrightarrow N_2 + 3HCl + H_2O$$

反应结果使氯胺被氧化成为一些不起消毒作用的化合物，由于余氯测定不能反映出 HCl 中的氯，所以余氯反而逐渐减少，最后到最低的折点 B。折点 B 以后进入第 4 区。这时余氯又上升，从 B 点起所增加的投氯量完全以游离性余氯存在。这部分余氯线同 45° 虚线相互平行。这一区的消毒效果最好。余氯曲线的形状和试验时间有关。接触时间长，折点 B 的余氯量会接近于零，使 4 区内几乎全是游离性余氯，消毒能力也最强。

实践表明：当水中氨含量在 0.3 mg/L 以下时，加氯量通常控制在折点后，水中氨量高于 0.5 mg/L 时，峰点 H 以前的化合性余氯量已够消毒，加氯量可控制在峰点前以节约氯量，水中氨量在 0.3~0.5 mg/L 时，加氯量难以掌握，如控制在峰点前，往往由于化合性余氯较少，有时达不到要求，控制在折点后则浪费加氯量。

一般的地面水经混凝、沉淀和过滤后或清洁的地下水，加氯量可采用 1.0~1.5 mg/L，一般的地面水经混凝、沉淀而未经过滤的，可采用 1.5~2.5 mg/L。

氯消毒法按所产余氯的成分可分为两大类。当水中余氯成分为游离性余氯时，称为游离性余氯法。当余氯成分为化合性余氯时，则称为化合性余氯法。游离性余氯法，其优点是消毒过程迅速，并能去除水中的一些产生气味和臭的物质。化合性余氯法的优点见下节。

当按大于需氯曲线上所出现的折点的量加氯时，常称为折点氯消毒或折点氯化法。折点氯化法属于游离性余氯法。

当原水受到严重污染并有强烈臭味，采用普通的混凝沉淀和过滤加上一般加氯量的消毒法不能解决问题时，折点氯化法的效果可能很显著。

当加氯量超过出现折点的过多，水中出现强烈的氯味，不宜于饮用时，则称为过量氯化法。采用过量氯化法时，最后需要进行脱氯处理，去除过多的氯量。脱氯可以采用物理的或者化学的方法。活性炭吸附以及加 SO_2 都可以起脱氯作用。

$$SO_2+HOCl+H_2O \longrightarrow 3H^+ +Cl^- +SO_4^{2-}$$

根据加氯的地点不同而有许多术语。加氯点在所用处理设备以前则称为预氯化法，加氯点在所用处理设备以后则称为后氯化法，经过氯化处理的水在管网中再进行加氯的话，则称为中途氯化法或二次氯化法。

大多数水厂都在过滤后的清水中加氯，加氯点选在滤后水到清水池的管道上或清水池进口处，以保证氯与水的充分混合。

2．氯氨消毒

水中的氨与氯化合产生氯胺，氯胺的消毒作用比次氯酸的消毒作用缓慢。但次氯酸在水中停留时间太长后容易散失，当管线很长时管网末梢就不容易达到余氯标准，氯胺则能逐渐放出 HOCl，能保持较长时间，容易保证管网末梢的余氯要求，此外，游离性余氯容易产生氯臭味，特别是水里含有酚时，更会产生具有恶臭的氯酚。氯胺是逐渐放出 HOCl，氯臭味就轻一些。

85

为了解决余氯散失和氯臭的问题，当水中不含氨或含量甚少时，可人工加氨，使之形成氯胺。此法称为氯氨消毒。自来水公司由氯消毒改为氯氨消毒，主要原因就在于保证管网末梢的余氯合格率。出厂余氯为 0.4 mg/L 时，用氯胺消毒在 11 km处仍然保持 0.1 mg/L 余氯，但用氯消毒时，余氯为 0.1 mg/L 的最长距离只有 8 km。

氯和氨的投加量对不同的水质有不同的比例。一般采用氯：氨＝3：1～6：1。

人工投加的氨可以是液氨、硫酸铵或氯化铵等。硫酸铵和氯化铵须先配成溶液，再投加到水中。液氨的投加方法与液氯相同。

采用氯氨法消毒水质，一般先加氨，充分混合后再加氯，防止产生氯臭。当水中含酚时，如先加氨再加氯，氯便主要与氨结合，不致生成氯酚。有时也可先加氯后加氨，使管网末梢的余氯得到保证。

氯胺消毒的接触时间应不少于 1～2 h。

3．加氯设备

（1）氯气

氯气是一种有毒气体，运输贮存和使用应谨慎小心。加氯设备的安装位置应尽量靠近加氯点。加氯间应结构坚固，能防冻保温，通风良好，并安装排气风扇。加氯间内应备有检修工具和抢救设备。

1）氯瓶在 0℃和 1 个大气压时，每升氯气重 3.2 g，比空气重 2.5 倍。当空气中氯气浓度为 40～60 ml/m³ 时，呼吸 0.5～1 h 即有危险。氯气在常温下加压至 6～8 个大气压即变成液态。液态氯是琥珀色的油状液体，比氯气重很多。

干燥的氯气和液氯对铁、铜、铅、钢都没有腐蚀性，但氯溶液对一般金属腐蚀性很大，只有金、银和铂不受腐蚀。因此使用液氯瓶时，要严防水通过加氯设备进入氯瓶内。玻璃、陶瓷不受氯溶液的腐蚀。氯对塑料和橡胶也有些腐蚀作用，且容易老化。

液氯在钢瓶内贮存和运输使用时，转化为氯气加到水中。氯瓶不能在烈日下曝晒，或靠近高温处，以免汽化时压力过高发生意外。瓶内的液氯一般只装满80%左右，留出了一些汽化的空间，既防止因意外而爆炸，又便于取用氯气。

卧式氯瓶有两个出氯口，使用时务必要安放得使两个出氯口的连线垂直于水平面，上面一个出氯口为气态氯，下面一个出氯口为液态氯。应注意将上面的出氯口与加氯机相接。使用立式氯瓶时要竖放，出氯口向上。

2）加氯机。加氯机种类很多。图1-57所示是ZJ型转子加氯机的示意图。来自氯瓶的氯气首先进入旋风分离器，再通过弹簧膜阀和控制阀进入转子流量计和中转玻璃罩，经水射器与压力水混合、溶解于水内被输送至加氯点。

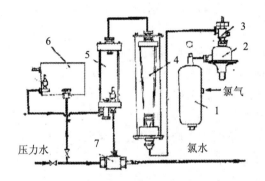

图 1-57 ZJ 型转子加氯机示意

1—旋风分离器；2—弹簧膜阀；3—控制阀；4—转子流量计；

5—中转玻璃罩；6—平衡水箱；7—水射器

各部分作用如下：

旋风分离器用于分离氯气中可能存在的一些悬浮杂质。可定期打开分离器下部旋塞予以排除。

弹簧膜阀当氯瓶中压力小于 1 kg/cm² 时，此阀即自动关闭，以满足制造厂要求氯瓶内氯气应有一定剩余压力不允许被抽吸成真空的安全要求。

控制阀及转子流量计用于控制和测定加氯量。

中转玻璃罩。用于观察加氯机工作情况。有稳定加氯量、防止压力水倒流和当水源中断时，破坏罩内真空的作用。

平衡水箱补充和稳定中转玻璃罩内的水量。当水流中断时破坏中转玻璃罩内真空。

水射器从中转玻璃罩内抽吸所需的氯，并使之与水混合、溶解于水（进行投加）；同时使玻璃罩内保持负压状态。

（2）漂白粉

漂白粉需配成溶液加注，溶解时先调成糊状，然后再加水配成 1%～2%（以有效氯计）浓度的溶液。当投加在滤后水中时，溶液必须先经过 4 h 到一昼夜的澄清。如加入浑水中则可在配制后立即使用。

漂白粉投加设备的设计计算及操作与作混凝剂类同。

4. 其他清毒法

（1）臭氧消毒

臭氧有很强的杀菌力不需要很长的接触时间，就能杀死一般细菌，对病毒、芽孢等也有很大的杀伤效果。臭氧消毒不受水中氨氮和 pH 的影响，而且不像一般的氯消毒有可能形成三氯甲烷等化合物。臭氧除消毒以外，还能氧化水中有机物质，对于除铁、除锰、去除臭、味和色度也有良好的效果。

当臭氧用于消毒过滤水时，其投加量一般不大于 1 mg/L，如用于去色和除臭味，则可增加至 4～5 mg/L。剩余臭氧量和接触时间是决定臭氧处理效果的主要因素。一般来说，如维持剩余臭氧量为 0.4 mg/L，接触时间为 15 min，可得到良好的消毒效果，包括灭活病毒。

臭氧消毒的主要缺点是臭氧发生装置较为复杂，投资大和运行费用较高。生产 1 kg 臭氧需耗电 15～20kWh。臭氧在水中不稳定，容易散失，因而不能在配水管网中继续保持杀菌能力。臭氧不能贮存，只能边生产边使用。

（2）二氧化氯消毒

采用二氧化氯消毒与通常氯消毒不同之处：二氧化氯一般只起氧化作用，不起氯化作用，因此它与水中杂质形成的三氯甲烷等比氯消毒要少得多。

二氧化氯也不与氨起作用，在 pH 为 6～10 时的杀菌效率几乎不受 pH 影响。二氧化氯的消毒能力次于臭氧但高于氯。与臭氧比较，其优越之处在于它的剩余消毒效果，但无氯臭味。二氧化氯有很强的除酚能力。

二氧化氯由亚氯酸钠和氯反应而成：

$$2NaClO_2 + Cl_2 \longrightarrow 2ClO_2 + 2NaCl$$

由于亚氯酸钠较贵，且二氧化氯生产出来即须使用，不能贮存，所以只有水源严重污染（如含氨达几 mg/L 或有大量酚存在）而一般氯消毒有困难时，才采用二氧化氯消毒。

（3）紫外线消毒

波长为 200～295 nm 的紫外线有明显的杀菌作用，而波长为 260～265 nm 的紫外线杀菌力最强。利用紫外线消毒的水，要色度低，少悬浮杂物和胶体物，且水不可过深，否则光线的透过力与消毒效果将受影响，水深最好不超出 12 cm。紫外线消毒的优点是管理简单，杀菌速度快；缺点是经过消毒的水无持续杀菌能力，成本较高，一般仅在特殊情况下小规模使用。

（三）废水的消毒

废水消毒可根据需要定时地或经常地进行。目前广泛采用的药剂也是液氯和漂白粉。但废水所含污染杂质比一般给水水源多得多，对于某些工业废水来说，氯消毒后产生致癌物质的可能性更大，所以，近年来也在探求新的消毒药剂。

废水中氯的杀菌作用与给水消毒相同。由于废水中常含有较多的氨，剩余氯一般是氯胺。废水消毒常仅要求部分地去除有害微生物，加氯量可按接触 15 min 后尚有余氯 0.5 mg/L 估算，一般来说，城市废水通过沉淀后的出水须加氯 25～30 mg/L，通过生物处理后的水须加氯 5～10 mg/L。氯与废水应充分混合，接触时间不宜短于 1 h。

加氯还可降低废水的 BOD 和控制臭气。

学习单元四　物理化学处理

物理化学法指同时采用物理和化学的综合作用对废水进行处理的方法。如吸附法、离子交换法、萃取法、膜分离法、汽提法等。随着工业的发展，工业废水水质日趋复杂，废水中许多污染物，如重金属离子，用通常的生物处理法难以去除；许多复杂的有机物、生物难以降解；对有毒的污染物其浓度超过微生物的耐受限度时，生物处理法又不适用。因此，20 世纪 70 年代以来，物理化学处理法得到广泛重视和迅速发展。

物理化学处理方法主要是分离废水中溶解态的有害污染物，回收有用组分，使废水得到深度的净化。在处理废水过程中（如吸附、萃取、电渗析、汽提和吹脱等方法）使物质由一相转移到另一相的过程，称为传质过程。传质进行的条件是溶质在两相中浓度的不平衡。传质速度的大小，取决于两相的性质、接触面积、浓度、温度以及溶液的 pH 值等因素。

物理化学处理既可是独立的处理系统，也可是生物处理的后续处理措施。其工艺的选择取决于废水水质、排放或回收利用的水质要求、处理费用等。采用物理化学方法处理工业废水，需先进行预处理，如去除废水中的悬浮物、油类、有害气体等杂质，调整废水的 pH 值等，从而提高处理效果并减少损耗。

和生物处理法相比，物理化学处理法的优点是：占地面积可少 1/4～1/2；出水水质好，而且效果比较稳定；对废水水量、水温和浓度变化的适应性较强；可以除去有害的重金属离子；除磷、脱氮和脱色的效果好；可根据不同要求，选择处理方案；处理系统的操作管理易于实现自动检测和自动控制。但处理系统的设备费和日常运转费较高，比生物处理法消耗更多的能源和物料，因此决定处理工艺方案时要根据对出水水质的要求，进行技术、经济比较和对环境影响的全面分析。

一、吸附法

利用多孔性固体吸附剂表面的物理或化学吸附作用将废水中的一种或多种物质吸附在固体表面上，将其回收利用的方法称之为吸附。具有吸附能力的多孔性固体物质，称为吸附剂。废水中被固体吸附的物质称为吸附质，吸附的结果是吸附质在吸附剂上浓集，吸附剂的表面能降低。

利用吸附法脱除水中的微量污染物，包括脱色，除臭味，脱除重金属、各种溶解性有机物、放射性元素等。利用吸附法进行水处理，适应范围广、处理效果好、可回收有用物料、吸附剂可重复使用，但对进水预处理要求高、运转费用较贵、系统庞大、操作较麻烦。

常用的吸附剂有：活性炭、磺化煤、硅藻土、焦炭、木炭、高岭土、泥煤、木屑、炉渣、金属及其化合物。吸附剂要具有吸附容量大、比表面积和孔隙率也大、吸附速度快、选择性好且机械强度高等性能。通过加热再生、药剂再生、化学氧化再生、湿式氧化再生、生物再生等，可以降低处理成本，减少废渣排放，同时回收吸附质。

（一）吸附基本理论

1. 吸附的分类

吸附是一种界面现象，发生在两个相界面上。在废水处理中，吸附属液—固相吸附。例如活性炭和废水接触，废水中的某些污染物质会从废水中转移到活性炭表面。由于溶质对水的疏水特性和溶质对固体颗粒的高度亲和力，溶质从水中移向固体颗粒表面，即发生吸附。溶质的溶解度越大向表面运动的可能性越小，溶质的憎水性越大，向吸附界面移动的可能性越大。吸附剂和溶质之间的作用力分为分子间力、化学键力和静电引力，吸附就是靠这三种作用力形成的。根据固体表面吸附力的不同，吸附可分为物理吸附、化学吸附和离子交换吸附三种类型。

（1）物理吸附

吸附剂和吸附质之间通过分子间力产生的吸附称为物理吸附。物理吸附是一种常见的吸附现象。是固体表面粒子（分子、原子或离子）存在分子间吸引力即分子力引起的，特点是被吸附物的分子不是附着在吸附剂表面固定点，而是能在界面上自由移动。可以形成单分子层吸附或多分子层的吸附。由于物理吸附由分子间力引起的，吸附热较小。吸附不发生化学作用，低温下就能进行。被吸附的分子由于热运动还会离开吸附剂表面，这种现象称为解吸，是吸附的逆过程。降温有利于吸附，升温有利于解吸。因为分子间力普遍存在，所以一种吸附剂可吸附多种物质。由于吸附质性质的差异，某一种吸附剂对各种吸附质的吸附量不同，可认为物理吸附没有选择性。

（2）化学吸附

吸附剂与吸附质之间发生由化学键力引起的吸附称为化学吸附。化学吸附是放热过程，需要大量的活化能，需在较高的温度下进行，吸附热较大，且一般是单分子层吸附。一种吸附剂只对某种或特定的几种物质有吸附作用，因此化学吸附具有选择性。化学吸附比较稳定，不易解吸，且吸附与吸附剂表面化学性质直接有关，与吸附质的性质也有关。当化学键力大时，化学吸附不可逆。

（3）离子交换吸附

指溶质的离子由于静电引力作用聚集在吸附剂表面的带电点上，并置换出原先固定在这些带电点上的其他离子。吸附过程中每吸附一个吸附质离子，吸附剂也放出一个等当量离子。离子的电荷是交换吸附的决定因素，离子所带电荷越多，在吸附剂表面的反电荷点上吸附力越强。

物理吸附后再生容易，能回收吸附质。化学吸附结合牢固，再生较困难，需在高温下才能脱吸，脱吸下来的可能是原吸附质，也可能是新的物质。化学吸附处理毒性很强的污染物更安全。在废水处理中，吸附过程多是几种吸附现象的综合作用。

2．吸附平衡与吸附容量

吸附是一种可逆的过程，当废水和吸附剂充分接触后，吸附质的粒子被吸附剂表面或基团所吸附，一部分被吸附的粒子由于热运动，脱离吸附剂的表面或基团而被解吸回到液相中。前者称为吸附过程，后者称为解吸过程。当吸附速度与解吸速度相等时，即单位时间内吸附质在吸附剂表面与废水中的浓度都不改变时，达到吸附平衡。此时吸附质在废水中的浓度称平衡浓度。由于解吸过程的存在，废水中总会有或多或少被吸附物质的存在。影响吸附的因素有吸附剂的性质（如孔隙、比表面积、交换基团等）、吸附质的性质（如溶解度、分子极性、分子量的大小等）和吸附过程的条件。吸附剂的种类不同、吸附的效果不同，一般极性分子或离子型的吸附剂易吸附极性分子或离子型的吸附质。对选定的吸附剂，不同的吸附质，吸附量也不同，吸附质溶解度越小或吸附剂化合反应生成物溶解度越小，就越容易被吸附。对特定吸附质选定吸附剂后，吸附效果主要决定于吸附过程的条件，如废水的 pH 值、温度、吸附质浓度以及接触时间等。

吸附剂对吸附质的吸附效果，一般用吸附容量和吸附速率来衡量。所谓吸附容量是指单位质量吸附剂所吸附吸附质的质量。

吸附容量由下式计算：

$$q = \frac{V(C_0 - C)}{W} \tag{1-14}$$

式中，q —— 吸附容量，g/g；

V —— 废水容量，L；

W —— 吸附剂投加量，g；

C_0 —— 原水中吸附质浓度，g/L；

C —— 吸附平衡时水中剩余吸附质浓度，g/L。

在温度一定的条件下，吸附容量随吸附质平衡浓度的提高而增加。

吸附速率是指单位质量的吸附剂在单位时间内所吸附的物质量。吸附速率决定了废水和吸附剂的接触时间。吸附速率越高接触时间越短，所需吸附设备的容积也就越小。

3．影响吸附的因素

影响吸附的因素很多，主要有吸附剂的结构性质，吸附质的性质和吸附过程的操作条件。

（1）吸附剂的结构性质

吸附现象是发生在吸附剂表面上的，吸附剂的比表面积越大，吸附能力就越强，吸附容量也就越大。比表面积是吸附作用的基础，在能够满足吸附质分子扩散的条件下，吸附剂比表面积越大越好。例如，粉状活性炭比粒状活性炭性能好，原因就在于粉状活性炭的比表面积比粒状活性炭的大。但对大分子吸附质，比表面积过大效果反而不好。

吸附剂的种类不同，吸附效果也不同。一般来说，极性分子型吸附剂易吸附极性分子型吸附质，非极性分子型吸附剂易吸附非极性分子型吸附质。

吸附剂的颗粒大小、孔隙结构及表面化学性质对吸附也有很大影响。吸附剂的颗粒大小主要影响它的吸附速率，小粒径的吸附剂具有较高的吸附速率。孔隙结构包括孔隙的大小、数量、形状以及分布情况等，不同来源，不同批号的吸附剂，其孔隙直径的大小、孔隙的分布都不相同。吸附剂的化学性质包括化学组成、表面性质及分子结构等。如表面具有酸性氧化物基团（如—OH、—COOH）的活性炭对碱性金属氧化物有很好的吸附能力，含硫活性炭对重金属具有较好的吸附能力。

（2）吸附质的性质

对于一定的吸附剂，吸附质的性质有差异，吸附效果不同。吸附质在废水中的溶解度对吸附有较大的影响。一般吸附质的溶解度越低，越容易被吸附，而不易被解吸。通常有机物在水中的溶解度随着链长增长而减小，而活性炭的吸附容量却随着有机物在水中溶解度的减小而增加，因此活性炭在废水中对有机物的吸附容量随着同系物分子量的增大而增加。如活性炭从水中吸附有机酸的吸附容量次序是：甲酸＜乙酸＜丙酸＜丁酸。

吸附质极性的强弱对吸附的影响很大，极性的吸附剂易吸附极性的吸附质，非极性的吸附剂易吸附非极性的吸附质。活性炭是一种非极性的吸附剂，可从废水中有选择地吸附非极性或极性很小的物质。硅胶和活性氧化铝为极性吸附剂，可以从废水中有选择地吸附极性分子。

吸附质分子大小和不饱和度对吸附也有影响。用活性炭处理废水时，对芳香族化合物的吸附效果较脂肪族化合物好，对不饱和链有机化合物吸附效果较饱和链有机化合物好。同系物中，对大分子有机化合物较小分子有机化合物吸附效果好。但分子量过大，会影响扩散速度，所以当有机物分子量超过 1 000 时，需进行预处理，将其分解为小分子量后再用活性炭进行处理。

吸附质的浓度对吸附也有影响。当废水中吸附质浓度很低时，随浓度增大，吸附量也增大，但浓度增大到一定程度后，再增加浓度，吸附量虽有增加，但很慢，这说明吸附剂表面已大部分被吸附质占据。当全部吸附剂表面被吸附质所占据时，吸附量就达到了极限状态，吸附量就不再随吸附质浓度的提高而增加。在废水处理中，吸附一般用于低浓度废水，因此，污染物浓度的变化对单位吸附量的影响较大。

（3）吸附操作条件的影响

在废水处理中，进水水质和选用的吸附剂确定后，吸附效果主要取决于吸附过程的操作条件，如温度、接触时间、废水的 pH 值等。

废水处理的吸附过程主要是物理吸附，是放热反应，温度高则不利于吸附的进行，而温度低则有利于吸附，往往是常温吸附，升温解吸。在吸附的过程中，应保证吸附质与吸附剂有一定的接触时间，使吸附接近于平衡，充分利用吸附剂的吸附能力。吸附平衡所需的时间取决于吸附速率，吸附速率越高，达到吸附平衡所需的时间就越短。在实际操作中，要控制废水的流速不宜过大或过小。流速过大，不利于两相充分接触，流速过小，影响设备生产能力。

废水处理中，pH 值对吸附的影响主要是由于 pH 值对吸附质在废水中的存在形式（分子、离子、络合物）有影响。pH 值控制着某些化合物的离解度和溶解度，不同污染物吸附的最佳 pH 值应通过实验确定。

（二）吸附剂及其再生

1. 吸附剂

废水处理过程中应用的吸附剂有活性炭、碳纤维、磺化煤、沸石、活性白土、硅藻土、焦炭、木炭、木屑、树脂等。在废水处理中应用较广的吸附剂是活性炭。

（1）活性炭

活性炭是一种非极性吸附剂，由果壳、木屑、煤粉在高温下经碳化和活化后制得，外观为暗黑色，有粒状和粉状两种。工业上大量采用的是粒状活性炭。活性炭的主要成分除碳以外，还有少量的氧、氢、硫等元素，含有水分和灰分。它具有良好的吸附性能和稳定的化学性质，可以耐强酸、强碱，能经受水浸、高温、高压作用，不易破碎。

与其他吸附剂相比，活性炭具有巨大的比表面积和微孔，其总内外比表面积通

常可达 $800\sim2\,000\ \text{m}^2/\text{g}$ 干炭，形成了强大的吸附能力。对于废水中一些难去除的物质，如表面活性剂、酚、农药、染料、难生物降解有机物和重金属离子等，活性炭吸附处理效率高，出水的水质比较稳定，处理后水中的 BOD_5、COD 和 SS 可分别达到 $10\ \text{mg/L}$、$15\ \text{mg/L}$ 和 $5\ \text{mg/L}$ 以下。但是，比表面积相同的活性炭，其吸附容量并不一定相同，因为吸附容量不仅与比表面积有关，还与微孔结构和微孔的分布，以及表面化学性质有关。

活性炭是废水处理中普遍采用的吸附剂，适用于去除废水中微生物难以降解的或用一般氧化法难以氧化的溶解性有机物质。通常将其作为三级处理，用于处理污染物浓度较低的废水。已广泛应用于化工行业，如印染、氯丁橡胶、腈纶、三硝基甲苯等的废水处理。

（2）生物炭法工艺

生物炭法工艺（Powdered Activated Carbon Treatment Process），简称 PACT，是活性炭吸附与生物氧化相结合的一种新技术，可大幅度提高活性炭的动态吸附容量，有效地降低废水处理的成本。

粉末活性炭（PAC）加入到活性污泥中，作为污水处理的吸附剂，提高处理的性能，这种废水处理方法被称为生物炭法，即 PACT 方法。在粉末活性炭—活性污泥系统中，活性污泥附着于粉末活性炭的表面，由于粉末活性炭巨大的比表面积及其很强的吸附能力，提高了污泥的吸附能力，特别是在活性污泥与粉末活性炭界面之间的溶解氧和降解基质浓度有了很大幅度的提高，从而提高了 COD 的降解去除率。一般来说，活性炭吸附处理容量在 10% 左右（质量百分比），即 1 t 活性炭可处理 COD 100 kg 左右。而在 PACT 系统内，活性炭吸附处理 COD 的动态吸附容量在 100%～350%（重量百分比），即 1 t 粉末活性炭可吸附去除 1.0～3.5 t COD。而且，PACT 法能处理生物难以降解的有毒有害的有机污染物质。

除了有效提高 COD 的去除率，PACT 法还具备以下几方面优点：

1）有效提高了活性炭的利用率；

2）吸附去除不可降解的有机物以及难降解污染物，减少工业废水处理过程中的抑制作用；

3）吸附有毒有害的有机物，使废水中有毒有害物质的浓度稳定在一个较低的水平，保证生化处理系统的正常运行；

4）防止氨氮指标反弹，保证出水氨氮指标达标；

5）可结合现有的生物处理设施投入使用，减少投资费用，且操作灵活方便。

2. 吸附剂的再生

吸附剂达到吸附饱和之后，必须进行再生，以达到吸附剂重复使用的目的。所以再生是吸附的逆过程。吸附剂再生的方法较多，主要有热处理法、化学再生法、溶剂法、生物氧化法等。活性炭再生应用较多的是热处理法。

热处理法分为低温和高温两种方法。低温适用于吸附了气体的饱和活性炭，通常加热到 100～200℃，将吸附的物质进行解吸；高温适用于废水处理中的饱和活性炭，通常加热到 800～1 000℃，还需要加入活化气体（如水蒸气、二氧化碳等）才能再生完成。

热处理再生活性炭一般分三个步骤进行：

（1）干燥

加热到 100～150℃，将吸附在活性炭细孔中的水分（含水率 40%～50%）蒸发出来，同时部分低沸点的有机物也随着挥发出来。干燥过程需热量约为再生总热量的 50%。

（2）炭化

水分蒸发后，继续加温到 700℃，这时，低沸点有机物全部被脱附。高沸点有机物由于热分解，一部分转化为低沸点有机物被脱附，另一部分被炭化，残留在活性炭微孔中。

（3）活化

将炭化后留在活性炭微孔中的残留炭通入活化气体（如水蒸气、二氧化碳及氧）进行气化，达到重新造孔的目的。活化温度一般为 700～1 000℃。

活性炭再生过程中，会因磨损与氧化而引起活性炭的损耗。损耗量通常是再生炭质量的 5%～10%，数值取决于炭的种类与加热炉操作情况。再生后的废气主要含 CO_2、H_2、CO 以及 SO_2、O_2 等，视吸附物及活化气的不同而异。

由于废水中成分复杂，用于废水处理的活性炭除含有有机物外，还含有金属盐等无机物，这些金属化合物再生时大多残留在活性炭微孔中（除汞、铅、锌可气化外），活性炭吸附性能降低。如将饱和活性炭用稀盐酸处理，再生活性炭的性能可能恢复到新活性炭的水平。

热处理法是目前废水处理中粒状活性炭再生最普遍最有效的方法。影响再生的因素很多，如活性炭的物理及化学性质、吸附性质、吸附负荷、再生炉型、再生过程中的操作条件等。再生后吸附剂性能的恢复率可达 90% 以上。

（三）吸附工艺和设备

1. 吸附工艺

吸附工艺主要步骤是：首先废水与吸附剂接触进行吸附，然后将吸附净化后的废水与吸附有吸附质的吸附剂分开，最后吸附剂解吸再生或更新（部分更新）等。

在吸附操作中，针对回收或去除的吸附污染物的不同，选择吸附性能较好，再生比较容易的吸附剂；同时考虑影响吸附剂使用寿命的机械强度、耐收缩和膨胀的能力及来源、价格、使用的具体条件等诸多因素。

2．运转方式

吸附运转方式一般可分为两类：一类是间歇式分批操作，主要设备有一个池子、桶或搅拌槽，废水间歇式分批加料或出料，操作比较麻烦，多在废水量较小的情况下使用；另一类是半连续式或连续式操作，主要设备是以吸附剂为滤层的固定床、移动床、流动床等的吸附柱。吸附和解吸在柱内交替进行，根据废水量、水质和污染物的浓度，可分别采用单床、多床、复床、混合床等方式。

3．吸附的设备

（1）间歇式吸附设备

间歇式是将废水和吸附剂放在吸附池内进行搅拌 30 min 左右，然后静置沉淀，排除澄清液。间歇式吸附主要用于少量废水的处理和实验研究，在生产上一般要用两个吸附池交换工作。在一般情况下，都采用连续的方式。根据处理水量、原水的水质和处理要求不同，固定床又可分为单床式、多床串联式和多床并联式三种，如图 1-58 所示。

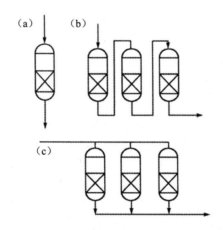

（a）单床式；（b）多床串联式；（c）多床并联式

图 1-58　固定床吸附操作示意

（2）连续式吸附设备

连续吸附可用固定床、移动床和流化床。

吸附剂固定填放在吸附柱（或塔）中，所以叫固定床。移动床连续吸附是指在操作过程中定期地将接近饱和的一部分吸附剂从吸附柱排出，并同时将等量的新鲜吸附剂加入柱中。所谓流化床是指吸附剂在吸附柱内处于膨胀状态，悬浮于由下而上的水流中。固定床和移动床连续吸附方式是废水处理中较常用的。由于流化床的操作较复杂，在废水处理中较少使用。

1) 固定床连续吸附

在一般的连续式固定床吸附柱中，吸附剂的总厚度为 3～5 m，分成几个柱串联工作，每个柱的吸附剂厚度为 1～2 m。废水从上向下过滤，过滤速度在 4～15 m/h，接触时间一般不大于 30～60 min。为防止吸附剂层的堵塞，含悬浮物的废水一般先应经过砂滤，再进行吸附处理。吸附柱在工作过程中，上部吸附剂层的吸附质浓度逐渐增高，达到饱和而失去继续吸附的能力。随着运行时间的推移，上部饱和区高度增加而下部新鲜吸附层的高度则不断减小，直至全部吸附剂都达到饱和，出水浓度与进水浓度相等，吸附柱全部丧失工作能力。降流式固定床型吸附塔构造见图 1-59。

在实际操作中，吸附柱达到完全饱和及出水浓度与进水浓度相等是不可能的，也是不允许的。通常是根据对出水水质的要求，规定一个出水含污染物质的允许浓度值。当运行中出水达到这一规定值时，即认为吸附层已达到"穿透"，这一吸附柱便停止工作，进行吸附剂的更换。

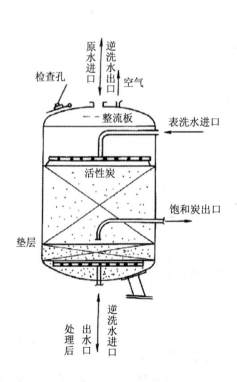

图 1-59　降流式固定床型吸附塔构造

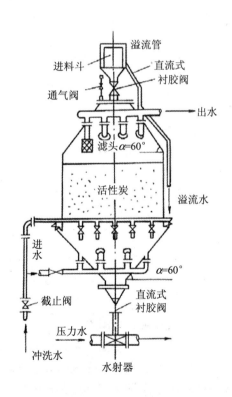

图 1-60　移动床吸附塔构造

2) 移动床连续吸附塔构造如图 1-60 所示，其工艺过程为：原水从吸附塔底部流入和吸附剂进行逆流接触，处理后的水从塔顶流出，再生后的吸附剂从塔顶加入，接近吸附饱和的吸附剂从塔底间歇地排出。这种方式较固定床能充分利用吸附剂的吸附容量，并且水头损失小。由于采用升流式，废水从塔底流入，从塔顶流出，被截留的悬浮物随饱和的吸附剂间歇地从塔底排出，故不需要反冲洗设备。但这种操作方式要求塔内吸附剂上下层不能互相混合。操作管理要求高。

总之，吸附法已广泛应用于废水的处理中，能去除废水中难以生物降解或化学氧化的少量有机物，去除色度、异味、杀虫剂、洗涤剂等，也能回收利用重金属离子和废水中的一些其他有用组分。

二、离子交换法

离子交换法是利用离子交换剂对水中存在的有害离子进行交换处理的方法。其实质是离子交换剂的可交换离子与水中其他同性离子的交换反应，是一种特殊的吸附过程。与吸附相比，其特点在于：离子交换法主要吸附水中的离子化物质，并进行等当量的离子交换。离子交换法去除率高、可浓缩回收有用物质、设备简单、操作控制容易，但应用范围受离子交换剂品种、性能、成本的限制，对废水预处理要求较高，离子交换剂再生和再生液处理也是一个难以解决的问题。

离子交换和其他的化学反应一样服从当量定律，即等当量进行交换；因离子交换是一种可逆反应，遵循质量作用定律，交换剂具有选择性。离子交换剂上的交换离子，先和交换势大的离子交换。常温和低浓度时，阳离子的价数越高，交换势就越大；同价离子则原子序数越高，其交换势就越大。

在废水处理中，离子交换法主要用于回收有用物质和贵重、稀有金属，如金、银、铜、铬、镉、锌等。

离子交换剂有无机和有机两类。无机离子交换剂有天然沸石和人工合成沸石。沸石既可以做阳离子交换剂，也能做吸附剂。有机离子吸附剂有磺化煤和各种离子交换树脂。在废水处理中应用较多的是交换树脂。

离子交换树脂是一类具有离子交换特性的高分子聚合电解质，是一种疏松的具有多孔结构的固体球形颗粒，粒径一般为 0.3～1.2 mm，不溶于水也不溶于电解质，在孔隙的一定部位上有可供交换离子的交换基团。所以，离子交换树脂主要是由不溶性的树脂本体和具有活性的交换基团两部分组成。树脂本体为有机化合物和交联剂组成的高分子共聚物，其中，交联剂的作用是使树脂本体形成立体的网状结构。交换基团是由起交换作用的离子和树脂本体联结的离子组成。如磺酸型阳离子交换树脂 $R—SO_3^-H^+$（R 表示树脂本体），$—SO_3^-H^+$ 是交换基团，其中 H^+ 是可交换的离子；季铵型阴离子交换树脂 $[R_4N]^+OH^-$ 中，N^+OH^- 是交换基团，其中 OH^- 是可交换离子。

通常将离子交换树脂制成球状、薄膜状或纤维状。利用树脂的离子交换作用，来交换废水中的离子化的溶质。多用在回收和处理含重金属废水。

离子交换树脂的种类很多，按离子交换树脂内部结构的特点可分为凝胶型、大孔型等。凝胶型树脂制造简单，树脂空隙小；大孔型树脂的空隙较大，去除有机污染和抗氧化能力强。目前，在废水处理中使用的树脂大部分是凝胶型离子交换树脂。

按照离子交换树脂基团的选择性，可分为阳离子交换树脂，阴离子交换树脂和螯合树脂等。

按活性基团的性质，离子交换树脂分为下述四类：

① 强酸性阳离子交换树脂。主要以苯乙烯、二乙烯苯为骨架的磺酸型阳离子交换树脂，其活性基因具强酸的特征，用来交换水中的阳离子。主要品种有：$732^{\#}$、$730^{\#}$等。

② 强碱性阴离子交换树脂。以苯乙烯－乙烯苯为骨架的季胺型阴离子交换树脂，具强碱性质，用来交换水中的阴离子。主要品种有：$717^{\#}$、$711^{\#}$等。

③ 弱酸性阳离子交换树脂。活性基团是胺酸基等，具弱酸性质。用来交换水中阳离子，容易用酸再生，适用于废水的深度处理，主要品种有：弱酸 $101^{\#}$等。

④ 弱碱性阴离子交换树脂。具有弱碱性质，容易再生，适用于废水的深度处理。主要品种有：$710\text{-}B^{\#}$等。

离子交换树脂的主要性能包括：密度、含水率、溶胀率、耐热性、化学稳定性和选择性等。

选择性与水中离子的种类、树脂交换基团的性能有关，也受水中离子浓度和温度的影响。在常温和水中离子未定浓度时，各树脂的选择性如下：

强酸性阳离子交换树脂的选择性顺序为：

$$Fe^{3+}>Cr^{3+}>Al^{3+}>Ca^{2+}>Mg^{2+}>K^{+}=NH_4^{+}>Na^{+}>H^{+}>Li^{+}$$

强碱性阴离子交换树脂的选择性顺序是：

$$Cr_2O_7^{2-}>SO_4^{2-}>Cr_2O_4^{2-}>NO_3^{-}>Cl^{-}>OH^{-}>F^{-}>HCO_3^{-}>HSiO_3^{-}$$

弱酸性阳离子交换树脂的选择性顺序为：

$$H^{+}>Fe^{3+}>Cr^{3+}>Al^{3+}>Ca^{2+}>Mg^{2+}>K^{+}=NH_4^{+}>Na^{+}>Li^{+}$$

弱碱性阴离子交换树脂的选择性顺序是：

$$OH^{-}>Cr_2O_7^{2-}>SO_4^{2-}>Cr_2O_4^{2-}>NO_3^{-}>Cl^{-}>HCO_3^{-}$$

位于顺序前列的离子可以取代位于顺序后列的离子。但在高温高浓度时，上述的前后顺序变成次要问题，主要依据浓度的大小排列顺序，处于后列的离子也可取代位于顺序前列的离子。这是树脂再生的依据之一。

离子交换树脂饱和后，强酸性树脂可用盐酸、硫酸、氯化钠及硫酸钠等再生；弱酸性树脂可用盐酸、硫酸再生；强碱性树脂可用氢氧化钠及氯化钠再生；弱碱性树脂可用氢氧化钠、碳酸钠及碳酸氢钠再生。

离子交换过程可以看做是固相的离子交换树脂与液相（废水）中电解质之间的

化学置换反应。其反应一般是可逆的。

阳离子交换过程可用下式表示：

$$R^-A^+ + B^+ \rightleftharpoons R^-B^+ + A^+ \qquad (1\text{-}15)$$

阴离子交换过程可用下式表示：

$$R^+C^- + D^- \rightleftharpoons R^+D^- + C^- \qquad (1\text{-}16)$$

式中，R——树脂本体；

A，C——树脂上可被交换的离子；

B，D——溶液中的交换离子。

在反应式（1-15）中，阳离子交换树脂开始被阳离子 A^+ 所饱和，当其与含有 B^+ 离子的溶液接触时，就发生溶液中 B^+ 离子对树脂上 A^+ 离子进行交换反应。但反应也可以反过来进行，变成溶液中 A^+ 离子对树脂上 B^+ 离子进行交换。反应式（1-16）为阴离子的交换反应。

在离子交换反应中，反应会向哪个方向进行，主要取决于离子交换树脂对溶液中各离子的相对亲和力。利用树脂对各种离子不同的亲和力即选择性，可将溶液中某种杂质除去。

离子交换过程通常会分为 5 个阶段：

第一阶段　交换离子在溶液中扩散到树脂表面；

第二阶段　交换离子在树脂内部扩散；

第三阶段　交换离子与结合在树脂活性基团上的交换离子发生反应；

第四阶段　被交换下来的离子在树脂内部扩散；

第五阶段　被交换下来的离子在溶液中扩散。

影响废水处理中离子交换树脂交换能力的因素有：悬浮物质和油类；溶解盐；有机物；溶液 pH 值；温度；高价金属离子和氧化剂等。

三、萃取法

（一）基本原理

萃取法是利用与水不相溶或极少溶解的特定溶剂同废水充分混合接触，使溶于废水中的某些污染物质重新进行分配而转入溶剂，将溶剂与除去污染物质后的废水分离，从而达到废水净化和回收有用物质的目的。其实质是利用溶质在水中和溶剂中有不同的溶解度的性质。采用的溶剂称为萃取剂，被萃取的物质称为溶质，萃取后的萃取剂称为萃取液，残液称为萃余液。溶剂萃取若利用废水中各组分在溶剂中的溶解度不同而达到分离目的的，称为物理萃取。若利用溶剂和废水中某些组分形成络合物而达到分离目的的，称为化学萃取。

液—液萃取属于传质过程，它的主要作用原理是基于传质定律和分配定律。

1. 传质定律

物质从一相传递到另一相的过程称为质量传递过程，简称传质过程。以传质过程为理论基础的废水处理方法有：萃取、吹脱、汽提、吸附、离子交换、电渗析及反渗透等。

当萃取剂与废水接触时，废水中溶质的浓度大于与萃取剂成平衡时所具有的浓度，此浓度差即为物质进行扩散的推动力，而溶质即借扩散作用向萃取剂中传递，直至达到平衡为止。只有溶质在溶剂中的溶解度远大于其在水中的溶解度时，溶质才能从水中转入到溶剂中。这是一种传质的过程，推动力是废水中溶质的实际浓度与平衡浓度之差。

研究结果证实，在传质过程中，两相之间质量的传递速率 G 与传质过程的推动力 ΔC 和两相接触面积 F 的乘积成正比，可用下式表示：

$$G = KF\Delta C \tag{1-17}$$

式中，G —— 物质的传递速率，即单位时间内从一相传递到另一相的物质的质量，kg/h；

F —— 两相接触的面积，m^2；

ΔC —— 传质过程的推动力，即废水中杂质的实际浓度与平衡时的浓度差，kg/m^3；

K —— 传质系数，与两相的性质、浓度、温度、pH 等有关系，kg/h。

随着传质过程的进行，废水中杂质的实际浓度逐渐减小，而在另一相中杂质浓度逐渐增加。所以，在传质过程中推动力是一个变数。

2. 分配定律

某溶剂和废水互不相溶，溶质在溶剂和废水中虽然都能溶解，但其在溶剂中比在废水中有更高的溶解度。当溶剂与废水接触后，溶质在废水和溶剂之间进行扩散，溶质从废水中传递到溶剂中，一直达到某一平衡为止，这个过程称为萃取过程。

对稀溶液的实验表明，在一定温度和压力下，如果溶质在两相中以同样形式的分子存在的话，则当达到平衡状态时，溶质在两液相中的浓度比为一个常数，这个规律称为分配定律。可用下式表示：

$$K_2 = \frac{C_1}{C_2} \tag{1-18}$$

式中，C_1 —— 溶质在萃取液中的浓度；

C_2 —— 溶质在萃余液中的浓度；

K_2 —— 分配系数。

很明显，溶剂的选择性越好，这个比例常数越高，即分配系数值越高。上式只适用于稀溶液（浓度一般小于 0.1 mol/L），萃取时温度和压力不变，并且溶质在萃余液和萃取液中分子的大小相同的情况，即溶质在萃余液中不发生分子的离解，也不发生络合，否则分配系数将不是常数，而是随浓度变化的。在废水处理中，由于废水的水质复杂，所以分配系数一般由试验确定。

综上所述，提高萃取速度和设备生产力，其途径有以下几条：

① 增大两相接触面积。通常萃取剂以小液滴的形式分散到废水中去，分散相液滴越小，传质表面积越大。但要防止溶剂过度分散而出现乳化现象，给后续分离带来困难。

② 增大传质系数。在萃取设备中，通过分散相的液滴反复的破碎和聚集，或强化液相的湍动程度，使传质系数增大。但表面活性物质和某些固体杂质的存在，增加了相界面上的传质阻力，将显著降低传质系数，因而应预先除去。

③ 增大传质推动力。采用逆流操作，即液—液两相呈逆流流动。整个萃取系统可维持较大的推动力，既能提高萃取相中溶质的浓度，又可降低萃余相中溶质的浓度。

（二）萃取剂及其再生

在液—液萃取中，萃取剂的选择十分重要，它不仅影响萃取产物的产量和组成，还直接影响被萃取物质分离的程度。对某一种溶质而言，可供选择的萃取剂很多，但在萃取过程中一般要综合考虑以下几个因素：具有良好的选择性，即要有较高的分配系数；对被萃取的溶质有较高的萃取能力；萃取剂要易于回收和再生；具有适宜的物理性质，如与废水的密度差较大、不易挥发、黏度低、热稳定性好等，以利于分相后的分离，沸点高、着火点高、凝固点低、挥发损失小，有利于安全和运输；具有一定的化学稳定性，不与废水中的杂质发生化学反应，腐蚀性和毒性小；具有适当的表面张力，表面张力太小，溶剂易乳化，影响两相分离，表面张力太大，分离迅速，但分散程度差，从而影响两相的充分接触，此时可以采用加强搅拌的方法加以克服；价格低廉、易得。

实际萃取中，不用纯的萃取剂，以廉价的不溶于水的溶剂进行稀释，达到改善萃取剂的黏度、密度等物理性质的目的，这种稀释萃取剂的有机溶剂称稀释剂。

1. 萃取剂

常用的单纯物理分配型萃取剂有煤油、重苯、二甲苯及溶剂油等。除此之外，还可针对溶质的性质，选择具有特殊功能的萃取剂，如 N-235，这类萃取剂常与煤油等溶剂混合使用。最常用的萃取剂是中性配合萃取剂，这类萃取剂分子中常含有 $\equiv PO$、$>S=O$、$>C=O$、$>P=S$ 等基团，如磷酸三丁酯、甲基异丁酮、N-503、二辛基亚砜等均是较好的溶剂，它们对多溶质的分配系数要比煤油大得多，其中 N-503 已广泛应用到萃取废水中的酚类化合物中。在废水处理中经常使用的萃取剂，如表 1-12 所示。

表 1-12 废水处理常用的萃取剂

类型	名称	分子量	国内商品号	国外商品号	水中溶解度/（g/L）
配位萃取剂	磷酸三丁酯	226.3	TPB	TPB	0.38
	甲基膦酸二仲丁酯	319.4	P-350		0.14
	氧化三烷基膦	428.7	TRPO		0.09
	甲基异丁基酮	100.2	MIBK	MIBK	19.1
	N,N-二仲辛基乙酰胺	283.5	N-503		0.01
	仲辛胺	130.2	仲辛醇	Octanoi-2	1.00
	异丙基膦酸二异丁酯	348.5	P-227		≤0.01
阴离子型萃取剂	二（2-乙基己基）膦酸	2590	P-204	D_2EBPA	0.02
	二（1-甲基庚基）膦酸	259.4	P-215		0.02
	2-乙基己基膦酸甲酯	24304	P-507		0.08
	磷酸单烷基酯	330	P-538		0.05
	十二烷基膦酸	266.3	P-501		0.20
	环烷酸	255		Naphtehnic	0.09
	叔碳酸		C-547	Acid911	
	混合脂肪酸	144.1			2.5
阳离子型萃取剂	三脂肪胺	387		Aiamine336	0.1
	氯化三烷基甲胺	437.4		Aliquat336	0.04
	多支链叔碳伯胺	297.5		PrimineJH7	0.06
	仲碳伯胺	280～300			在硫酸中
	N-十三烷基甲胺	353.7			
螯合型萃取剂	5,8-二乙基-7-羟基-6-十二烷酮	257.4	N-590	LIX63	0.02
	2-羟基-5-十二烷-二苯甲酮肟	381		LIX64	
	2-羟基-5-仲辛基-二苯甲酮肟	352		LIX65N	0.005
	2-羟基-4-仲辛基-二苯甲酮肟	341			0.001 4
	7-烯烷基-8-羟基喹啉	2990		Kele×100	0.003
	8-羟基磺酰胺基喹啉			LIX×34	
	2-羟基-3,5-取代苯甲醇			Polyol	

2. 萃取剂的再生

萃取是可逆过程，溶解在有机溶剂中的溶质，在一定条件下（如蒸馏、蒸发、投加某种化学药剂使溶质形成不溶于有机萃取剂的盐类），可转移到另外一种介质或溶剂中；可回收有价值的物质或去除污染物；回收的有机溶剂，可继续循环使用，这一过程称反萃取。

影响萃取与反萃取效果的因素是萃取剂和反萃取剂的性质、废水中可被萃取溶质的性质以及操作条件等。当选定了萃取剂和反萃取剂后，萃取或反萃取的效果决定于过程中的各项条件，如废水的 pH 值、溶质浓度、萃取剂与反萃取剂的浓度、温度以及其他操作参数等。

萃取剂再生的方法有两类，一类是物理法，另一类是化学法。

① 物理法（蒸发或蒸馏）：当萃取相中各组分的沸点相差较大时，宜采用蒸发或蒸馏法分离。根据分离的目的，可采用简单蒸馏或精馏，设备以浮阀塔效果最好。

② 化学法：采用的是投加某种化学药剂使它与溶质（萃取物）形成不溶于溶剂的盐类从而达到两者分离的目的，使用的设备主要有离心萃取机和板式塔。

（三）萃取的工艺设备

在萃取操作中，针对废水中需要回收或去除污染物的不同，选择萃取性能较好、反萃取再生比较容易的萃取剂和适宜的萃取剂浓度。

操作流程可分为混合、分离和回收三个步骤。即首先废水与萃取剂进行充分的混合接触，使废水的污染物转移到有机萃取剂中，然后利用密度差或其他物化性质，使萃取剂与废水完全分离，最后通过反萃取等手段，使萃取剂与污染物分开，萃取剂循环使用，同时萃取物回收使用。

按废水和萃取剂接触方式的不同，可将萃取操作分为间歇式和连续式两种，根据萃取剂与废水接触次数的不同，可将其分为单级萃取和多级萃取两种，后者又分为"错流"和"逆流"两种。

1. 单级萃取

萃取剂与废水经一次充分混合接触，达到平衡后即分相，称单级萃取。这种操作是间歇的，一般在一个萃取罐内完成，其特点是设备简单、灵活易行。缺点是萃取剂消耗量大，若大量废水进行萃取时，则操作麻烦。所以这种方式主要用于实验室或少量废水的萃取过程。

2. 多级逆流萃取（连续逆流萃取）

这种操作是将多次萃取操作串联起来，废水和萃取剂分别由第一级和最后一级加入，萃取相和萃余相呈逆流流动，逐级接触传质，萃取相和萃余相分别由两端排出。这种操作可以在混合沉降器中进行，也可在各种塔设备中进行。多级萃取只在最后一级使用新鲜的萃取剂，其余各级都与上一级萃取过的萃取剂接触，以充分利用萃取剂的能力。多级逆流萃取过程具有传质推动力大、分离程度高、萃取利用量少的特点。

萃取装置可分为罐式、塔式和离心式三类。无论哪一种装置都必须完成两相混合与分离的任务。

萃取法具有处理水量大，设备简单，便于自动控制，操作安全、快速等优点，可回收废水中的污染物质实现综合利用的目的，同时萃取剂经再生处理后可重复使用，处理成本相应降低。而在萃取和反萃取过程中，难免会有极少量的有机溶剂溶解或挟带在废水中，必须注意防止可能带来的二次污染。

采用萃取的方法能去除废水中难以生物降解或化学氧化的有机物，回收利用废水中的重金属离子及其他有用的组分。但是，溶剂萃取对于低浓度废水来说，效果差，但适用于高浓度废水的处理，尤其适用于污染物浓度较高、难生物降解、用化学氧化或还原等处理时药剂消耗量大的工业废水。所以目前萃取法仅用于为数不多的几种有机废水和个别重金属废水的处理。

四、膜分离技术

膜分离法就是利用一种特殊的半透膜将溶液隔开，使溶液中的某些溶质或溶剂（水）渗透出来，从而达到分离溶质的目的。

根据膜的不同种类和不同推动力，膜分离法可分为渗析、电渗析法、反渗透法和超滤法。这几种膜分离法的特征见表 1-13。

表 1-13　膜分离法的特征

分离方法	膜类型	推动力	膜孔径/nm	传递机理	透过物及大小/μm	截留物	用途
渗析	非对称膜、离子交换膜	浓度差	1～10	溶质扩散	低分子物质，离子 0.000 4～0.15	溶剂，分子量 >1 000 的大分子	分离溶质，回收酸碱等
电渗析	离子交换膜	电位差	1～10	电解质离子选择性透过	溶解无机物 0.000 4～0.1	非电解质，大分子物质	分离离子，回收酸碱和苦咸淡化
反渗透	非对称反渗透膜或复合膜	压力差 2～10 MPa	10	溶剂扩散	水、溶剂 0.000 4～0.006	溶质、盐、离子、大分子	分离小分子溶质，用于海水淡化、去除有机物和无机物
超滤	非对称膜	压力差 0.1～1.0MPa	1～40	筛滤及表面作用	水、盐及低分子有机物 0.000 5～10	胶体大分子及不溶性有机物	截留大分子，去除染料、油漆微生物等

膜分离的共同特点是：膜分离法可在一般的温度条件下操作，所以特别适用于热敏性物质；膜分离过程中不发生相变化，不消耗热量，所以能量转化的效率高。其缺点是处理能力低、能耗大、对预处理要求高。

（一）渗析法

渗析就是利用一种半渗透膜将浓度不同的溶液隔开，溶质即从浓度高的一侧透过膜而扩散到浓度低的一侧，当两侧浓度达到平衡时，渗析过程即停止。这种现象称为渗析作用、扩散渗析、浓差渗析或扩散渗析。

渗析作用的推动力是浓度差,即依靠膜两侧溶液的浓度差引起溶质进行扩散分离。这个扩散过程进行很慢,需时较长,当膜两侧的浓度达到平衡时,渗析过程即停止。通常只将这种方法用于分离移动速度较快的 H^+ 和 OH^- 离子,在废水处理中则主要用于酸、碱的回收,回收率可达 70%～90%,但不能将它们浓缩。

(二)电渗析法

1. 基本原理

电渗析是在外加直流电场作用下,利用具有离子交换性能的阴、阳离子交换膜对水中离子的选择透过性,使一侧溶液中的离子迁移到另一侧溶液中去,达到浓缩、纯化、合成和分离的目的。在电渗析过程中,离子减少的隔室称为淡室,出水称淡水;离子增多的隔室,称为浓室,出水称浓水;与电极板接触的隔室称为极室,其出水称极水。其具有设备简单、操作方便等优点。电渗析的工作原理如图 1-61 所示,离子交换膜分为阳离子交换膜和阴离子交换膜,简称阳膜和阴膜。阳膜只允许阳离子通过,阴膜只允许阴离子通过。纯水不导电,而废水中溶解的盐类所形成的离子却是带电的,这些带电离子在直流电场作用下能做定向移动。以废水中的盐 NaCl 为例,但电流通过时,在直流电场的作用下, Na^+ 和 Cl^- 分别透过阳膜和阴膜而离开中间隔室,但两端电极室中的离子却不能进入中间隔室,结果使中间隔室中的 Na^+ 和 Cl^- 含量随着电流的通过而逐渐降低,最后达到要求的含量而成为淡水被排出。在两侧隔室中,由于离子的迁入,溶液浓度逐渐升高而成为浓溶液。

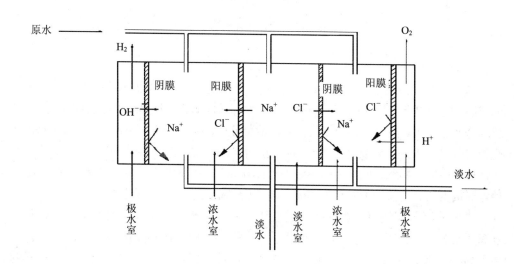

图 1-61 电渗析原理示意

电渗析过程的基本条件：一是水中的离子必须带电，在直流电场中阴、阳离子可做定向迁移；二是离子交换膜要有选择性，阳膜只允许水中的阳离子透过而具有排斥阴离子的能力，阴膜则相反，只允许阴离子透过而具有排斥阳离子的能力。

2. 电渗析器的构造

电渗析是由一系列阴、阳、复合离子交换膜放置于两极之间所组成。电渗析器包含离子交换膜、隔板和电极三大部分，如图1-62所示。电渗析所用膜的品种，组装的方式与顺序决定电渗析器的性能。根据废水的组成和处理要求，电渗析器具有不同的组装形式。隔板的构造和形式，直接影响着电渗析过程的效率。由于废水成分复杂，应用时要充分重视电渗析器进水、出水的取舍，极室反应物的利用及膜的选择等。

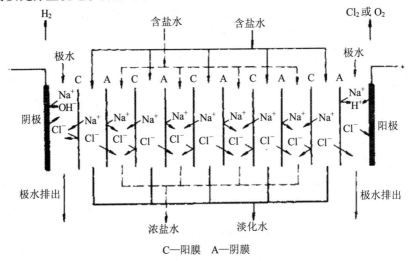

C—阳膜　A—阴膜

图 1-62　电渗析器构造示意

（1）离子交换膜

离子交换膜是电渗析器的关键部分，是一种由高分子材料制成的具有离子交换基团的薄膜。它和离子交换树脂有相同的组成，含有活性基团和使离子透过的细孔，具有离子选择透过作用。离子交换膜按膜体的构造可分为：异相膜和均相膜。异相膜是将离子交换树脂粉加入聚乙烯或聚乙烯醇黏合剂，滚压在纤绵网（如尼龙网等）骨架上，离子迁移靠膜内树脂颗粒间存在的溶液进行；均相膜是将树脂的母体材料制成膜状物，然后再嵌接上具有交换能力的活性基团，离子迁移靠相互接触的活性基团实现。

常用的离子交换膜按其选择透过性还可分为阳离子交换膜、阴离子交换膜和复合离子交换膜（其构造是一面为阴离子交换膜，一面为阳离子交换膜的复合膜）三种。离子交换膜应具有：较高的离子选择透过性；较低的渗水性和膜电阻；良好的化学稳定性及足够高的机械强度等。通常均相膜比异相膜电性能好，耐温可高达55～65℃，不易结垢，但制造比较复杂，机械强度也较差。

（2）隔板

隔板使用塑料制成的很薄的框，其中开有进、出水孔。在框的两侧紧压着膜，使框形成小室，可以通过流水。生产上使用的电渗析器由许多隔板和膜组成。

（3）电极

电极的作用是提供直流电，形成电场。常用的电极有：石墨电极，可做阴极；铅板电极，可做阴极或阳极；不锈钢电极，只能作阴极；铅银合金电极，作阴阳极均可。

电渗析器的组装形式一般是将阴、阳离子交换膜和隔板交替排列，再配上阴、阳电极。但电渗析器的组装随其应用而有所不同，一般可分为少室器和多室器两类。少室电渗析器只有一对或数对阴阳离子交换膜，而多室电渗析器则往往有几十到几百对阴阳离子交换膜。

3．电渗析的应用

电渗析最初用于海水淡化，目前也应用于纯水的制备及某些工业废水的处理。废水处理中可利用电渗析技术回收酸、碱、金属和脱盐等。用电渗析法处理含镍废水，可将镍浓缩 100～300 倍，浓水可直接返回镀镍槽使用。电渗析法还可以处理碱法造纸废液，从浓液中回收碱，从淡液中回收木质素；从芒硝废液中制取硫酸和氢氧化钠；从放射性废水中分离放射性元素，将其浓缩等。但电渗析对进水的有机物、浊度、硬度以及铁、锰含量等水质指标都有一定要求，达不到时需对废水进行必要的预处理。

（三）反渗透法

1．反渗透原理

有一种膜只允许溶剂通过而不允许溶质通过，如果用这种半渗透膜将盐水和淡水或两种浓度不同的溶液隔开，如图 1-63 所示，则可发现水从淡水侧或浓度较低的一侧通过膜自动渗透到盐水或浓度较高的一侧，盐水体积逐渐增加，在达到某一高度后便达到了平衡状态。这种现象称为渗透。如果在盐水面上施加大于渗透压的压力，则此时盐水中的水就会流向淡水一侧，这种现象称为反渗透。

任何溶液都具有相应的渗透压，但要有半透膜才能表现出来。溶液的渗透压与溶液的性质、浓度和温度有关，而与膜无关。

反渗透膜透过的机理，一般认为是选择性吸附——毛细管流机理，即认为反渗透膜是一种多孔性膜，具有良好的化学性质，当溶液与这种膜接触时，由于界面现象和吸附作用，对于优先吸附在界面上的水以水流的形式通过膜的毛细管并被连续排出。所以反渗透过程是界面现象和在压力下流体通过毛细管的综合结果。

反渗透的处理效果与膜的性能关系密切。反渗透膜的种类很多，目前在水处理中应用较多的是醋酸纤维素膜（CA 膜）和芳香族聚酰胺膜。可除去>98%的 Ca^{2+} 和 Mg^{2+}、95%的 Cl^-、>99%的 P、S 以及几乎所有的 Fe 和其他重金属离子。对于相对分子质量大于 300 的有机物、水溶性有机物可以比较完全的除去，而相对分子质量为 100～

300 的化合物可去除 90%以上。对造纸、纸浆废水、电镀废水、酸性尾矿水、某些化工废水（如醋酸纤维废水、聚苯乙烯废水等）、放射性废水等都有较好的去除效果。

图 1-63　渗透和反渗透现象

2. 反渗透工艺流程

反渗透法处理工艺根据原水水质和处理要求的不同，主要有单程式、循环式和多段式三种，如图 1-64 所示。单程式工艺只是原水一次经过反渗透器装置处理，水的回收率（淡化水流量与进水流量的比值）较低；循环式工艺是以部分浓水回流来提高水的回收率，但淡水水质有所降低；多段式工艺是以浓水多次处理来提高水的回收率，用于产水量大的场合。

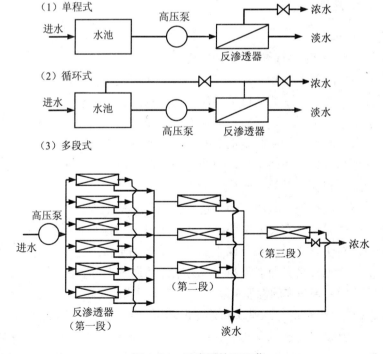

图 1-64　反渗透处理工艺

目前反渗透装置有板框式、管式、卷式和中空纤维式 4 种类型。板框式装置由一定数量的多孔隔板组合而成，每块隔板两面装有反渗透膜，在压力作用下，透过膜的淡化水在隔板内汇集并引出。管式装置分为内压管式和外压管式两种；前者将膜镶在管的内壁，如图 1-65（a）所示，含盐水在压力作用下的管内流动，透过膜的淡化水通过管壁上的小孔流出；后者将膜铸在管的外壁，透过膜的淡化水通过管壁上的小孔由管内流出。卷式装置如图 1-65（b）所示，把导流隔网、膜和多孔支撑材料依次叠合，用黏合剂沿三边把两层膜黏结密封，另一开放边与中间淡水集水管连接，再卷绕一起；含盐水由一端流入导流隔网，从另一端流出，透过膜的淡化水沿多孔支撑材料流动，由中间集水管引出。中空纤维装置如图 1-65（c）所示，把一束外径 50～100 μm、壁厚 12～25 μm 的中空纤维，装于耐压管内，纤维开口端固定在环氧树脂管板中，并露出管板。含盐水通过纤维管壁的淡化沿空心通道从开口端引出。

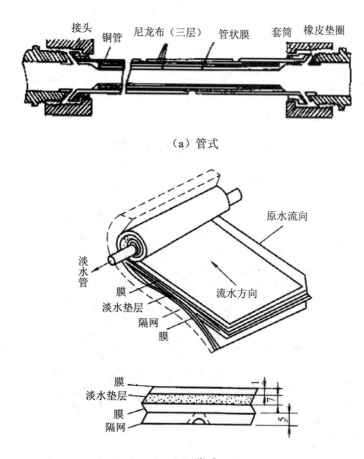

（a）管式

（b）卷式

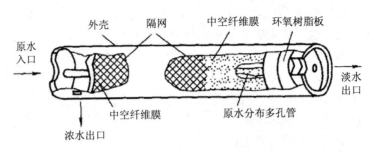

（c）中空纤维

图 1-65　各种类型反渗透装置

各种类型反渗透装置的主要性能见表 1-14，优缺点见表 1-15。

表 1-14　各种类型反渗透装置的主要性能

性能指标	板框式	管式	中空纤维	卷式
膜装填密度/（m^2/m^3）	492	328	656	9 180
操作压力/MPa	5.5	5.5	5.5	2.8
透水率/[m^3/（$m^2 \cdot d$）]	1.02	1.02	1.02	0.073
单位体积透水量/[m^3/（$m^2 \cdot d$）]	501	334	668	668

表 1-15　各种类型反渗透装置的优缺点

类型	优点	缺点
板框式	结构紧凑牢固，能承受高压，性能稳定，工艺成熟，换膜方便	液流状态较差，容易造成浓差极化，成本高
管式	液流流速可调范围大，浓差极化较易控制，流道通畅，压力损失小，易安装、清洗、拆换，工艺成熟，可用于处理含悬浮固体水	单位体积膜面积小，设备体积大，装置成本高
卷式	结构紧凑，单位体积膜面积大较成熟，设备费用低	浓差极化不易控制，易堵塞，不易清洗，换膜困难
中空纤维	单位体积膜面积大，不需外加支撑材料，设备结构紧凑，设备费用低	膜易堵塞，不易清洗，预处理要求高，换膜费用高

从装填密度大、产水量多看，以中空纤维式为最佳，之后分别是卷式、管式和板式。从对原液的预处理要求看，中空纤维式要求最高。从维护方面看，管式便于维护，中空纤维式和卷式较为困难。

3. 反渗透的应用

反渗透在水处理中的应用日益广泛，在给水处理中主要用于苦咸水、海水的淡化和纯净水、超纯水的制取。在废水处理中，主要用于去除重金属离子和贵重金属浓缩回收，渗透水也能重复使用。

（四）超滤法

超滤和反渗透都是利用压力和渗透膜隔滤分离废水中的溶解物质，两者的区别在于超滤所用的薄膜（超滤膜）较疏松，透水量大，用于分离大分子溶质及细小的悬浮物，所需工作压力低；反渗透所用的薄膜（反渗透膜）更为细密，透水量低。并具有选择透过能力（只让水分子通过而阻止溶质离子透过），除盐率更高，所需工作压力较大。作为浓缩、分离的新技术，超滤和反渗透在废水处理上用于浓缩回收有用物质，减轻污染，使水得到重复使用。具有设备简单，操作方便，能量消耗少，适应性强，应用广泛等特点。超滤一般用于从水中分离分子量大于 500 的物质，如细菌、蛋白质、淀粉、藻类、颜料、油漆等。超滤膜有醋酸纤维素膜、聚酰胺膜等，适合的 pH 值范围依次为 4～7.5，4～10。

超滤设备与反渗透设备相似，同样有管式、板框式、螺旋卷式和中空纤维式等几种形式。

进行超滤操作时，施加外压一般在 0.07～0.7 MPa。通常在 1～1.5 个大气压下，水的迁移量为 0.8～20 $m^3/(m^2 \cdot d)$，而当外压力为 7 个大气压时，水的迁移量可达到 20～100 $m^3/(m^2 \cdot d)$，在超滤过程中，不能滤过的残留物在膜表面层的浓聚，形成浓差极化现象，使通水量急剧减少。为防止浓差极化现象，应使膜表面平行流动的水的流速大于 3～4 m/s，使溶质不断地从膜界面送回到主流层中，减少界面层的厚度，保持一定的通水速度和截留率。

在工业废水处理中，超滤主要用于电泳涂漆、印染、电镀等；在给水处理中主要用于去除细菌及超纯水制取的预处理等。

在超滤运行中，应注意防止霉菌繁殖，它会使溶液发臭，并堵塞滤膜，使膜变质。因此，在料液中宜定期投加适量的防霉剂。另外，超滤器中流速一般为 3～4 m/s，会引起摩擦发热，需要在电泳槽中采取降温措施。

五、电解法

（一）基本原理

电解是电解质溶液在电流作用下发生电化学反应的一种过程。电解时利用阳极吸收电子的能力，使还原性物质在阳极上发生氧化反应，利用阴极放出电子的能力，使氧化性物质在阴极上发生还原反应。使有毒有害的污染物变为无毒无害的物质，或形成沉淀析出或生成气体逸出，达到除去污染物的目的。如重金属离子在电极上析出，氰化物离子可直接氧化去除等。电解法可以归纳为以下四种过程。

1. 电极表面处理过程

废水中的溶解性污染物通过阳极氧化或阴极还原后，生成不可溶的沉淀物或从有毒的化合物变成无毒的物质。如含氰废水在碱性条件下进入电解槽电解，在石墨阳极上发生电解氧化反应，首先是氰离子被氧化为氰酸根离子，然后氰酸根离子水解产生氨与碳酸根离子，同时氰酸根离子继续电解，被氧化为二氧化碳和氮气。反应过程如下：

$$CN^- + 2OH^- - 2e \longrightarrow CNO^- + H_2O$$
$$CNO^- + 2H_2O \longrightarrow NH_4^+ + CO_3^{2-}$$
$$2CNO^- + 4OH^- - 6e \longrightarrow 2CO_2\uparrow + N_2\uparrow + 2H_2O$$

又如重金属离子可发生电解还原反应，在阴极上发生重金属沉积过程：

$$Zn^{2+} + 2e \longrightarrow Zn\downarrow$$
$$Cu^{2+} + 2e \longrightarrow Cu\downarrow$$

2. 电凝聚处理过程

铁或铝制金属阳极由于电解反应，形成氢氧化铁或氢氧化铝等不溶于水的金属氢氧化物活性凝聚体。

$$Fe - 2e \longrightarrow Fe^{2+}$$
$$Fe^{2+} + 2OH^- \longrightarrow Fe(OH)_2\downarrow$$

氢氧化亚铁对废水中的污染物进行饱和凝聚，使废水得到净化。

3. 电解浮选过程

采用由不溶性材料组成的阴、阳电极对废水进行电解。当电压达到水分解电压时，产生的初生态氧和氢对污染物起到氧化或还原的作用；同时，在阳极处产生的氧气泡和阴极处产生的氢气泡能吸附废水中的絮凝物，发生上浮，使污染物得以去除。

$$2H_2O \rightleftharpoons 2H^+ + 2OH^-$$
$$2H^+ + 2e \longrightarrow H_2\uparrow$$
$$2OH^- \longrightarrow H_2O + \frac{1}{2}O_2\uparrow + 2e$$

4. 电解氧化还原过程

利用电极在电解过程中生成氧化或还原产物，与废水中的污染物发生化学反应，产生的沉淀物得以去除。如利用铁板阳极对含六价铬化合物的废水进行处理时，铁板阳极在电解过程中产生亚铁离子作为强还原剂，可将废水中六价铬离子还原为三价铬离子。

$$Fe - 2e \longrightarrow Fe^{2+}$$
$$Cr_2O_7^{2-} + 6Fe^{2+} + 14H^+ \longrightarrow 2Cr^{3+} + 6Fe^{3+} + 7H_2O$$
$$CrO_4^{2-} + 3Fe^{2+} + 8H^+ \longrightarrow Cr^{3+} + 3Fe^{3+} + 4H_2O$$

同时在阴离子上,除氢离子放电生成氢气外,六价铬离子直接还原为三价铬离子。

$$2H^+ + 2e \longrightarrow H_2\uparrow$$
$$Cr_2O_7^{2-} + 14H^+ + 6e \longrightarrow 2Cr^{3+} + 7H_2O$$
$$CrO_4^{2-} + 8H^+ + 3e \longrightarrow Cr^{3+} + 4H_2O$$

随着电解过程的进行,大量氢离子被消耗,使废水中剩下大量氢氧根离子,生成氢氧化铬等沉淀物。

$$Cr^{3+} + 3OH^- \longrightarrow Cr(OH)_3\downarrow$$

电解过程的特点是利用电能变成化学能以进行化学处理。一般是在常温、常压下进行。

（二）电解过程与设备

电解的主要装置是电解槽和整流器。电解槽一般为矩形,槽内交错排列阳、阴极板,分别用导线与整流器的正负极相连接。根据电极所用的材料,分为可溶性电极和不可溶性电极两种。不可溶性电极使用石墨和不锈钢等材料作为阳极,可溶性电极则采用普通的铝板或钢板（残次品）等材料作阳极。一般还在电解槽内设搅拌装置。

电解多采用连续运行方式,影响电解效率的主要因素有:板间距、电流密度、投加电解质的量等。

电解法处理废水的优点是:采用低电压直流电源,不使用化学药品;常温常压下操作,管理方便;废水中污染物浓度发生变化时,可通过调整电压和电流保证出水水质的稳定;设备占地面积小。存在的问题是电能及电极板的耗量较大,分离出来的沉淀物质不易进行处理和利用。

电解法应用于去除废水的铬、铅、铜、氰、酚及有机磷、电子、轻纺等某些工业废水。

六、汽提法与吹脱法

（一）汽提法

1. 基本原理

汽提法又称蒸汽蒸馏法,是利用水蒸气吹进水中,不同的挥发性溶质、溶剂的沸点不同,同温度下蒸汽压不同,转入蒸汽中的浓度也不同等特性,来提高蒸汽中的溶质浓度。蒸馏挥发溶质和溶剂,是传质过程,推动力则是废水中溶质的实际浓度与平衡浓度之差。若平衡时,蒸汽冷凝液中的溶质浓度远大于其在废水中的浓度,说明溶质比溶剂更易于挥发,也越适用于汽提法的去除。蒸发则不同,溶质并不挥发,变为蒸汽的只有挥发性溶剂,蒸发处理后增加了原废水中的溶质浓度。这就是两者的根本差别。

2. 设备与操作

汽提法的主要设备是蒸汽蒸馏塔，构造形式有填料塔、筛板塔、泡罩塔和浮阀塔等，传质效果和操作条件较好的是浮阀塔。

操作过程是将废水预热到沸点后由塔顶送入，水平流过塔板经溢流管流入到下一块塔板。从塔底送入的蒸汽，靠气流速度顶开浮阀，以水平方向吹入液层，再继续上升进入上一块塔板。当水溶液的蒸汽压（等于挥发性物质的蒸汽压与水蒸气的蒸汽压之和）恰好超过外压时，废水就开始沸腾，加速了挥发性的物质由液相转入气相的过程。另一方面，水蒸气以气泡形态穿过水层时，水和气泡表面之间形成了自由界面，液体就不断地向气泡内蒸发扩散。当气泡上升到液面时，就开始破裂放出其中的挥发性物质。数量极多的气泡扩大了水中挥发性物质的蒸发面积，加速传质过程的进行。阀片的开度随吹入塔内蒸汽流量的变化而变化，故能维持良好的泡沫状态的阀缝开度，在较大气体流量范围内保持较高的传质效率，气体雾沫的挟带量也较小。

废水中的挥发性溶解物质，如挥发酚（单元酚、苯酚、甲酚等）、甲醛、苯胺等，都可利用汽提法从废水中分离出来。汽提法还可用于回收炼焦废水中的氰化氢制取黄血盐（钾盐或钠盐）等。

（二）吹脱法

1. 基本原理

溶解于废水中的某些挥发性物质，用吹脱法去除。将空气通入一定温度的废水中，与废水充分接触，使废水中的溶解性挥发物质随空气逸出的过程，称吹脱。

空气与溶解性挥发物质产生两种作用：

一是氧化作用。氧化反应程度与挥发性物质的性质、浓度、温度、废水的 pH 值和气液比等有关。

二是吹脱作用。使废水中溶解的挥发性物质从液相转到气相，再扩散到大气中，属传质过程。推动力为废水中挥发性物质的浓度与大气中该物质的浓度差。

2. 设备与操作

常用的设备是内装填料、栅板或筛板的吹脱池和吹脱塔。塔式装置吹脱效率高，便于回收挥发性物质。塔内的填料、筛板，促进气液两相的混合，增加传质面积。

操作的过程是废水由塔顶送入，往下进行喷淋，空气由塔底送入，在塔内与废水逆流接触，进行吹脱和氧化。吹脱后的废水，从塔底经水封管排出，气体自塔顶排出。

利用吹脱法处理废水中溶解的硫化氢、氰化氢、二氧化碳、二硫化碳以及丙烯腈等。

废水的生物处理是利用微生物的氧化分解及转化功能，以废水的有机物（少数为无机物）作为微生物的营养物质，采取一定的人工措施，创造一种可控制的环境，通过微生物的代谢作用，使废水中的污染物质被降解、转化，废水得以净化的方法。

根据利用微生物的呼吸类型和人工措施的不同，生物处理分为好氧生物处理法、厌氧生物处理法和自然生物处理法三种。

一、好氧生物处理

（一）好氧生物处理的基本原理

废水的好氧生物处理向水中提供游离氧，通过好氧微生物降解废水中的污染物（主要是有机物），达到稳定无害化的处理。

好氧生物处理法降解有机污染物的基本条件是：①有充足的氧气供微生物进行好氧代谢；②有必要的营养物质（如 C，N，P 等）和环境条件（如 pH 值和温度）维持微生物正常代谢；③微生物、污染物和氧三者充分混合接触，使处理过程传质效果好、生化反应速率高。

好氧生物处理的基本特点是在供给充足的氧、适当的温度（10～50℃）、养料（一般应维持如下的比值：BOD_5：N：P＝100：5：1）、pH＝6～9、细菌能忍受的有毒物质浓度条件下，利用好氧和兼性微生物对废水中有机物进行分解、稳定，使废水得到净化。在处理的过程中，废水中溶解性有机物质透过细菌的细胞壁而为细菌所吸收；固体和胶体的有机物先附着在细菌体外，由细菌通过外酶分解为溶解性的物质，再渗入细菌的细胞壁。细菌通过自身的生命活动即氧化、还原、合成等过程，把一部分被吸收的有机物氧化分解成简单的无机物，如 CO_2、H_2O、NH_4^+、PO_4^{3-}、SO_4^{2-} 等，并释放出细菌生长、代谢活动所得要的能量；另一部分有机物转化为生物体所必需的营养物质，组成新的原生质，合成新的细胞体，使微生物不断地繁殖，进行合成代谢；同时微生物本身也不断地被分解，特别是在外界营养缺乏时，微生物为了维持生存的能量需要，必须分解一部分自身机体，这个过程称内源呼吸，其产物也是 CO_2、H_2O、无机物、能量和降解的生物残渣，主要是细胞壁物质，好氧微生物对有机物的分解稳定过程如图 1-66 所示。

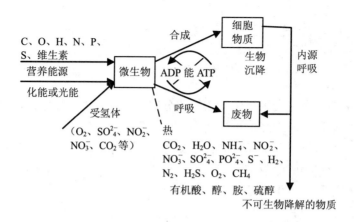

图 1-66　好氧微生物对有机物的分解稳定过程

常见的好氧微生物有：好氧细菌、真菌、原生动物、藻类等。其中数量多、作用大的是细菌。

用好氧法处理废水，所需时间较短，如果条件适宜，一般 5 d 可除去生化需氧量的 80%~90%，有时甚至可达到 95%以上。

（二）活性污泥法

1. 活性污泥法的基本原理

1914 年，英国曼彻斯特市的 Arden 和 Lockett 首先发明了活性污泥法，迄今为止，无论在生物反应、净化机理、应用工艺（运行方式）和设计、控制手段方面都有了广泛的发展，成为最重要的好氧生物处理工艺。

（1）活性污泥的培养

向生活污水中不断地鼓入空气，每天保留沉淀物，更换新鲜污水。维持水中有足够的溶解氧，一段时间后，在污水中生成一种黄褐色的絮凝体。这种絮凝体主要是由大量繁殖的微生物群体所构成，它易于沉淀与水分离，并使污水得到净化、澄清。这种絮凝体称为活性污泥。

活性污泥是活性污泥处理系统中的主体作用物质。活性污泥中有细菌、真菌、原生动物和后生动物。其中好氧菌是氧化分解有机物的主体。1 mL 曝气池混合液中细菌总数约 1 亿个。真菌中主要是丝状的霉菌，在正常的活性污泥中真菌不占优势。如果丝状菌显著增长，则活性污泥的沉降性能恶化。原生动物和细菌一起在污水净化中起主要作用。在 1 mL 正常的活性污泥混合液中，一般存活着 5 000~20 000 个原生动物，其中 70%~90%为纤毛虫类。原生动物促进了细菌的凝聚，提高细菌的沉降效率。原生动物以细菌为食饵，可去除游离细菌。活性污泥中的后生动物通常有轮虫和线虫类。这些后生动物都摄取细菌、原生动物及活性污泥碎片。

（2）活性污泥法的基本流程

活性污泥法基本流程如图 1-67 所示，包括曝气池、二沉池、污泥回流系统和剩余污泥排除系统。

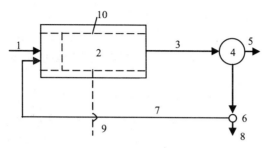

1—经处理后的污水；2—活性污泥反应器——曝气池；3—从曝气池流出的混合液；
4—二次沉淀池；5—处理水；6—污泥井；7—回流污泥系统；8—剩余污泥；
9—来自空压机站的空气；10—曝气系统与空气扩散装置

图 1-67　活性污泥法基本流程

废水首先进入初沉池，去除大部分水中悬浮物及少量的有机物。经过初沉池后，废水与从二次沉淀池底部流出的回流污泥混合后进入曝气池，在曝气池充分曝气。从曝气池流出的混合液进入二沉池，在二沉池内活性污泥与水分离，进行初步浓缩，使回流到曝气池前端的回流污泥具有较高的污泥浓度。二沉池以后的上清液不断排出。活性污泥法的核心构筑物是曝气池，在曝气池内，废水中的有机物被活性污泥吸附、吸收和氧化分解，同时活性污泥得以增殖，使废水得到净化。

（3）活性污泥的评价指标

良好的沉降性能是发育正常的活性污泥所应具有的特性之一。发育良好，并有一定浓度的活性污泥，要经历絮凝沉淀、成层沉淀和压缩等全部过程，最后形成浓度很高的浓缩污泥层。

活性污泥的性能由以下几项指标表示：

1）混合液悬浮固体浓度（MLSS）

亦称为污泥浓度，表示在曝气池单位容积混合液内所含有的活性污泥固体物的总重量，单位为"g/L"或"mg/L"。污泥浓度的大小间接地反映混合液中所含微生物的量。为了保证曝气池的净化效率，必须在池内维持一定量的污泥浓度。一般来说，对于普通活性污泥法，曝气池内污泥浓度常控制在 2～3 g/L。

2）混合液挥发性悬浮固体浓度（MLVSS）

表示混合液活性污泥中有机性固体物质部分的浓度，该指标更能反映活性污泥的活性。在一定的废水处理系统中，活性污泥中微生物所占悬浮固体量的比例相对固定，即 f＝MLVSS/MLSS，城市污水的活性污泥 f 为 0.75～0.85。

3）污泥沉降比（SV）

又称 30 min 沉降率。混合液在量筒内静置 30 min 后所形成沉淀污泥的溶剂占原混合液容积的百分率，以%表示。

污泥沉降比能够反映曝气池运行过程的活性污泥量，可用于控制、调节剩余污泥的排放量，通过它及时地发现污泥膨胀等异常现象的发生。沉降比是活性污泥处理系统重要的运行参数，也是评定活性污泥数量和质量的重要指标。污泥沉降比的测定方法简单易行，可以在曝气池现场进行。

4）污泥容积指数（SVI）

简称"污泥指数"。指在曝气池出口处的混合液，在经过 30 min 静沉后，每千克干污泥所形成的沉淀污泥所占有的容积，以 mL 计。

污泥容积指数（SVI）的计算公式为：

$$SVI=\frac{混合液（1L）30min静沉形成的活性污泥容积（mL）}{混合液（1L）中悬浮固体干重（g）}=\frac{SV（mL/L）}{MLSS(g/L)} \qquad (1-19)$$

SVI 值能够反映活性污泥的凝聚、沉降性能，对生活污水及城市污水，此值以 50~150 为宜。SVI 值过低，说明泥粒细小，无机质含量高，缺乏活性；过高，说明污泥的沉降性能不好，并且可能产生膨胀现象。

5）污泥龄（θ_c）

亦称生物固体平均停留时间（MCRT）或污泥滞留时间（SRT）。泥龄是指每日新增长的活性污泥在曝气池的平均停留时间，也就是曝气池全部活性污泥平均更新一次所需要的时间，或曝气池内活性污泥的总量与每日排放污泥量之比，单位：d。

在曝气池内，微生物新细胞生成的同时，亦有一部分微生物老化，活性衰退，为了使曝气池内活性污泥经常保持高度活性，每天都有一定数量剩余污泥排出系统。每天排放的剩余污泥量，应等于每日增长的污泥量。即：每日排放的污泥量，包括作为剩余污泥排出的和随处理水流出的，其表示式为：

$$\Delta X=Q_w X_r+（Q-Q_w）X_e \qquad (1-20)$$

式中，ΔX——曝气池内每日增长的活性污泥量，即应排出系统外的活性污泥量，kg/d；

$\qquad Q_w$——作为剩余污泥排放的污泥流量，m^3/d；

$\qquad X_r$——剩余污泥浓度，kg/m^3；

$\qquad Q$——污水流量，m^3/d；

$\qquad X_e$——排放处理水中的悬浮固体浓度，kg/m^3。

$$\theta_c=\frac{VX}{\Delta X} \qquad (1-21)$$

根据式 1-20 和式 1-21 得出：

$$\theta_{\mathrm{c}} = \frac{VX}{Q_{\mathrm{w}}X_{\mathrm{r}} + (Q - Q_{\mathrm{w}})\,X_{\mathrm{e}}} \tag{1-22}$$

当 $X_{\mathrm{e}} \approx 0$ 时，$\theta_{\mathrm{c}} = \dfrac{VX}{Q_{\mathrm{w}}X_{\mathrm{r}}}$ （1-23）

式中，θ_{c}——污泥龄，d；

V——曝气池有效容积，m^3；

Q，Q_{w}——进水和剩余污泥的流量，m^3/d；

X，X_{e}，X_{r}——曝气池混合液悬浮固体浓度、出水悬浮固体浓度和回流污泥浓度，g/L。

污泥龄是活性污泥系统设计与运行管理的重要参数，反映了活性污泥吸附有机物后进行稳定氧化的时间长短。污泥龄越长，有机物氧化稳定越彻底，处理效果越好，剩余污泥量越少；反之亦然。但污泥龄也不能太长，否则污泥会老化，影响处理效果。污泥龄不能短于活性污泥中微生物的世代时间，否则曝气池中污泥会流失。普通活性污泥法的泥龄一般采用 5～15 d。

（4）活性污泥的增长规律

活性污泥的增长规律实质上就是活性污泥微生物的增殖规律。

图 1-68 为活性污泥的增长曲线，整个增长曲线分为四个阶段（期）。

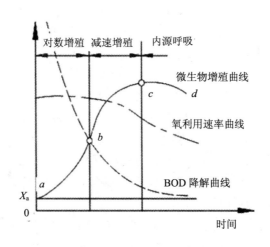

图 1-68　活性污泥增长曲线

控制活性污泥增长的决定因素是废水中可降解的有机物量（F）和微生物量（M）两者之间的比值，即 $F:M$ 值。

1）适应期。亦称为延迟期或调整期。微生物培养的初期阶段，是微生物细胞对新污水各项特性的适应过程。在本阶段初期微生物不裂殖，数量不增加，但是微生物的个体增大，逐渐适应新环境。在适应期后期，微生物对新环境已基本适应，微生物个体发育也达到了一定的程度，细胞开始分裂、微生物开始增殖。

2）对数增长期。出现本期的环境条件是有机底物异常丰富，F/M 值大于 2.2，微生物以最高速率对有机物进行摄取，去除有机物能力很强，微生物也以最高速率增殖，合成新细胞。

在对数增长期，营养物质丰富，使活性污泥具有很高的能量水平，活性污泥微生物的活动能力很强，使活性污泥质地松散，絮凝体形成不佳，因此，絮凝、吸附及沉降性能较差。出水不仅有机物含量高，而且悬浮固体含量也高。

3）减数增长期。有机底物的浓度和 F/M 值不断下降，并逐渐成为微生物增长的控制因素，有机底物的降解速度下降，微生物的增长速率与残存的有机底物浓度呈正比例关系，为一级反应关系。微生物的增长逐渐下降，在后期，微生物的衰亡与增殖互相抵消，活性污泥不再增长。

在减速增长期，营养物质不再丰富，能量水平低下，活性污泥絮凝体开始形成，凝聚、吸附及沉淀性能良好，易于泥水分离，废水中有机物已基本去处，出水水质较好。这是活性污泥法所采用的工作阶段。

4）内源呼吸期。污水中有机底物的含量继续下降，F/M 值下降到最低值并保持一常数，微生物已不能从周期环境中获取足够的能够满足自身生理需要的营养，并开始分解代谢自身的营养物质，以维持生命活动。微生物增殖进入内源呼吸期。

在本期的初期，微生物虽仍在增殖，但其速率远低于自我氧化，活性污泥量减少。在本期内，营养物质几乎消耗殆尽，能力水平极低，污泥沉淀性能良好，但絮凝性差，污泥量少，但无机化成度高，出水水质好。

由上述可知，活性污泥微生物的增殖期，主要由 F/M 值所控制。处于不同增长期的活性污泥，其性能不同，处理水质不同。通过 F/M 值的调整，能够使曝气池内的活性污泥，主要在出口处的活性污泥处于所要求的增殖期。

在完全混合式曝气池中，曝气池各点的水质及微生物的性质和数量基本上是相同的，即各点的 F/M 是一致的，其工作情况相当于活性污泥增长曲线上的一个点。

2. 活性污泥增殖规律的应用

（1）活性污泥的增殖状况，主要是由 F/M 值所控制；

（2）处于不同增殖期的活性污泥，其性能不同，出水水质也不同；

（3）通过调整 F/M 值，可调控曝气池的运行工况，达到不同的出水水质和不同性质的活性污泥；

（4）活性污泥法的运行方式不同，其在增殖曲线上所处位置也不同。

3. 有机物降解与微生物增殖

活性污泥微生物增殖是微生物增殖和自身氧化（内源呼吸）两项作用的综合结果，活性污泥微生物在曝气池内每日的净增长量为：

$$\Delta x = aQS_r - bVX_v \qquad (1-24)$$

式中，Δx——每日污泥增长量（VSS），kg/d $= Q_w \cdot X_r$；

Q——每日处理废水量，m^3/d；

$$S_r = S_i - S_e$$

S_i——进水 BOD_5 浓度，kg/m^3 或 mg/L；

S_e——出水 BOD_5 浓度，kg/m^3 或 mg/L；

a，b——经验值：对于生活污水和与之性质相近的工业废水，$a=0.5\sim0.65$，

$b=0.05\sim0.1$；或试验值：通过试验获得。

4．有机物降解与需氧量

活性污泥中的微生物在进行代谢活动时需要氧的供应，氧的主要作用有：① 将一部分有机物氧化分解；② 对自身细胞的一部分物质进行自身氧化。

因此，活性污泥法中的需氧量：

$$O_2 = a'Q \cdot S_r + b'V \cdot X_v \qquad (1-25)$$

式中，O_2——曝气池混合液的需氧量，kg/d；

a'——代谢每千克 BOD_5 所需的氧量，$kg/(kg \cdot d)$；

b'——每千克 VSS 每天进行自身氧化所需的氧量，$kg/(kg \cdot d)$。

二者的取值同样可以根据经验或试验来获得。

5．活性污泥的净化反应过程

如图 1-69 所示，活性污泥在曝气过程中，对有机物的去除可分为两个阶段，吸附阶段和稳定阶段。在吸附阶段，主要是废水中的有机物转移到活性污泥上去，这是由于活性污泥具有巨大的比表面积（$2\,000\sim10\,000\ m^2/m^3$ 混合液），表面上含有多糖类黏性物质所致。当废水中的有机物处于悬浮状态和胶态时，吸附阶段很短，一般在 $10\sim30\ min$。活性污泥吸附能力的大小与很多因素有关：

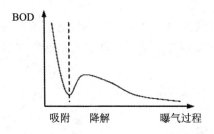

图 1-69　活性污泥净化反应过程

① 废水的性质、特性：对于含有较高浓度呈悬浮或胶体状有机污染物的废水，具有较好的效果；

② 活性污泥的状态：在吸附饱和后应给予充分的再生曝气，使其吸附功能得到恢复和增强，一般应使活性污泥微生物进入内源代谢期。

第二阶段为稳定阶段，吸附阶段基本结束后，微生物要对大量被吸附的有机物进行氧化分解，并利用有机物合成细胞自身物质，进行细胞的更新、增殖，同时也继续吸附废水中残余的有机物。此阶段持续时间较长，需数小时之久。经稳定阶段后，废水中的有机物发生了质的改变，一部分被氧化为无机物，另一部分变成微生物细胞体即活性污泥。吸附达到饱和后，污泥即失去活性，不再具有吸附能力。但通过稳定阶段，去除了所吸附和吸收的大量有机物后，污泥又重新呈现活性，恢复它的吸附氧化能力。

（三）活性污泥系统的主要运行方式

迄今为止，在活性污泥法工程领域，应用着多种各具特色的运行方式。主要有以下几种：

1. 传统活性污泥法

普通活性污泥法又称传统活性污泥法，是最早使用的一种活性污泥法，如图 1-70 所示。

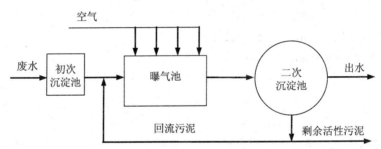

图 1-70　普通活性污泥法流程

在普通活性污泥法曝气池内，从池子首端到池子末端活性污泥经历了对数增长期，减数增长期和内源呼吸期的完全生长期。有机底物在曝气池内的降解也经历了吸附和氧化的完整过程。

由于有机底物浓度沿池长逐渐降低，需氧速率也是沿池长逐渐降低，但普通活性污泥法沿池长的供氧是均匀地。因此，在池子首端和前段混合液中的溶解氧浓度较低，不能满足微生物的需氧量，而在池子末端供氧量则过剩。

（1）普通活性污泥法的主要优点：①处理效果好，BOD_5 的去除率可达 90%～95%，出水水质稳定；②对废水的处理程度比较灵活，可根据要求进行调节。

（2）主要问题：①为了避免池子首端形成厌氧状态，不宜采用过高的有机负荷，因而池容较大，占地面积较大；②在池子末端可能出现供氧速率高于需氧速率的现象，会浪费动力费用；③对冲击负荷的适应性较弱。

2. 完全混合活性污泥法

完全混合活性污泥法是常用的一种运行方式，混合液在曝气池内充分混合，循环流动。废水和回流污泥进入曝气池后立即与池内原有混合液充分混合，进行吸附和氧化分解，同时不断有混合液流入二次沉淀池。完全混合活性污泥法基本流程如图 1-71 所示。

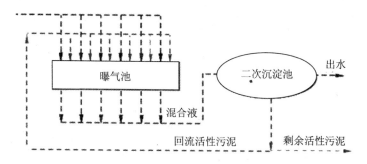

图 1-71　完全混合活性污泥法基本流程

（1）完全混合活性污泥法的主要特点：① 可方便地通过对 F/M 的调节，使反应器内的有机物降解反应控制在最佳状态；② 进水，进入曝气池，就立即被大量混合液所稀释，所以对冲击负荷有一定的抵抗能力；③ 适合处理较高浓度的有机工业废水。

问题：微生物对有机物的降解动力低，易产生污泥膨胀；处理水水质较差。

（2）主要结构形式：① 合建式（曝气沉淀池）；② 分建式。

3. 阶段曝气活性污泥法

又称分段进水活性污泥法或多点进水活性污泥法。其工艺流程如图 1-72 所示。

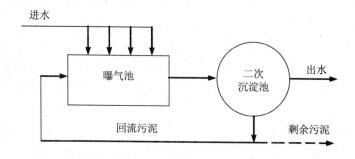

图 1-72　阶段曝气活性污泥法系统

工艺流程主要特点：

（1）废水沿池长分段注入曝气池，有机物负荷分布较均衡，改善了供氧速率与需氧速率间的矛盾，有利于降低能耗；

（2）废水分段注入，提高了曝气池对冲击负荷的适应能力；

（3）混合液中的活性污泥浓度沿池长逐步降低，出流混合液的污泥较低，减轻二次沉淀池的负荷，有利于提高二次沉淀池固、液分离效果。

4. 吸附再生活性污泥法

此法又称为生物吸附法或接触稳定法。工艺流程如图 1-73 所示。

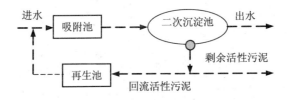

（a）再生段与吸附段分建

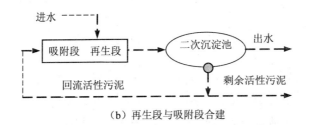

（b）再生段与吸附段合建

图 1-73　吸附再生活性污泥法

此法主要用于处理含悬浮物和胶体物较多的废水。其特点是将活性污泥法对有机污染物降解的两个过程——吸附、代谢稳定，分别在各自的反应器内进行。

（1）主要优点：①废水与活性污泥在吸附池的接触时间较短，吸附池容积较小，再生池接纳的仅是浓度较高的回流污泥，因此，再生池的容积小。吸附池与再生池容积之和仍低于传统法曝气池的容积，建筑费用较低；②具有一定的承受冲击负荷能力，当吸附池的活性污泥遭到破坏时，可由再生池的污泥予以补充。

（2）主要缺点：对废水的处理效果低于传统法；对溶解性有机物含量较高的废水，处理效果更差。

5. 延时曝气活性污泥法

又名完全氧化活性污泥法，自 20 世纪 50 年代在美国开始应用。

（1）主要特点：①有机负荷率非常低，污泥持续处于内源代谢状态，剩余污泥少且稳定，无须再进行处理；②处理出水水质稳定性较好，对废水冲击负荷有较强的适应性；③在某些情况下，可以不设初次沉淀池。

（2）主要缺点：池容大、曝气时间长，建设费用和运行费用都较高，而且占地大；

一般适用于处理水质要求高的小型城镇污水和工业污水,水量一般在 1 000 m³/d 以下。

延时曝气活性污泥法一般都采用流态为完全混合式的曝气池。

6．高负荷活性污泥法

又称短时曝气法或不完全曝气活性污泥法。本工艺的主要特点：有机负荷率高,曝气时间短,对废水的处理效果较低,一般 BOD_5 去除率为 70%～75%；在曝气系统和曝气池的构造等方面与传统法相同。

7．纯氧曝气活性污泥法

1968 年在美国纽约州的巴塔维亚污水处理厂建成了一座规模为 10 000 m³/d 的以纯氧进行曝气的曝气池。目前,世界上已有多座纯氧曝气的活性污泥系统,其中美国底特律污水处理厂的规模达 230 万 m³/d。该工艺主要特点：（1）纯氧中氧的分压比空气约高 5 倍,纯氧曝气可大大提高氧的转移效率；（2）氧的转移率可提高到 80%～90%,而一般的鼓风曝气仅为 10%左右；（3）可使曝气池内活性污泥浓度高达 4 000～7 000 mg/L,能够大大提高曝气池的容积负荷；（4）剩余污泥产量少,SVI 值较低,一般无污泥膨胀之虑。纯氧曝气池构造如图 1-74 所示。

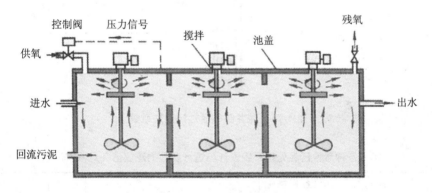

图 1-74　纯氧曝气法构造

8．渐减曝气活性污泥法

为了解决普通活性污泥法供氧与需氧之间的矛盾,出现了渐减曝气活性污泥法。即沿着曝气池的池长,供氧量按需氧量的要求分段供应,前段多供氧,而后段少供氧,使供氧与需氧一致。

渐减曝气活性污泥法解决了供氧与需氧之间的矛盾,改善了运行条件,在供氧相同的条件下,使曝气池中溶解氧分布合理化,提高了氧的利用率,节省了运行费用,提高处理效率。

9．深井曝气活性污泥法

又称超深水曝气法,深井曝气活性污泥法工艺始于 20 世纪 70 年代,首建于英国的皮林翰姆市。其充氧能力可达常规法的 10 倍,动力效率高,设备简单,易于操作，处理功能不受气候条件影响，且可省去初次沉淀池。该工艺适于处理高浓度有机废水。

（1）工艺流程：一般平面呈圆形，直径介于 1～6 m，深度一般为 50～150 m。

（2）主要特点：①氧转移率高，约为常规法的 10 倍以上；②动力效率高，占地少，易于维护运行；③耐冲击负荷，产泥量少；④一般可以不建初次沉淀池；⑤但受地质条件的限制。

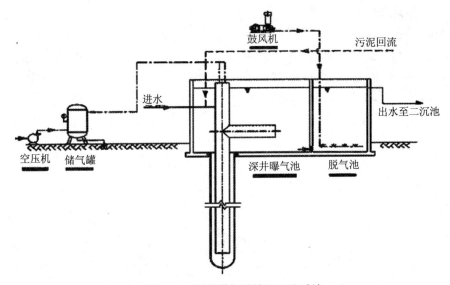

图 1-75 深井曝气活性污泥法系统

表 1-16 各种活性污泥处理系统设计与运行参数的建议值（对城市污水）

	活性污泥运行方式	BOD$_5$-SS 负荷/[kgBOD$_5$/(kgMLSS·d)]	容积负荷/[kgBOD$_5$/(m^3·d)]	污泥龄/d	悬浮液悬浮固体浓度/（mg/L）		回流比/%	曝气时间/h	BOD$_5$去除率/%
	表示符号	N_s	N_v	θ_c	MLSS	MLVSS	R	t	ES
1	传统活性污泥法	0.2～0.4	0.3～0.6	5～15	1 500～3 000	1 200～2 400	0.25～0.50	4～8	
2	阶段曝气活性污泥	0.2～0.4	0.6～1.0	5～15	2 000～3 500	1 600～2 800	0.25～0.75	3～5	
3	吸附-再生活性污泥法	0.2～0.6	1.0～1.2	5～15	吸附池 1 000～3 000 再生池 4 000～10 000	吸附池 800～2 400 再生池 3 200～8 000	0.25～1.0	吸附池0.5～1.0 再生池 3～6.0	
4	延时曝气活性污泥法	0.05～0.15	0.1～0.4	20～30	3 000～6 000	2 400～4 800	0.75～1.50	20～36～48	0.25

	活性污泥运行方式	BOD₅-SS负荷/[kgBOD₅/(kgMLSS·d)]	容积负荷/[kgBOD₅/(m³·d)]	污泥龄/d	悬浮液悬浮固体浓度/(mg/L)		回流比/%	曝气时间/h	BOD₅去除率/%
表示符号		N_s	N_v	θ_c	MLSS	MLVSS	R	t	ES
5	高负荷活性污泥法	1.5~5.0	1.2~2.4	0.2~2.5	200~500	160~400	0.05~0.15	1.5~3.0	
6	完全混合活性污泥法	0.2~0.6	0.8~2.0	5~15	3 000~6 000	2 400~4 800	0.25~1.0	—	
7	深井曝气活性污泥法	1.0~1.2	5.0~10.0	5	5 000~10 000	—	—	>0.5	—
8	纯氧曝气活性污泥法	0.4~0.8	2.0~3.2	5~15	—	—	—	—	—

127

二、生物膜法

生物膜法是污水生物处理主要技术之一，与活性污泥法并列，既是古老的，又是发展中的污水生物处理技术。生物膜法是根据土壤自净的原理发展起来的。

生物膜法是利用附着生长于某些固体物表面的微生物（即生物膜）进行有机污水处理的方法。

（一）生物膜的构造及有机物的降解

污水与滤料或某种载体流动接触，经过一段时间后，在滤料或载体表面会形成一层膜状污泥——生物膜。生物膜在形成和成熟后，由于微生物的不断增殖，生物膜不断增厚，生长到一定程度时，由于氧不能透入深部，内层变为厌氧状态，厌氧微生物生长形成厌氧膜。当厌氧膜达到一定厚度时，其代谢产物增多，这些产物向外逸出要通过好氧层，使好氧层的稳定遭到破坏，加上水力冲刷，生物膜极易从滤料表面脱落，随出水流出。

生物膜去除有机物的过程如图 1-76。生物膜自滤料（或载体）向外可分为厌氧层、好氧层、附着水层和流动水层。生物膜首先吸附附着水层的有机物，由好氧层的好氧菌将其分解，代谢产物如 CO_2、H_2O 等无机物沿相反方向排至流动水层及空气层；死亡的好氧菌和部分有机物进入厌氧层进行厌氧分解，代谢产物如 NH_3、H_2S、CH_4 等从水层逸出进入空气中；流动水层则将老化的生物膜冲掉以生长新的生物膜，如此往复以达到净化污水的目的。

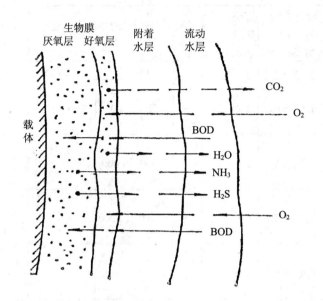

图 1-76　生物膜的构造及对废水的净化原理

　　生物膜中的微生物与活性污泥大致相同，主要是细菌、真菌、藻类（在有光条件下）、原生动物和后生动物等。但也有与活性污泥的不同点，生物膜中的微生物相具有以下特征：① 参与净化反应的微生物多样化。生物膜中微生物附着生长在滤料表面上，生物固体平均停留时间较长，因此在生物膜上附着生长着世代期较长的微生物，如硝化菌等。在生物膜中丝状菌很多，有时还起主要作用。由于生物膜中微生物固着生长在载体表面，不存在污泥膨胀的问题，因此丝状菌的优势得到了充分的发挥。② 生物的食物链较长。在生物膜上生长繁育的生物中，微型动物存活率较高。生物膜处理系统内产生的污泥量也少于活性污泥处理系统。③ 硝化菌得以增长繁殖。因此，生物膜处理法的各项处理工艺都具有一定的硝化功能，采取适当的运行方式，还可使污水反硝化脱氮。④ 各段具有优势菌种。由于生物膜上微生物种群发生了很大影响，在上层大多是以摄取有机物为主的异养微生物，底部则是以摄取无机物为主的自养型微生物。

　　生物膜法的特点：

　　① 从处理工艺上看，生物膜法对水质、水量的变化有较强的适应性；② 可用于低浓度污水的处理；③ 剩余污泥量少；④ 运行管理方便：无污泥回流、无须调节反应器内污泥浓度、无丝状菌膨胀的危险。

（二）普通生物滤池

　　普通生物滤池，又称为滴滤池，是最早出现的生物滤池。

1．生物滤池的构造

（1）滤床

滤床由滤料组成。滤料是微生物生长栖息的场所，理想的滤料应具备下述特性：

① 能为微生物附着提供大量的表面积；

② 使污水以液膜状态流过生物膜；

③ 有足够的空隙率，保证通风（即保证氧的供给）和使脱落的生物膜能随水流出滤池；

④ 不被微生物分解，也不抑制微生物生长，有较好的化学稳定性；

⑤ 有一定的机械强度；

⑥ 价格低廉。

早期主要以拳状碎石为滤料，此外，碎钢渣、焦炭等也可作为滤料，其粒径在 3～8 cm，空隙率在 45%～50%，比表面积（可附着面积）在 65～100 m^2/m^3。滤料分为工作层和承托层。总厚度为 1.5～2.0 m。工作层为 1.3～1.8 m；承托层厚 0.2 m，粒径为 60～100 mm。各层滤料粒径应均匀一致。对于有机物浓度较高的废水，应采用粒径较大的滤料，以防止滤料堵塞。

（2）布水设备

布水设备作用是使污水能均匀地分布在整个滤床表面上。

生物滤池的布水设备分为两类：移动式（回转式）布水器和固定式喷嘴布水系统 （图 1-77 和图 1-78）。

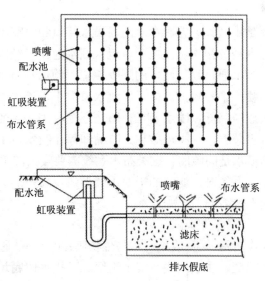

图 1-77　固定式喷嘴布水系统

129

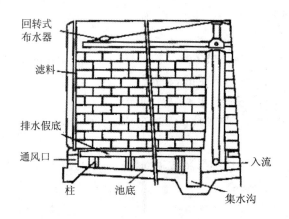

图 1-78　回转式布水系统

回转式布水器的中央是一根空心的立柱，底端与设在池底下面的进水管衔接。布水横管的一侧开有喷水孔口，孔口直径 10～15 mm，间距不等，愈近池心间距愈大，使滤池单位平面面积接受的污水量基本上相等。布水器的横管可为两根（小池）或四根（大池），对称布置。污水通过中央立柱流入布水横管，由喷水孔口分配到滤池表面。污水喷出孔口时，作用于横管的反作用力推动布水器绕立柱旋转，转动方向与孔口喷嘴方向相反。所需水头在 0.6～1.5m。如果水头不足，可用电动机转动布水器。

固定式布水系统是由虹吸装置、馈水池、布水管道和喷嘴组成。这种形式的布水设备较少使用。污水经过初次沉淀之后，流入馈水池。当馈水池水位上升到某一高度时，池中积蓄的污水通过设在池内的虹吸装置，倾泻到布水管系，喷嘴开始喷水，且因水头较大，喷水半径较大。由于出流水量大于入流水量，池中水位逐渐下降，因此喷嘴的水头逐渐降低，喷水半径也随之逐渐收缩。当池中水位降落到一定程度时，空气进入虹吸装置，虹吸被破坏，喷嘴即停止喷水。由于馈水池的调节作用，固定喷水系统的喷水是间隙的。这类布水系统需要较大的水头，在 2 m 左右。

当采用回转式布水系统时，滤池的平面用圆形或正八角形。采用固定式喷嘴布水系统时，池面形状不受限制。

（3）排水系统

池底排水系统的作用是：① 收集污水与生物膜；② 保证通风；③ 支撑滤料。

池底排水系统由池底、排水假底和集水沟组成。排水假底是用特制砌块或栅板铺成滤料堆在假底上面。早期都是采用混凝土栅板作为排水假底，自从塑料填料出现以后，滤料重量减轻，国外多用金属栅板作为排水假底。假底的空隙所占面积不宜小于滤池平面的 5%～8%，与池底的距离不应小于 0.4～0.6 m。

池底除支撑滤料外,还要排泄滤床上的来水,池底中心轴线上设有集水沟,两侧底面向集水沟倾斜,池底和集水沟的坡度大约为 1%～2%。集水沟要有充分的高度,并在任何时候不会满流,确保空气能在水面上畅通无阻,使滤池中空隙充满空气。

2. 生物滤池典型流程

图 1-79 是交替式二级生物滤池法的流程。运行时,滤池串联工作,污水经初步沉淀后进入一级生物滤池,出水经相应的中间沉淀池去除残膜后用泵送入二级生物滤池,二级生物滤池的出水经过沉淀后排出污水处理厂。工作一段时间后,一级生物滤池因表层生物膜的累积,即将出现堵塞,改作二级生物滤池,而原来的二级生物滤池则改作一级生物滤池。运行中每个生物滤池交替作为一级和二级滤池使用。交替式二级滤池法流程比并联流程负荷率可提高两三倍。

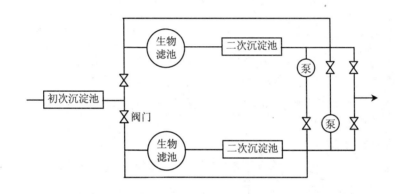

图 1-79　生物滤池二级交流运行系统

如图 1-80 所示是几种常用的回流式生物滤池法的流程。当条件(水质、负荷率、总回流量与进水量之比)相同时,它们的处理效率不同。当污水浓度不太高,回流系统为重力流时采用图 1-80(a)流程,回流比可以通过回流管线上的闸阀调节,当入流水量小于平均流量时,增大回流量;当入流水量大时,减少或停止回流。图 1-80(c)、(d)是二级生物滤池,系统中有两个生物滤池。这种流程用于处理高浓度污水或出水水质要求较高的场合。由于造价和日常费用较高,限制了二级生物滤池的广泛应用。

生物滤池的主要优点是运行简单,适用于小城镇和边远地区。一般认为,它对入流水质水量变化的承受能力较强,脱落的生物膜密实,较容易在二沉池中被分离。生物滤池处理效率比活性污泥法略低,变化范围略大些。50%的活性污泥法处理厂 BOD_5 去除率高于91%,50%的生物滤池处理厂的 BOD_5 去除率仅83%以上,相应的出水 BOD_5 为 14 mg/L 和 28 mg/L。

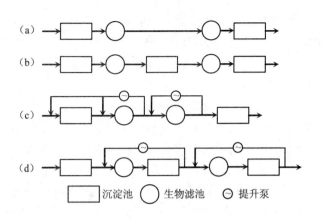

图 1-80　生物滤池的多级运行系统

3．生物滤池系统的功能设计

生物滤池处理系统包括生物滤池和二次沉淀池，有时还包括初次沉淀池和回流泵。其功能设计一般包括：① 滤池类型和流程选择；② 滤池个数和滤床尺寸确定；③ 二次沉淀池的形式、个数和工艺尺寸确定；④ 布水设备计算。本书仅对滤池类型和流程选择进行介绍。

1）滤池类型的选择

低负荷生物滤池现在基本上不用，仅在污水量小、地区比较偏僻、石料不贵的场合选用。

目前，大多采用高负荷生物滤池。高负荷生物滤池主要有两种类型：回流式和塔式（多层式）生物滤池。滤池类型的选择，只有通过方案比较，才能作出合理的结论。占地面积，基建费用和运行费用的比较，常起关键性作用。

2）流程的选择

在确定流程时，通常要解决的问题是：① 是否设初次沉淀池；② 采用几级滤池；③ 是否采用回流，回流方式和回流比的确定。

当废水含悬浮物较多，采用拳状滤料时，需有初次沉淀池，以避免生物滤池阻塞。处理城市污水时，一般都设置初次沉淀池。

下述三种情况应考虑用二次沉淀池出水回流：① 入流有机物浓度较高，可能引起供氧不足时。建议生物滤池的入流 COD 应小于 400 mg/L；② 水量很小，无法维持水力负荷率在最小经验值以下时；③ 污水中某种污染物在高浓度时可能抑制微生物生长的情况下，应考虑回流。

（三）生物转盘

第一套半生产性的生物转盘试验装置于 1954 年在德国海尔布隆污水处理厂建

成，至 20 世纪 70 年代仅在欧洲就已经有 1 000 多座生物转盘。由于生物转盘具有净化效果好和能耗低等优点，在全世界都得到了广泛的研究与应用，并在相应的方面取得很大的进展。我国从 20 世纪 70 年代开始引进生物转盘技术，对其开展了广泛的研究。在生活污水和城市污水，化纤、印染、制革及造纸等工业废水都得到了应用。

1．生物转盘的构造及净化废水的原理

（1）生物转盘的构造

生物转盘是由盘片、接触反应槽、转轴及驱动装置所组成。如图 1-81 所示。盘片串联成组，其中贯以转轴，转轴的两端安设在半圆形的接触反应槽的支座上，转盘面积的 45%～50%浸没在槽内的污水中，转轴高出水面 10～25 cm。

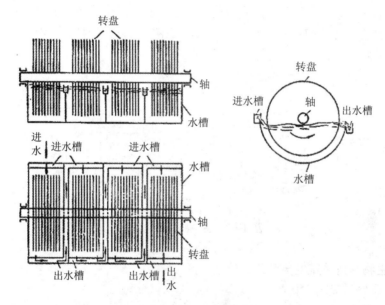

图 1-81　生物转盘的构造

工作时，废水流过水槽，电动机转动转盘，生物膜和大气与废水轮替接触，浸没时吸附废水中的有机物，敞露时吸收大气中的氧气。转盘的转动，带进空气，并引起水槽内废水紊动，使槽内废水的溶解氧均匀分布。生物膜的厚度为 0.5～2.0 mm，随着膜的增厚，内层的微生物呈厌氧状态，当其失去活性时则使生物膜自盘面脱落，并随同出水流至二次沉淀池。盘片的材料要求质轻、耐腐蚀、坚硬和不变形。目前多采用聚乙烯硬质塑料或玻璃钢制作盘片。转盘可以是平板或由平板与波纹板交替组成。盘片直径一般是 2～3 m，最大为 5 m，轴长通常小于 7.6 m，盘片净间距为 20～30 mm。当系统要求的盘片总面积较大时，可分组安装，一组称一级，串联运行。转盘分级布置使其运行较灵活，可以提高处理效率。

水槽可以用钢筋混凝土或钢板制作,断面直径比转盘略大(一般为 20～40 mm),使转盘既可以在槽内自由转动,脱落的残膜又不致留在槽内。驱动装置通常采用附有减速装置的电动机。根据具体情况,也可以采用水轮驱动或空气驱动。

为防止转盘设备遭受风吹雨打和日光曝晒,应设置在房屋或雨棚内或用罩覆盖,罩上应开孔,开孔面积大于 0.01%。

（2）生物转盘的净化作用原理

盘片上夹杂着生物膜,因此,盘片是生物膜的载体,起着生物滤池中滤料的相同作用。如图 1-82 所示,运行时,转盘表面的生物膜交替与废水和大气相接触。与废水接触时,生物膜吸附废水中的有机物,同时也分解所吸附的有机物;与空气接触时,可吸附空气中的氧,并继续氧化所吸附的有机物。这样,盘片上的生物膜交替与废水和大气相接触,反复循环,使废水中的有机物在好氧微生物（即生物膜）作用下得到净化。盘片上的生物膜不断生长和不断自行脱落,所以在转盘后应设二次沉淀池。

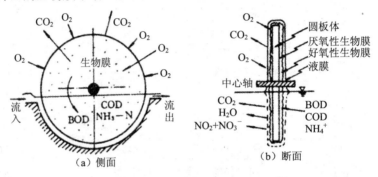

图 1-82　生物转盘净化原理

2. 生物转盘系统的典型工艺流程

（1）生物转盘为主体的工艺流程

① 以去除 BOD_5 为主要目的的工艺流程

废水 ──→ 沉砂池 ──→ 沉淀池 ──→ 生物转盘 ──→ 二沉池 ──→ 出水

② 以深度处理（去除 BOD_5、硝化、除磷、脱氮）为目的

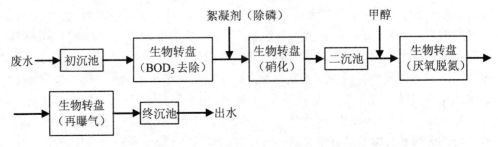

（2）生物转盘与其他工艺的组合流程

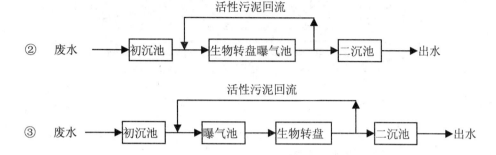

① 废水 ⟶ 生物转盘初沉池 ⟶ 出水

② 废水 ⟶ 初沉池 ⟶ 生物转盘曝气池 ⟶ 二沉池 ⟶ 出水
（活性污泥回流）

③ 废水 ⟶ 初沉池 ⟶ 曝气池 ⟶ 生物转盘 ⟶ 二沉池 ⟶ 出水
（活性污泥回流）

④ 废水 ⟶ 初沉池 ⟶ 曝气池 ⟶ 生物转盘二沉池 ⟶ 出水
（活性污泥回流）

3. 生物转盘的进展和应用

（1）生物转盘法的发展

为降低生物转盘法的动力消耗、节省工程投资和提高处理设施的效率，近年来生物转盘有了一些新发展。主要有空气驱动的生物转盘、与沉淀池合建的生物转盘、与曝气池组合的生物转盘和藻类转盘等。空气驱动的生物转盘（图 1-83）是在盘片外缘周围设空气罩，在转盘下侧设曝气管，管上装有扩散器，空气从扩散器吹向空气罩，产生浮力，使转盘转动。它主要应用于城市污水的二级处理和消化处理。

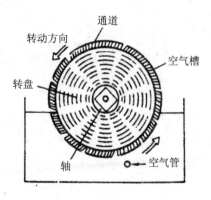

图 1-83 空气驱动式生物转盘

与沉淀池合建的生物转盘（图 1-84）是把平流沉淀池做成二层，上层设置生物转盘，下层是沉淀区。生物转盘用于初沉池可起生物处理作用，用于二沉池可进一步改善出水水质。

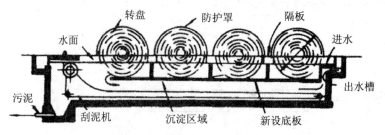

图 1-84　与沉淀池共建的生物转盘

与曝气池组合的生物转盘（图 1-85）是在活性污泥法曝气池中设生物转盘，以提高原有设备的处理效果和处理能力。

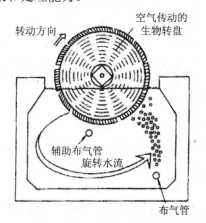

图 1-85　曝气池与生物转盘相组合

（2）生物转盘的应用

以往生物转盘主要用于水量较小的污水处理厂（站），近年来的实践表明，生物转盘也可用于日处理量 20 万 t 以上的大型污水处理厂。生物转盘可用作完全处理、不完全处理和工业废水的预处理。

在我国，生物转盘主要用于处理工业废水。在化学纤维、石油化工、印染、皮革和煤气发生站等行业的工业废水处理方面均得到应用，效果良好。

生物转盘的主要优点是动力消耗低、抗冲击负荷能力强、无须回流污泥、管理运行方便，缺点是占地面积大、散发臭气，在寒冷的地区需作保温处理。

（四）生物接触氧化法

1. 生物接触氧化法工艺流程及特点

生物接触氧化法又称为淹没式生物滤池，于1971年在日本首创，近10余年来，该技术在国内外都取得了较为广泛的研究与应用，用于处理生活污水和某些工业有机废水，取得了良好的处理效果。生物接触氧化池内设置填料，填料淹没在废水中，填料上长满生物膜，废水与生物膜接触过程中，水中的有机物被微生物吸附、氧化分解和转化为新的生物膜。从填料上脱落的生物膜，随水流到二沉池后被去除，废水得到净化。在接触氧化池中，微生物所需要的氧气来自水中，而废水则自鼓入的空气不断补充失去的溶解氧。空气是通过设在池底的穿孔布气管进入水流，当气泡上升时向废水供应氧气，有时并借以回流池水。生物接触氧化法基本流程见图1-86。

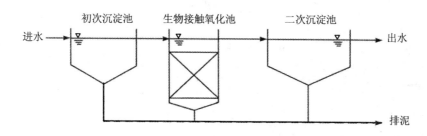

图 1-86 生物接触氧化法基本流程

生物接触氧化法具有下列特点：

① 由于填料的比表面积大，池内的充氧条件良好。生物接触氧化池内单位容积的生物固体量高于活性污泥法曝气池及生物滤池，因此，生物接触氧化池具有较高的容积负荷；

② 生物接触氧化法不需要污泥回流，也就不存在污泥膨胀问题，运行管理简便；

③ 由于生物固体量多，水流又属完全混合型，因此生物接触氧化池对水质水量的骤变有较强的适应能力；

④ 生物接触氧化池有机容积负荷较高时，其 F/M 保持在较低水平，污泥产量较低。

2. 生物接触氧化池构造

生物接触氧化池的主要组成部分有池体、填料和布水布气装置。

池体用于设置填料、布水布气装置和支承填料的栅板和格栅。池体可为钢结构或钢筋混凝土结构。由于池中水流的速度低，从填料上脱落的残膜总有一部分沉积在池底，池底可做成多斗式或设置集泥设备，以便排泥。

填料要求比表面积大、空隙率大、水力阻力小、强度大、化学和生物稳定性好、能经久耐用。目前常用的填料是聚氯乙烯塑料、聚丙烯塑料、环氧玻璃钢等做成的蜂窝状和波纹板状填料。生物接触氧化池如图 1-87 所示。

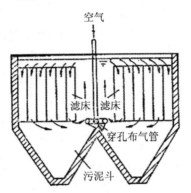

图 1-87　生物接触氧化池

近年来国内外都进行纤维状填料的研究，纤维状填料是用尼龙、维纶、腈纶、涤纶等化学纤维编结成束，呈绳状连接。为安装检修方便，填料常以料框组装，带框放入池中。当需要清洗检修时，可逐框轮替取出，池子无需停止工作。布气管可布置在池子中心和全池。

（五）生物流化床

生物流化床用于污水生物处理领域始于 20 世纪 70 年代初期，美国和日本进行了多方面的研究工作并取得了较好的成果。

生物流化床处理技术是借助流体（液体、气体）使表面生长着微生物的固体颗粒（生物颗粒）呈流态化，同时进行去除和降解有机污染物的生物膜法处理技术。载体颗粒小，总体的表面积大，为微生物提供了充足的场所，单位容积反应器内的微生物量可高达 10～14 g/L。

1.　生物流化床类型

按照使载体流化的动力来源地不同，生物流化床分为以液流为动力的二相流化床和以气流为动力的三相流化床两大类。

根据生物流化床的供氧、脱膜和床体结构等方面的不同，好氧生物流化床主要有下述两种类型：

（1）两相生物流化床

这类流化床是在流化床体外设置充氧设备与脱膜装置，以为微生物充氧并脱除载体表面的生物膜。基本工艺流程如图 1-88 所示。

（2）三相生物流化床

三相生物流化床是气、液、固三相直接在流化床体内进行生化反应，不另设充氧设备和脱膜设备，载体表面的生物膜依靠气体的搅动作用，使颗粒之间激烈摩擦而脱落。其工艺流程如图1-89所示。

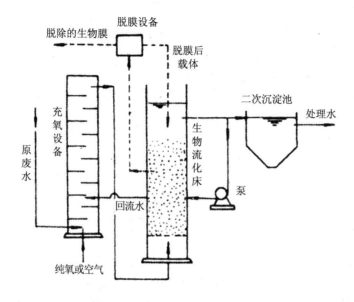

图 1-88　两相流化床处理工艺流程

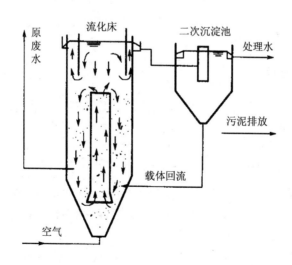

图 1-89　三相生物流化床

三相生物流化床的设计应注意防止气泡在床内合并成大气泡影响充氧效率。充氧方式有减压释放空气充氧和射流曝气充氧等形式。由于有时可能有少量载体被带出床体，因此在流程中通常有载体（含污泥）回流。三相流化床设备较简单，操作亦较容易，能耗也较二相流化床低，因此对三相流化床的研究较多。

生物流化床除用于好氧生物处理外，还可用于生物脱氮和厌氧生物处理。

2．生物流化床的特点

生物流化床的主要特点如下：

（1）容积负荷高，抗冲击负荷能力强

由于生物流化床是采用小粒径固体颗粒作为载体，且载体在床内呈流化状态，因此其每单位体积表面积比其他生物膜法大很多。这就使其单位床体的生物量很高（10～14 g/L），加上传质速度快，废水一进入床内，很快地被混合和稀释，因此生物流化床的抗冲击负荷能力较强，容积负荷也较其他生物处理法高。

（2）微生物活性强

由于生物颗粒在床体内不断相互碰撞和摩擦，其生物膜厚度较薄，一般在 0.2 μm 以下，且较均匀。对于同类废水，在相同处理条件下，其生物膜的呼吸率约为活性污泥的两倍，可见其反应速率快，微生物的活性较强。这也是生物流化床负荷较高的原因之一。

（3）传质效果好

由于载体颗粒在床体内处于剧烈运动状态，气—固—液界面不断更新，因此传质效果好，这有利于微生物对污染物的吸附和降解，加快了生化反应速率。

但生物流化床也存在设备的磨损较固定床严重，载体颗粒在湍动过程中会被磨损变小等问题。此外，设计时还存在着产生放大方面的问题，如防堵塞、曝气方法、进水配水系统的选用和生物颗粒流失等。

三、厌氧生物法

废水厌氧生物处理在断绝与空气接触的条件下，依赖兼性厌氧菌和专性厌氧菌的生物化学作用，对有机物进行生化降解的过程，称为厌氧生物处理法或厌氧消化法。

（一）厌氧生物处理原理

厌氧生物处理是一个复杂的微生物化学过程，主要依靠水解产酸细菌、产氢产乙酸菌和甲烷细菌的联合作用完成。因此将厌氧消化过程分为三个阶段（图1-90）：

第 I 阶段——水解酸化阶段

污水中不溶性大分子有机物，如多糖、淀粉、纤维素等水解成小分子，进入细胞体内分解产生挥发性有机酸、醇、醛类等。主要产物为较高级脂肪酸。

第 II 阶段——产氢产乙酸阶段

产氢产乙酸菌将第 I 阶段产生的有机酸进一步转化为氢气和乙酸。

第 III 阶段——产甲烷阶段

甲酸、乙酸等小分子有机物在产甲烷菌的作用下，通过甲烷菌的发酵过程将这些小分子有机物转化为甲烷。所以在水解酸化阶段 COD、BOD$_5$ 值变化不很大，仅在产气阶段由于构成 COD 或 BOD$_5$ 的有机物多以 CO$_2$ 和 CH$_4$ 的形式逸出，才使废水中 COD、BOD$_5$ 明显下降。

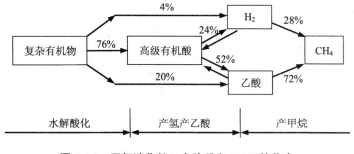

图 1-90 厌氧消化的三个阶段和 COD 转化率

厌氧生物处理法的处理对象是：高浓度有机工业废水、城镇污水的污泥、动植物残体及粪便等。

（二）厌氧法的影响因素

厌氧法对环境条件要求比好氧法更严格。一般控制厌氧处理效率的基本因素有两类：一类是基础因素，包括微生物量（污泥浓度）、营养比、混合接触状况、有机负荷等；另一类是环境因素，如温度、pH 值、氧化还原电位、有毒物质等。

1. 温度

温度主要影响微生物的生化反应速度，与有机物的分解速率有关。工程上：中温消化温度为 30～38℃（主要为 33～35℃）；高温消化温度为 50～55℃。

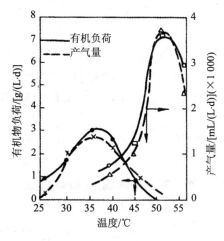

图 1-91 温度对消化的影响

厌氧消化对温度的突变也十分敏感，要求日变化小于±2℃。温度突变幅度太大，会导致系统的停止产气。

2．pH值

水解酸化过程的生化速率大大超过产气速率，将导致水解产物有机酸的积累使pH下降，抑制甲烷菌的生理机能，气化速率锐减，所以最适合pH范围是6.8～7.2。

3．氧化还原电位

绝对的厌氧环境是产甲烷菌进行正常活动的基本条件，产甲烷菌的最适合氧化还原电位为-400～-150 mV，培养甲烷菌的初期，氧化还原电位不能高于-330 mV。

4．负荷

负荷率是表示消化装置处理能力的一个参数。负荷的影响：

① 当有机物负荷很高时，营养充分，代谢产物有机酸产量很大，超过甲烷菌的吸收利用能力，有机酸积累pH下降，是低效不稳定状态。

② 负荷适中，产酸细菌代谢产物中的有机物（有机酸）基本上能被甲烷菌及时利用，并转化为沼气，残存有机酸量仅为几百毫克每升。pH＝7～7.2，呈弱碱性，是高效稳定发酵状态。

③ 当有机负荷小时，供给养料不足，产酸量偏少，pH＞7.2是碱性发酵状态，是低效发酵状态。

在厌氧消化中，负荷常以投配率表示。投配率指每天加入消化池的生污泥或有机废水的容积与消化池容积的比例。

5．碳氮比

和好氧生物处理一样，厌氧处理也要求供给全面的营养，但好氧细菌增殖快，有机物有50%～60%用于细菌增殖，故对N、P要求高；而厌氧增殖慢，BOD_5仅有5%～10%用于合成菌体，对N、P要求低，COD：N：P＝200：5：1或C：N＝12～16。

6．有毒物质

有毒物质对厌氧微生物产生不同程度的抑制，使厌氧消化过程受到影响甚至破坏，常见抑制性物质为硫化物、氨氮、重金属、氰化物及某些人工合成的有机物。

（三）厌氧法的工艺和设备

1．普通厌氧消化池

亦称为传统或常规消化池。常用密闭的圆柱形池，见图1-92。

废水定期或连续进入池中，经消化的污泥和废水分别由消化池底部和上部排出，所产生的沼气从顶部排出。消化池一般都设有盖子，以保证良好的厌氧条件，收集沼气和保持池内温度，并减少池面的蒸发。为了使进料和厌氧污泥充分接触，使所产的沼气气泡及时逸出而设有搅拌装置，此外，进行中温和高温消化时，常需对消化液进行加热。常见搅拌方式有三种：① 池内机械搅拌；② 沼气搅拌，即用压缩机将沼气从池顶抽出，再从池底充入，循环沼气进行搅拌；③ 循环消化液搅拌，即池内设有射流器，由池外水泵压送的循环消化液经射流器喷射，在喉管处造成真空，吸进一部分池中的消化液，形成较强烈的搅拌，如图 1-93 所示。常用加热方式有三种：① 废水在消化池外先经热交换器预热到定温再进入消化池；② 热蒸汽直接在消化器内加热；③ 在消化液内部安装热交换管。

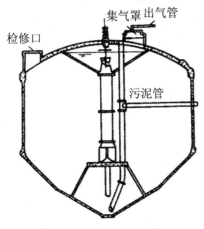

图 1-92　螺旋桨搅拌的消化池　　　图 1-93　循环消化液搅拌式消化池

普通消化池一般的负荷，中温为 2～3 kgCOD/（m³·d），高温为 5～6 kgCOD/（m³·d）。

普通消化池的特点是可以直接处理悬浮固体含量较高或颗粒较大的料液。厌氧消化反应与固液分离在同一个池内实现，结构较简单；但缺乏持留或补充厌氧活性污泥的特殊装置，消化器中难以保持大量的微生物细胞；对无搅拌的消化器，还存在严重的料液分层现象，微生物不能与料液均匀接触，温度不均匀，消化效率低等特点。

2. 厌氧接触法

厌氧接触法是在普通污泥消化池的基础上，并受活性污泥系统的启示而开发的。其流程见图 1-94。

该系统既可使污泥不流失、出水水质稳定，又可提高消化池内污泥浓度，从而提高了设备的有机负荷和处理效率。然而，从消化池排出的混合液在沉淀池中进行固液分离有一定的困难。为了提高沉淀池中混合液的固液分离效果，目前采用以下几种方法脱气：① 真空脱气，由消化池排出的混合液经真空脱气热交换器（真空度为 0.005MPa），将污泥絮体上的气泡除去，改善污泥的沉淀性能；② 热交换器急冷法；③ 向混合液中投加混凝剂，使厌氧污泥易凝聚成大颗粒，加速沉降；④ 用超滤器代替沉淀池，改善固液分离效果。

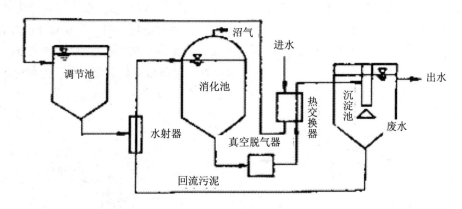

图 1-94　厌氧接触法的工艺流程

　　厌氧接触法的特点：① 通过污泥回流，保持消化池内污泥浓度较高，一般为 10～15g/L，耐冲击能力强；② 消化池的容积负荷较普通消化池高；③ 可以直接处理悬浮固体含量较高或颗粒较大的料液，不存在堵塞问题；④ 混合液经沉降后，出水水质好；⑤ 需增加沉淀池、污泥回流和脱气等设备；⑥ 厌氧接触法存在混合液难以在沉淀池中进行固液分离的缺点。

　　3．UASB（升流式厌氧污泥反应床）

　　（1）UASB 的结构

　　升流式厌氧污泥反应床在构造上的特点是集生物反应与沉淀于一体，是一种结构紧凑的厌氧反应器，结构如图 1-95 所示。UASB 池形多为圆形、方形或矩形，小型反应器常为圆柱形，底部呈锥形或圆弧形。池体高度一般为 3～8 m，其中污泥床 1～2 m，污泥悬浮层 2～4 m。多为钢结构或钢筋混凝土结构。

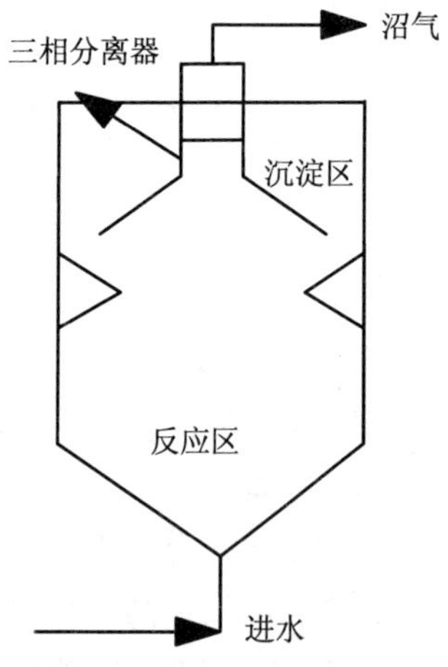

　　反应器的主要结构包括：进水配水系统、反应区、三相分离器、气室和处理水排出系统。

　　进水配水系统的主要功能是：将进入反应器的原废水均匀地分配到反应器整个横断面，并均匀上升，起到水力搅拌的作用，是反应器高效运行的关键环节。

图 1-95　UASB 反应器

　　反应区是升流式厌氧污泥床的主要部分，包括颗粒污泥区和悬浮污泥区。在反应区内存留大量厌氧污泥，具有良好凝聚和沉淀性能的污泥在池底部形成颗粒污泥层。

三相分离器,是升流式厌氧污泥反应床的核心部分。由沉淀区、回流缝和气封组成,其功能是将气体(沼气)、固体(污泥)和液体(废水)三相进行分离。三相分离器的分离效果将直接影响反应器的处理效果。常见的三相分离器的类型如图1-96所示。

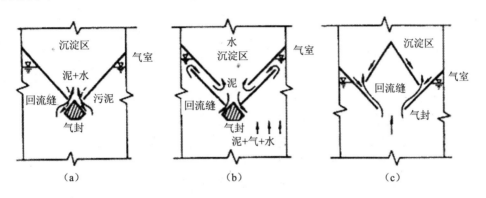

图 1-96　几种三相分离器形式

气室亦称为集气罩,是收集产生的沼气,并将其导出气室的功能。

处理水排放系统的功能是将沉淀区水面上的处理水,均匀地加以收集,并将其排出反应器。

反应器的反应过程为:污水从污泥床底部进入与污泥混合接触,污泥中微生物分解水中有机物产生气泡;微小气泡上升中不断形成较大气泡,气泡产生剧烈的搅动,气、水和泥的混合液上升至三相分离器。上升的沼气泡碰到反射板折向气室,污泥和水经过孔道进入沉淀区泥水分离,上清液从上部排出,污泥沿斜壁返回反应区内。

(2)UASB 的工艺流程

常用的 UASB 系统工艺流程如图 1-97 所示。

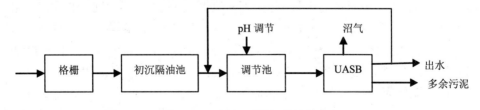

图 1-97　UASB 系统工艺流程示意

(3)UASB 的特点

与其他类型的厌氧反应器比较,UASB 具有一系列的优点,包括:

① 污泥颗粒化使反应器内的平均浓度达 50 g VSS/L 以上,污泥龄一般为 30d 以上;

② 反应器水力停留时间相应较短;

③ 反应器具有很高的容积负荷;

④ 不仅适合于处理高、中浓度的有机工业废水,也适合于处理低浓度的城市污水;

⑤ UASB 反应器集生物反应和沉淀分离于一体,结构紧凑;

⑥ 无须设置填料,节省了费用,提高了容积利用率;

⑦ 一般也无须设置搅拌设备,上升水流和沼气产生的上升气流起到搅拌的作用;

⑧ 构造简单,操作运行方便。

4. 厌氧生物滤池(Anaerobic Biofilter,简称 AF)

厌氧生物滤池由美国 Standford 大学的 Young 和 Mc. Carty 于 1967 年在生物滤池的基础上研发的一种新型高效厌氧生物反应器。滤池呈圆柱形,池内装放填料,池底和池顶密封。厌氧微生物部分附着生长在滤料上,形成厌氧生物膜,部分在滤料空隙间悬浮生长。污水流经挂有生物膜的滤料时,水中的有机物扩散到生物膜表面,并被生物膜中的微生物降解转化为沼气,净化后的水通过排水设备排至池外,所产生的沼气被收集利用。

根据废水的流动方向,分为升流式厌氧生物滤池和降流式厌氧生物滤池。

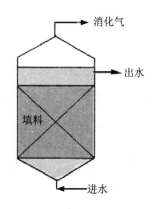

图 1-98 升流式厌氧生物滤池示意

厌氧生物滤池的特点是:① 生物膜停留时间长,平均停留时间长达 100 d 左右,因而可承受的有机容积负荷高,COD 容积负荷为 2~16 kg/(m³·d),耐冲击负荷能力强;② 池内可以保持很高的微生物浓度,去除速度快;③ 微生物以固着生长为主,不易流失,因此不需污泥回流和搅拌设备,出水 SS 较低;④ 设备简单、操作方便。该工艺也存在着以下缺点:① 滤料费用较高;② 处理含悬浮物浓度高的有机废水,滤料易堵塞,尤其是下部,生物膜很厚;③ 堵塞后,没有简单有效的清洗方法。因此,悬浮物高的废水不适用。

5. 厌氧流化床

厌氧流化床工艺是借鉴流态化技术的一种生物反应装置,它以小粒径载体为流化粒料,废水作为流化介质,当废水以升流式通过床体时,与床中附着于载体上的厌氧微生物膜不断接触反应,达到厌氧生物降解目的,产生沼气,于床顶部排出。厌氧流化床工艺流程如图 1-99 所示。床内填充细小固体颗粒载体,废水以一定流速从池底部流入，使填料层处于流态化，每个颗粒可在床层中自由运动，而床层上都保持一个清晰的泥水界面。为使填料层流态化，一般需用循环泵将部分出水回流，以提高床内水流的上升速度。为降低回流循环的动力能耗，宜取质轻、粒细的载体。常用的填充载体有石英砂、无烟煤、活性炭、聚氯乙烯颗粒、陶粒和沸石等，粒径一般为 0.2～1 mm，大多在 300～500 μm。

厌氧流化床特点：① 载体颗粒细，比表面积大，可高达 2 000～3 000 m²/m³，使床内具有很高的微生物浓度，因此有机物容积负荷大，一般为 10～40 kgCOD/（m³·d），水力停

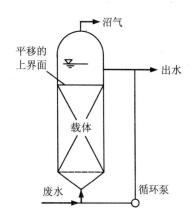

图 1-99　厌氧流化床工艺流程

留时间短，具有较强的耐冲击负荷能力，运行稳定；② 载体处于流化状态，无床层堵塞现象，对高、中、低浓度废水均表现出较好的效能；③ 载体流化时，废水与微生物之间接触面大，同时两者相对运动速度快，强化了传质过程，从而具有较高的有机物净化速度；④ 床内生物膜停留时间较长，剩余污泥量少；⑤ 结构紧凑、占地少以及基建投资省等。但载体流化耗能较大，且对系统的管理技术要求较高。

为了降低动力消耗和防止床层堵塞，可采取：① 间歇性流化床工艺，即以固定床与流化床间歇性交替操作。固定床操作时，不需回流，在一定时间间歇后，又启动回流泵，回流化床运行；② 尽可能取质轻、粒细的载体，如粒径 20～30 μm、相对密度 1.05～1.2 g/cm³ 的载体，保持低的回流量，甚至免除回流就可实现床层流态化。

6. 厌氧转盘和挡板反应器

厌氧生物转盘的构造与好氧生物转盘相似。不同之处在于盘片大部分（70%以上）或全部浸没在废水中，为保证厌氧条件和收集沼气，整个生物转盘设在一个密闭的容器内。厌氧生物转盘由盘片、密封的反应槽、转轴及驱动装置等组成，其构造如图 1-100 所示。对废水的净化靠盘片表面的生物膜和悬浮在反应槽中的厌氧菌完成，产生的沼气从反应槽顶排出。由于盘片的转动，作用在生物膜上的剪力可将老化的生物膜剥落，在水中呈悬浮状态，随水流出槽外。

厌氧生物转盘的特点：① 厌氧生物转盘内微生物浓度高，有机物容积负荷高，水力停留时间短；② 无堵塞问题，可处理较高浓度的有机废水；③ 一般不需回流，动力消耗低；④ 耐冲击能力强，运行稳定，运转管理方便。但盘片造价高。

厌氧挡板反应器从研究厌氧生物转盘发展而来，生物转盘不转动即变成厌氧挡板反应器。挡板反应器与生物转盘相比，可减少盘的片数和省去转动装置。其工艺流程如图 1-101 所示。在反应器内垂直于水流方向设多块挡板来维持较高的污泥浓

度。挡板把反应器分为若干上向流和下向流室，上向流室比下向流室宽，便于污泥的聚集。通往上向流的挡板下部边缘处加50°的导流板，便于将水送至上向流室的中心，使泥水充分混合。因而无须混合搅拌装置，避免了厌氧滤池和厌氧流化床的堵塞问题和能耗较大的缺点，启动期比上流式厌氧污泥床短。

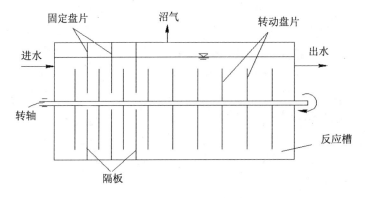

图 1-100　厌氧生物转盘构造

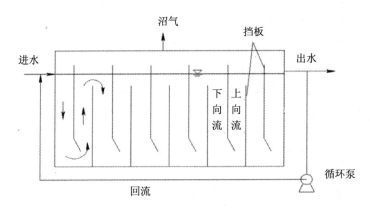

图 1-101　厌氧挡板反应器工艺流程

7．两步厌氧法和复合厌氧法

两步厌氧消化法是一种由上述厌氧反应器组合的工艺系统。厌氧消化反应分别在两个独立的反应器中进行，每一反应器完成一个阶段的反应，比如一为产酸阶段，另一为产甲烷阶段；故又称两段厌氧消化法。按照所处理的废水本质情况，两步可以采用同类型或不同类型的消化反应器。如对悬浮固体含量多的高浓度有机废水，第一步反应器可选不易堵塞、效率稍低的反应装置，经水解产酸阶段后上清液中悬浮固体浓度降低，第二步反应器可采用新型高效消化器，流程见图 1-102 所示。根据不产甲烷菌与产甲烷菌代谢特性及适应环境条件不同，第一步反应器可采用简易非密闭装置、在常温、较宽 pH 值范围条件下运行；第二步反应器则要求严格密封、严格控制温度和 pH 值范围。因此，两步厌氧法具有如下特点：①耐冲击负荷能力强，运行稳定，避免了一步法不耐高有机酸浓度的缺陷；②两阶段反应不在同一反应器中进行，互相影响小，可更好地控制工艺条件；③消化效率高，尤其适于处理含悬浮固体多、难消化降解的高浓度有机废水。但两步法设备较多，流程和操作复杂。

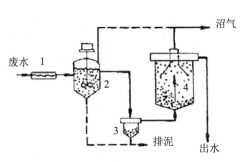

1—热交换器；2—水解产酸；
3—沉淀分离；4—产甲烷

图 1-102　接触消化池-上流式污泥床
两步消化工艺流程

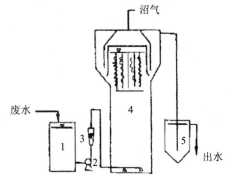

1—废水箱；2—进水泵；3—流量计；
4—复合厌氧反应器；5—沉淀池

图 1-103　纤维填料厌氧滤池-上流式厌氧
污泥床复合法工艺流程

两步厌氧法是由两个独立的反应器串联组合而成，而复合厌氧法是在一个反应器内由两种厌氧法组合而成。如上流式厌氧污泥床与厌氧滤池组成的复合厌氧法，如图 1-103 所示；设备的上部为厌氧滤池，下部为上流式厌氧污泥床，可以集两者优点于一体，反应器下部即进水部位，由于不装填料，可以减少堵塞，上部装设固定填料，充分发挥滤层填料的有效截留污泥的能力，提高反应器内的生物量，对水质和负荷突然变化及短流现象起缓冲和调节作用，使反应器具有良好的工作特性。

四、自然生物处理法

当废水排入水体或土壤后，在微生物的作用下，废水中的有机污染物可被氧化分解。水体或土壤都有一定的自净能力，在污染物的量较小的情况下，水体和土壤可以自行消除污染，保持清洁的状态。

利用天然水体和土壤中的微生物来净化废水的方法称为自然生物处理。水体自净过程、生物塘和土地处理系统都属于废水的自然生物处理，本节重点介绍生物塘和土地处理系统。

（一）生物塘

生物塘是最古老的废水处理方法，从 18 世纪末即开始使用，到 20 世纪 50 年代以后得到较快的发展。我国从 20 世纪 50 年代就开始了应用生物处理城市污水和工业废水的探索性研究，从 20 世纪 60 年代开始，修建了一批生物塘，如湖北省鄂城县用作处理农药废水的鸭儿湖生物塘；齐齐哈尔处理城市污水的生物塘；山东胶州市生物塘；新疆克拉玛依生物塘等。

1. 好氧塘

（1）好氧塘作用原理

好氧塘净化污水的原理如图 1-104 所示，由于池深较浅（0.5 m 左右），阳光能直接透入池底，有机负荷率较低，塘内存在着菌-藻-原生动物的共生体系。在阳光的照射下，塘内的藻类进行光合作用，释放出大量的氧气，使有机物进行氧化分解，而它的代谢产物 CO_2 可作为藻类光合作用的原料。藻类利用 CO_2、N 及 P 等无机盐，并利用太阳能合成本身的细胞物质，释放出氧气。

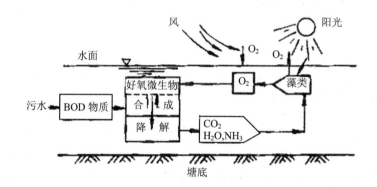

图 1-104　好氧塘净化有机物示意

好氧塘内溶解氧的含量在一昼夜内是变化的。在白昼，藻类光合作用释放出的氧超过藻类及细菌所需要，塘内水中氧的含量很高，可达到饱和状态。夜间光合作用停止，由于藻类及细菌等的呼吸消耗，水中溶解氧的含量下降，在凌晨时最低。然后开始回升。

好氧塘内的生物相丰富，存在着菌类和藻类等微生物和原生动物、后生动物等微型动物，每 1 mL 水内的细菌数可达到 $10^8 \sim 5 \times 10^9$ 个。

好氧塘的优点是净化功能较高，有机污染物降解速率高，污水在塘内停留时间短。但进水中不能含有大量的悬浮物，以免形成污泥沉积层。好氧塘的缺点是占地面积大，处理水中含有大量藻类，需进行除藻处理，对细菌的去除效果也不好。

根据有机物负荷率的高低，好氧塘还可以分为高负荷好氧塘、普通好氧塘和深度处理好氧塘。

（2）好氧塘的设计计算

好氧塘的设计不宜少于 2 个，可串联或并联运行。好氧塘水深一般不超过 0.5 m。

每座塘的面积不宜超过 40 000 m²。塘表面以矩形为宜，长宽比为 2～3：1，塘堤外坡度 4：1～5：1，内坡度 3：1～2：1，堤顶宽度为 1.8～2.4 m。以塘深 1/2 处的面积作为设计计算平面，应取 0.5 m 以上超高。

好氧塘的计算以经验数据为准，常用的表面负荷率如表 1-17。

表 1-17 好氧塘设计参数

参　　数	类型		
	高负荷好氧塘	普通好氧塘	深度处理好氧塘
BOD_5 表面负荷率/[kg/（m²·d）]	0.004～0.016	0.002～0.004	0.000 5
水力停留时间/d	4～6	2～6	5～20
水深/m	0.3～0.45	～0.5	0.5～1.0
去除率/%	80～90	80～95	60～80
藻类浓度/（mg/L）	100～260	100～200	5～10
回流比		0.2～2.0	

2. 兼性塘

（1）兼性塘的净化机理

兼性塘是应用最为广泛的一种生物塘，塘深为 1.0～2.0 m，塘的上层阳光能够投入的部位为好氧层，其净化机理同好氧塘，在塘的底部，由沉淀的污泥和衰死的藻类、细菌形成污泥层，这里由于缺氧，厌氧微生物起主导作用，进行着厌氧发酵，称为厌氧层。

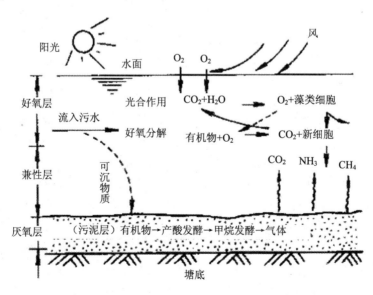

图 1-105 兼性塘净化有机污染物示意

好氧层与厌氧层之间为兼性层，这里溶解氧很低，一般白昼有溶解氧存在，而夜间处于厌氧状态，在这层存在着兼性微生物，这类微生物既可利用游离的分子氧，又能在厌氧条件下从 NO_3^- 或 CO_3^{2-} 中摄取氧。

兼性塘的优点是对水质水量的冲击负荷有一定的适应能力；处理费用较低；可以降解某些难以降解的有机污染物，如木质素、合成洗涤剂、农药及氮磷等。

（2）兼性塘的设计计算

兼性塘塘深为 1.2～2.5 m，北方地区应考虑冰盖厚度及保护高度，还有污泥层的厚度。污泥层厚度一般为 0.3 m，保护高度为 0.5～1.0 m，冰盖厚度由地区气温而定，一般为 0.2～0.6 m。BOD_5 去除率可达 70%～90%。

兼性塘以矩形为宜，长度比为 2∶1 或 3∶1 为宜。池数一般不小于 2 座，宜采用多级串联，第一塘面积大，约为总面积的 30%～50%，采用较高的负荷率，以不使全塘都处于厌氧状态为宜。

兼性塘的设计计算公式同好氧塘。有关 BOD_5 面积负荷率及水力停留时间可参见表 1-18。

表 1-18　处理城市污水兼性塘 BOD_5 面积负荷与水力停留时间

冬季月平均气温/℃	BOD_5 负荷率/[kg/（m²·d）]	停留时间/d
15 以上	70～100	>7
10～15	50～70	7～20
0～10	30～50	20～40
−10～0	20～30	40～120
−20～−10	10～20	120～150
−20 以下	<10	150～180

3. 厌氧塘

（1）厌氧塘的特点

厌氧塘由于池深较大，2～4 m，且负荷较高，塘内光线微弱，几乎没有藻类。要靠塘内及底层沉淀物对废水中的有机物进行厌氧分解。厌氧塘内主要是兼性和厌氧微生物起作用，这种塘可以承受较高的负荷，占地少，深度大，但产生臭气，对温度比较敏感。

厌氧塘对周围环境有着某些不利的影响，应予以注意，其中主要是：

1）厌氧塘内污水的污染浓度高，深度易污染地下水，因此，必须作好防渗措施。

2）厌氧塘一般多散发臭气，应使其远离污染地下水，因此，必须作好防渗措施。

3）某些废水，如肉类加工废水用厌氧塘处理，在水面上可能形成浮渣层。浮渣层对保持塘水温度有利，但有碍观瞻，而且在浮渣上滋生小虫，又有碍环境卫生，应考虑采取适当的措施。

厌氧塘多用以处理高浓度水量不大的有机废水,如肉类加工、食品工业、牲畜饲养场等废水。城市污水由于有机污染物含量较低,一般很少采用厌氧塘处理。此外,厌氧塘的处理水,有机物含量仍很高,需要进一步通过兼性塘和好氧塘处理。

(2)厌氧塘的设计

厌氧塘为了维持其厌氧状态,BOD_5 表面负荷不宜过低,否则会处于兼性塘的状态。

厌氧塘以矩形为宜,长宽比为 2~2.5∶1,塘有效深度 3~5 m,条件允许可达 6 m。厌氧塘单池面积不应大于 8 000 m²。厌氧塘进水口安设在塘底以上 0.6~1.0 m,使进水与塘底污泥相混合。出水口为淹没式,深入水下 0.6 m,不得小于冰层或浮渣层厚度。

4．曝气塘

曝气塘是经过人工强化的稳定塘。采用人工曝气装置向塘内污水充氧,并使塘水搅动。人工曝气装置可采用表面机械曝气器或鼓风曝气器。前者应用得较多。

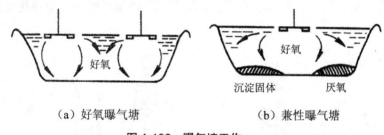

（a）好氧曝气塘　　　　　（b）兼性曝气塘

图 1-106　曝气塘工作

由于经过人工强化处理,曝气塘的净化效果及工作效率都明显高于一般生物塘。污水在塘内停留时间短,曝气塘所需容积及占地面积均较小。但由于采用人工曝气措施,耗能增加,允许费用也有所提高。

曝气塘可分为好氧曝气塘和兼性曝气塘两类。主要取决于曝气装置的数量、安设密度和曝气强度。

曝气塘的表面负荷率,对于城市污水,建议值为 30~60 g/（m²·d）;塘深 2.5~5.0 m;停留时间,好氧曝气塘为 1~10 d,兼性曝气塘为 7~20 d;塘内悬浮固体（生物污泥）浓度为 80~200 mg/L。

好氧曝气塘出水含有较高的悬浮物,可在曝气塘后设沉淀塘,沉淀塘水深为 2.5~3.0 m,停留时间 1~5 d。

（二）土地处理系统

利用污水灌溉农田,国内外已有很长的历史,积累了丰富的经验。目前,土地处理法已由原来的简单的污水灌溉发展到了污水的土地处理系统,成为环境工程学的重要组成部分。

土地处理系统也属于自然生物处理，是在人工的控制下，将污水投配在土地上，通过土壤—植物系统，进行一系列物理、化学、物化和生物的净化过程，使污水得以净化的一种污水处理工艺。

1．污水土地处理系统的组成

污水土地处理系统由以下各部分所组成：污水的预处理设备；污水的调节、贮存设备；污水的输送、配布与控制系统与设备；土地净化田；净化水的收集、利用系统。

2．土地处理类型

当前在污水土地处理系统方面常用的有下列几种工艺。

（1）慢速渗滤处理系统

慢速渗滤处理系统是将污水投配到渗水性能良好的土壤表面，污水流经地表—土壤—作物系统时得以净化的一种土地处理工艺（图 1-107）。慢速渗滤系统的污水投配负荷一般较低，渗滤速度慢，在表层土壤中停留时间长，故净化效果非常好，出水水质优良。

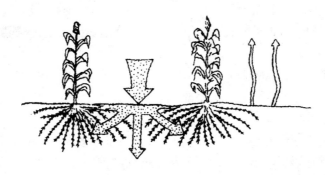

图 1-107　慢速渗滤系统

根据美国及我国沈阳、昆明等地的运行资料，本工艺对 BOD_5 的去除率，一般可达 95%以上，COD 去除率大 85%～90%，氮的去除率则在 80%～90%。

（2）快速渗滤系统

快速渗滤是一种高效率低能耗的污水处理方法，适用于渗透性能良好的粗质地土壤，如砂土。其流程是将污水投配到快速渗滤田表面，污水在向下渗透过程中由于生物吸附氧化、硝化、反硝化、过滤、沉淀等一系列作用下得到净化的一种污水土地处理工艺（图 1-108）。

本工艺的处理效果：BOD_5 去除率可达 95%；COD 去除率 91%。NH_4 去除率为 85%左右；TN 去除率 80%；除磷率可达 65%；大肠菌的去除率可达 99.9%。

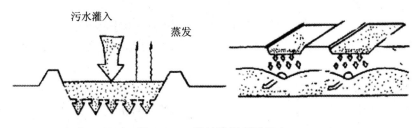

图 1-108　快速渗透系统示意

（3）地表漫流处理系统

将污水有控制地投配到生长有多年生牧草、坡度缓和、土壤渗透性低的坡面上，污水在坡面表层以薄层沿坡面缓慢流动过程中得以净化的土地处理系统。如图 1-109 所示。

155

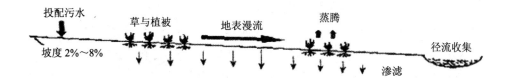

图 1-109　地表漫流处理系统

该系统适用于渗透性较低的黏土、亚黏土，最佳坡度以 2%～8%为佳。

据国内外的实际运行资料，地表漫流处理系统对 BOD_5 的去除率可达 90%左右；总氮的去除率为 70%～80%；悬浮物的去除率一般达 90%～95%。

（4）污水湿地处理系统

湿地处理系统是将污水投放到土壤经常处于水饱和状态且生长有芦苇、香蒲等耐水植物的沼泽地上，污水沿一定方向流动，在流动的过程中，在耐水植物和土壤联合作用下，污水得到净化的一种土地处理工艺。

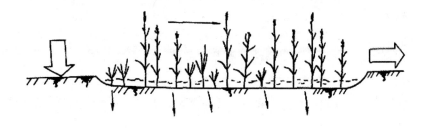

图 1-110　污水湿地处理示意

污水的湿地处理系统，既能处理污水，又能改善环境。

常见的湿地设计参考性参数：水力停留时间为 7～10 d；投配负荷率 2～20 cm/d；有机负荷率 15～20 kg BOD$_5$/（万 m^2·d）；长宽比 L：B>10：1；湿地坡度一般为 0%～3%。

（5）地下渗滤土地处理系统

污水经穿孔管投加到具有一定构造，距地面约 50 cm 深，并具有良好扩散性能的土层中，污水经毛细管作用向土层扩散，在土壤—微生物共同作用下得到净化。

此工艺设计简单，运行可靠。主要处理过程在地下，不影响环境，适于分散的小水量污水处理，如分散的居民住宅点、度假村和疗养院等。

3. 污水土地系统的联合处理

各类土地处理类型工艺性能不完全相同，各有优缺点，利用两种不同类型的处理工艺联合处理可以发挥各自的优点，提高处理效率，常见的组合有以下几种：

（1）筛滤—地表漫流—快速渗滤；

（2）物化预处理—快速渗滤—慢速渗滤；

（3）物化预处理—湿地处理—地表漫流。

思考与习题

1. 什么是水资源？我国水资源有何特点？

2. 生活污水与工业废水有何特征？

3. 污水的主要污染指标有哪些？其测定意义如何？

4. 简述河流水体中 BOD$_5$ 与 DO 的变化规律。

5. 什么是氧垂曲线？氧垂曲线可以说明哪些问题？

6. 简要说明城市污水典型处理流程。

7. 格栅的主要功能是什么？按其形状分为几种？

8. 均和调节池有何作用？按其调节功能可分几种类型？

9. 目前普遍用几种机理来描述水的混凝过程？试分别叙述。

10. 影响混凝效果的主要因素是什么？

11. 目前常用的絮凝池有几种？各有何优缺点？

12. 试述沉淀的四种基本类型。

13. 影响沉淀池沉淀效果的因素有哪些？

14. 选用沉淀池时一般应考虑的因素有哪些？

15. 试分析过滤在水处理过程中的作用与地位。

16. 什么是直接过滤？直接过滤工艺有哪两种方式？采用直接过滤工艺应注意哪些问题？

17. 吸附类型有哪些？分别描述各自的特征。

18. 影响吸附的因素主要有哪些？

19. 吸附操作分为哪几种形式，并分别加以阐述。

20. 目前水的消毒方法主要有哪几种？简要评述各种消毒方法的优缺点。

21. 水的氧化、还原处理法有哪些？各有何特点？适用于何种场合？

22. 化学沉淀法处理含金属离子有何优缺点？

23. 反渗透、超滤和微孔过滤在原理、设备构造和运行上有何区别？有何联系？

24. 用氢氧化物沉淀法处理含镉废水，若欲将 Cd^{2+} 浓度降到 0.1mol/L，问需将溶液的 pH 值提高到多少？

25. 什么是活性污泥？简述活性污泥的组成和作用。

26. 常用评价活性污泥的性能指标有哪些？为什么污泥沉降比和污泥体积指数在活性运行中有着重要意义？

27. 试简述影响污水好氧生物处理的因素。

学习情境二

生活污水处理

【情境描述】

该情境主要是学习生活污水处理的基本知识。根据处理程度的不同，生活污水处理分为预处理、一级处理、二级处理和三级处理（深度处理）。主要内容包括污水处理常用的处理构筑物结构、工艺原理、设计计算和运行管理。要求学生掌握主要工艺原理、处理构筑物的基本结构、运行方式；熟悉相关设计计算和运行管理；掌握常见的生活污水处理工艺流程组成，如活性污泥工艺、SBR 工艺、氧化沟工艺、A_2/O 工艺、MBR 处理工艺等。

学习单元一　概　述

生活污水是人类在日常生活中使用过的，并被生活废料所污染的水的总称。

生活污水处理技术就是利用各种设施设备和工艺技术，将污水所含的污染物质从水中分离去除，使有害的物质转化为无害、有用的物质，水质得到净化，并使资源得到充分利用。

生活污水处理一般分为三级：一级处理，是应用物理处理法去除污水中不溶解的污染物和寄生虫卵；二级处理，是应用生物处理法将污水中各种复杂的有机物氧化降解为简单的物质；三级处理，是应用化学沉淀法、生物化学法、物理化学法等，去除污水中的磷、氮、难降解的有机物、无机盐等。

目前国内常见的生活污水处理工艺主要以活性污泥法为核心，如图 2-1 所示。昆明市第八污水处理厂采用的工艺流程如图 2-2 所示。

一、预处理

生活污水的预处理工艺包括格栅、调节、沉砂等，下面对典型处理构筑物设计计算进行介绍。

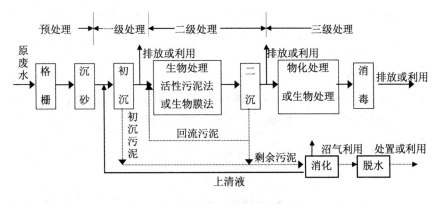

图 2-1　生活污水处理工艺流程

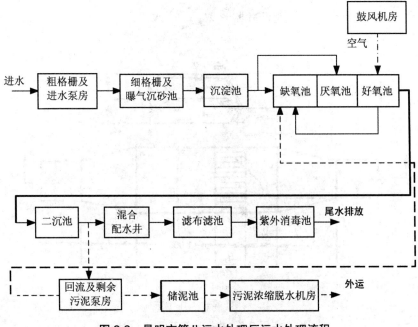

图 2-2　昆明市第八污水处理厂污水处理流程

（一）格栅的设计计算

格栅设计包括尺寸计算、水力计算、栅渣量计算以及清渣机械的选用等内容。
图 2-3 为格栅的计算草图。

栅槽宽度：

$$B = en + (n-1)s$$

$$n = \frac{Q_{max} \sqrt{\sin \alpha}}{ehv}$$

（2-1）

式中，B —— 栅槽宽度，m；

　　　s —— 栅条宽度，m；

　　　e —— 栅条净间距，mm，粗格栅 $e=50\sim100$ mm，中格栅 $e=10\sim40$ mm，

　　　　　　细格栅 $e=3\sim10$ mm；

　　　n —— 格栅间隙数；

　　　Q_{max} —— 最大设计流量，m^3/s；

　　　h —— 栅前水深，m；

　　　v —— 过栅流速，m/s，最大设计流量时为 $0.8\sim1.0$ m/s，平均设计流量时为

　　　　　　0.3m/s；

　　$\sqrt{\sin\alpha}$ —— 考虑格栅倾角的经验系数。

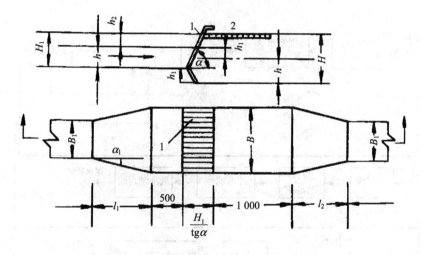

1—栅条；2—工作平台

图 2-3　格栅计算草图

格栅的水头损失：

$$h_1 = kh_0$$

（2-2）

$$h_0 = \xi \frac{v^2}{2g} \sin \alpha$$

式中，k —— 系数，格栅受污物堵塞后，水头损失增大的倍数，一般 $k=3$；

　　　h_1 —— 过栅水头损失，m；

　　　h_0 —— 计算水头损失，m；

ξ —— 阻力系数，与栅条断面形状有关，$\xi = \beta \left(\dfrac{S}{e}\right)^{\frac{4}{3}}$，圆形断面$\beta$=1.79，矩

形断面β=2.42。

栅槽总高度：

$$H = h + h_1 + h_2 \tag{2-3}$$

式中，H —— 栅槽总高度，m；

h —— 栅前水深，m；

h_2 —— 栅前渠道超高，m，一般取 0.3m。

栅槽总长度：

$$L = l_1 + l_2 + 1.0 + 0.5 + \frac{H_1}{\text{tg}\alpha} \tag{2-4}$$

$$l_1 = （B - B_1）/2\text{tg}\alpha_1$$

$$l_2 = \frac{l_1}{2}$$

$$H_1 = h_2 + h$$

式中，H_1 —— 栅槽总长度，m；

l_1 —— 进水渠渐宽部分长度，m；

l_2 —— 渠出水渐窄处长度，m；

α_1 —— 渠道展开角，一般 20°；

B_1 —— 进水渠宽度，m。

0.5 与 1.0 —— 格栅前后的过渡段长度。

每日栅渣量：

$$W = \frac{Q_{\max} W_1 \times 86\,400}{K_{总} \times 1\,000} \tag{2-5}$$

式中，W —— 每日栅渣量，m³/d；

W_1 —— 栅渣量，m³/10³m³ 污水，一般取 0.01～0.1；粗格栅取小值，中格栅取中值，细格栅取大值；

$K_{总}$ —— 生活污水变化系数，见表 2-1。

表 2-1　生活污水量总变化系数 $K_{总}$

平均日流量/ (L/s)	4	6	10	15	25	40	70	120	200	400	750	1 600
$K_{总}$	2.3	2.2	2.1	2.0	1.89	1.80	1.69	1.59	1.51	1.40	1.30	1.20

【例题 2-1】已知某城市的最大设计污水量 $Q_{max}=0.2$ m³/s，$K_总=1.5$，计算格栅各部尺寸。

【解】 格栅计算草图见图 2-3。设栅前水深 $h=0.4$ m，过栅流速取 $v=0.9$ m/s，用中格栅，栅条间隙 $e=20$ mm，格栅安装倾角 $\alpha=60°$。

栅条的间隙数：

$$n=\frac{Q_{max}\sqrt{\sin\alpha}}{ehv}=\frac{0.2\sqrt{\sin 60°}}{0.02\times 0.4\times 0.9}\approx 26$$

栅槽宽度：

根据式（2-1），取栅条宽度 $S=0.01$ m

$B=S(n-1)+en=0.01(26-1)+0.02\times 26=0.8$ m

进水渠道渐宽部分长度：

若进水渠宽 $B_1=0.65$ m，渐宽部分展开角 $\alpha_1=20°$，此时进水渠道内的流速为 0.77 m/s

$$l_1=\frac{B-B_1}{2\tan\alpha_1}=\frac{0.8-0.65}{2\tan 20°}=0.22 \text{ m}$$

栅槽与出水渠道连接处的渐窄部分长度：

$$l_2=\frac{l_1}{2}=\frac{0.22}{2}=0.11\text{m}$$

过栅水头损失：

因栅条为矩形截面，取 $k=3$，并将已知数据代入式（2-2）得：

$$h_1=2.42\left(\frac{0.01}{0.02}\right)^{\frac{4}{3}}\frac{0.9^2}{2\times 9.81}\sin 60°\times 3=0.097 \text{ m}$$

栅后槽总高度：

取栅前渠道超高 $h_2=0.3$ m，栅前槽高 $H_1=h+h_2=0.7$ m

$H=h+h_1+h_2=0.4+0.097+0.3=0.8$ m

栅槽总长度：

$$L=l_1+l_2+0.5+1.0+\frac{H_1}{tg60°}=0.22+0.11+0.5+1.0+\frac{0.7}{tg60°}=2.24 \text{ m}$$

每日栅渣量：

用式（2-5），取 $W_1=0.07$ m³/10³m³

$$W=\frac{Q_{max}\cdot W_1\cdot 86\,400}{K_总\times 1\,000}=\frac{0.2\times 0.07\times 86\,400}{1.5\times 1\,000}=0.8 \text{ m}^3/\text{d}$$

因 $W>0.2$m³/d，故采用机械清渣。

（二）调节

生活污水水量和水质随时间而变化，为保证后续处理构筑物或设备的正常运行，需对废水的水量和水质进行调节。调节水量和水质的构筑物称为调节池。

1. 调节池的构造

调节池的构造形式很多，图 2-4 所示的是一种对角线出水的调节池。这种调节池的特点是出水槽沿对角线方向设置，同一时间流入池内的废水，由池的左、右两侧，经过不同的时间到达出水槽。即同一时间、同一地点出水槽中的废水，是由不同时间流入池内的废水混合而成，其浓度都不相同，这就达到自动调节、均和的目的。

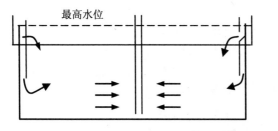

图 2-4　对角线出水调节池

为了防止废水在池内短路，可以在池内设置纵向隔板。池内设置沉渣斗，废水中悬浮物在池内沉淀，通过排渣管定期排出池内；当调节池容积过大，需要设置的沉渣斗过多，则可考虑将调节池设计成平底。调节池有效水深为 1.5～2 m，纵向隔板间距为 1～1.5 m。

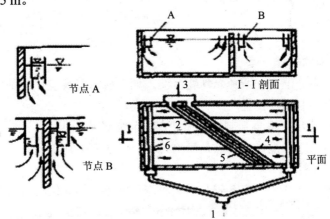

1—进水；2—集水；3—出水；4—纵向隔墙；5—斜向隔墙；6—配水槽

图 2-5　穿孔导流槽式调节池

当调节池采用堰顶溢流出水，则其只能调节水质；若后续处理构筑物要求同时调节水量时，则要求调节池的工作水位能上、下自由波动，以贮存盈余，补充短缺；当处理系统为重力流，调节池出口应超过后续处理构筑物最高水位，可考虑采用定量设备，以保持出水量的恒定；若这种方法在高程布置上有困难，可考虑设吸水井，通过水泵抽送。

2．调节池设计计算

调节池的尺寸和容积，主要由水浓度变化范围及要求的均和程度决定。

当废水浓度无周期性变化时，则要按最不利情况即浓度和流量在高峰时的区间计算。采用的调节时间越长，废水越均匀。

当废水浓度呈周期性变化时，废水在调节池中停留时间，即为一个变化周期的时间。

废水经过调节后，其平均浓度可按下式计算：

$$c = \frac{c_1 q_1 t_1 + c_2 q_2 t_2 + ... + c_n q_n t_n}{qT} \qquad (2\text{-}6)$$

式中，c —— 调节时间 T 小时内，废水的平均浓度，mg/L；

q —— 调节时间 T 小时内，废水的平均流量，m^3/h；

c_1、c_2、$\cdots$、c_n —— 废水在各相应时段 t_1、t_2、$\cdots$、t_n 内平均浓度，mg/L；

q_1、q_2、$\cdots$、q_n —— 废水在各相应时段 t_1、t_2、$\cdots$、t_n 内平均流量，m^3/h；

t_1、t_2、$\cdots$、t_n —— 时间间隔，其总和为 T。

所需调节池容（V）

$$V = qT = q_1 t_1 + q_2 t_2 + ... + q_n t_n \qquad (2\text{-}7)$$

当采用对角线出水调节池时

$$V = \frac{qT}{1.4} \qquad (2\text{-}8)$$

3．调节池的搅拌

为使废水充分混合和避免悬浮物沉淀，调节池需安装搅拌设备进行搅拌。

（1）水泵强制循环搅拌

如图 2-6 所示。水泵强制循环搅拌在调节池底设穿孔管，穿孔管与水泵压力管相连，用压力水进行搅拌。优点是简单易行，但动力消耗较多。

（2）空气搅拌

在池底多设穿孔管，穿孔管与鼓风机空气相连，用压缩空气进行搅拌。空气用量，采用穿孔管曝气时可取 2～3 $m^3/$（h·m（管长））或 5～6 $m^3/$（h·m^2（池面积））。此方式，搅拌效果好，还可起预曝气的作用，但运行费用也较高。

（3）机械搅拌

在池内安装机械搅拌设备。机械搅拌设备有多种形式，如桨式、推进式、涡流式等。此方法搅拌效果好，但设备常年浸于水中，易受腐蚀，运行费用也较高。

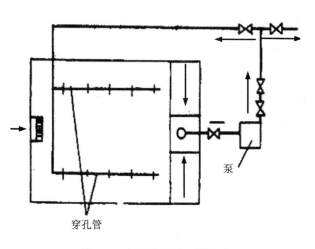

泵

穿孔管

图 2-6　水泵强制循环搅拌池

（三）沉砂池

　　沉砂池是采用物理法将砂粒从污水中沉淀分离出来的一个预处理单元，一般设置在提升设备和处理设施之前，以保护水泵和管道免受磨损，防止后续污水处理构筑物的堵塞和污泥处理构筑物有效容积的缩小，同时可以减少活性污泥中无机物成分，提高活性污泥的活性。

　　常见的沉砂池有平流沉砂池、竖流沉砂池、曝气沉砂池等形式，应用较多的是平流沉砂池和曝气沉砂池。

1. 平流式沉砂池的设计计算

平流式沉砂池的构造见图 1-19。

设计计算如下：

（1）沉砂池水流部分的长度

$$L = vt \tag{2-9}$$

式中，L —— 水流部分长度，m；

　　　v —— 最大流速，m/s；

　　　t —— 最大设计流量时的停留时间，最大流量不少于 30s，s。

（2）水流断面面积

$$A = \frac{Q_{max}}{v} \tag{2-10}$$

式中，A —— 水流断面面积，m²；

　　　Q_{max} —— 最大设计流量，m³/s。

（3）池总宽度

$$B = \frac{A}{h_2} \qquad (2\text{-}11)$$

式中，B —— 池总宽度，m；

h_2 —— 设计有效水深，m。

（4）沉砂斗容积：

$$V = \frac{86\,400Q_{max}t\,x_1}{10^5 K_{总}} \quad 或 \quad V = Nx_2 t' \qquad (2\text{-}12)$$

式中，V —— 沉砂斗容积，m^3；

x_1 —— 城市污水沉砂量，取 3 $m^3/10^5 m^3$ 污水；

x_2 —— 生活污水沉砂量，L/（p·d）；

t' —— 清除沉砂的时间间隔，d；

$K_{总}$ —— 流量总变化系数；

N —— 服务人口数。

（5）沉砂池总高度

$$H = h_1 + h_2 + h_3 \qquad (2\text{-}13)$$

式中，H —— 总高度，m；

h_1 —— 超高，取 0.3 m；

h_3 —— 贮砂斗高度，m。

（6）验算

按最小流速 $v_{min} \geqslant 0.15$ m/s 进行验算，保证沉掉粒径为 0.21 mm 的砂，而不去除有机物。

$$v_{min} = \frac{Q_{min}}{n\omega} \qquad (2\text{-}14)$$

式中，v_{min} —— 最小流速，m/s；

Q_{min} —— 最小流量，m^3/s；

n —— 最小流量时，工作的沉砂池个数；

ω —— 单池过水断面面积，m^2。

2. 曝气沉砂池的设计计算

曝气沉砂池的构造见图 1-20 所示，设计计算如下：

（1）池总有效容积

$$V = 60Q_{max}t \qquad (2\text{-}15)$$

式中，V —— 总有效容积，m^3；

Q_{max} —— 最大设计流量，m^3/s；

t —— 最大设计流量时的停留时间，min。

（2）水平断面面积

$$A = \frac{Q_{\max}}{v} \qquad (2\text{-}16)$$

式中，A —— 池断面面积，m^2；

　　　v —— 最大设计流量时的水平流速，m/s。

（3）池总宽度

$$B = \frac{A}{H} \qquad (2\text{-}17)$$

式中，H —— 有效水深，m；

　　　B —— 池总宽度，m。

（4）池长

$$L = \frac{V}{A} \qquad (2\text{-}18)$$

式中，L —— 池长，m。

（5）所需曝气量

$$q = 3\ 600 D Q_{\max} \qquad (2\text{-}19)$$

式中，q —— 所需曝气量，m^3/h；

　　　D —— 单位污水量所需气量，m^3/m^3。

二、一级处理

一级处理是二级生物处理的预处理过程，只有一级处理出水水质符合要求，才能保证二级生物处理运行平稳，从而确保二级出水水质达标。

初级沉淀池目的是将污水中悬浮物尽可能地沉降去除，一般初次沉淀池可去除50%左右的悬浮物和25%左右的 BOD_5。

初次沉淀池的目的是将污水中的悬浮物尽可能去除，是污水一级处理的主体构筑物，处理对象是 SS，同时可去除部分 BOD_5，可改善生物物理构筑物的运行条件并降低其 BOD_5 负荷。一般经初次沉淀池可去除 40%～55%的 SS、20%～30%的 BOD_5。

沉淀池按池内水流方向的不同，可分为平流式沉淀池、辐流式沉淀池、竖流式沉淀池和斜流式沉淀池等。

（一）平流式沉淀池的设计

平流式沉淀池的构造示意图见图 1-21 所示，设计计算如下：

当无沉淀试验资料时，按沉淀时间与表面负荷计算。

1. 沉淀池的表面积

$$A = \frac{Q_{max} \times 3\,600}{q} \quad (2\text{-}20)$$

式中，Q_{max} —— 最大设计流量，m^3/s；

　　q —— 表面水力负荷，$m^3/(m^2 \cdot h)$，初沉池一般取 $1.5 \sim 3\ m^3/(m^2 \cdot h)$，二沉池一般取 $1 \sim 2\ m^3/(m^2 \cdot h)$。

2. 沉淀区有效水深

$$h_2 = qt \quad (2\text{-}21)$$

式中，t —— 沉淀时间，初沉池一般取 $t = 1 \sim 2\ h$，二沉池一般取 $1.5 \sim 2.5\ h$。

3. 沉淀区有效容积

$$V_1 = Ah_2 \quad (2\text{-}22)$$

或 　　　　　　　$$V_1 = Q_{max} \times t \times 3.6$$

4. 沉淀区长度

$$L = 3.6 \times v \times t \quad (2\text{-}23)$$

式中，v —— 最大设计流量时的水平流速，mm/s；一般小于 $5\ mm/s$。

5. 沉淀区总宽度

$$B = \frac{A}{L} \quad (2\text{-}24)$$

6. 沉淀池座数

$$n = \frac{B}{b} \quad (2\text{-}25)$$

式中，b —— 每座宽度，一般 $5 \sim 10\ m$。

平流式沉淀池的长度一般为 $30 \sim 50\ m$，为了保证污水在池内分布均匀，池长与池宽比不小于 4，以 $4 \sim 5$ 为宜。

7. 污泥区的容积

对生活污水，污泥区的总容积 W：

$$W = \frac{SNT}{1\,000} \quad (2\text{-}26)$$

式中，S —— 每人每日的污泥量，$L/(d \cdot 人)$，可参考表 2-2；

　　N —— 设计人口数，人；

　　T —— 污泥贮存时间，d。

按进出水 SS 浓度计算

$$W = \frac{Q_{max} 24(C_0 - C_1)100t}{\gamma(100 - P_0)} \quad (2\text{-}27)$$

式中，C_0，C_1 —— 分别是进水与沉淀出水的悬浮物浓度，kg/m^3，如有浓缩池、消化池及污泥脱水机的上清液回流至初次沉淀池，则式中的 C_0 应取 $1.3C_0$，C_1 应取 $1.3C_0$ 的 $50\% \sim 60\%$；

    P_0 —— 污泥含水率，%，见表 2-2；

    γ —— 污泥容重，kg/m^3，因污泥的主要成分是有机物，含水率在 95% 以上，故 γ 可取 $1\ 000\ kg/m^3$；

    t —— 两次排泥的时间间隔，d。

表 2-2　城市污水沉淀池设计数据及产生的污泥量表

沉淀池类型		沉淀时间/h	表面水力负荷/[$m^3/(m^2 \cdot h)$]	污泥量		污泥含水率/%
				g/（人·d）	g/（人·d）	
初次沉淀池		1.0～2.0	1.5～3.0	14～27	0.36～0.83	95～97
二次沉淀池	生物膜法后	1.5～2.5	1.0～2.0	7～19	—	96～98
	活性污泥法后	1.5～2.5	1.0～1.5	10～21	—	99.2～99.6

8. 池子总高度

$$H = h_1 + h_2 + h_3 + h_4 \tag{2-28}$$

式中，h_1 —— 超高，一般取 0.3 m；

    h_2 —— 沉淀区的有效深度，m；

    h_3 —— 缓冲层高度，m，无刮泥机时取 0.5 m，有则取 0.3 m。

    h_4 —— 泥斗区高度，m。

9. 泥斗容积

$$V_2 = \frac{h_4(f_1 + f_2 + \sqrt{f_1 f_2})}{3} \tag{2-29}$$

式中，f_1 —— 斗上口面积，m^2；

    f_2 —— 斗下口面积，m^2。

10. 沉淀池数目

沉淀池数目不少于两座，并应考虑一座发生故障时，另一座能负担全部流量的可能性。

（二）辐流式沉淀池的设计

辐流式沉淀池的构造示意图见图 1-23 所示，设计计算如下：

1. 每座沉淀池表面积和池径

$$A_1 = \frac{Q_{max}}{nq_0} \tag{2-30}$$

$$D=\sqrt{\frac{4A_1}{\pi}} \qquad (2\text{-}31)$$

式中，A_1 —— 每池表面积，m^2；

D —— 每池直径，m；

n —— 池数；

q_0 —— 表面水力负荷，$m^3/(m^2 \cdot h)$。

2. 沉淀池有效水深

$$h_2=q_0t \qquad (2\text{-}32)$$

式中，h_2 —— 有效水深，m；

t —— 沉淀时间，h。

3. 沉淀池总高度

$$H=h_1+h_2+h_3+h_4+h_5 \qquad (2\text{-}33)$$

式中，H —— 总高度，m；

h_1 —— 超高，取 0.3 m；

h_2 —— 有效水深，m；

h_3 —— 缓冲层高度，无刮泥机时取 0.5 m，有则取 0.3 m；

h_4 —— 沉淀池底坡落差，m；

h_5 —— 污泥斗高度，m。

竖流式沉淀池和斜流式沉淀池的设计计算略。

表 2-3　沉淀池的设计参数

沉淀池的设计参数				备　注
	平流式	辐流式	竖流式	
表面负荷/ [$m^3/(m^2 \cdot d)$]	30～45	≤45	25～30	城市污水
	14～22	14～22	20～25	混凝沉淀
	22～45	22～45		石灰软化
	20～24	20～24	20～24	活性污泥
停留时间/h	1.5～2.0	1.5～2.0	1.5～2.0	城市污水处理
	2.0～4.0	2.0～4.0		给水处理
堰顶溢流率/ [$m^3/(m \cdot d)$]	300～450	<300	100～130	污水初沉池
	100～150	100		絮凝物
悬浮物 去除效率	40%～85%	50%～55%	60%～65%	城市污水
	污泥 3%～7%	污泥 3%～6.5%	污泥 3%～4%	

三、二级处理

城市污水经过筛滤、沉砂、沉淀等一级处理（预处理），虽然已去除部分悬浮物和 25%～40%的生化需氧量（BOD_5），但一般不能去除污水中呈溶解状态和呈胶体状态的有机物和氧化物、硫化物等有毒物质，不能达到污水排放标准，需要进行二级处理。城市污水二级处理主要是去除污水中呈胶体和溶解状态的有机污染物质（BOD_5，COD 物质），使出水有机污染物浓度达到排放标准。

生活污水二级处理主要由曝气池和二次沉淀池构成，利用曝气风机及专用曝气装置向曝气池内供氧，主要目的是通过微生物的新陈代谢将污水中的大部分污染物变成 CO_2 和 H_2O，这就是好氧生物处理。曝气池内微生物在反应过后与水一起不断地流入二次沉淀池，微生物沉在池底，并通过管道和泵回送到曝气池前端与新流入的污水混合；二次沉淀池上面澄清的处理水则不断地通过出水堰流出污水处理厂。

（一）曝气池

活性污泥法是采取人工措施，创造适宜条件，强化活性污泥微生物的新陈代谢功能，加速污水中有机底物降解的污水生物处理法。对此，重要的人工措施是向活性污泥反应器（曝气池）中的混合液提供足够的溶解氧并使混合液中的活性污泥与污水充分接触，这两项任务是通过曝气来实现的。因此，曝气有两个作用：充氧，向活性污泥微生物提供足够的溶解氧，以满足其在代谢过程中所需的氧量；搅动混合，使活性污泥在曝气池内处于剧烈搅动的悬浮状态能够与废水充分接触。

1. 曝气理论基础

目前用来解释气体转移机理的理论是双膜理论。双膜理论认为在气液接触的界面上存在着两层膜（气膜和液膜），这两层膜使气体分子从一相进入另一相时形成阻力。当气体分子从气相向液相传递时，若气体的溶解度较低，则阻力主要来自液膜。

双膜理论模型的示意图：（或称氧转移模式图）

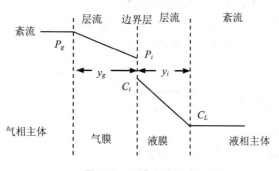

图 2-7 双膜理论示意

$$\frac{\mathrm{d}C}{\mathrm{d}t} = K_{\mathrm{La}} \cdot (C_s - C_i) \tag{2-34}$$

式中，$\dfrac{\mathrm{d}C}{\mathrm{d}t}$ ——氧传递速率，mg/(L·h)；

$\quad\quad K_{\mathrm{La}}$ ——氧的总传递系数，L/h；

$\quad\quad C_s$，C_i ——液体饱和溶解氧的浓度和实际溶解氧的浓度，mg/L。

式（2-34）中的（$C_s - C_i$）称为氧的不足量，或称溶解氧的饱和差，饱和差是氧不断溶解至水中的推动力，饱和差越大，则氧的转移速率越大。

2. 氧转移速率的影响因素

标准氧转移速率——指脱氧清水在 20℃和标准大气压条件下测得的氧转移速率，一般以 R_0 表示，单位为 $\mathrm{kgO_2/h}$。

实际氧转移速率——以城市污水或工业废水为对象，按当地实际情况（指水温、气压等）进行测定，所得到的为实际氧转移速率，以 R 表示，单位为 $\mathrm{kgO_2/h}$。

影响氧转移速率的主要因素有废水水质、水温、气压、搅拌强度等。

（1）水质对氧总转移系数（K_{La}）值的影响

废水中的污染物质将增加氧分子转移的阻力，使 K_{La} 值降低；为此引入系数α，对 K_{La} 值进行修正：

$$K_{\mathrm{Law}} = \alpha \cdot K_{\mathrm{La}} \tag{2-35}$$

式中，K_{Law} ——废水中的氧总转移系数；

$\quad\quad \alpha$ ——可以通过试验确定，一般取 0.8～0.85。

（2）水质对饱和溶解氧浓度（C_s）的影响

废水中含有的盐分将使其饱和溶解氧浓度降低，对此，以系数β加以修正：

$$C_{\mathrm{sw}} = \beta \cdot C_s \tag{2-36}$$

式中，C_{sw} ——废水的饱和溶解氧浓度，mg/L；

$\quad\quad \beta$ ——一般介于 0.9～0.97。

（3）水温对氧总转移系数（K_{La}）的影响

水温升高，液体的黏滞度会降低，有利于氧分子的转移，因此 K_{La} 值将提高；水温降低，则相反。温度对 K_{La} 值的影响以下式表示：

$$K_{\mathrm{La}(T)} = K_{\mathrm{La}(20)} \times 1.024^{(T-20)} \tag{2-37}$$

式中，$K_{\mathrm{La}(T)}$，$K_{\mathrm{La}(20)}$ ——水温 T℃和 20℃时的氧总转移系数；

$\quad\quad T$ ——设计水温，℃。

（4）水温对饱和溶解氧浓度（C_s）的影响：

水温升高，C_s 值就会下降，在不同温度下，蒸馏水中的饱和溶解氧浓度可以从表 2-4 中查出。

表 2-4　不同温度蒸馏水饱和溶解氧溶度

水温/℃	0	1	2	3	4	5	6	7	8	9	10
饱和溶解氧/（mg/L）	14.62	14.23	13.84	13.48	13.13	12.80	12.48	12.17	11.87	11.59	11.33
水温/℃	11	12	13	14	15	16	17	18	19	20	21
饱和溶解氧/（mg/L）	11.08	10.83	10.60	10.37	10.15	9.95	9.74	9.54	9.35	9.17	8.99
水温/℃	22	23	24	25	26	27	28	29	30		
饱和溶解氧/（mg/L）	8.83	8.63	8.53	8.38	8.22	8.07	7.92	7.77	7.63		

（5）压力对饱和溶解氧浓度（C_s）值的影响：

压力增高，C_s 值提高，C_s 值与压力 P 之间存在着如下关系：

$$C_{s(P)} = C_{s(760)} \frac{P - P'}{1.013 \times 10^5 - P'} \qquad (2\text{-}38)$$

式中，P——所在地区的大气压力，Pa；

$C_{s(P)}$ 和 $C_{s(760)}$——分别是压力 P 和标准大气压力条件下的 C_s 值，mg/L；

P'——水的饱和蒸气压力，Pa。

由于 P' 很小（在几千帕范围内），一般可忽略不计，则得：

$$C_{s(P)} = C_{s(760)} \cdot \frac{P}{1.013 \times 10^5} = \rho \cdot C_{s(760)}$$

其中：$\rho = \dfrac{P}{1.013 \times 10^5}$

对于鼓风曝气系统，曝气装置是被安装在水面以下，其 C_s 值以扩散装置出口和混合液表面两处饱和溶解氧浓度的平均值 C_{sm} 计算，如下所示：

$$C_{sm} = \frac{1}{2}(C_{s1} + C_{s2}) = \frac{1}{2}C_s \cdot \left[\frac{O_t}{21} + \frac{P_b}{1.013 \times 10^5} \right] \qquad (2\text{-}39)$$

式中，O_t——从曝气池逸出气体中含氧量的百分率，%；

$$O_t = \frac{21(1 - E_A)}{79 + 21(1 - E_A)} \qquad (2\text{-}40)$$

式中，E_A——氧利用率，%，一般在 6%～12%；

P_b——安装曝气装置处的绝对压力，可以按下式计算：

$$P_b = P + 9.8 \times 10^3 \times H \qquad (2\text{-}41)$$

式中，P —— 曝气池水面的大气压力，$P=1.013\times10^5\,P_a$；

  H —— 曝气装置距水面的距离，m。

3．氧转移速率与供气量的计算

（1）氧转移速率的计算

标准氧转移速度（R_0）为：

$$R_0 = \frac{\mathrm{d}C}{\mathrm{d}t} \cdot V = K_{La(20)} \cdot (C_{sm(20)} - C_L) \cdot V = K_{La(20)} \cdot C_{sm(20)} \cdot V \tag{2-42}$$

式中，C_L —— 水中的溶解氧浓度，mg/L，对于脱氧清水 $C_L=0$；

  V —— 曝气池的体积，m^3。

为求得水温为 T，压力为 P 条件下的废水中的实际氧转移速率（R），则需对上式加以修正，需引入各项修正系数，即：

$$R = \alpha \cdot K_{La(20)} \cdot 1.024^{(T-20)} \cdot \left(\beta \cdot \rho \cdot C_{sm(T)} - C_L \right) \cdot V \tag{2-43}$$

因此，R_0/R 为：

$$\frac{R_0}{R} = \frac{C_{sm(20)}}{\alpha \cdot 1.024^{(T-20)} \cdot \left(\beta\rho C_{sm(T)} - C_L \right)} \tag{2-44}$$

一般来说：$R_0/R = 1.33\sim1.61$。

将式（2-44）重写：

$$R_0 = \frac{R \cdot C_{sm(20)}}{\alpha \cdot 1.024^{(T-20)} \cdot \left(\beta\rho C_{sm(T)} - C_L \right)} \tag{2-45}$$

式中，C_L —— 曝气池混合液中的溶解氧浓度，mg/L，一般按 2 mg/L 来考虑。

（2）氧转移效率与供气量的计算

氧转移效率：

$$E_A = \frac{R_0}{S} \times 100\% \tag{2-46}$$

式中，E_A —— 氧转移效率，一般以百分比表示；

  S —— 供氧量，kgO_2/h；

$$S = G_s \times 21\% \times 1.331 = 0.28 G_s \tag{2-47}$$

式中，21% —— 氧在空气中所占的百分比；

  1.331 —— 20℃ 时氧的容重，kg/m^3；

  G_s —— 供氧量，m^3/h。

供气量 G_s：

$$G_s = \frac{R_0}{0.28 \times E_A} \tag{2-48}$$

对于鼓风曝气系统，各种曝气装置的 E_A 值是制造厂家通过清水试验测出的，随产品向用户提供。

对于机械曝气系统，按式（2-48）求出的 R_0 值，又称为充氧能力，厂家也会向用户提供其设备的 R_0 值。

4. 曝气方法与设备

曝气装置，又称为空气扩散装置，是活性污泥处理系统的重要设备，按曝气方式可以将其分为鼓风曝气装置和表面曝气装置两种。

（1）曝气装置的技术性能指标

1）动力效率（E_p）：每消耗 1 kW·h 电转移到混合液中的氧量单位为 kgO₂/（kW·h）；

2）氧的利用率（E_A）：又称氧转移效率，是指通过鼓风曝气系统转移到混合液中的氧量占总供氧量的百分比；

3）充氧能力（R_0）：通过表面机械曝气装置在单位时间内转移到混合液中的氧量单位为 kgO₂/h。

（2）鼓风曝气装置

鼓风曝气系统由鼓风机、空气输送管道以及曝气装置所组成。鼓风曝气装置可分为（微）小气泡型、中气泡型、大气泡型、水力剪切型、水力冲击型等。

1）（微）小气泡型曝气装置

由微孔透气材料（陶土、氧化铝、氧化硅或尼龙等）制成的扩散板、扩散盘和扩散管等；气泡直径在 2 mm 以下（气泡在 200 μm 以下者，为微孔）；氧的利用率较高，$E_A = 15\% \sim 25\%$，动力效率在 2 kgO₂/（kW·h）以上；缺点：易堵塞，空气需经过滤处理净化，扩散阻力大。

2）中气泡型曝气装置

气泡直径为 2～6 mm。① 穿孔管；② 新型中气泡型曝气装置。

3）水力剪切型空气扩散装置

利用装置本身的构造特点，产生水力剪切作用，将大气泡切割成小气泡，增加气液接触面积，达到提高效率的目的。如固定螺旋曝气器等。

4）水力冲击型曝气器

射流曝气：分为自吸式和供气式——自吸式射流曝气器由压力管、喷嘴、吸气管、混合室和出水管等组成；$E_A = 20\%$；噪声小，无须鼓风机房；一般适用于小规模污水处理厂。

（3）机械曝气装置

又称表面曝气装置。

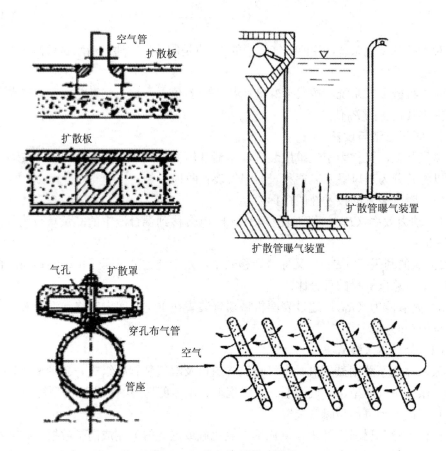

图2-8　小气泡扩散及安装

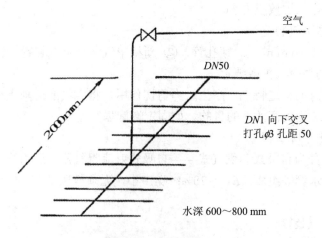

图2-9　中气泡型曝气装置

1）曝气的原理

水跃——曝气机转动时，表面的混合液不断地从周边被抛向四周，形成水跃，液面被强烈搅动而卷入空气；

提升——曝气机具有提升作用，使混合液连续地上下循环流动，不断更新气液接触界面，强化气、液接触；

负压吸气——曝气器的转动，使其在一定部位形成负压区，而吸入空气。按转动轴的安装形式，可分为竖轴式和横轴式两大类。

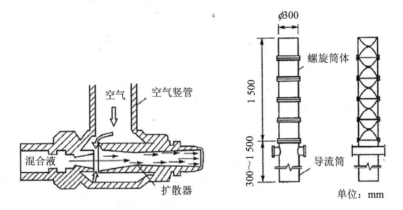

图 2-10　射流式空气扩散装置　　　　图 2-11　固定螺旋空气扩散装置

2）竖轴式机械曝气装置

竖轴式机械曝气装置又称为竖轴式表曝机，常用的有泵型叶轮曝气器、K 型叶轮曝气器、倒伞型叶轮曝气器和平板型叶轮曝气器等，如图 2-12 所示。

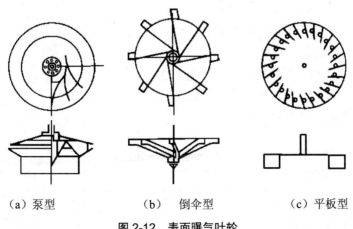

（a）泵型　　　　　　（b）　倒伞型　　　　　（c）平板型

图 2-12　表面曝气叶轮

① 泵型叶轮曝气器　如图 2-12（a）所示，由叶片、进气孔、引气孔、上压罩、下压罩和进水口等部分组成。结构见图 2-13。

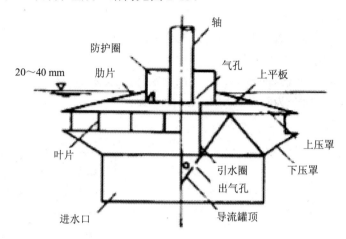

图 2-13　泵型叶轮的构造

这类表曝机的最大叶轮直径可达 4 m，叶轮边缘的最大线速度可达 4.5～6 m/s，转速一般在 20～110 r/min，动力效率为 2～3 kgO_2/（kW·h）。

泵型叶轮提升能力较强，平板叶轮设备简单，加工容易。倒伞型叶轮的动力效率常高于平板叶轮。泵型叶轮的充氧量和轴功率可按下列经验公式计算：

$$R_0 = 0.379 \cdot K_1 \cdot v^{2.8} \cdot D^{1.88} \tag{2-49}$$

$$N_{轴} = 0.080\,4 \cdot K_2 \cdot v^3 \cdot D^{2.8} \tag{2-50}$$

式中，R_0 —— 在标准状态下清水的充氧能力，kgO_2/h；

$N_{轴}$ —— 叶轮轴功率，kW；

V —— 叶轮周边线速度，m/s；

D —— 叶轮公称直径，m；

K_1 —— 池型结构对充氧量的修正系数；

K_2 —— 池型结构对轴功率的修正系数。

K_1、K_2 取值见表 2-5。

表 2-5　池型结构修正系数

池型修正系数	分建式			合建式
	圆池	正方池	长方池	
K_1	1	0.64	0.9	0.85～0.98
K_2	1	0.81	1.34	0.85～0.87

② 横轴式机械曝气装置

又称为卧轴式机械曝气装置，常用的有曝气转刷、曝气转盘等。曝气转刷主要用于氧化沟，其结构如图2-14。

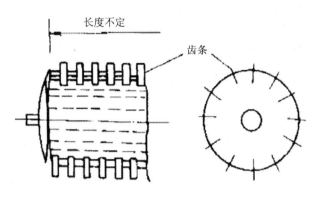

长度不定

齿条

图 2-14　卧轴式曝气转刷

对于较小的曝气池，采用机械曝气装置能减少动力费用，并省去鼓风曝气所需的管道系统和鼓风机等设备，维护管理也较方便，但装置转速高。

表 2-6　各类曝气设备的性能资料

曝气设备	氧吸收率/%	动力效率/[kgO_2/（kW·h）]	
		标　准	现　场
小气泡扩散器	10～30	1.2～2.0	0.7～1.4
中气泡扩散器	6～15	1.0～1.6	0.6～1.0
大气泡扩散器	4～8	0.6～1.2	0.3～0.9
射流曝气器	10～25	1.5～2.4	0.7～1.4
低速表面曝气机		1.2～2.7	0.7～1.3
高速浮筒曝气机		1.2～2.4	0.7～1.3
旋刷式曝气机		1.2～2.4	0.7～1.3

5．曝气池的型式与构造

曝气池按混合液在池内的流态，可分为推流式、完全混合式和循环混合式三种；按曝气方式，可分为鼓风曝气池、机械曝气池以及二者联合使用的机械——鼓风曝气池；按曝气池的形状，可分为长方廊道形、圆形、方形以及环状跑道型等四种；按曝气池与二沉池之间的关系，可分为合建式（即曝气沉淀池）和分建式两种。

（1）推流曝气池

按水流在曝气池的推流方式可分为平移推流式曝气池和旋转推流式曝气池。平移推流式曝气池底铺满扩散器，池中的水流只有沿池长方向的流动。该池型的横断面宽深比可以大些，见图 2-15 所示。旋转推流是在这种曝气池中，扩散器装于横断面的一侧。由于气泡形成的密度差，池水产生旋流。池中的水除沿池长方向流动外，还有侧向旋流，形成了旋转推流，见图 2-16 所示。

推流曝气池的长宽比一般为 5～10，受场地限制时，长池可以折流，废水从一端进，另一端出，进水方式不限，出水多用溢流堰，一般采用鼓风曝气扩散器。推流曝气池的池宽和有效水深之比一般为 1～2，有效水深最小为 3 m，最大为 9 m，超高 0.5 m。

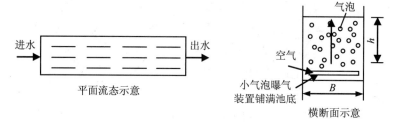

图 2-15　平流推移式曝气池

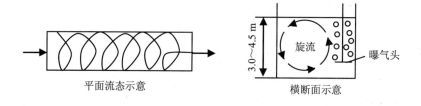

图 2-16　旋转推移式曝气池

按扩散器竖向位置不同，可分为底层曝气、中层曝气和浅层曝气。采用底层曝气的池深决定于鼓风机能提供的风压，根据目前的产品规格，有效水深常为 3～4.5 m。采用浅层曝气时，扩散器装于水面以下 0.8～0.9 m 处，常采用 1.2 m 以下风压的鼓风机，虽风压小，但风量大，故仍能形成足够的密度差，产生旋转推流。池的有效水深一般为 3～4 m。近年发展起来的中层曝气法将扩散器装于池深的中部，与底层曝气相比，在相同的鼓风条件和处理效果时，池深一般可加大到 7～8 m，最大可达 9 m，节约了曝气池的用地。中层曝气的扩散器也可设于池的中央，形成两个侧流。这种池型可采用较大的宽深比，适于大型曝气池。

（2）完全混合曝气池

完全混合曝气池平面可以是圆形、方形或矩形。曝气设备可采用表面曝气机，置于池的表层中心，废水从池底中部进入。废水一进池，即在表面曝气机的搅拌下，立即与全池混合均匀，线速在 4～5 m/s 时，曝气池直径与叶轮的直径之比宜为 4.5～

7.5，水深与叶轮直径比宜为 2.5~4.5。当采用倒伞型和平板型叶轮时，曝气池直径与叶轮直径之比宜为 3~5。分建式虽不如合建式紧凑，且需专设污泥回流设备，但调节控制方便，曝气池与二次沉淀池互不干扰，回流比明确，应用较多。

（3）合建式

曝气和沉淀在一个池子的不同部位完成，国内称为曝气沉淀池，国外称为加速曝气池。平面多为圆形，曝气区在池中央，一般采用表面曝气机，二次沉淀区在外环，与曝气区底部有污泥回流缝相通，靠表曝机的提升力使污泥循环。为使回流缝不堵，设缝隙较大，但这样又使回流比过大、一般回流比大于 100%，有的竟达 500%。因此，这种曝气池的名义停留时间虽有 3~5 h，但实际停留时间往往不到 1 h，故一般出水水质较普通曝气池差。加之控制和调节困难，运行不灵活，国外渐趋淘汰。

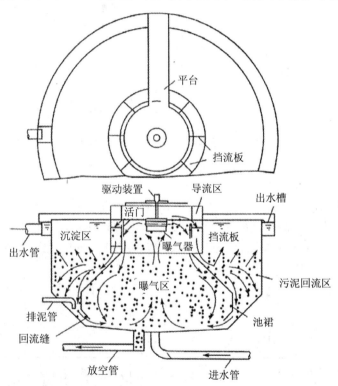

图 2-17　普通曝气沉淀池

普通曝气沉淀池构造如图 2-17 所示。由曝气区、导流区、回流区、沉淀区几部分组成。曝气区相当于分建式系统的曝气池，是微生物吸附和氧化有机物的场所，曝气区水面处的直径一般为池直径的 1/3~1/2，视不同废水而异。混合液经曝气后由导流区流入沉淀区进行泥水分离。导流区既可使曝气区出流中挟带的小气泡分离，又可使细小的活性污泥凝聚成较大的颗粒。为了消除曝气机转动形成旋流的影响，导流区应设置径向整流板，将导流区分成若干格间。回流窗的作用是控制活性污泥回流量及控制曝气区水位，回流窗开启度可以调节，窗口数一般为 6~8 个。沿导流区壁的周长均匀分布、窗口总堰长与曝气区周长之比一般为 1/3.5~1/2.5。

污泥回流缝用来回流沉淀污泥，缝宽应适当。顺流圈设在回流缝的内侧，起着曝气区内循环导流的作用，防止混合液向沉淀区窜出。有时，为了提高叶轮的提升量和液面的更新速率和混合深度，在曝气机下设导流筒，见图 2-18。

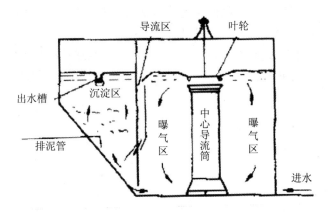

图 2-18　方形曝气沉淀池（设中心导流筒）

（4）两种池型的结合

在推流曝气池中，也可用多个表曝机充氧和搅拌。对于每一个表曝机所影响的范围内，流态为完全混合，而就全池而言，又近似推流。此时相邻的表曝机旋转方向应相反，否则两机间的水流会互相冲突，见图 2-19（a），也可用横挡板将表曝机隔开，避免相互干扰，见图 2-19（b）。

各类曝气池在设计时都应在池深 1/2 处预留排液管，供投产时培养活性污泥排液用。

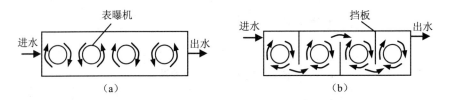

图 2-19　推流曝气池中多台曝气机设置

（二）活性污泥系统的工艺设计

活性污泥处理系统是由反应器——曝气池、曝气系统、污泥回流系统、二次沉淀池等单元组成。工艺计算与设计主要包括：选定工艺流程、曝气池（区）容积的计算及曝气池的工艺设计；需氧量、供气量的计算以及曝气系统的计算与设计；计算回流污泥量、剩余污泥量与污泥回流系统的设计；二次沉淀池池型的选定与工艺计算、设计等。

1. 处理工艺流程的确定

进行活性污泥系统的工艺计算和设计时，首先应比较充分地掌握与废水、污泥有关的原始资料并确定设计的基础数据，主要有：① 废水的水量、水质及其变化规律；② 对处理后出水的水质要求；③ 对处理中产生的污泥的处理要求；④ 污泥负荷率与 BOD_5 的去除率；⑤ 混合液浓度与污泥回流比。对生活污水和城市污水以及与其类似的工业废水，已有一套成熟和完整的设计数据和规范，一般可以直接应用；对于一些性质与生活污水相差较大的工业废水或城市废水，需要通过试验来确定有关的设计参数。

上述各项原始资料也是处理工艺流程确定的主要根据。此外，还要综合考虑现场的地理位置、地区条件、气候条件以及施工水平等客观因素，综合分析本工艺在技术上的可行性和先进性以及经济上的合理性等。

对那些工程量较大，投资额较高的工程，需要进行多种工艺流程方案的比较，以优化所确定的工艺系统。

2. 曝气池计算与设计

（1）曝气池容积的计算

曝气池容积的计算方法有多种，普遍采用的是按 BOD_5—污泥负荷率的计算法。BOD_5—污泥负荷率的物理概念是：曝气池单位重量（干重）的活性污泥，在单位时间内能够接受，并将其降解到某一规定数值的 BOD_5。其计算式为：

$$N_s = \frac{QS_a}{XV} \tag{2-51}$$

式中，N_s —— 污泥负荷率，$kg\ BOD_5/(kgMLSS \cdot d)$；

Q —— 污水设计流量，m^3/d；

S_a —— 原污水的 BOD_5 值，mg/L；

X —— 曝气池内混合液悬浮固体浓度（MLSS），mg/L；

V —— 曝气池容积，m^3。

可由此式求得曝气池的容积计算式：

$$V = \frac{QS_a}{N_sV} \tag{2-52}$$

另一负荷为容积负荷，以 N_v 表示，指曝气池的单位容积在单位时间内能够承受并能将其降解到某一定值的 BOD_5 或 COD 量，并能将其降解到某一规定的数值，其计算公式为：

$$N_v = \frac{QS_a}{V} \qquad (2\text{-}53)$$

由此式求得曝气池的容积计算式为：

$$V = \frac{QS_a}{N_v} \qquad (2\text{-}54)$$

常用污泥负荷率来计算曝气池容积。从上式可见，合理地选择污泥负荷率值、混合液污泥浓度（X）（MLSS），是正确设计计算曝气池容积的关键。

1）污泥负荷率的确定

对于一般的生活污水或与生活污水水质相近似的工业废水，其污泥负荷率可以参考表 2-7 中的数据。

表 2-7　各种活性污泥法的设计参数（处理城市污水，仅为参考值）

设计参数	传统活性污泥法	完全混合活性污泥法	吸附再生活性污泥法	阶段曝气活性污泥法
BOD$_5$-污泥负荷/[kgBOD$_5$/（kgMLSS·d）]	0.2～0.4	0.2～0.6	0.2～0.6	0.2～0.4
容积负荷/[kgBOD$_5$/（m³·d）]	0.3～0.6	08～2.0	1.0～1.2	0.6～1.0
污泥龄/d	5～15	5～15	5～15	5～15
MLSS/（mg/L）	1 500～3 000	3 000～6 000	吸附池 1 000～3 000 再生池 4 000～10 000	2 000～3 500
MLVSS/（mg/L）	1 200～2 400	2 400～4 800	吸附池 800～2 400 再生池 3 200～8 000	1 600～2 800
回流比/%	25～50	25～100	25～100	25～75
曝气时间 HRT/h	4～8	3～5	吸附池 0.5～1.0 再生池 3～6	3～8
BOD$_5$ 去除率/%	85～95	85～90	80～90	85～90
设计参数	延时曝气活性污泥法	高负荷活性污泥法	纯氧曝气活性污泥法	深井曝气活性污泥法
BOD$_5$-污泥负荷/[kgBOD$_5$/（kgMLSS·d）]	0.05～0.15	1.5～5.0	0.4～1.0	1.0～1.2
容积负荷/[kgBOD$_5$/（m³·d）]	0.1～0.4	1.2～2.4	2.0～3.2	3.0～3.6
污泥龄/d	20～30	0.25～2.5	5～15	5
MLSS/（mg/L）	3 000～6 000	200～500	6 000～10 000	3 000～5 000
MLVSS/（mg/L）	2 400～4 800	160～400	4 000～6 500	2 400～4 000
回流比/%	75～100	5～15	25～50	40～80
曝气时间 HRT/h	18～48	1.5～3.0	1.5～3.0	1.0～2.0
BOD$_5$ 去除率/%	95	60～75	6～10	

对于城市污水，污泥负荷率一般取值为 0.3～0.5 kgBOD$_5$/（kgMLSS·d），BOD$_5$去除率可达 90% 以上，污泥的沉降性能和吸附性能都较好，SVI 值在 80～150。

对剩余污泥不便处理与处置的污水处理厂，应采用较低的污泥负荷率，一般不宜高于 0.2 kgBOD$_5$/（kgMLSS·d），这样能够使污泥自身氧化加强，减少污泥产量。

寒冷地区在低温季节，曝气池应当按较低的污泥负荷率运行，这样才可在低温季节取得良好的处理效果。

2）混合液污泥浓度的确定

曝气池内混合液污泥浓度（MLSS），是活性污泥处理系统重要的设计与运行参数，污泥浓度高，可减少曝气池的容积，但污泥浓度高，则好氧速度大。在曝气池的设计中，应选择合理的混合液污泥浓度，对于不同的运行方式，污泥浓度可参考表 2-7 的数据。

曝气池的容积确定后，需确定池型和曝气池各部分的尺寸。对于大中型污水处理厂，多采用推流式、鼓风曝气，各部分尺寸参考前述确定。对于小型污水处理厂和工业废水的处理，多采用完全混合型、机械曝气。曝气池的个数，一般不少于两个或二组，以备事故发生时不致全部停产。各部分尺寸按规范设计。

（2）曝气系统的设计

曝气系统的设计主要包括以下内容：曝气方法的选择（鼓风曝气或机械曝气，空气扩散装置的选择和布置）；需氧量和供气量的计算；曝气系统的设计与计算。

1）鼓风曝气系统

活性污泥系统的日平均需氧量，可按式 $O_2=a'Q(L_a-L_e)+b'X_vV$ 计算，选定适当的 a'、b' 值，对于鼓风曝气，求得需氧量以后可按式（2-42）求得标准氧转移速率 R_0。根据式（2-48）求得供气量 G_s。

根据管路系统的沿程阻力、局部阻力、静水压力再加上一定的余量，得到所要求的最小风压。

根据风量与风压选择合适的风机。

不同类型的空气扩散装置氧利用率 E_A 值不同，表 2-8 列出了常用扩散装置的氧利用率 E_A 值和动力效率 E_p 值。

空气扩散装置的各项参数一般都由生产厂家提供。使用单位在使用过程中加以复核。

2）机械曝气系统

机械曝气系统的设计主要是选择叶轮的形式和确定叶轮的直径。首先计算出标准状态下的需氧量，叶轮的形式、直径要满足曝气池的需氧量。

叶轮直径与曝气池直径的比例要适度。叶轮过大，可能伤害污泥；过小，则充氧量不够。一般认为平板叶轮或伞形叶轮直径与曝气池直径之比在 1/3～1/5；泵型叶轮以 1/4～1/7 为宜。叶轮直径与水深之比采用 2/5～1/4，池深过大，将影响充氧和泥水混合。

表 2-8　几种空气扩散装置的 E_A、E_p 值

扩散装置类型	氧利用率 E_A/%	动力效率 E_p/[kgO$_2$/(kW·h)]
陶土扩散板、管（水深 3.5 m）	10～12	1.6～2.6
绿豆沙扩散板、管（水深 3.5 m）	8.8～10.4	2.8～3.1
穿孔管：ϕ5（水深 3.5 m）	6.2～7.9	2.3～3.0
ϕ10（水深 3.5 m）	6.7～7.9	2.3～2.7
倒盆式扩散器（水深 3.5 m）	6.9～7.5	2.3～2.5
（水深 4.0 m）	8.5	
（水深 5.0 m）	10	2.6
竖管扩散器：ϕ5（水深 3.5 m）	6.2～7.1	2.3～2.6
射流式扩散器	24～30	2.6～3.0

【例题 2-2】一个城市污水处理厂，设计流量 Q＝10 000 m^3/d，一级处理出水 BOD$_5$＝150 mg/L，采用活性污泥法处理，处理水 BOD$_5$≤15 mg/L。采用中微孔曝气盘作为曝气装置。曝气池容积 V＝3 000 m^3，X_r＝2 000 mg/L，E_A＝10%，曝气池出口处溶解氧 C_1＝2 mg/L，水温 T＝25℃，曝气盘安装在水下 4.5 m 处。

有关参数为：a'＝0.5，b'＝0.1，α＝0.85，β＝0.95，ρ＝1.0。

求：（1）采用鼓风曝气时，所需的供气量 G_s（m^3/min）。

（2）采用表面机械曝气器时的充氧量 R_0（kgO$_2$/h）。

【解】

A．鼓风曝气系统

（1）计算需氧量：

$$O_2 = a'Q(L_a - L_e) + b'X_v V$$

$$R = O_2 = \frac{0.5 \times 10\,000 \times (150 - 15)}{1\,000} + 0.1 \times \frac{3\,000 \times 2\,000}{1\,000}$$

$$= 1\,275\ \text{kgO}_2/\text{d} = 53.1\ \text{kg O}_2/\text{h}$$

（2）按式（2-38）计算 20℃和 25℃时曝气池内饱和溶解氧浓度的平均值：

1）曝气装置出口处的压力 P_b：

$$P_b = P + 9.8 \times 10^3 \times H = 1.013 \times 10^5 + 9.8 \times 10^3 \times 4.5 = 1.454 \times 10^5\ \text{Pa}$$

2）气泡逸出曝气池表面时，氧含量的百分比算：

$$O_t = \frac{21(1 - E_A)}{79 + 21(1 - E_A)} = \frac{21(1 - 0.1)}{79 + 21(1 - 0.1)} = 19.3\%$$

3）查表得 20℃和 25℃时的饱和溶解氧浓度分别为：

$$C_{s(20)} = 9.17 \text{ mg/L}; \quad C_{s(25)} = 8.38 \text{ mg/L}$$

代入式（2-40）有：

$$C_{sm(20)} = \frac{1}{2} \times 9.17 \times \left(\frac{1.454 \times 10^5}{1.013 \times 10^5} + \frac{19.3}{21} \right) = 10.79 \text{ mg/L}$$

$$C_{sm(25)} = \frac{1}{2} \times 8.38 \times \left(\frac{1.454 \times 10^5}{1.013 \times 10^5} + \frac{19.3}{21} \right) = 9.86 \text{ mg/L}$$

（3）标准供氧速率 R_0：

由式（2-45）有：$R_0 = \dfrac{R \cdot C_{sm(20)}}{\alpha \cdot 1.024^{(T-20)} \cdot (\beta \rho C_{sm(T)} - C_L)}$

$$= \frac{53.13 \times 10.79}{0.85 \times 1.024^{(25-20)} \times (0.95 \times 1.0 \times 9.86 - 2)} = 81.3 \text{ kgO}_2/\text{h}$$

（4）按式（2-46）计算供气量：

$$G_s = \frac{R_0}{0.28 E_A} = \frac{81.3}{0.28 \times 10\%} = 2\,903.6 \text{ m}^3/\text{h} = 48.4 \text{ m}^3/\text{min}$$

B. 机械曝气器

按式（2-46）求充气能力 R_0：

$$R_0 = \frac{R \cdot C_{s(20)}}{\alpha \cdot 1.024^{(T-20)} \cdot (\beta \rho C_{s(T)} - C_L)}$$

$$= \frac{53.13 \times 9.17}{0.85 \times 1.024^{(25-20)} \times (0.95 \times 1.0 \times 8.38 - 2)} = 85.4 \text{ kgO}_2/\text{h}$$

3. 污泥回流系统的设计

（1）回流污泥量的计算

回流污泥量 $Q_r = RQ$，回流比

$$R = \frac{X}{X_r - X} \tag{2-55}$$

由上式可见，回流比 R 取决于混合液污泥浓度（X）和回流污泥浓度（X_r），可由此确定出污泥回流比 R 的值。

（2）污泥提升设备

在污泥回流系统中，常用的污泥提升设备主要是污泥泵、空气提升器和螺旋泵。

污泥泵的主要是轴流泵，运行效率高，可用于较大规模的污水处理工程。污泥泵将从二沉池流出的回流污泥输送到污泥井，再用污泥泵送至曝气池。大中型污水

处理厂设回流污泥泵站。一般采用 2～3 台泵，还应考虑备用泵。

空气提升泵一般设在二次沉淀池的排泥井中或曝气池进口处的回流井中。在每座回流井中只设一台空气提升器，接受一座二次沉淀池污泥斗的来泥，以免造成互相干扰，污泥回流量通过调节进气阀门加以控制。

螺旋泵是被广泛采用的回流污泥设备。如图 2-20 所示。

螺旋泵的优点是扬程适中，流量适应范围大，不会打碎污泥，不会堵塞，维护管理方便。

（3）剩余污泥及其处置

为了使曝气池中污泥浓度保持平衡，必须每天从系统中排出一定数量的剩余污泥。剩余污泥量可按 $\Delta X = aQS_r - bVX_v$ 进行计算。

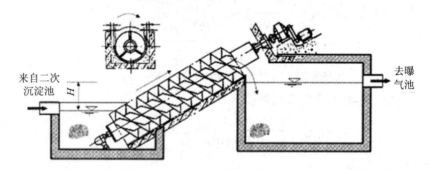

图 2-20　螺旋泵工作原理

式 $\Delta X = aQS_r - bVX_v$ 计算所得的剩余污泥量 ΔX 是以干重形式表示的挥发性污泥，实际应用中应将其转换成湿重形式的污泥，因为 $\Delta X = Q_w f X_r$，故

$$Q_w = \frac{\Delta X}{f X_r} \tag{2-56}$$

式中，Q_w——每天从系统中排出的剩余污泥量，m^3/d；

ΔX——挥发性剩余污泥量（干重），kg/d；

$f = \dfrac{MLVSS}{MLSS}$，生活污水和城市污水约为 0.75；

X_r——回流污泥 MLSS 浓度，g/L。

根据式（2-56）可计算出每天需排出的剩余污泥量 Q_w。

剩余污泥的含水量高达 99% 以上，需进一步浓缩使其含水率降低至 96%～97% 以后再进行处置。

4．二次沉淀池的设计计算

二次沉淀池的作用是泥水分离，使混合液澄清，并使沉淀的污泥初步浓缩和回流活性污泥。其工作好坏直接影响出水水质和回流污泥的质量。

一般来讲，大中型污水处理厂多采用辐流式沉淀池，中型污水处理厂多采用平流式沉淀池，小型污水处理厂普遍采用竖流式沉淀池。

（1）二次沉淀池的构造特点

进入二次沉淀池的活性污泥混合液的浓度较高，污泥絮体又比较轻，易随出水流失。因此要限制出流堰处的流速，可采用增加堰长的方式，出流量控制在 1.3～2.2 L/（m·s）。

由于活性污泥质轻，易腐化变质，采用静水压力排泥的二次沉淀池，其静水头可降至 0.9 m，污泥斗底坡与水平夹角不小于 50°，以利于排泥。沉淀时间 1～1.5 h，一般不大于 2 h。

（2）计算

常用表面水力负荷和固体表面负荷来确定二次沉淀池的表面面积。水力负荷一般采用 1.0～1.5 m³/（m²·h），固体表面负荷采用 90～150 kg/（m²·h）。

$$A = \frac{Q}{q} \tag{2-57}$$

式中，A —— 二次沉淀池的表面面积，m²；

Q —— 污水最大时流量，m³/h；

q —— 表面水力负荷，m³/（m²·h）。

$$A = \frac{QC_0}{G} \tag{2-58}$$

式中，Q —— 入流混合流量，m³/d；

C_0 —— 入流固体浓度，kg/m³；

G —— 固体表面负荷，kg/（m²·h）。

二次沉淀池的有效水深：

$$H = \frac{Q_t}{A} \tag{2-59}$$

式中，t —— 水力停留时间，1～1.5 h。

其他各项相同。

二次沉淀池污泥区应保持一定容积，使污泥有一定的浓缩时间，以提高回流污泥浓度。但污泥区过大，会造成污泥在污泥区停留时间过长，污泥腐化而失去活性。分建式二次沉淀池，一般规定污泥区的贮泥时间为 2h。

污泥区容积：

$$V = \frac{2(1+R)QX}{\frac{1}{2}(X + X_r)} = \frac{4(1+R)QX}{X + X_r} \tag{2-60}$$

式中，V —— 贮泥斗容积，m³；

$$\frac{1}{2}(X + X_r) \text{ —— 污泥斗中平均污泥浓度，mg/L；}$$

2 —— 污泥斗贮泥时间，一般为 2 h；

Q —— 污水流量，m^3/h；

R —— 污泥回流比；

X —— 混合液污泥浓度，mg/L；

X_r —— 回流污泥浓度，mg/L。

对于合建式曝气沉淀池，一般不详细计算污泥部分容积。其贮泥部分容积取决于池子的构造设计。由于回流比大，对浓缩要求不高，所以可以满足要求。

【例题 2-3】某居民区人口 8 万，排水量按 100 L/（人·d）计。拟用普通活性污泥法进行处理。已知进入曝气池污水的 BOD_5 为 300 mg/L，时变化系数为 1.4，要求处理后出水的 BOD_5 为 20 mg/L。试计算曝气池的主要尺寸和设计曝气系统。

【解】

（1）曝气池设计计算

处理水量：

$$Q = 100 \times 80\,000 \times \frac{1}{1\,000} = 8\,000 \quad m^3/d$$

处理效率：

$$\eta = \frac{300 - 20}{300} \times 100\% = 93.3\%$$

采用普通活性污泥法，根据表 2-10 取污泥负荷 N_s 值为 0.3 kgBOD_5/（kgMLSS·d），MLSS 的浓度 X 为 3 g/L，污泥回流比 R 为 50%。

在 50～150，负荷要求。

曝气池的有效容积：

$$V = \frac{QL_a}{N_s X} = \frac{8\,000 \times 300}{0.3 \times 3 \times 1\,000} = 2\,667 m^3$$

如果曝气池水深取 $H = 2.7$ m，设两组曝气池，每组面积为：

$$A = \frac{V}{nH} = \frac{2\,667}{2 \times 2.7} = 494 m^2$$

取曝气池宽 4.5 m，$B/H = 4.5/2.7 = 1.66$ m，满足 $1 < B/H < 2$ 的要求，则曝气池长为：

$$L = \frac{A}{B} = \frac{494}{4.5} \approx 110 \text{ m}$$

设曝气池为三廊道式，每廊道长为：

$$L' = \frac{L}{3} = \frac{113}{3} \approx 37 \text{ m}$$

取超高为 0.5 m，则曝气池总高：

$$H = 2.7 + 0.5 = 3.2 \text{ m}$$

为了使曝气池运行灵活，进水方式设计为既可从池首进水，按普通活性污泥法运行，又可沿配水槽分散多点进水，按多点进水方式运行，还可沿配水槽从池中部某点进水，按吸附再生法运行。

（2）曝气系统的设计计算（采用鼓风曝气）

① 平均需氧量

取 $a' = 0.53$，$b' = 0.11$，假定污泥中挥发性污泥占的比值为 0.75，则需氧量为：

$$Q = a' Q(L_a - L_e) + b' X_v V$$

$$= 0.53 \times \frac{8\,000(300 - 20)}{1\,000} + 0.11 \times \frac{3\,000 \times 0.75 \times 2\,667}{1\,000}$$

$$= 1\,847 \text{ kg/d} = 77 \text{ kg/h}$$

② 最大需氧量　已知时变化系数 $k = 1.4$，则最大需氧量：

$$Q_{2\max} = 0.53 \times \frac{8\,000 \times 1.4(300 - 20)}{1\,000} + 0.11 \times \frac{3\,000 \times 0.75 \times 2\,667}{1\,000}$$

$$= 2\,322 \text{ kg/d} = 97 \text{ kg/h}$$

最大需氧量与平均需氧量之比为 97/77＝1.26

③ 供氧量　采用穿孔管扩散设备，按照在距池底 0.2 m 处，故淹没水深为 2.5 m。最高水温采用 30℃，此时氧的饱和溶解度为 $C_{s\,(30)} = 7.6$ mg/L，而 20℃时，氧的饱和溶解度为 $C_{s\,(20)} = 9.2$ mg/L。

穿孔管出口处绝对压力为：

$$P_b = 1.013 \times 10^5 + 9.8 \times 2.5 \times 10^3 = 1.258 \times 10^5 \text{ Pa}$$

若穿孔管氧利用率 E_A 为 6%，则空气离开水面时氧的百分浓度为：

$$O_t = \frac{21(1 - E_A)}{79 + 21(1 - E_A)} \times 100\% = \frac{21(1 - 0.06)}{79 + 21(1 - 0.06)} \times 100\% = 20\%$$

由式（2-38）得曝气池中平均氧饱和浓度为：

$$C_{sm(30)} = C_{s(30)}\left(\frac{P_b}{2.026 \times 10^5} + \frac{O_t}{42}\right) = 7.6 \times \left(\frac{1.258 \times 105}{2.026 \times 10^5} + \frac{20}{42}\right) = 8.36 \text{ mg/L}$$

取 $\alpha = 0.8$，$\beta = 0.9$，$\rho = 1$，$C = 2$ mg/L，脱氧清水的充氧量可按式（2-45）计算：

$$R_0 = \frac{RC_{sm(20)}}{\alpha\left[\beta\rho C_{sm(T)} - C\right] \times 1.024^{T-20}}$$

$$= \frac{77 \times 10.1}{0.8 \times (0.9 \times 8.36 - 2) \times 1.024 \times 10^{30-20}}$$

$$= 139 \text{kg/h}$$

最大时需氧量为：

$$R_{0\max} = \frac{97 \times 10.1}{0.8 \times (0.9 \times 8.36 - 2) \times 1.024^{30-20}} = 175 \text{kg/h}$$

曝气池平均供气量为：

$$G_{s\max} = \frac{R_0}{0.3 \times 6} \times 100 = 9\,722 \text{ m}^3/\text{h}$$

空气提升器所需的空气量按最大回流污泥量的 5 倍计算，则所需空气量为：

$$5 \times \frac{8\,000}{24} \times 0.5 = 833 \text{m}^3/\text{h}$$

总供气量为：

$$G_{sT} = 9\,722 + 833 = 10\,555 \text{m}^3/\text{h}$$

④空气管计算

两个相邻廊道设置一条配气干管，共设三条，每条干管设 16 对竖管。每根竖管最大供气量为：

$$\frac{9\,722}{96} = 101.3 \text{m}^3/\text{h}$$

另外曝气池一端的两旁各设一污泥提升井，每井的供气量为：

$$\frac{833}{2} = 416.5 \text{m}^3/\text{h}$$

为了便于计算，应绘制空气管网计算草图，并列表进行计算。空气支管和干管的管径可按所通过的空气流量和相应的经济流速查表求得。空气管中的阻力损失可按照管道所通过的空气量及选定的管径查表得到管道的单位长度压力损失，然后乘以管段长度即可求得。空气管的压力损失，需要进行温度和压力损失的修正，同时要求出管段的局部阻力损失。穿孔管的压力损失可取 0.5 m。总压力损失等于空气管网压力损失和穿孔管损失的总和。

⑤ 鼓风机

按所需气量和压力，选择鼓风机型号和台数，需有一台备用。

鼓风机所需供气量：

最大：$G_{s\max} = 10\,555 \text{ m}^3/\text{h}$

平均：$G_{sT}=7\,722+833=8\,555\ \text{m}^3/\text{h}$

最小：$G_{sT\,min}=0.5\times G_{sT}=0.5\times 8\,555=4\,277.5\ \text{m}^3/\text{h}$

鼓风机所需的压力：$P=(2\,700-20+h)\ \text{mm}$，式中 h 为空气管压力损失与穿孔管压力损失之和（以 mm 计）。

（三）活性污泥的异常及其防止措施

在运行中，曝气池内污泥会出现异常情况，使污泥随二沉池出水流失，处理效果降低。下面介绍运行中可能出现的几种主要异常现象及其防止措施。

1. 污泥膨胀

正常的活性污泥沉降性能良好，含水率一般在 99% 左右。当污泥变质时，污泥就不易沉降，含水率上升，体积膨胀，澄清液减少，这种现象叫做污泥膨胀。污泥膨胀主要是大量丝状菌（特别是球衣菌）在污泥内繁殖，使污泥松散、密度降低所致。其次，真菌的繁殖也会引起污泥膨胀，也有污泥中结合水异常增多导致污泥膨胀。

活性污泥的主体是菌胶团。与菌胶团比较，丝状菌和真菌生长时需较多的碳素，对氮、磷的要求较低。对氧的要求也和菌胶团不同，菌胶团要求较多的氧（至少 0.5 mg/L）才能很好的生长，而真菌和丝状菌在低于 0.1 mg/L 的微氧环境中，才能较好的生长。供氧不足，丝状菌、真菌则大量繁殖。对于毒物的抵抗力，丝状菌和菌胶团也有差别，如对氯的抵抗力，丝状菌不及菌胶团。菌胶团生长适宜的 pH 值范围在 6~8，而真菌则在 pH 值等于 4.5~6.5 生长良好，pH 值稍低时，菌胶团生长受到抑制，而真菌的数量则大大增加。此外，超负荷、污泥龄过长或有机物浓度梯度小等因素，也会引起污泥膨胀。排泥不畅则易引起结合水性的污泥膨胀。

因此，为防止污泥膨胀，应加强操作管理。经常检测污水水质。曝气池内 DO、SV、SVI 等经常进行监测，一旦发现不正常现象应及时采取预防措施，一般可采取加大空气量，及时排泥等措施；有可能采取分段进水，以免发生污泥膨胀。

当发生污泥膨胀后，解决的办法可针对引起膨胀的原因采取措施。如缺氧、水温高等可加大曝气量，或降低水温，减轻负荷，或适当减低 MLSS 值；如污泥负荷率过高，可适当提高 MLSS 值，以调整负荷，必要时还要停止进水，闷曝一段时间；如缺氮、磷等，可投加硝化污泥液或氮、磷等成分；如 pH 值过低，可投加石灰等调节 pH；若污泥大量流失，可投加 5~10 mg/L 氯化铁，促进凝聚，刺激菌胶团生长，也可投加漂白粉或液氯，抑制丝状菌繁殖，特别能控制结合水性污泥膨胀。此外，投加石棉粉末、硅藻土等物质也有一定的效果。

2. 污泥解体

处理水质混浊、污泥絮凝性降低，处理效果变坏等则是污泥解体现象。导致这种异常现象的原因有运行中的问题，也有由于污水中混入了有毒物质所致。

运行不当（如曝气池曝气过量），会使活性污泥生物营养的平衡遭到破坏，使微生物量减少且失去活性，吸附能力降低，絮凝体缩小质密，一部分则成为不易沉淀的羽毛状污泥，处理水质混浊，SV 值降低等。当污水中存在有毒物质时，微生物会受到抑制或伤害，净化能力下降，或完全停止，使污泥失去活性。一般可透过显微镜观察来判别产生的原因。若是运行方面的问题时，应对污水量、回流污泥量、空气量和排泥状态以及 SV、MLSS、DO、N_s（污泥负荷率）等多项指标进行检查，加以调整。

3. 泡沫问题

曝气池中产生泡沫的主要原因是，污水中含有大量合成洗涤剂或其他气泡物质。泡沫会给生产带来一定困难，如影响操作环境，带走大量污泥。当采用机械曝气时，还会影响叶轮的充氧能力。消除泡沫的措施有：分段进水以提高混合液浓度，进水喷水或投加除沫剂等。

4. 污泥脱氮（反硝化）

污泥在二沉池呈块状上浮不是由于腐败所造成的，而是由于在曝气池内污泥龄过长，硝化过程进行充分（$NO_3^- > 5$ mg/L），在沉淀池内产生反硝化，硝酸盐的氧被利用，氮即呈气体脱出附于污泥上，从而密度降低，整块上浮。反硝化作用一般在溶解氧低于 0.5mg/L 时发生。为防止这一现象的发生，应采取增加污泥回流量、及时排除剩余污泥，或降低混合液污泥浓度，缩短污泥龄和降低溶解氧浓度等措施，使之不进行到硝化阶段。

5. 污泥腐化

在二沉池有可能由于污泥长期滞留而进行厌氧发酵，生成 H_2S、CH_4 等有害气体，发生大块污泥上浮的现象。与污泥脱氮上浮所不同的是，污泥腐败变黑，产生恶臭。此时也不是全部污泥上浮，大部分污泥都是正常地排出或回流，只有沉积在死角长期滞留的污泥才腐化上浮。防止的措施有：安设不使污泥外溢的浮渣设备；消除沉淀池的死角；加大池底坡度或改进池底刮泥设备，不使污泥滞留于池底。

此时如曝气池内曝气过度，使污泥搅拌过于激烈，生成大量小气泡附聚于絮凝体上，也容易引起污泥上浮。这种情况机械曝气较鼓风曝气。另外，当流入大量脂肪和油时，也容易产生这种现象。防止措施是将供气控制在搅拌所需的限度内，而脂肪和油则应在进入曝气池之前加以去除。

（四）污泥处理

1. 污泥的来源、性质及主要指标

生活污水产生污泥部位主要有：栅渣、沉砂池沉渣、初沉池污泥和二沉池生物污泥等。栅渣呈垃圾状，沉砂池沉渣中比重较大的无机颗粒含量较高，两者一般作为垃圾处置。初沉池污泥和二沉池生物污泥，富含有机物，容易腐化、破坏环境，

必须妥善处置。初沉池污泥还含有病原体和重金属化合物等。二沉池污泥基本上是微生物机体，含水率高，数量多，更需注意。这两者在处置前常需处理。处理的目的在于：①降低含水率，使其变流态为固态，同时减少数量；②稳定有机物，使其不易腐化，避免对环境造成二次污染。

表征污泥性质的主要参数有：含水率与含固率、挥发性固体、有毒有害物含量以及脱水性能等。

（1）含水率与含固率

含水率是污泥中水含量的百分数，含固率则是污泥中固体或干泥含量的百分数。湿泥量与含固率的乘积就是干污泥量。含水率降低（即含固量的提高）将大大地降低湿泥量。在含水率高、污泥呈流态时，污泥的体积与含固量基本上成反比关系。通常含水率在 85%以上时，污泥呈流态，65%～85%时呈塑态；低于 60%时，则呈固态。表 2-9 所列举的是城市污水处理厂污泥的数量、含水率和比重。

表2-9　城市污水处理厂的污泥量

污泥种类	污泥量/（L/m³）	含水量/%	密度/（kg/L）
沉砂池的沉砂	0.03	60	1.5
初次沉淀池污泥	14～25	95～97.5	1.015～1.02
二次沉淀池污泥			
生物膜法	7～19	96～98	1.02
活性污泥法	10～21	99.2～99.6	1.005～1.008

（2）挥发性固体

挥发性固体（用 VSS 表示），是指污泥中在 600℃的燃烧炉中能被燃烧，并以气体逸出的那部分固体。通常用于表示污泥中的有机物的量，常用 mg/L 表示，有时也用重量百分数表示。

VSS 也反映污泥的稳定化程度。

（3）污泥中的有毒有害物质

城市污水处理厂的污泥中含有相当数量的氮（约含污泥干重的 4%）、磷（约含2.5%）和钾（约含 0.5%），有一定肥效，可用于改善土壤。但其中也含有病菌、病毒、寄生虫卵等，在施用之前应采取必要的处理措施（如污泥消化）。污泥中的重金属是主要的有害物质，重金属含量超过规定的污泥不能用做农肥。工业废水处理厂（站）的污泥的性质随废水的性质变化很大。

（4）污泥的脱水性能

用过滤法分离污泥的水分时，常用指数比抗阻值（r）或毛细吸水时间（CST）评价污泥脱水性能。

2．污泥浓缩

污泥浓缩是降低污泥含水率、减少污泥体积的有效方法。污泥浓缩主要减缩污泥的间隙水。经浓缩后的污泥近似糊状，仍保持流动性。

污泥浓缩的方法有沉降法、气浮法和离心法。在选择浓缩方法时，除了各种方法本身的特点外，还应考虑污泥的性质、来源、整个污泥处理流程及最终处置方式等。如沉降法用于浓缩初沉淀污泥和剩余活性污泥的混合污泥时效果较好。单纯的剩余活性污泥一般用气浮法浓缩，近年发展到部分采用离心法浓缩。

3．污泥的稳定

（1）污泥稳定

稳定污泥的常用方法是消化法（厌氧生物处理法）。小型污水处理厂也有采用好氧消化法、氯气氧化法、石灰稳定法和热处理等方法使污泥性质得到稳定。

好氧消化法类似活性污泥法，在曝气池中进行，曝气时间长达 10~20 d，依靠有机物的好氧代谢和微生物的内源代谢稳定污泥中的有机组成。氯气氧化法在密闭容器中完成，向污泥投加大剂量氯气，接触时间不长；实质上主要是消毒，杀灭微生物以稳定污泥。石灰稳定法中，向污泥投加足量石灰，使污泥的 pH 值高于 12，抑制微生物的生长。热处理法既可杀死微生物借以稳定污泥，还能破坏泥粒间的胶状性能改善污泥的脱水性能。

厌氧消化是对有机污泥进行稳定处理的最常用的方法。一般认为，当污泥中的挥发性固体的量降低 40%左右即可认为已达到污泥的稳定。

在污泥中，有机物主要以固体状态存在。因此，污泥的厌氧消化包括：水解、酸化、产乙酸、产甲烷等过程。有机废水的厌氧处理，也包括以上几个过程。一般认为，产甲烷过程是控制整个废水厌氧处理的主要过程；而在污泥的厌氧消化中，则认为固态物的水解、液化是主要的控制过程。

厌氧消化产生的甲烷能抵消污水处理厂所需要的一部分能量，并使污泥固体总量减少（通常厌氧消化使 25%~50%的污泥固体被分解），减少了后续污泥处理的费用。消化污泥是一种很好的土壤调节剂，它含有一定量的灰分和有机物，能提高土壤的肥力和改善土壤的结构。消化过程尤其是高温消化过程（在 50~60℃条件下），能杀死致病菌。

厌氧消化缺点：投资大，运行易受环境条件的影响，消化污泥不易沉淀（污泥颗粒周围有甲烷及其他气体的气泡），消化反应时间长等。

（2）影响污泥消化的主要因素

1）pH 值和碱度

厌氧消化首先产生有机酸，使污泥的 pH 值下降，随着甲烷菌分解有机酸时产生的重碳酸盐不断增加，使消化液的 pH 值得以保持在一个较为稳定的范围内。

酸化菌对 pH 值的适应范围较宽，而甲烷菌对 pH 值非常敏感，微小的变化都会使其受抑，甚至停止生长。消化池的运行经验表明，最佳的 pH 值为 7.0～7.3。为了保证厌氧消化的稳定运行，提高系统的缓冲能力和 pH 值的稳定性，要求消化液的碱度保持在 2 000 mg/L 以上（以 $CaCO_3$ 计）。

2）温度

试验表明，污泥的厌氧消化受温度的影响很大，一般有两个最优温度区段：在 33～35℃叫中温消化，在 50～55℃叫高温消化。温度不同，占优势的细菌种类不同，反应速率和产气率都不同。高温消化的反应速率快，产气率高，杀灭病原微生物的效果好，但能耗较大，难以推广应用。在这两个最优温度区以外，污泥消化的速率显著降低。但某些污泥，高温消化的最优温度不在 50～55℃，而在 45℃左右。

3）负荷

厌氧消化池的容积决定于厌氧消化的负荷率。负荷率的表达方式有两种：容积负荷（用投配率为参数）；有机物负荷（用有机负荷率为参数）。

以往，有按污泥投配率计算消化池体积。所谓投配率是指日进入的污泥量与池子容积之比，在一定程度上反映了污泥在消化池中的停留时间（投配率的倒数就是生污泥在消化池中的平均停留时间。例如，投配率为 5%，即池的水力负荷率为 $0.05\ m^3/（m^3 \cdot d）$ 时，停留时间为 1/0.05＝20 d。以水力停留时间为参数，对生物处理构筑物不是十分科学。因为投配率相同，而含水率不同时，则有机物量与微生物量的相对关系可相差几倍。

有机物负荷率是指每日进入的干泥量与池子容积之比，单位：kg 干泥/$m^3 \cdot$d。它可以较好地反映有机物量与微生物量之间的相对关系。容积负荷较低时，微生物的反应速率与底物（有机物）的浓度有关。在一定范围内，有机负荷率大，消化速率也高。

有机物的稳定过程要经过一定的时间，也就是说污泥的消化期（生污泥的平均停留时间）仍然是污泥消化过程的一个不可忽视的因素。因此，用有机物容积负荷计算消化池容积时，还要用消化时间进行复核。消化时间，可以是指固体平均停留时间，也可以指水力停留时间。消化池在不排出上清液的情况下，固体停留时间与水力停留时间相同。我国习惯上用的消化时间是指水力停留时间。

4）消化池的搅拌

在有机物厌氧发酵过程中，让反应器中的微生物和营养物质（有机物）搅拌混合，充分接触，将使得整个反应器中的物质传递、转化过程加快。实践证明，通过搅拌，可使有机物充分分解，增加了产气量（搅拌比不搅拌可提高产气量 20%～30%）。此外，搅拌还可打碎消化池面上的浮渣。

在不进行搅拌的厌氧反应器或污泥消化池中，污泥成层状分布，从池面到池底，越往下面，污泥浓度越高，污泥含水率越低，到了池底，则是在污泥颗粒周围只含有少量水。在这些水中包含了有机物厌氧分解过程中的代谢产物，以及难以降解的惰性物质（尤其在池底大量积累）。微生物被这种含有大量代谢产物、惰性物质的高浓度水包围着，影响了微生物对养料的摄取和正常的生活，以致降低了微生物的活性。如果通过搅拌，则可使池内污泥浓度分布均匀，调整了污泥固体颗粒与周围水分之间的比例关系，同时也使得代谢产物和难降解物不在池底过多积累，而是在整个反应器内分布均匀。这样就有利于微生物的生长繁殖和提高它的活性。

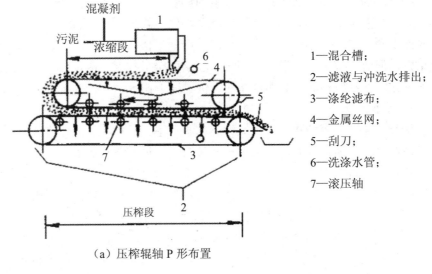

1—混合槽；
2—滤液与冲洗水排出；
3—涤纶滤布；
4—金属丝网；
5—刮刀；
6—洗涤水管；
7—滚压轴

（a）压榨辊轴 P 形布置

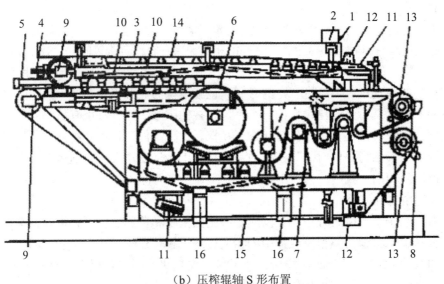

（b）压榨辊轴 S 形布置

1—污泥进料管；2—污泥投料装置；3—重力脱水区；4—污泥翻转；5—楔形区；6—低压区；7—高压区；8—卸泥饼装置；9—滤带张紧辊轴；10—滤带张紧装置；11—滤带导向装置；12—滤带清冲装置；13—机器驱动装置；14—顶带；15—底带；16—滤液排出装置

图 2-21　带式压滤机构造

不进行搅拌，反应器底部的水压较高，气体的溶解度比上部的要大。如果通过搅拌，使底部的污泥（包括水分）翻动到上部，由于压力降低，原有大多数有害的溶解气体可被释放逸出；其次，由于搅拌时产生的振动也可使得污泥颗粒周围原先附着的小气泡（有时由于不搅拌还可能形成一层气体膜）被分离脱出。此外，微生物对温度和 pH 值的变化也非常敏感，通过搅拌还能使这些环境因素在反应器内保持均匀。

根据甲烷菌的生长特点，搅拌也不需要连续运行，过多的搅拌或连续搅拌对甲烷菌的生长也并不有利。一般在污泥消化池的实际运行中，采用每隔 2 h 搅拌一次，搅拌 25 min 左右，每天搅拌 12 次，共搅拌 5 h 左右。

4. 污泥脱水

污泥脱水的作用是去除污泥中的毛细水和表面附着水，缩小其体积，减轻其重量。经过脱水处理，污泥含水率能从 96%左右降到 60%～80%，其体积为原体积的 1/10～1/5，有利于运输和后续处理。在国外，经过脱水处理的污泥量占全部污泥量的比例普遍较高。欧洲的大部分国家达 70%以上，日本则高达 80%以上。多数国家普遍采用的脱水机械为板框压滤机、带式压滤机和离心机，也有采用干化床对污泥进行自然干化。现代的干化污泥含水量常为 10%～30%。

城市生活污水处理要经过脱水处理，其中经机械脱水的污泥为 51.4%，经自然脱水干化的污泥为 16.9%，经其他方法脱水的约为 1.0%。

四、污水的三级处理

通过二级处理技术（如活性污泥法）对城市污水的处理，在一般情况下，还含有相当数量的污染物，如 BOD_5 20～30 mg/L；COD_{Cr} 60～100 mg/L；SS 20～30 mg/L；NH_3-N 15～25 mg/L；P 6～10 mg/L，此外还含有致病细菌、病毒和重金属等有害物质。

表 2-10　二级处理水深度处理的目的、去除对象和所采用的处理技术与工艺流程

处理目的	去除对象		有关指标	采用的主要处理技术
排放水体再利用	有机物	悬浮状态	SS、VSS	快滤池、微滤机、混凝沉淀
		溶解状态	BOD_5、COD、TOC、TOD	混凝沉淀、活性炭吸附、臭氧氧化
防止富营养化	植物性营养盐类	氮	TN、KN、NH_3-N、NO_2-N、NO_3-N	吹脱、生物脱氮
防止富营养化	植物性营养盐类	磷	PO_4-P、T-P	金属盐混凝沉淀、石灰混凝沉淀、晶析法生物除磷
再利用	微量成分	溶解性无机物无机盐类	电导度、Na、Ca、Cl 离子	反渗透、电渗析、离子交换
		微生物	细菌、病毒	臭氧氧化、消毒

含有以上污染物的处理水，如排放至河流、湖泊、水库等水体会导致水体的富营养化。而且在淡水缺乏地区，这种处理排放的方式是对水资源的极大浪费。

（一）悬浮物及细菌的去除

二级处理后的城市污水进行中水回用，一般经过过滤及消毒，去除残余的悬浮固体及细菌就能满足要求。通过过滤可将悬浮固体降到 10 mg/L 以下；通过消毒可防止在回用水系统中滋生微生物黏膜或藻类。

过滤常用的设备有沙滤池和微滤机等。

宜采用双层滤料或单层滤料的反向滤池。砂子粒径最好不小于 1 mm。二级处理出水中，由于含有大量微生物，容易在滤料颗粒表面形成一层污泥层，反冲洗较为困难，可采用水和空气联合反冲洗及表面冲洗的设施，以加强反冲洗效果，减少冲洗强度及冲洗水用量。

为了防止滤池内滋生微生物，可对进入滤池的水预先进行加氯处理。或用含氯量 150～200 mg/L 的氯水定期地（每年 2～3 次）对滤池进行处理。废水深度处理所用的微滤机的不锈钢网眼尺寸常为 23～40 μm，滤速为 25～30 m/h，反冲洗水量约占处理水量的 3%～4%，为了防止在微滤机上生长生物膜，堵塞网眼，可装设杀菌灯。实验证明，微滤机出水水质比沙滤池稍差。

过滤后出水一般要进行消毒处理。昆明市现有污水处理厂均进行深度处理技术改造。昆明市第二污水处理在原有二级处理的基础上，增加了石英砂过滤和紫外线消毒处理，排水水质标准达到国家一级排放 A 级标准。

（二）去除残余溶解性有机物及色素

当回用水水质要求较高，要求去除废水中的溶解性有机物（包括可降解和难降解）和色素时，只是过滤已不能满足，必须采用活性炭吸附或臭氧氧化的方法。

采用活性炭吸附处理法请参见物理化学法。

（三）去除无机盐类

废水在重复利用过程中，会出现含盐量的累积，会使回用管道和设备积垢，并不能满足回用的水质要求。除盐常用的方法有膜分离法和离子交换法。

（四）生物脱氮技术

为了更好地保护水体环境，防止水体受污染和产生富营养化，污水排放标准日趋严格，要求城市污水处理厂不仅要有效地去除有机物（BOD_5），而且要求去除污水中的氮和磷。因为污水中氮、磷等植物营养型污染物的排放会导致水体的富营养化。当前我国颁布的《污水综合排放标准》（GB 8978—1996）对所有排放污水中的氮、磷含量都做出了严格的规定，其中磷（以正磷酸盐计）的排放要控制在 0.5 mg/L（一级标准）和 1 mg/L（二级标准）以下，而氨氮的排放要控制在 15 mg/L 以下（一级标准）。

但普通活性污泥工艺只能有效地去除污水中的 BOD_5 和 SS，不能有效地去除污水的氮和磷。如果含氮、磷较多的污水排到湖泊或海湾等缓流水体，则会产生富营养化，导致水体水质恶化或湖泊退化，影响其使用功能。因此，在对污水中的 BOD_5 和 SS 进行有效去除的同时，还应根据需要考虑污水的脱氮除磷。

二级处理水中，氮主要是以氨态氮、亚硝酸盐氮和硝酸盐氮形式存在。现行的以传统活性污泥法为代表的二级处理技术，其功能主要是去除污水中呈溶解性的有机物，对氮的去除率比较低，它仅为微生物的生理功能所用。氮的去除率为 20%～40%，磷的去除率仅为 5%～20%。

1. 生物脱氮原理

生物脱氮是在微生物的作用下，将有机氮和氨态氮转化为 N_2 和 N_2O 气体的过程。其中包括氨化、硝化和反硝化三个反应过程。

（1）氨化反应

污（废）水中有机氮合物在好氧菌和氨化菌作用下，有机碳被降解为 CO_2，而有机氮被分解转化为氨态氮。例如，氨基酸的氨化反应为：

$$RCHNH_2COOH + O_2 \xrightarrow{\text{氨化菌}} RCOOH + CO_2 + NH_3$$

（2）硝化反应

硝化反应是在好氧状态下，将氨氮转化为硝酸盐氮的过程。硝化反应由一群自养型好氧微生物完成，包括两个基本反应步骤，第一阶段是由亚硝酸菌将氨氮转化为亚硝酸盐，称为亚硝化反应，亚硝酸菌中有亚硝酸单胞菌属、亚硝酸螺旋杆菌属和亚硝化球菌属等。第二阶段则由硝酸菌将亚硝酸盐进一步氧化为硝酸盐，称为硝化反应：

$$NH_4^+ + \frac{3}{2}O_2 \xrightarrow{\text{亚硝化菌}} NO_2^- + H_2O + 2H^+$$

继而，亚硝酸氮在硝酸菌的作用下，进一步转化为硝酸氮，其反应式为：

$$NO_2^- + \frac{1}{2}O_2 \xrightarrow{\text{硝酸菌}} NO_3^-$$

硝化反应的总反应式为：

$$NH_4^+ + 2O_2 \longrightarrow NO_3^- + H_2O + 2H^+$$

硝化过程的影响因素：

好氧环境条件，并保持一定的碱度。硝化菌为了获得足够的能量用于生长，必

须氧化大量的 NH_3 和 NO_2^-，氧是硝化反应的电子受体，反应器内溶解氧含量的高低，必将影响硝化反应的进程，在硝化反应的曝气池内，溶解氧含量不得低于 1 mg/L，建议溶解氧应保持在 1.2～2.0 mg/L。

混合液中有机物含量不应过高。硝化菌是自养菌，有机基质浓度并不是它的增殖限制因素，若 BOD_5 值过高，将使增殖速度较快的异养型细菌迅速增殖，从而使硝化菌不能成为优势种属。

硝化反应的适宜温度是 20～30℃，15℃以下时，硝化反应速度下降，5℃时完全停止。

硝化菌在反应器内的停留时间，即生物固体平均停留时间（污泥龄），必须大于其最小的世代时间，否则将使硝化菌从系统中流失殆尽，一般认为硝化菌最小世代时间在适宜的温度条件下为 3 d。

重金属、高浓度的 NH_4-N、高浓度的 NO_x-N、高浓度的有机基质、部分有机物以及络合阳离子等有毒物质及不利条件。

（3）反硝化作用（脱氮反应）

生物反硝化是指污水中的硝态氮 NO_3^--N 和亚硝态氮 NO_2^--N，在无氧或低氧条件下被反硝化细菌还原成氮气的过程。

具体反应如下：

$$6NO_3^- + 5CH_3OH \xrightarrow{\text{反硝化菌}} 5CO_2 + 3N_2 + 7H_2O + 6OH^-$$

反硝化菌属异养兼性厌氧菌，在有氧存在时，会以 O_2 为电子进行呼吸；在无氧而有 NO_3^- 或 NO_2^- 存在时，则以 NO_3^- 或 NO_2^- 为电子受体，以有机碳为电子供体和营养源进行反硝化反应。

影响反硝化反应的环境因素：

碳源。一是原污水中所含碳源，当原污水 $BOD_5/TN > 3～5$ 时，即可认为碳源充足；二是外加碳源，多采用甲醇（CH_3OH），甲醇被分解后的产物为 CO_2 和 H_2O，不留任何难降解的中间产物。

pH 值。对反硝化反应，最适宜的 pH 是 6.5～7.5。pH 值高于 8 或低于 6，反硝化速率将大为下降。

溶解氧浓度。反硝化菌属异养兼性厌氧菌，在无分子氧且同时存在硝酸根离子和亚硝酸根离子的条件下，能够利用这些离子中的氧进行呼吸，使硝酸盐还原。另一方面，反硝化菌体内的某些酶系统组分，只有在有氧条件下，才能够合成。这样，反硝化反应宜于在缺氧、好氧条件交替的情况下进行，溶解氧应控制在 0.5 mg/L 以下。

温度。反硝化反应的最适宜温度是 20～40℃，低于 15℃反硝化反应速率最低。

2. 生物脱氮工艺

（1）传统三级脱氮工艺

由巴茨（Barth）开创的传统活性污泥法脱氮工艺为三级活性污泥法流程，是以氨化、硝化和反硝化三项生化反应过程为基础建立的。其工艺流程如图 2-22 所示。

该工艺流程将去除 BOD_5 与氨化、硝化和反硝化分别在三个反应池中进行，并各自有其独立的污泥回流系统。第一级曝气池为一般的二级处理曝气池，其主要功能是去除 BOD_5、COD，将有机氮转化，形成 NH_3、NH_4^+，即完成有机碳的氧化和有机氮的氨化功能。第一级曝气池的混合液经过沉淀后，出水进入第二级曝气池，称为硝化曝气池，进入该池的污水，其 BOD_5 值已降至 $15\sim20$ mg/L 的较低水平，在硝化曝气池内进行硝化反应，使 NH_3、NH_4^+ 氧化为 NO_3^--N，同时有机物得到进一步离解，污水中 BOD_5 进一步降低。硝化反应要消耗碱度，所以需投加碱，以防 pH 值下降。硝化曝气池的混合液进入沉淀池，沉淀后出水进入第三级活性污泥系统，称为反硝化反应池，在缺氧条件下，NO_3^--N 还原为气态 N_2，排入大气。因为进入该级的污水中的 BOD_5 值很低，为使反硝化反应正常进行，需要投加 CH_3OH（甲醇）作为外加碳源，但为了节省运行成本，也可引入原污水充作碳源。

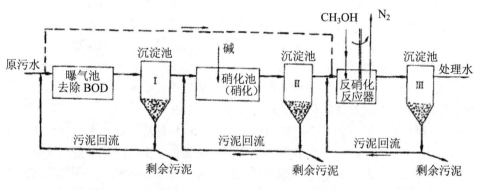

图 2-22 传统活性污泥法脱氮工艺

该系统的优点是有机物降解菌、硝化菌、反硝化菌，分布在各自反应器内生长增殖，环境条件适宜，而且各自回流在沉淀池分离的污泥，反应速度快而且比较彻底。但处理设备多，管理不够方便。

考虑到三级生物脱氮系统的不足，在实践中还是用两级生物脱氮系统，即如图 2-23 所示，将 BOD 去除和硝化两道反应过程放在同一的反应器内进行。

该两级生物脱氮传统工艺仍存在处理设备较多、管理不太方便、造价较高和处理成本高等缺点。

上述生物脱氧传统工艺目前已应用得很少。

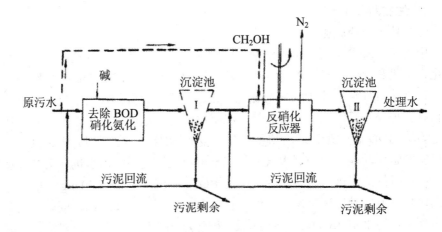

图 2-23　两级生物脱氮系统

注：虚线所示为可能实施的另一方案，沉淀池Ⅰ也可以考虑不设。

（2）A_1/O（缺氧—好氧）活性污泥法脱氮系统

为了克服传统的生物脱氮工艺流程的缺点，根据生物脱氮的原理，在 20 世纪 80 年代初开创了 A_1/O 工艺流程，如图 2-24 所示，图中，生物脱氮工艺将反硝化反应器放置在系统之前，所以又称为前置反硝化生物脱氮系统。在反硝化缺氧池中，回流污泥中的反硝化菌利用原污水中的有机物作为碳源，将回流混合液中的大量硝态氮（NO_x-N）还原成 N_2，而达到脱氮目的。然后再在后续的好氧池中进行有机物的生物氧化、有机氮的氨化和氨氮的硝化等生化反应。

1）A_1/O 工艺具有以下主要优点：流程简单，构筑物少，只有一个污泥回流系统和混合液回流系统，可大大节省基建费用；反硝化池不需外加碳源，降低了运行费用；A_1/O 工艺的好氧池在缺氧池之后，可使反硝化残留的有机污染物得到进一步去除，提高出水水质；缺氧池在前，污水中的有机碳被反硝化菌所利用，可减轻其后好氧池的有机负荷。同时缺氧池中进行的反硝化反应产生的碱度可以补偿好氧池中进行硝化反应对碱度的需求。

A_1/O 工艺的主要缺点是脱氮效率不高，一般为 70%～80%。此外，如果沉淀池运行不当，则会在沉淀池内发生反硝化反应，造成污泥上浮，使处理水水质恶化。尽管如此，A_1/O 工艺仍以它的突出特点而受到重视，该工艺是目前采用比较广泛的脱氮工艺。

该工艺可以将缺氧池与好氧池建成合建式曝气池，中间隔以挡板，前段为缺氧反硝化，后段为好氧硝化。该形式特别便于对现有推流式曝气池进行改造。

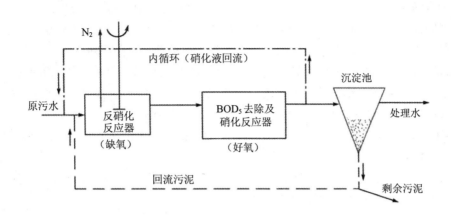

图 2-24　缺氧—好氧脱氮工艺

2）A_1/O 工艺的影响因素。

水力停留时间：要使脱氮效率达到 70%～80%，硝化反应的水力停留时间不应小于 6 h，而反硝化反应的水力停留时间在 2 h 之内即可。一般，硝化与反硝化的水力停留时间比为 3：1。否则，脱氮效率迅速下降。

BOD_5：进入硝化反应池（好氧池）BOD_5 值在 80 mg/L 以下。当 BOD_5 浓度过高，导致异养型细菌迅速繁殖，从而使自养型硝化菌得不到优势而不能成为优占种属，则硝化反应无法进行。

DO：硝化好氧池中的 DO 值应控制 2.0 mg/L 左右，以保证硝化菌的好氧状态，并要满足其"硝化需氧量"的要求，即氧化 1 g 的 NH_3-N 需 4.75 g 氧。

pH：随着硝化反应的进行，混合液的 pH 值下降，而硝化菌对 pH 值的变化十分敏感，最佳 pH 值是 8.0～8.4。为了保持适宜的 pH 值，就应当在废水中保持足够的碱度，从而起到缓冲作用。通常 1 g 氨态氮（以 N 计）完全硝化，约需碱度 7.1g（以 $CaCO_3$ 计）。而反硝化过程中产生的碱度（3.57g 碱度/gNO_x-N）可补偿硝化反应耗碱度的一半左右。反硝化反应的最适宜的 pH 值为 6.5～7.5，此时反硝化速率最高，当大于 8 或低于 6 时，则反硝化速度大为下降。

温度：硝化反应适宜温度是 20～30℃。在 15℃以下时，硝化速度下降，5℃则完全停止。而反硝化反应的适宜温度是 20～40℃，低于 15℃时，反硝化菌的增殖速率降低，代谢速率随之也降低，使反硝化速率下降。因此，在冬季低温季节，应考虑提高反硝化的污泥龄、降低负荷率、提高废水停留时间等措施来保持一定的反硝化速率。

污水中的溶解性 BOD_5/NO_x-N：污水中的溶解性 BOD_5/NO_x-N 的比应大于 4，否则使反硝化速率很快下降。当该比值小于 4 时，需另投加有机碳源，如甲醇（CH_3OH）。

混合液回流比 R：混合液回流比的大小直接影响反硝化的脱氮效果。一般来说，混合液回流比升高，脱氮率也提高。但混合液回流比太高，工艺过程动力消耗太大，运行费用大大提高。回流比在 50%以下时，脱氮率很低，混合液回流比在 200%以下时，则脱氮率随回流比增高而显著上升。但回流比大于 200%以后，脱氮率提高就比较缓慢了。一般地，混合液回流比的取值为 200%～500%，太高则动力消耗太大，故 A_1/O 工艺的脱氮率一般为 70%～80%，难以达到 90%。

MLSS，A_1/O 工艺的 MLSS 一般应在 3 000 mg/L 以上，低于此值，则 A/O 工艺系统的脱氮效果将明显降低。

原污水总氮浓度 TN：污水 TN 应小于 30 mg/L，过高浓度的 NH_3-N，则会抑制硝化菌的生长，脱氮率将下降至 50%以下。

（五）生物除磷技术

城市污水中的磷主要有三个来源：粪便、洗涤剂和某些工业废水。污水中的磷以正磷酸盐、聚磷酸盐和有机磷等形式溶解于水中。一般仅能通过物理、化学或生物方法使溶解的磷化合物转化为固体形态后予以分离。除磷的方法主要分为物理法，化学法及生物法三大类。物理法因成本过高、技术复杂而很少应用。

1. 生物除磷原理

生物除磷是利用聚磷菌一类的微生物，能够在数量上超过其生理需要，从外部环境摄取磷，并将磷以聚合物的形态贮藏在菌体内，形成高磷污泥，排出系统外，达到从污水中除磷的效果。

（1）聚磷菌对磷的过量摄取

在好氧条件下，聚磷菌进行有氧呼吸，不断分解其细胞内储存的有机物，其释放的能量为 ADP 获得，并结合正磷酸生成 ATP，而利用的 H_3PO_4 基本上是通过主动运输从外部环境摄入细胞内的，除用于合成 ATP 外，其余被用于合成聚磷酸盐。从而出现磷过量摄取的现象。

（2）聚磷菌释磷

在厌氧条件下，聚磷菌体内的 ATP 进行水解，放出 H_3PO_4 和能量，生成 ADP。

2. 生物除磷工艺

（1）弗斯特利普（Phostrip）除磷工艺流程

弗斯特利普工艺是在 1972 年开创的，实质上这是生物除磷与化学除磷相结合的一种工艺。具有很高的除磷效果。工艺流程如图 2-25。

废水经曝气好氧池，去除 BOD_5 和 COD，并在好氧状态下过量地摄取磷。在二沉池中，含磷污泥与水分离，一部分回流至缺氧池，另一部分回流至厌氧除磷池。而高磷剩余污泥被排出系统。在厌氧除磷池中，回流污泥在好氧状态时过量摄取的磷在此得到充分释放，释放磷的回流污泥回流到缺氧池。而除磷池流出的富磷上清液进入混凝沉淀池，投回石灰形成 $Ca_3(PO_4)_2$ 沉淀，通过排放含磷污泥去除磷。

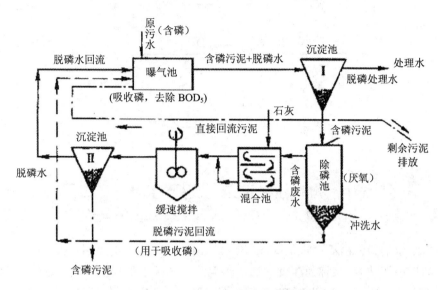

图 2-25　弗斯特利普除磷工艺流程

本法是生物除磷和化学除磷相结合的工艺，除磷效果良好，处理水中含磷量一般都低于 1 mg/L。SVI 值小于 100，污泥易于沉淀、浓缩、脱水、污泥肥分高，丝状菌难以增殖，污泥不膨胀。

该工艺比较适合于对现有工艺的改造，只需在污泥回流管线上增设少量小规模的处理单元即可，且在改造过程中不必中断处理系统的正常运行。总之，Phostrip 工艺受外界条件影响小，工艺操作灵活，脱氮除磷效果好且稳定。但该工艺流程复杂、运行管理麻烦、处理成本较高等缺点。

（2）A_2/O（厌氧—好氧）除磷工艺

从图 2-26 可见，工艺流程简单，无混合液回流，其基建费用和运行费用较低，同时厌氧池能保持良好的厌氧状态。在反应池内水力停留时间较短，一般为 3～6 h，其中厌氧池 1～2 h，好氧池 2～4 h。沉淀污泥含磷率高，一般 2.5%～4%，故污泥肥效好。混合液的 SVI<100，易沉淀，不膨胀。

该工艺也存在如下问题：除磷率难以进一步提高。当污水 BOD_5 浓度不高或含磷量高时，则 P/BOD_5 值高，剩余污泥产量低，使除磷率难以提高；当污泥在沉淀池内停留时间较长时，则聚磷菌会在厌氧状态下产生磷的释放，降低该工艺的除磷率，所以应注意及时排泥和使污泥回流。

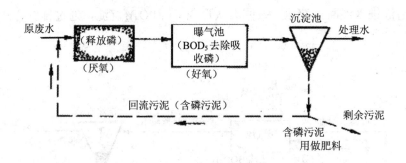

图 2-26　A₂/O 除磷工艺流程

学习单元二　SBR 工艺

间歇式活性污泥法（Sequencing Batch Reacter Activated Sludge Process，缩写为 SBR 活性污泥法），又称为序批式活性污泥法，其污水处理机理与普通活性污泥法完全相同。SBR 法于 20 世纪 70 年代由美国开发，并很快得到了广泛应用，我国于 20 世纪 80 年代中期开始了研究与应用。

SBR 工艺去除污染物的机理与传统活性污泥工艺完全相同，只是运行方式不同。传统工艺采用连续运行方式，污水连续进入生化反应系统并连续排出，SBR 工艺采用间歇运行方式，初沉池出水流入曝气池，按时间顺序进行进水、反应（曝气）、沉淀、出水、排泥或待机的 5 个基本运行程序，从污水的流入开始到待机时间结束称为一个运行周期，这种运行周期周而复始反复进行，从而达到不断进行污水处理的目的。因此，SBR 工艺不需要设置二沉池和污泥回流系统。

一、SBR 的工艺流程及典型运行程序

（一）SBR 的工艺流程

间歇式活性污泥法工艺的一般流程如图 2-27 所示。

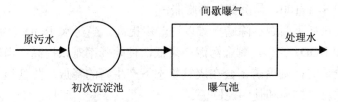

图 2-27　间歇式活性污泥法工艺的一般流程

（二）SBR 的典型运行程序

SBR 工艺的典型运行程序如图 2-28 所示。

1. 污水流入工序

污水流入曝气池前，该池处于操作周期的待机（闲置）工序，此时沉淀后的上层清液已排放，曝气池内留有沉淀下来的活性污泥。污水在该时段内连续进入间歇式曝气池内，直至达到最高运行液位。

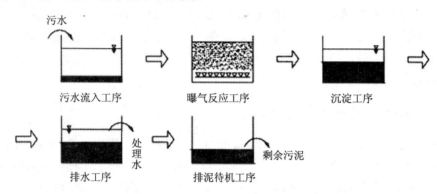

图 2-28　SBR 工艺的典型运行工序

2. 曝气反应工序

当污水注满后，即开始曝气操作，使污染有机物质进行生物降解。在该时段间歇式曝气池内既不进水也不排水，因此，该工序是最重要的一道工序。

3. 沉淀工序

在该时段内曝气池不进水或排水，也不曝气，使池内混合液处于静止状态，进行泥水分离，沉淀时间一般为 1.0～1.5 h，沉淀效果良好。

4. 排水工序

排除曝气池沉淀后的上层清液，留下活性污泥，作为下一个操作周期的菌种。

5. 排泥待机工序

将活性污泥作为剩余污泥排放，然后等待一个运行周期的开始。

SBR 每一运行周期一般在 6～10 h 范围内，其运行程序和运行周期可根据进水水质及对处理功能上的要求，进行灵活调节。

二、SBR 的基本特点

SBR 工艺具有以下特点：工艺简单，构筑物少，无二沉池和污泥回流系统，基建费和运行费都较低；SBR 用于工业废水处理，不需设置调节池；污泥的 SVI 值较低，污泥易于沉淀，一般不会产生污泥膨胀；调节 SBR 运行方式，可同时具有去除

BOD$_5$和脱氮除磷的功能，运行管理得当，处理水水质优于连续式活性污泥法；SBR的运行操作、参数控制应实施自动化操作管理，以便达到最佳运行状态。

三、SBR工艺的脱氮除磷运行工序

根据生物脱氮除磷的机理，当生化反应过程中存在着好氧和缺氧状态，则污水中有机物和氮就可以通过微生物氧化降解与硝化/反硝化而得到有效去除。当生化反应过程中存在着厌氧和好氧状态，则污水中有机物和磷就可以通过微生物氧化降解与聚磷菌的放磷/摄磷作用而得到有效去除。如果要同时去除污水中的有机碳源、氮和磷，则可在生化反应过程中设置厌氧、缺氧和好氧状态。所以，SBR工艺可根据要求脱氮除磷的功能，通过改变典型的SBR运行工序来实现。现简要介绍SBR工艺的三种运行工序。

（一）SBR工艺的脱氮运行工序

SBR工艺的脱氮运行工序的功能是去除污水中有机污染物和脱氮。对此，在SBR典型运行工序的基础上增加停曝搅拌工序。Ⅰ阶段仍为污水流入工序。Ⅱ阶段为曝气反应工序，除进行有机物生化降解外，还要进行氨氮的硝化。Ⅲ阶段是停曝搅拌工序，在该阶段内停止曝气，采用潜水搅拌机对其混合液进行搅拌混合，反硝化细菌进行反硝化脱氮——由于全部混合液均进行反硝化，总的脱氮效率能达到70%左右；Ⅳ阶段和Ⅴ阶段与典型SBR运行工序相同，分别为排水工序和排泥待机工序。SBR工艺的脱氮运行工序如图2-29如示。

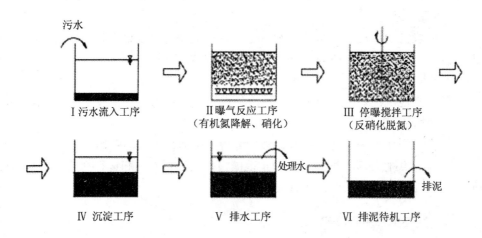

图2-29 SBR工艺脱氮运行工序

（二）SBR 除磷运行工序

SBR 除磷运行工序的功能是去除污水中的有机污染物和磷，只要适当改变 SBR 工艺的典型运行工序，就可达到去除污水中有机污染物和除磷的目的。

在 I 阶段污水流入的同时，开启潜水搅拌设备，使入流污水与前一周期留在池内的污泥充分混合接触，该阶段工作状态为厌氧，聚磷菌进行磷的释放，为聚磷菌在 II 阶段的曝气反应工序进行摄磷作准备。所以，应保持 I 阶段混合液内的 DO 在 0.2 mg/L 以下。

II 阶段为曝气反应工序。开启曝气系统进行曝气，使池内混合液 DO 保持在 2.0 mg/L 以上。此时 BOD_5 进行生化降解，聚磷菌过量摄磷。但该阶段曝气时间不宜过长，以免发生硝化，因为硝化产生出的 NO_3^--N 会干扰阶段 I 中磷的释放，降低除磷率。

III 阶段为沉淀排泥工序。在该阶段中，沉淀与排泥同步进行，主要目的是防止磷的二次释放，因为聚磷菌在释放磷之前就以剩余污泥的形式排出系统。

IV 阶段为排水待机工序。SBR 工艺的除磷工序如图 2-30 所示。

当控制总的运行周期为 8 h 左右时，则该运行工序的除磷效率可达 90%以上。

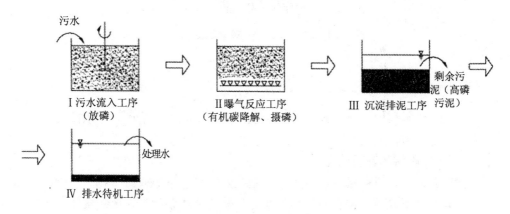

图 2-30　SBR 工艺的除磷运行工序

（三）SBR 工艺的脱氮除磷运行工序

I 阶段为污水流入工序，在污水流入的同时采用潜水搅拌设备进行搅拌，将 DO 控制在 0.2 mg/L 以下，使聚磷菌进行厌氧放磷。

II 阶段仍是曝气反应工序，控制 DO 在 2.0 mg/L 以上，在该阶段进行有机物生物降解、氨氮硝化和聚磷菌好氧摄磷，一般曝气时间应大于 4 h。

Ⅲ阶段为停曝搅拌工序，即停止曝气，用潜水搅拌进行混合搅拌，DO 一般在 0.2 mg/L 以下，处于缺氧状态，使之进行反硝化脱氮。该阶段一般历时在 2 h以上。

Ⅳ阶段为沉淀排泥工序，该阶段先进行泥水分离，然后排放剩余污泥（高磷污泥）。

Ⅴ阶段为排水待机阶段。总的运行周期一般为 8～10 h。

SBR 工艺脱氮除磷的运行工序如图 2-31 如示。

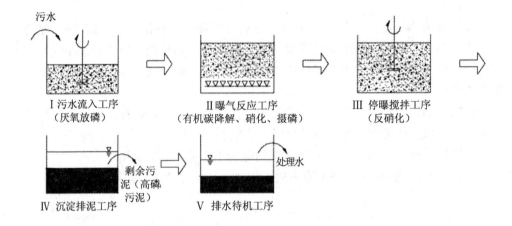

图 2-31　SBR 工艺脱氮除磷的运行工序

（四）间歇式活性污泥法的影响因素

SBR 工艺同时具有去除 BOD_5、生物脱氮除磷的功能，影响其脱氮除磷的主要因素有以下三个方面。

1. 易生物降解的基质浓度

在厌氧状态下，聚磷菌释磷量越多，则在好氧状态下摄取磷量越大，因此，如何提高厌氧条件下聚磷菌的释磷是达到高效除磷的重要条件。在厌氧条件下，易生物降解的基质由兼性异养菌转化成低分子脂肪酸（如甲、乙、丙酸）后，才能被聚磷菌所利用，而这种转化对聚磷菌的释磷起着诱导作用，如果这种转化速率越高，则聚磷菌的释磷速率就越大，单位时间内释磷量越多，聚磷菌在好氧状态下的摄磷量就更多，有利于磷的去除。所以，污水中易生物降解基质的浓度越大，除磷就越高，通常以 BOD_5/TP（总磷）值来作为评价指标，一般认为 $BOD_5/TP>20$，则磷的去除效果较稳定。

SBR 工艺进水过程为单纯注水缓慢搅拌时，在进水过程中曝气池内活性污泥混合液由缺氧过渡到厌氧状态，混合液污泥浓度逐渐降低，虽然进水过程中基质也会缓慢降解，但速度很慢，基质将不断积累，反硝化细菌则会利用水中有机物作碳源，通过反硝化作用可去除部分 NO_x-N。聚磷菌在厌氧条件下释放磷，当进水结束时，其易生物降解基质浓度值更高，则兼性厌氧细菌将易生物降解基质浓度转化成低分子脂肪酸的转化速率大，其诱导聚磷菌的释磷速率就高，释磷量就大，聚磷菌好氧条件下的摄磷量更高，除磷效率才会提高。

另外，进水慢速搅拌可提前进入厌氧状态，利于释磷，并缩短厌氧反应时间。

2．NO₃⁻-N 对脱氮除磷的影响

当进水处于厌氧状态时，进水带来了极少量 NO_3^--N，但主要是好氧停止曝气后至沉淀及排水工序的缺氧段的反硝化作用不完全而留下的 NO_3^--N。由于 NO_3^--N 的存在，会发生反硝化反应，反硝化消耗易生物降解基质，而反硝化速率比聚磷菌的磷释放速率快，所以，反硝化细菌与聚磷菌争夺有机碳源，而优先消耗掉部分易生物降解的基质。如果厌氧混合液中 NO_3^--N 浓度大于 1.5 mg/L 时，会使聚磷菌释放时间滞后，释磷速率减缓，释磷量减少，最终导致好氧状态下聚磷菌摄取磷的能力下降，影响除磷效果。应尽量降低曝气池内进水前留于池内的 NO_3^--N 浓度，这主要靠好氧曝气停止后沉淀、排水段的缺氧运行。如反硝化彻底，残留的 NO_3^--N 浓度很小，同时也提高了氮的去除率，反之亦然。对此应对曝气好氧反应阶段以灵活的运行控制，如采取曝气（去除 BOD_5、硝化、摄磷）→停止曝气缺氧（投加少量碳源，进行反硝化脱氮）→再曝气（去除剩余有机物）的运行方式，提高脱氮效率，减少下一周期进水工序厌氧状态时的 NO_3^--N 浓度。

3．运行时间和 DO 的影响

运行时间和 DO 是 SBR 工艺取得良好脱氮除磷效果的两个重要参数。进水工序的厌氧状态，DO 控制在 0.3～0.5 mg/L，以满足释磷要求，易生物降解基质浓度较高时，则释磷速率快，当释磷速率为 9～10 mg/[L（gMLSS·d）]时，水力停留时间大于 1 h，则聚磷菌体内的磷已充分释放。所以，在一般情况下，城市污水经 2 h 的厌氧状态释磷，其磷的有效释放已甚微。如果污水中 BOD_5/TP 偏低时，则应适当延长厌氧时间。

好氧曝气工序 DO 应控制在 2.5 mg/L 以上，曝气时间以 4h 为宜。主要应满足 BOD_5 降解和硝化需氧以及聚磷菌摄磷过程的高氧环境。由于聚磷菌的好氧摄磷速率低于硝化速率，因此，以摄磷来考虑曝气时间较合适，但时间不宜过长，否则聚磷菌内源呼吸使自身衰减死亡和溶解，导致磷的释放。

好氧曝气之后，沉淀、排放工序均为缺氧状态，DO 不高于 0.7 mg/L，时间为 2 h 左右为适宜。在此条件下，反硝化菌将好氧曝气工序时储存体内的碳源释放，进入 SBR 所特有的储存性反硝化作用，使 NO_3^--N 进一步去除而脱氮，但当时间过长，DO 低于 0.5 mg/L，则会造成磷释放，导致出水中含磷量大大增加，影响除磷效果。各工序运行时间分配处理效果的影响见表 2-11 所示。

表 2-11　各工序运行时间分配处理效果的影响　　　　单位：h

| 进水时间 | | 曝气好氧时间 | 沉淀时间 | 排水待机时间 | 总时间 | 有机物去除率/% | PO$_4^{3+}$去除率/% | N去除率/% |
搅拌（缺氧）	停止搅拌（厌氧）							
1.5	0.5	4.0	1.5	0.5	8.0	80.3	93.2	—
1.0	0.5	3.0	1.0	0.5	6.0	71.5	96.8	—
1.0	1.0	4.0	1.0	1.0	8.0	93	96.8	82
1.0	2.0	3.0	1.0	1.0	8.0	80	77.8	92.5

四、SBR 的设计计算

1. SBR 曝气池有效容积 $V_{有效}$

$$V_{有效} = \frac{nQS_a}{N_v} \tag{2-61}$$

式中，n——1日之内的周期数（周期/d），一个周期时间一般取 6～8 h，或者按进水 2 h、曝气 3 h、沉淀 1 h、排水 0.5 h、待机 0.5 h 来确定；

Q——周期内进水量，m³/周期；

S_a——平均进水水质，kgBOD$_5$/m³；

N_v——BOD$_5$ 容积负荷，kgBOD$_5$/（m³·d），N_v 在 0.1～1.3，一般用 0.5 来设计，进水水质稀释时取低负荷。

2. 曝气池内最小水量 V_{min} 的计算

SBR 最大水量为 $V_{有效}$，而最小水量为 V_{min}，所以

$$V_{min} = V_{有效} - Q \tag{2-62}$$

在沉淀工序中，活性污泥在最高水位（最大水量）下停止沉淀，沉淀结束后，若污泥界面高于最低水位，污泥就随上层清液流走。所以，最小水量、周期进水量要考虑活性污泥的沉降性能，需通过计算决定。

$$V_{min} = \frac{SVI \times MLSS}{10^6} V_{有效} \tag{2-63}$$

3. 周期进水量 Q

$$Q \leqslant \left(1 - \frac{SVI \cdot MLSS}{10^6}\right) V_{有效} = V_{有效} - \frac{SVI \cdot MLSS}{10^6} V_{有效} = V_{有效} - V_{min} \tag{2-64}$$

式中，SVI 一般为 80～150，MLSS 一般为 3 000 mg/L。

4. 空气量与剩余污泥量

空气量与剩余污泥量的计算与普通活性污泥法相似。

五、SBR 工艺的设备和装置

（一）滗水器

SBR 工艺一般采用滗水器排水，在滗水器排水的过程中，滗水器能随水位的下降而下降，排出的始终是上层清液。为了防止水面上浮渣进入滗水器被排走，滗水器排水口一般都淹没在水下一定深度。

目前，SBR 工艺使用的滗水器主要有可调节柔性管式滗水器、浮筒伸缩式滗水器和虹吸式滗水器等三种，其中虹吸式滗水器应用最广泛。虹吸式滗水器结构如图 2-32 所示，它由多根垂直的短管组成，短管下端吸口向下，其上端用总管连接在一起形成一个淹没堰。上端总管与 U 形管相通。U 形管一端（高端）高出水面，一端（低端）低于 SBR 反应池的最低水位，高端设自动阀与大气相通，低端接出水管排出上层清液。当打开 U 形管上端自动阀时，上层清液借虹吸作用排出池外。虽然这种滗水器不是排出最上层清液，但因为构造简单、无传动部件、易于维护管理而被广泛应用。

常见的滗水器如图 2-32 和图 2-33 所示：

图 2-32　虹吸式滗水器

图 2-33　常用滗水器示意

（二）曝气装置

SBR 工艺的曝气分为机械曝气和鼓风曝气两大类。同活性污泥法曝气系统。

（三）阀门、排泥系统

SBR 运行中其曝气、滗水及排泥等过程均采用计算机自动控制系统完成，因此需要配备相应的电动、气动阀门，以便控制气、水的自动进出及关闭。剩余污泥的排放目前均采用潜水泵的自动排放方式实现。

（四）自动控制系统

SBR 采用自动控制系统来达到 SBR 工艺的控制要求，把人工操作难以实现的控制通过计算机、软件、仪器设备有机结合自动完成，并创造满足微生物生产的最佳环境。

六、SBR 的改进型

（一）间歇式循环延时曝气活性污泥法（ICEAS 工艺）

间歇循环延时曝气活性污泥法（ICEAS 工艺）于 20 世纪 80 年代初在澳大利亚兴起，是变形的 SBR 工艺，其基本工艺操作过程如图 2-34 所示。ICEAS 工艺与 SBR 工艺相比是在进水端增加了预反应区且为连续进水（沉淀期和排水期仍保持进水），间歇排水，没有明显的反应阶段和闲置阶段。这种系统在处理市政污水和工业废水方面比传统的 SBR 系统费用更省、管理方便。但由于进水贯穿整个运行周期的每个阶段，沉淀期进水在主反应区底部造成水力紊动而影响泥水分离时间，因此，进水量受到了一定限制。通常水力停留时间较长。由于 ICEAS 工艺设施简单，管理方便，国内外均得到广泛应用。

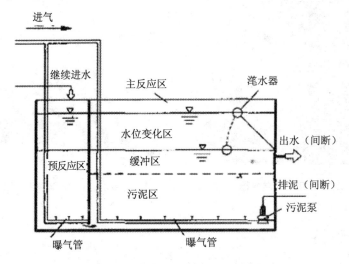

图 2-34　ICEAS 的循环操作过程

（二）循环式活性污泥系统（CAST/CASS/CASP）

循环式活性污泥法（CAST）是 SBR 工艺的一种新的形式。CAST 方法在 20 世纪 70 年代开始得到研究和应用。是设计更加优化合理的生物选择器。该工艺将主反应中部分剩余污泥回流至选择器中，在运作方式上沉淀阶段不进水，使排水的稳定性得到保障。通行的 CAST 一般分为三个反应区：一区为生物选择器；二区为缺氧区；三区为好氧区。各区容积之比一般为 1：5：30。

CAST 方法的主要优点：工艺流程非常简单，土建和设备投资低（无初沉池和二沉池以及规模较大的回流污泥泵）；能很好地缓冲进水水质、水量的波动，运行灵活；在进行生物除磷脱氮操作时，整个工艺的运行得到良好的控制，处理出水水质尤其是除磷脱氮的效果显著优于传统活性污泥法；运行简单，无须进行大量的污泥回流和内回流。

（三）间歇排水延时曝气工艺（IDEA）

间歇排水延时曝气工艺（IDEA）基本保持了 CAST 工艺的优点，运行方式采用连续进水、间歇曝气、周期排水的形式。与 CAST 相比，预反应区（生物选择器）改为与 SBR 主体构筑物分立的预混合池，部分剩余污泥回流入预混合池，且采用反应器中部进水。预混合池的设立可以使污水在高絮体负荷下有较长的停留时间，保证高絮凝性细菌的选择。

（四）UNITANK 系统

典型的 UNITANK 系统，主体为三格池结构，三池之间为连通形式，每池设有曝气系统，既可采用鼓风曝气，也可采用机械表面曝气，并配有搅拌，外侧两池设有出水堰（或滗水器）以及污泥排放装置，两池交替作为曝气和沉淀池，污水可进入三池中的任何一个。在一个周期内，原水连续不断进入反应器，通过时间和空间的控制，形成好氧、厌氧或缺氧的状态。UNITANK 系统除保持原有 SBR 的自控以外，还具有滗水简单、池子结构简化、出水稳定、不需回流等特点，而通过进水点的变化可达到回流和脱氮、除磷的目的。

七、设计计算例题

【例题 2-4】某城镇城市污水设计流量为 $Q=4\,000\,\mathrm{m^3/d}$，进水：$BOD_5=180\,\mathrm{mg/L}$，设计水温 25℃，要求处理后出水：$BOD_5\leqslant20\,\mathrm{mg/L}$，试设计 SBR 反应池。

【解】

（1）确定设计参数

污泥容积负荷 $N_V=0.5\,\mathrm{kgBOD_5/(m^3 \cdot d)}$，SVI＝90 mL/g

$MLSS=3\,000\,\mathrm{mg/L}$

反应池数 $N=3$，反应池水深 $H=4\,\mathrm{m}$

运行周期 $T=6\,\mathrm{h}$，则 1 日内周期数

$n=24/6=4$（周期/d）

周期内时间分配：进水 2 h；曝气 2 h；沉淀 1 h；排水待机 1 h。

周期进水量 Q_0

$$Q_0 = \frac{QT}{24N} = \frac{4\,000 \times 6}{24 \times 3} = 333.3 \text{m}^3$$

（2）反应池有效容积 V

$$V = \frac{nQ_0S_0}{NV \times 1\,000} = \frac{4 \times 333.3 \times 180}{0.5 \times 1\,000} \approx 480 \text{ m}^3$$

（3）反应池最小水量 V_{min}

$$V_{min} = \frac{\text{SVI} \cdot \text{MLSS}}{10^6}V = \frac{90 \times 3\,000}{10^6} \times 480 \approx 129.6 \text{ m}^3$$

（4）校核周期进水量和有效容积

周期进水量应满足

$$Q_0 < \left(1 - \frac{\text{SVI} \cdot \text{MLSS}}{10^6}\right) \times V = \left(1 - \frac{90 \times 3\,000}{10^6}\right) \times 480 = 350.4 \text{ m}^3$$

负荷要求。

有效容积应满足

$$V \geqslant Q_0 + V_{min} = 333.3 + 129.6 = 462.9 \text{ m}^3$$

符合要求。

（5）需氧量计算

$$O_2 = a'QS_r + b'VX_V = 0.5 \times 4\,000 \times \frac{180 - 20}{1\,000} + 0.11 \times (480 \times 3) \times \frac{3\,000 \times 0.75}{1\,000}$$

$$= 320 + 456.4 = 676.4 \text{ kg/d}$$

每周期曝气 2 h，一日 4 个周期，共曝气 8 h。

需氧速率 R

$$R = \frac{O_2}{1\text{d内曝气时间}} = \frac{676.4}{8} = 84.55 \text{ kgO}_2/\text{h}$$

（6）标准状态下的供氧量

标准状态下的供氧量和供气量的计算与普通活性污泥法相同。

（7）最佳排水深度 h

$$h = H \cdot \left(1 - \frac{\text{SVI} \cdot \text{MLSS}}{10^6}\right) - \Delta h = 4 \times \left(1 - \frac{90 \times 3\,000}{10^6}\right) - 0.1 = 2.82 \text{ m}$$

（8）剩余污泥排放量 q_w

每池每个运行周期应排放的剩余污泥干重 X_w

$$X_w = \frac{T}{24} \cdot \frac{V \cdot \text{MLSS}}{\theta_c} = \frac{6}{24} \times \frac{480 \times 3}{7} = 51.4 \text{ kg}$$

每池每个运行周期排放剩余污泥容积量 q_w

$$q_w = \frac{T}{24} \cdot \frac{H-h}{H} \cdot \frac{V}{\theta_c} = \frac{6}{24} \times \frac{4-2.82}{4} \times \frac{480}{7} = 4.8 \text{ m}^3$$

学习单元三　氧化沟工艺

氧化沟污水处理工艺是由荷兰卫生工程研究所（TNO）在 20 世纪 50 年代研制成功的。第一家氧化沟污水处理厂于 1954 年在荷兰 Voorshoper 市建成投入使用。该工艺属于活性污泥法的一种变形，工作原理本质上与活性污泥法相同，但运行方式不同。主体曝气池呈封闭的沟渠型，污水和活性污泥的混合液在其中不断循环流动，因而也称为"环形曝气池"、"连续循环曝气池"。氧化沟工艺一般采用延时曝气，并增加了脱氮功能，所以同时具有去除 BOD_5 和脱氮的功能，采用机械曝气，一般不设初沉池和污泥消化池。氧化沟及其工艺流程如图 2-35 所示。

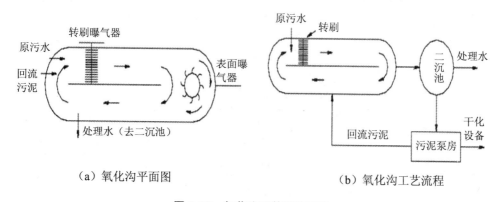

（a）氧化沟平面图　　　　　　　　（b）氧化沟工艺流程

图 2-35　氧化沟及其工艺流程

一、氧化沟的运行方式

按氧化沟的运行方式氧化沟可分为连续工作式、交替工作式和半交替工作式三大类型。

连续式氧化沟进、出水流向不变，氧化沟只作曝气池使用，系统设有二沉池，常见的有卡鲁塞尔氧化沟、奥巴勒氧化沟和帕斯韦尔氧化沟。

交替工作氧化沟是在不同时段，氧化沟系统的一部分交替轮流作为沉淀池，不需要单独设立二沉淀，常见的有三沟式氧化沟（T 型氧化沟）。

半交替工作氧化沟系统设有二沉池，使曝气池和沉淀完全分开，故能连续式工作，同时可根据要求，氧化沟又可分段处于不同的工作状态，具有交替工作运行的特点，特别利于脱氮，常见的有 DE 型氧化沟。

根据当前氧化沟的应用和发展趋势，三沟式氧化沟（T 型氧化沟和 DE 型氧化沟）具有很大优势。

（一）三沟式氧化沟

三沟式氧化沟属于交替工作式氧化沟，是由丹麦 Kruger 公司创建的，其结构如图 2-36 所示。图中氧化沟由三条同容积的沟槽相互连通串联组成，两侧的 A、C 池交替作为曝气池和沉淀池，中间的 B 池一直为曝气池。原污水交替地进入 A 池或 B 池或 C 池，处理出水则相应地从作为沉淀的 C 池或 A 池流出，曝气沉淀在两侧池内交替进行，既无二沉池，也无须污泥回流系统。

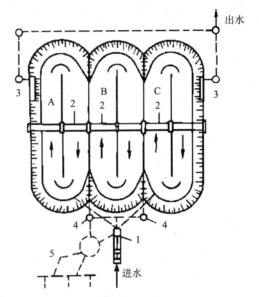

1—沉砂池；2—曝气转刷；3—出水堰； 4—排泥井；5—污泥井

图 2-36 三沟式氧化沟

剩余污泥一般从中间的 B 池排出。

三沟式氧化沟的水深为 3.5 m 左右。一般采用水平轴转刷曝气，两侧沟的转刷是间歇曝气，以使污水处于缺氧状态，中间沟的转刷是连续曝气。

三沟式氧化沟脱氮的运行程序分为 6 个运行阶段，工作周期为 8 h，如图 2-37所示。它由自动控制系统根据其运行程序自动控制进、出水的方向、溢流堰的升降以及曝气转刷的开动和停止。

（1）阶段 A：工作周期为 2.5 h，污水经配水井进入第一沟，沟内转刷低速运转，仅维持沟内活性污泥处于悬浮状态下环流，沟内处于缺氧反硝化状态，反硝化菌将上阶段产生的 $NO_x\text{-}N$ 还原成 N_2 逸出。在此过程中，原污水作为碳源，而不必外加碳源。同时沟内出水堰能自动调节，混合液进入第二沟。第二沟内转刷在阶段 A 均处于高速运行，使其沟内的混合液保持恒定环流，其 DO 为 2 mg/L，在此进行有机物的降解和氨氮的硝化。处理后的混合液再进入第三沟，此时第三沟内的转刷处于闲置状态，所以在该阶段，第三沟仅用做沉淀池，使泥水分离，澄清水通过已降低的出水堰从第三沟排出。

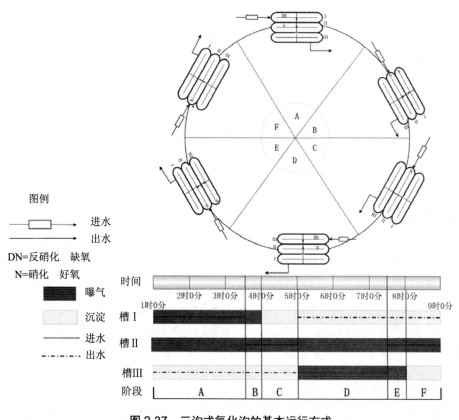

图 2-37　三沟式氧化沟的基本运行方式

（2）阶段 B：工作周期为 0.5 h，污水入流从第一沟调到第二沟，此时第一沟内的转刷高速运转，第一沟由缺氧状态逐步转为富氧状态，第二沟内转刷仍高速运转。所以，阶段 B 时的第一、二沟内均处于好氧状态，都进行有机物的降解和氨氮的硝化。经第二沟处理过的混合液再进入第三沟，第三沟仍为沉淀池，沉淀后的污水通过第三沟出水堰排出。

（3）阶段 C：工作周期为 1.0 h，第一沟转刷停止运转，开始泥水分离，需要时段约 1 h，至该阶段未分离过程结束。在 C 阶段，入流污水仍然进入第二沟，处理后污水仍然通过第三沟出水堰排出。

（4）阶段 D：工作周期为 2.5 h，污水入流从第二沟调至第三沟，第一沟出水堰降低，第三沟出水堰升高，第三沟内转刷低速运转，使混合液悬浮环流，处于缺氧状态，进行反硝化脱氮。然后混合液流入第二沟，第二沟内转刷高速运转，使之处于好氧状态，进行有机物降解和氨氮消化。经处理后再流入第一沟，此时第一沟作为沉淀池，澄清水通过第一沟已降低的出水堰排出。阶段 D 与阶段 A 相类似，所不同的是，硝化发生在第三沟，而沉淀发生在第一沟。

（5）阶段 E：工作周期为 0.5 h，污水入流从第三沟转向第二沟，第三沟转刷高速运转，以保证在该阶段末沟内有剩余氧。第一沟仍作沉淀池，处理后污水通过该沟出水堰排出。第二沟转刷高速运转，仍处于有机物降解和氨氮消化过程。阶段 E 和阶段 B 相对应，不同的是两个外沟的功能相反。

（6）阶段 F：工作周期为 1.0 h，该阶段基本与 C 阶段相同，第三沟内转刷停止运转，开始泥水分离，入流污水仍然进入第二沟，处理后的污水经第一沟出水堰排出。

由上述运行可以看出，三沟式氧化沟脱氮是在二侧沟同一反应池内完成。氧化沟系统并没有单独设置反硝化区，只是在运行过程中设置了停曝期来进行反硝化，从而获得较高的氮去除率。三沟式氧化沟脱氮运行程序，可完成有机物的降解和硝化、反硝化过程，能取得良好的 BOD_5 去除效果和脱氮效果。

【工程举例】河北邯郸市东污水处理厂设计规模 10 万 m^3/d，第一期工程为 6.6 万 m^3/d。该厂利用丹麦政府的赠款引进丹麦克鲁格公司三沟式氧化沟技术，第一期工程已建成二组三沟式（T 型）氧化沟，1991 年投入运行，已被国家环保总局列入氧化沟工艺处理城市污水的示范工程，每组平面尺寸 $L×B×H＝98×73×3.5\ m^3$，由 3 条同容积的沟槽串联组成。两组氧化沟总容积 3.99 万 m^3，采用水平转刷曝气。设计进水 BOD_5 ＝134 mg/L，SS＝160 mg/L，NH_3-N＝22 mg/L。要求出水 BOD_5≤15 mg/L，SS≤15 mg/L，NH_3-N≤2～3 mg/L。运行结果表明，每项水质指标均达到了设计要求。

（二）DE 型氧化沟工艺与脱氮除磷

DE 型氧化沟为半交替式双沟氧化沟，具有独立的二沉池和回流污泥系统。二个氧化沟相互连通，串联运行，可交替进、出水，沟内曝气转刷高速运行时曝气充氧，低速运行时只推动水流，不充氧。通过两沟内转刷交替处于高速和低速运行，使两沟交替处于缺氧和好氧状态，从而达到脱氮的目的。如在氧化沟前增设厌氧池，可达到脱氮除磷的功能。

（1）DE 氧化沟生物脱氮（BIO-DENITRO）流程

该 DE 氧化沟生物脱氮流程为丹麦专利工艺，其流程图如图 2-38 所示。

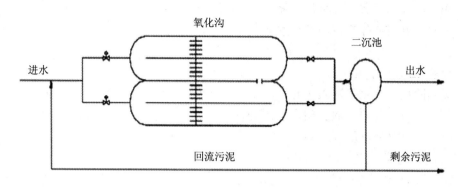

图 2-38　DE 氧化沟流程

DE 型氧化沟生物脱氮运行程序一般分为四个阶段，每四个阶段组成一个运行周期，每个周期 4 h。其运行程序如图 2-39 所示。

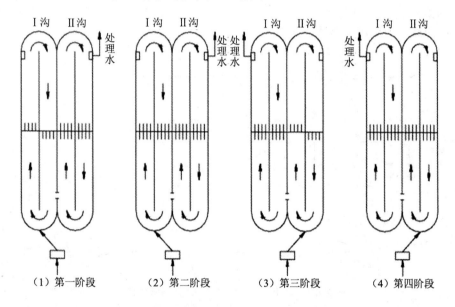

图 2-39　DE 型氧化沟硝化反硝化运行控制程序

第一阶段：污水进入沟 I，沟 I 内转刷低速运转，沟 II 内转刷高速运转。沟 I 出水堰关闭，沟 II 出水堰开启并排水。在该阶段中，沟 I 为缺氧区，进行反硝化脱氮，沟 II 为好氧区、进行硝化。该阶段历时 1.5 h。

第二阶段：污水进入沟 I，沟 I 与沟 II 内转刷均处于高速运转。沟 I 出水堰关闭，沟 II 出水堰开启并排水。在该阶段中，沟 I 和沟 II 均为好氧区，进行硝化，该阶段为过渡期，历时较短，仅为 0.5 h。

第三阶段：污水进入沟Ⅱ，沟Ⅰ内转刷处于高速运转。沟Ⅱ内转刷为低速运转，沟Ⅰ出水堰开启并排水，沟Ⅱ出水堰关闭。在该阶段中，沟Ⅰ为好氧区，沟Ⅱ为缺氧区。

该阶段历时 1.5 h。

第四阶段：污水仍进入沟Ⅱ，沟Ⅰ与沟Ⅱ内转刷均处于高速运转。沟Ⅰ出水堰开启并排水，沟Ⅱ出水堰关闭。在该阶段中，沟Ⅰ和沟Ⅱ均为好氧区，进行硝化。该阶段亦为过渡期，历时 0.5h。

（2）DE 型氧化沟生物脱氮除磷（BID-DENIPHO）流程

DE 型氧化沟生物脱氮除磷流程也是丹麦专利工艺，根据脱氮除磷机理，该流程在 DE 型氧化沟前增设一厌氧池，以便进行除磷，而脱氮功能则由交替工作的两沟完成，厌氧池为连续式运行，所以该流程具有生物脱氮除磷的功能。其流程图如图 2-38 所示。

在我国，东莞市塘厦镇水质净化厂首先采用了 DE 型氧化沟生物脱氮除磷工艺。设计规模为 3 万 t/d，一期工程为 1.5 万 t/d。该厂于 1996 年 4 月建成投产，稳定运行至今，其工艺流程如图 2-40 所示。

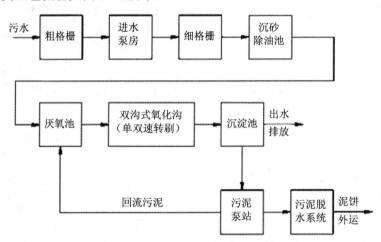

图 2-40　东莞市塘厦镇水质净化厂处理流程

沟Ⅰ、沟Ⅱ硝化及反硝化交替进行，一个周期循环时间 224 min。硝化阶段按溶解氧的要求来控制转刷的开启（溶解氧设计值 3 mg/L）。反硝化阶段双速转刷（慢速）以停 35 min、开 5 min 的程序交替进行。

主要工艺参数

pH 值：6.5～7.5

碳氮比值：BOD_5：TN＞4.8

BOD_5 负荷：0.05～0.15 kgBOD_5/（kgMLSS·d）

污泥龄：15～20 d

混合液浓度：4 000～5 000 mg/L

溶解氧：厌氧段 DO≤0.2 mg/L，缺氧段 DO＝5～0.8 mg/L，好氧段 DO＝2～3 mg/L

（三）卡鲁塞尔（Carrousel）式氧化沟

由图 2-41 可知，卡鲁塞尔氧化沟是一个多沟串联系统，进水与活性污泥混合后沿箭头方向在沟内作不停地循环流动。其采用垂直安装的低速表面曝气器，每组沟渠安装一个，均安装在同一端，形成了靠近曝气器下游的富氧区和曝气器上游以及外环的缺氧区，这不仅有利于生物凝聚，还使活性污泥易于沉淀。BOD_5 去除率可达 95%～99%，脱氮效率约 90%，除磷效率约为 50%。

卡鲁塞尔氧化沟的表面曝气机单机功率大，其水深可达 5 m 以上，使氧化沟面积减少土建费用降低。由于曝气机功率大，使得氧的转移效率大大提高，平均传氧效率至少达到 2.1 kg/（kW·h）。因此这种氧化沟具有极强的混合搅拌耐冲击能力。当有机负荷较低时，可以停止某些曝气器运行，以节约能耗。

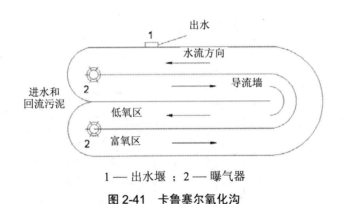

1 — 出水堰 ；2 — 曝气器

图 2-41　卡鲁塞尔氧化沟

（四）奥贝尔（Orbal）型氧化沟

奥贝尔型氧化沟的曝气设备一般采用水平轴转盘式曝气机。转盘的转速为 43～55 r/min，转盘的浸没深度可在 230～530 mm 调节。

奥贝尔氧化沟简称同心圆式，它也是分建式，有单独二沉池，采用转碟曝气，沟深较大，脱氮效果很好，但除磷效率不够高，要求除磷时还需前加厌氧池。应用上多为椭圆形的三环道组成，三个环道用不同的氧化沟（如外环为 0，中环为 1，内环为 2），有利于脱氮除磷。采用转碟曝气，水深一般在 4.0～4.5 m，动力效率与转刷接近，山东潍坊、北京黄村和合肥王小郢的城市污水处理厂应用此工艺。

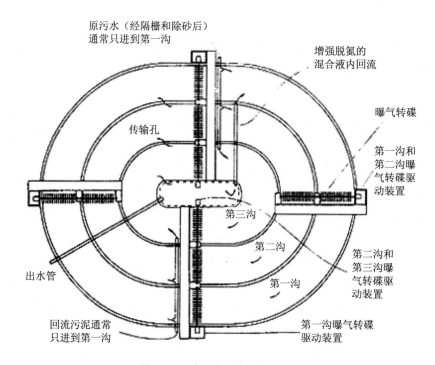

原污水（经隔栅和除砂后）通常只进到第一沟

增强脱氮的混合液内回流

曝气转碟

第一沟和第二沟曝气转碟驱动装置

传输孔

第三沟

第二沟

第一沟

第二沟和第三沟曝气转碟驱动装置

出水管

回流污泥通常只进到第一沟

第一沟曝气转碟驱动装置

图 2-42　奥贝尔型氧化沟

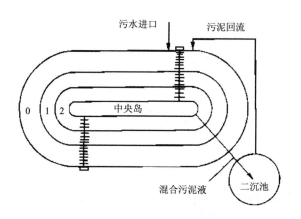

污水进口　　污泥回流

中央岛

0　1　2

混合污泥液　　二沉池

图 2-43　奥贝尔氧化沟工艺流程

（五）一体化氧化沟

一体化氧化沟又称为合建式氧化沟，是指集曝气、沉淀、泥水分离和污泥回流功能为一体，无须建造单独二沉池的氧化沟。有代表性的是船型一体氧化沟，将平流式沉淀池设在氧化沟一侧，其宽度小于氧化沟宽度，因此它就像在氧化沟内放置一条船，混合液从其底部及两侧流过，在沉淀槽下游一端有进水口，将部分混合液引入沉淀槽，即沉淀槽内水流方向与氧化沟内混合液的流动方向相反，沉淀槽内的污泥下降并由底部的泥斗收集回流至氧化沟，澄清水则由沉淀槽内流水方向的尾部溢流堰收集排出。一体化氧化沟也可利用侧沟或中心岛进行泥水分离。一体化氧化沟可省去污泥回流泵房。

一体化氧化沟除一般氧化沟所具有的优点外，还有以下优点：工艺流程短，构筑物和设备少，不设初沉池、调节池和单独的二沉池；污泥自动回流，投资少、能耗低、占地少、管理简便；造价低，建造快，设备事故率低，运行管理工作量少；固液分离效果比一般二次沉淀池高，使系统在较大的流量浓度范围内稳定运行。

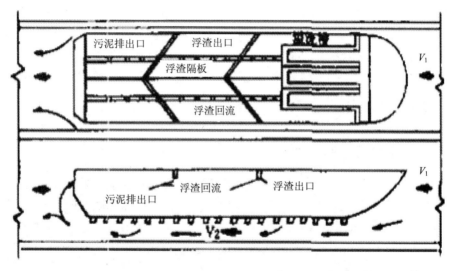

图 2-44　床型一体化氧化沟局部构造（主要指船型沉淀槽）

二、氧化沟工艺特点

（1）简化了预处理。氧化沟水力停留时间和污泥龄比一般生物处理法长，悬浮有机物可与溶解性有机物同时得到较彻底的去除，排出的剩余污泥已得到高度稳定，因此氧化沟不设初次沉淀池，污泥不需要进行厌氧消化。

（2）占地面积少。在流程中省略了初次沉淀池、污泥消化池，有时还省略了二次沉淀池和污泥回流装置，使污水处理厂总占地面积不仅没有增大，反而缩小。

（3）具有推流式流态的特征。氧化沟具有推流特性，使得溶解氧浓度在沿池长方向形成浓度梯度，形成好氧、缺氧和厌氧条件。通过对系统合理的设计与控制，可取得最好的除磷脱氮效果。

（4）不设二次沉淀池简化了工艺。将氧化沟和二沉池合建为一体式氧化沟，以及近年来发展的交替工作的氧化沟，可不用二沉池，使处理流程更为简化。

（5）剩余污泥量少，污泥性质稳定。由于氧化沟工艺为延时曝气，水流停留时间长，一般为 10~24 h，污泥龄也长达 20~30 d，有机物得到较彻底的降解，产生的剩余污泥量少，且性质稳定，使污泥不需消化处理而直接脱水，节省处理费用，也便于管理。

（6）耐冲击负荷。由于氧化沟内的循环量一般为污水量的几十倍至几百倍，所以循环流量大大地稀释了氧化沟的原污水，同时水力停留时间和污泥龄较长，所以氧化沟具有较强的抗冲击负荷能力。

（7）处理效果稳定，出水水质好。氧化沟工艺污泥负荷率低，水力停留时间长，污泥龄长，所以 BOD_5、SS 的去除率均大于 85%，同时耐冲击负荷，处理效果稳定。氧化沟内的溶解氧沿沟长方向不均匀分布，靠近某些区段还呈现厌氧状态。这样，沟内相继进行硝化和反硝化，同时聚磷菌交替处于厌氧和好氧条件下，交替进行释磷和过量摄取磷，然后将高磷剩余污泥排放，达到生物除磷的目的。所以氧化沟不仅可去除 BOD_5，而且还能脱氮除磷，出水水质好。

（8）氧化沟工艺自动化程度要求高。

三、氧化沟工艺的设计计算

氧化沟一般由沟体、曝气设备、进水分配井、出水溢流堰和导流装置等部分组成。氧化沟进水水温宜为 10~25℃，pH 值宜为 6~9。当采用曝气转刷时，有效水深为 2.6~3.5 m；当采用曝气转碟时，有效水深为 3.0~4.5 m；当采用表面曝气机时，有效水深为 4.0~5.0 m；氧化沟直线段的长度最小 12 m 或最少是水面处的渠宽的 2 倍（不包括奥贝尔氧化沟），见表 2-12。

表 2-12　氧化沟工艺设计参数

名称		数值
污泥负荷 N_s/[kgBOD$_5$·（kgMLSS·d）$^{-1}$]		0.03~0.15
水力停留时间 T/h		10~48
污泥龄 θ_c/d		去除 BOD$_5$ 时，5~8；去除 BOD$_5$ 并硝化时，10~20；去除 BOD$_5$ 并反硝化时，30
污泥回流比 R/%		50~200
污泥浓度 X/（mg·L^{-1}）		2 000~6 000
容积负荷/[kgBOD$_5$·（m^3·d）$^{-1}$]		0.2~0.4
出水水质/（mg·L^{-1}）	BOD$_5$	10~15
	SS	10~20
	NH$_3$-N	1~3
必要需氧量		1.4~2.2

学习单元四　A₂/O 工艺

A₂/O 工艺是 Anaerobic-Anoxic-Oxic 的英文缩写，是厌氧—缺氧—好氧生物脱氮除磷工艺的简称。A₂/O 工艺于 70 年代由美国专家在厌氧—好氧除磷工艺（A₂/O 工艺）的基础上开发出来，该工艺同时具有脱氮除磷的功能。

该工艺在厌氧—好氧除磷工艺（A₂/O 工艺）加一缺氧池，将好氧池流出的一部分混合液回流至缺氧池前端，以达到硝化脱氮的目的。

一、A₂/O 工艺流程

A₂/O 生物脱氮除磷工艺流程如图 2-45 所示，城市污水中主要污染物质在 A₂/O 工艺中变化特性如图 2-46 所示。

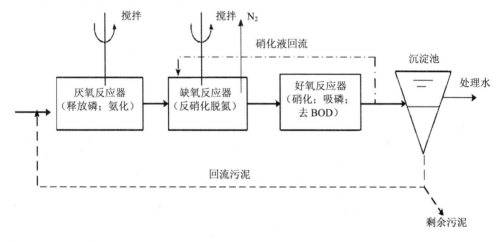

图 2-45　A₂/O 同步脱氮除磷工艺流程

在首段厌氧池主要是进行磷的释放，使污水中 P 的浓度升高，溶解性有机物被细胞吸收而使污水中 BOD_5 浓度下降；另外 $NH_3\text{-}N$ 因细胞的合成而被去除一部分，使污水中 $NH_3\text{-}N$ 浓度下降，但 $NO_3^-\text{-}N$ 含量没有变化。

在缺氧池中，反硝化菌利用污水中的有机物作碳源，将回流混合液中带入的大量 $NO_3^-\text{-}N$ 和 $NO_2^-\text{-}N$ 还原为 N_2 释放至空气中，因此 BOD_5 浓度继续下降，$NO_x\text{-}N$ 浓度大幅度下降，而磷的变化很小。

在好氧池中，有机物被微生物生化降解后浓度继续下降；有机氮被氨化继而被硝化，使 $NH_3\text{-}N$ 浓度显著下降，但随着硝化过程的进展，$NO_x\text{-}N$ 的浓度增加；P 将随着聚磷菌的过量摄取，也以较快的速率下降。

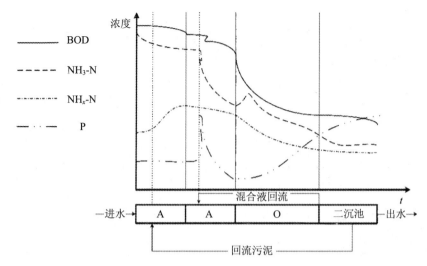

图 2-46   A₂/O 工艺主要污染物去除变化曲线

所以，A₂/O 工艺可以同时完成有机物的去除、脱氮、除磷等功能。脱氮的前提是 NH_3-N 应完全硝化，好氧池能完成这一功能；缺氧池则完成脱氮功能。厌氧池和好氧池联合完成除磷功能。

二、A₂/O 工艺特点

（1）厌氧、缺氧、好氧三种不同的环境条件和不同种类微生物菌群的有机配合，能同时具有去除有机物、脱氮除磷的功能。

（2）在同时脱氮除磷去除有机物的工艺中，该工艺流程最为简单，总的水力停留时间也少于同类其他工艺。

（3）在厌氧—缺氧—好氧交替运行下，丝状菌不会大量繁殖，SVI 一般少于100mL/g，不会发生污泥膨胀。

（4）污泥中磷含量高，一般为 2.5%以上。

（5）厌氧—缺氧池只需轻搅拌，使之混合，而以不增加溶解氧为度。

（6）沉淀池要防止发生厌氧、缺氧状态，以避免聚磷菌释放磷而降低出水水质，以及反硝化产生 N_2 而干扰沉淀。

（7）脱氮效果受混合液回流比大小的影响，除磷效果则受回流污泥中挟带 DO 和硝酸态氧的影响，因而脱氮除磷效率不可能很高。

三、A₂/O 工艺的影响因素

1. 污水中可生物降解有机物对脱氮除磷的影响

可生物降解有机物对脱氮除磷有着十分重要的影响，其对 A₂/O 工艺中的三种生化过程的影响复杂、相互制约甚至相互矛盾。在厌氧池中，聚磷菌本身是好氧菌，其运动能力很弱，增殖缓慢，只能利用低分子的有机物，是竞争能力很差的软弱细菌。但聚磷菌能在细胞内贮存 PHB 和聚磷酸基，当它处于不利的厌氧环境下，能将贮藏的聚磷酸盐中的磷通过水解而释放出来，并利用其产生的能量吸收低分子有机物而合成 PHB，成为厌氧段的优势菌群。因此，污水中可生物降解有机物对聚磷菌厌氧释磷起着关键性的作用，经实验研究，厌氧段进水溶解性磷与溶解性 BOD_5 之比应小于 0.06 才会有较好的除磷效果。

缺氧段，当污水中的 BOD_5 浓度较高，有充分的快速生物降解的溶解性有机物时，即污水中 C/N 值较高，此时 $NO_x\text{-}N$ 的反硝化速率最大，缺氧段的水力停留时间 HRT 为 0.5~1.0 h 即可；如果 C/N 值低，则缺氧段 HRT 需 2~3 h。

在好氧段，当有机物浓度高时污泥负荷也较大，降解有机物的异养型好氧菌超过自养型好氧硝化菌，使氨氮硝化不完全，出水中 NH_4^+ 浓度急剧上升，使氮的去除效率大大降低。所以要严格控制进入好氧池污水中的有机物浓度，在满足好氧池对有机物需要的情况下，使进入好氧池的有机物浓度较低，以保证硝化细菌在好氧池中占优势生长，使硝化作用完全。由此可见，在厌氧池，要有较高的有机物浓度；在缺氧池，应有充足的有机物；而在好氧池的有机物浓度应较小。

2. 泥龄（θ_c）的影响

A_2/O 工艺污泥系统的污泥龄受两方面的影响。首先是好氧池，因自养型硝化菌比异养型好氧菌的增殖速度小得多，要使硝化菌存活并成为优势菌群，则污泥龄要长，一般为 20~30 d 为宜。但另一方面，A_2/O 工艺中磷的去除主要是通过排出含磷高的剩余污泥而实现，如泥龄过长，则每天排出含磷高的剩余污泥量太少，达不到较高的除磷效率。同时过高的污泥龄会造成磷从污泥中重新释放，更降低了除磷效果。所以要权衡上述两方面的影响，A_2/O 工艺的污泥龄一般宜为 15~20 d。

3. 溶解氧（DO）的影响

在好氧段，DO 升高，硝化速度增大，但当 DO>2 mg/L 后其硝化速度增长趋势减缓，高浓度的 DO 会抑制硝化菌的硝化反应。同时，好氧池过高的溶解氧会随污泥回流和混合液回流分别带至厌氧段和缺氧段，影响厌氧段聚磷菌的释放和缺氧段 $NO_x\text{-}N$ 的反硝化，对脱氮除磷均不利。相反，好氧池的 DO 浓度太低也限制了硝化菌的生长，其对 DO 的忍受极限为 0.5~0.7 mg/L，否则将导致硝化菌从污泥系统中淘汰，严重影响脱氮效果。实验证明，好氧池的 DO 为 2 mg/L 左右为宜，太高太低都不利。

在缺氧池，DO 对反硝化脱氮有很大影响。由于溶解氧与硝酸盐竞争电子供体，同时抑制硝酸盐还原酶的合成和活性，影响反硝化脱氮。为此，缺氧段 DO<0.5 mg/L。

在厌氧池严格的厌氧环境下，聚磷菌从体内大量释放出磷而处于饥饿状态，为好氧段大量吸磷创造了前提，有效地从污水中去除磷。但由于回流污泥将溶解氧和 NO_x-N 带入厌氧段，很难保持严格的厌氧状态，所以一般要求 DO＜0.2 mg/L，对除磷影响不大。

4. 污泥负荷率 N_s 的影响

在好氧池，N_s 应在 0.18 kg BOD$_5$/（kgMLSS·d）之下，否则异养菌数量会大大超过硝化菌，使硝化反应受到抑制。而在厌氧池，N_s 应大于 0.10 kg BOD$_5$/（kgMLSS·d），否则除磷效果将急剧下降。所以，在 A$_2$/O 工艺中其污泥负荷率 N_s 的范围狭小。

5. TKN/MLSS 负荷率的影响

过高浓度的 NH$_4^+$ 对硝化菌会产生抑制作用，所以 TKN/MLSS 负荷率应小于 0.05 kg TKN/（kgMLSS·d），否则会影响 NH$_4^+$ 的硝化。

6. 污泥回流比和混合液回流比的影响

脱氮效果与混合液回流比有很大关系，回流比高，则效果好，但动力费用增大，反之亦然。A$_2$/O 工艺适宜的混合液回流比一般为 200%。

一般，污泥回流比为 25%～100%，太高，污泥将带入厌氧池太多 DO 和硝态氧，影响其厌氧状态（DO＜0.2 mg/L），使释磷不利；如果太低，则维持不了正常的反应池污泥浓度（2 500～3 500 mg/L），影响生化反应速率。

7. 水力停留时间 HRT 的影响

根据试验和运行经验表明，A$_2$/O 工艺总的水力停留时间 HRT 一般为 6～8 h，而三段 HRT 的比例为厌氧段：缺氧段：好氧段＝1：1：（3～4）。

8. 温度的影响

好氧段，硝化反应在 5～35℃时，其反应速率随温度升高而加快，适宜的温度范围为 30～35℃。当低于 5℃时，硝化菌的生命活动几乎停止。

缺氧段的反硝化反应可在 5～27℃进行，反硝化速率随温度升高而加快，适宜的温度范围为 15～25℃。

厌氧段，温度对厌氧释磷的影响不太明显，在 5～30℃除磷效果均很好。

9. pH 值的影响

在厌氧段，聚磷菌厌氧释磷的适宜 pH 值是 6～8；在缺氧反硝化段，对反硝化菌脱氮适宜的 pH 值为 6.5～7.5；在好氧硝化段，对硝化菌适宜的 pH 值为 7.5～8.5。

四、工艺流程存在的问题

A$_2$/O 工艺很难同时取得好的脱氮除磷的效果，当脱氮效果好时，除磷效果则较差，反之亦然。其原因是：该流程回流污泥全部进入厌氧段，为了使系统维持在较低的污泥负荷下运行，以确保硝化过程的完成，要求采用较大的回流比（一般为 60%～80%，最低也应在 40% 以上），系统硝化作用良好。由于回流污泥也将大量硝酸盐带回厌氧池，而磷必须在混合液中存在有快速生物降解溶解性有机物及在厌氧状态下，才能被聚磷菌释放出来。但当厌氧段存在大量硝酸盐时，反硝化菌会以有机物为碳源进行反硝化，等脱氮完全后才开始磷的厌氧释放，使得厌氧段进行磷的厌氧释放的有效容积大为减少，从而使得除磷效果较差，脱氮效果较好。反之，如果好氧段硝化作用不好，则随回流污泥进入厌氧段的硝酸盐减少，改善了厌氧段的厌氧环境，使磷能充分地厌氧释放，除磷的效果较好，但由于硝化不完全，故脱氮效果不佳。所以，A_2/O 工艺在脱氮除磷方面不能同时取得较好的效果。另外，A_2/O 工艺设备造成厌氧段和缺氧段溶解氧浓度升高，而导致该工艺脱氮除磷效果下降。

五、A_2/O 工艺缺陷的改进及对策

（一）硝酸盐干扰释磷问题的工艺对策

UCT（University of Cape Town，1983）工艺如图 2-47，将 A_2/O 中的污泥回流由厌氧区改到缺氧区，使污泥经反硝化后再回流至厌氧区，减少了回流污泥中硝酸盐和溶解氧含量。与 A_2/O 工艺相比，UCT 工艺在适当的 COD/TKN 比例下，缺氧区的反硝化可使厌氧区回流混合液中硝酸盐含量接近于零。

当进水 TKN/COD 较高时，缺氧区无法实现完全的脱氮，仍有部分硝酸盐进入厌氧区，因此又产生改良 UCT 工艺—MUCT 工艺。MUCT 工艺有两个缺氧池，前一个接受二沉池回流污泥，后一个接受好氧区硝化混合液，使污泥的脱氮与混合液的脱氮完全分开，进一步减少硝酸盐进入厌氧区的可能。

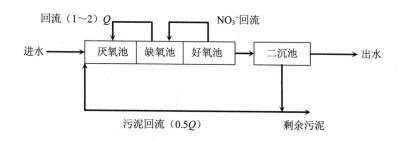

图 2-47　UCT 工艺流程

（二）弥补碳源不足的工艺对策

1. 补充碳源

补充碳源可分为两类，一类是包括甲醇、乙醇、丙酮和乙酸等可用作外部碳源

的化合物，另一类是易生物降解的 COD 源，它们可以是初沉池污泥发酵的上清液、其他酸性消化池的上清液或是某种具有大量易生物降解 COD 组分的有机废水，例如：麦芽工业废水、水果和蔬菜加工工业废水和果汁工业废水等。碳源的投加位置可以是缺氧反应器，也可以是厌氧反应器，在厌氧反应器中投加碳源不仅能改善除磷，还能增加硝酸盐的去除潜力，因为投加易生物降解的 COD 能使起始的脱氮速率加快，并能运行较长的一段时间。

2. 改变进水方式

取消初次沉淀池或缩短初次沉淀时间，使沉砂池出水中所含大颗粒有机物直接进入生化反应系统，即可引发常规活性污泥法系统边界条件的重要变化，即进水的有机物总量增加了，部分地缓解了碳源不足的问题，在提高除磷脱氮效率的同时，降低运行成本。对功能完整的城市污水处理厂而言，这种碳源易于获取又不额外增加费用。Johannesburg（JHB）工艺是在 A$_2$/O 工艺到厌氧区污泥回流线路中增加了一个缺氧池，来自二沉池的污泥可利用 33% 左右进水中的有机物作为反硝化碳源去除硝态氮，以消除硝酸盐对厌氧池厌氧环境的不利影响。此外，对传统 A$_2$/O 工艺也可采用 1/3 进水入缺氧区，2/3 进水入厌氧区的分配方案可以取得较高的 N、P 去除效果。

3. 倒置 A$_2$/O 工艺

传统 A$_2$/O 工艺厌氧、缺氧、好氧布置在碳源分配上总是优先照顾释磷的需要，把厌氧区放在工艺的前部，缺氧区置后。这种作法是以牺牲系统的反硝化速率为前提。但释磷本身并不是除磷脱氮工艺的最终目的。基于以上认识，针对常规除磷脱氮工艺提出一种新的碳源分配方式，如图 2-48。缺氧区放在工艺最前端，厌氧区置后，即所谓的倒置 A$_2$/O 工艺。其特点如下：

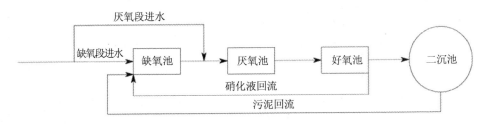

图 2-48　倒置 A$_2$/O 工艺

（1）聚磷菌厌氧释磷后直接进入生化效率较高的好氧环境，其在厌氧条件下形成的吸磷动力可得到更充分的利用，具有"饥饿效应"优势；

（2）允许所有参与回流的污泥全部经历完整的释磷、吸磷过程，故在除磷方面具有"群体效应"优势；

（3）缺氧段位于工艺的首端，允许反硝化优先获得碳源，故进一步加强了系统的脱氮能力；

（4）工程上采取适当措施可将回流污泥和内循环合并为一个外回流系统，因而流程简捷，宜于推广。

六、A_2/O 工艺设计

1. 设计参数

水力停留时间：厌氧、缺氧、好氧三段总停留时间一般为 6～8 h，而三段停留时间比例（厌氧：缺氧：好氧）等于 1：1：（3～4）；污泥回流比：25%～100%；混合液回流比：200%。有机物负荷，好氧段≤0.18 kgBOD₅/（kgMLSS·d）；厌氧段≥0.10 kgBOD₅/（kgMLSS·d）；好氧段：KN/MLSS＜0.05 KNBOD₅/（kgMLSS·d）；缺氧段：BOD₅/NOₓ-N＞4；厌氧段进水：P/BOD₅＜0.06；污泥浓度为 3 000～4 000 mg·L⁻¹；溶解氧：好氧段 DO＝2 mg/L；缺氧段 DO≤0.5 mg/L；厌氧段 DO≤0.2 mg/L；硝酸态氧≈0；硝化反应氧化 1 g NH₄⁺-N 需氧 4.57 g，需消耗碱度 7.1 g（以 CaCO₃ 计）；反硝化反应还原 1 g NOₓ-N 将放出 2.6 g 氧，生成 3.57 g 碱度（以 CaCO₃ 计），并消耗 1.72 gBOD₅；pH 值：好氧池 pH＝7.0～8.0；缺氧池 pH＝6.5～7.5；厌氧池 pH＝6～8。水温：13～18℃时其污染物质的去除率较稳定；污泥中磷的比率为 2.5%以上；需氧量：A_2/O 工艺的需氧量应包括有机物降解的需氧量和硝化需氧量两部分，并应考虑细胞合成所需的氨氮和排放剩余活性污泥所相当的 BOD₅ 值。同时，还应考虑反硝化过程中放出的氧量与消耗相应量的有机物反硝化菌的碳源所相当的BOD₅值，所以：

$$O_2 = aS_r + bN_r - bN_D - cX_W \tag{2-65}$$

式中，O_2 —— 需氧量，kg/d；

S_r —— BOD₅ 的去除量，kg/d；

X_W —— 每天生成的活性污泥量，即每天排放的剩余活性污泥量，kg/d；

N_r —— 氨氮被硝化去除量，kg/d；

N_D —— NOₓ-N 的脱氮量，kg/d；

a，b，c —— BOD₅、NH₄⁺和活性污泥氧的当量，其数值分别为 1、4.6、1.42。

$$S_r = Qk_总(S_0 - S_e) \tag{2-66}$$

式中，Q —— 平均日流量，m³/d；

$k_总$ —— 水的日变化系数；

S_0、S_e —— 污水流入、流出的 BOD₅ 浓度，g/m³。

$$N_r = [QK(NK_0 - NK_e) - 0.12X_W] \tag{2-67}$$

式中，NK_0、NK_e —— 进、出水凯氏氮浓度，g/m³；

0.12 —— 微生物体中氮含量的比例系数，即生成 1kg 生物体需 0.12kg 氮量。

$$N_D = QK(NK_0 - NK_e - NO_e) - 0.12X_W \tag{2-68}$$

式中，NO_e —— 出水中 NO_x^--N 浓度，g/m^3。

2．计算步骤

（1）选定总的水力停留时间及各段的水力停留时间。

（2）求总有效容积 V 和各段的有效容积。

（3）按推流式设计，确定反应池的主要尺寸。

（4）计算剩余污泥量。

（5）需氧量计算及曝气系统布置（普通活性污泥法相同）。

（6）厌氧段、缺氧段都宜分成串联的几个方格，每个方格内设置一台机械搅拌器，一般采用叶片式浆板或推流式搅拌器，以保证生化反应进行，并防止污泥沉淀。所需功率按 $3\sim5$ W/m^3 污水计算。

七、工程举例

天津纪庄庄子污水处理厂将原来部分工艺（处理规模为 13 万 m^3/d）——普通活性污泥法工艺改造为 A_2/O 工艺，其设计参数：

BOD_5 污泥负荷率：$N_s=0.15\sim0.2$ $kgBOD_5/$（kgMLSS·d）

TN 负荷：$0.05\sim0.08$ kgTN/（kgMLSS·d）

TP 负荷：$0.003\sim0.006$ kgTP/（kgMLSS·d）

MLSS $=3\,000\sim3\,500$ mg/L

厌氧段停留时间：$0.65\sim1.0$ h

缺氧段停留时间：$1.0\sim1.5$ h

好氧段停留时间：$3.0\sim8.5$ h

污泥回流比 $R=100\%$

混合液回流比 $R_N=180\%\sim200\%$

污泥龄 $\theta_c=20$ d；气水比：$2\sim3$

运行取得了良好的效果，对 BOD_5、COD、SS、TN、TP 的去除率分别为 93%、88%、69%、61% 和 54%。

学习单元五　　MBR 处理工艺

膜生物反应器（Membrane Bio-Reactor，MBR）是高效膜分离技术与活性污泥法相结合的新型污水处理技术，可用于有机物含量较高的市政或工业废水处理。20世纪 70 年代开始有过 MBR 的技术应用，但其在污水处理领域的大规模应用是 80年代在日本等国广泛应用。该技术由于具有诸多传统污水处理工艺所无法比拟的优点，受到普遍关注。

一、膜生物反应器的发展概述

20 世纪 60 年代末期的美国最早开始研究膜生物反应器。1969 年 Smith 等报道采用超滤膜来替代传统活性污泥工艺中的二沉池，用于处理城市污水。美国的 Dorr-Oliver 公司在 1966 年前后也开始了膜生物反应器的研究，开发了 MST（Membrane Sewage Treatment）的工艺。

70 年代末期，日本由于污水再生利用的需要，膜生物反应器的研究工作有了较快的进展。1983—1987 年，日本有 13 家公司使用好氧膜生物反应器处理大楼污水，处理水作为中水回用。这一阶段的膜生物反应器的形式主要是分置式。

有关膜技术与厌氧反应器的组合使用在 20 世纪 80 年代初也受到关注。1982 年 Dorr-Oliver 公司开发了 MARS 工艺（Membrane Anaerobic Reactor System）用于处理高浓度有机工业废水。同时 80 年代初，在英国也开发了类同的工艺。该工艺在南非进一步发展成为 ADUF 工艺（Anaerobic Digester Ultrafiltration Process）。

80 年代末以后，国际上研究深度和广度不断加强。在传统分置式膜生物反应器的基础上，提出了运行能耗低、占地更为紧凑的一体式膜生物反应器。膜生物反应器在日本、美国、法国、英国、荷兰、德国、南非、澳大利亚等国已得到相当多的应用。主要应用对象包括：生活污水的处理与回用、粪便污水处理、有机工业废水处理等。

我国对膜生物反应器的研究始于 20 世纪 90 年代初。近年，该项技术在国内已得到相当多的应用。

二、膜生物反应器的分类及工艺类型

（一）膜生物反应器分类

膜生物反应器主要由膜分离组件及生物反应器两部分组成。目前已开发的膜生物反应器可分为三种：膜分离反应器、膜曝气反应器和萃取膜生物反应器。膜分离反应器被用于固体的分离与截留，可取代沉淀池。膜曝气反应器可实现膜生物反应器中的无泡供氧，提高氧传质效率。萃取膜生物反应器可利用膜的选择透过性对特定的污染物进行分离。

1. 膜分离反应器

膜分离反应器是一种用膜分离过程取代传统活性污泥法中二次沉淀池的水处理技术。在传统的废水生物处理技术中，泥水分离在二沉池中靠重力作用完成，其分离效率依赖于活性污泥的沉降性能，沉降性越好，泥水分离效率越高。而污泥的沉降性取决于曝气池的运行状况，改善污泥沉降性必须严格控制曝气池的操作条件，这限制了该方法的适用范围。由于二沉池固液分离的要求，曝气池的污泥不能维持较高浓度，一般在 1.5～3.5 g/L，从而限制了生化反应速率。水力停留时间（HRT）与污泥龄（SRT）相互依赖，提高容积负荷与降低污泥负荷往往形成矛盾。系统在运行过程中还产生了大量的剩余污泥，其处置费用占污水处理厂运行费用的 25%～40%。传统活性污泥处理系统还容易出现污泥膨胀现象，出水中含有悬浮固体，出水水质恶化。针对上述问题，MBR 将分离工程中的膜分离技术与传统废水生物处理技术有机结合，大大提高了固液分离效率，并且由于曝气池中活性污泥浓度的增大和污泥中特效菌（特别是优势菌群）的出现，提高了生化反应速率。同时，通过降低 F/M 比减少剩余污泥产生量（甚至为零），从而基本解决了传统活性污泥法存在的许多突出问题。

2. 膜曝气反应器

曝气膜生物反应器最早见于 1988 年 Cote.P 等报道，采用透气性致密膜（如硅橡胶膜）或微孔膜（如疏水性聚合膜），以板式或中空纤维式组件，在保持气体分压低于泡点情况下，可实现向生物反应器的无泡曝气。该工艺的特点是提高了接触时间和传氧效率，有利于曝气工艺的控制，不受传统曝气中气泡大小和停留时间的因素的影响。

图 2-49　中空纤维膜

3. 萃取膜生物反应器

由于存在高酸碱和有毒物质，某些工业废水不宜采用与微生物直接接触的方法处理；当废水中含挥发性有毒物质时，若采用传统的好氧生物处理过程，污染物容易随曝气气流挥发，发生汽提现象，不仅处理效果很不稳定，还会造成大气污染。为了解决这些技术难题，英国学者 Livingston 研究开发了分置式 MBR。其工艺流程见图 2-50。废水与活性污泥被膜隔开来，废水在膜内流动，而含某种专性细菌的活性污泥在膜外流动，废水与微生物不直接接触，有机污染物可以选择性透过膜被另一侧的微生物降解。萃取膜两侧的生物反应器单元和废水循环单元各自独立，各单元水流相互影响不大，生物反应器中营养物质和微生物生存条件不受废水水质的影响，水处理效果稳定。系统的运行条件如水力停留时间(HRT)和固体停留时间（SRT）可分别控制在最优的范围，维持最大的污染物降解速率。

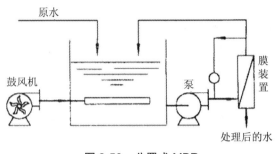

图 2-50　分置式 MBR

（二）膜生物反应器的工艺类型

1. 按膜组件放置方式分类

按膜组件和生物反应器的相对位置，MBR 主要有两种构型：一体式（浸没式）和分置式（旁流式）膜生物反应器。

（1）分置式 MBR

分置式膜生物反应器中，生化后反应器中的废水经加压泵送入膜组件，透过液可回用于浓缩液再返回反应器，进一步生化降解或部分经循环泵加压后再返回膜组件中。分置式 MBR 的膜组件形式一般为平板式和管式，主要应用于工业废水的处理，其特点为：运行稳定可靠，操作管理容易，易于膜的清洗、更换及增设；但动力消耗较高。

（2）一体式 MBR

1989 年，日本学者 Yamamoto 等首先开发了一体式膜生物反应器。一体式膜生物反应器中，膜组件直接浸泡于反应器中，反应器下方有曝气装置，将空压机送来的空气形成上浮的微气泡，在曝气的同时，又使膜表面产生一剪切应力，利于膜表面除污，透过液在抽吸泵的负压下流出膜组件。一体式膜生物反应器主要应用于市政和工业污水的处理，其最大特点是运行能耗低，且具有结构紧凑、体积小等优点；但单位膜的处理能力小，膜污染较重，透水率较低。与分置式相比，一体式可用于大规模的废水处理厂。这也是一体式膜组件得以广泛应用的原因。目前世界上约有55%的 MBR 进行工艺采用一体式。

由于需要对浓缩液回流，维持分置式 MBR 较一体式 MBR 的运行需要更高的能耗；一体式 MBR 膜组件置于高浓度的泥水混合液中，所以膜污染较分置式更快；一体式 MBR 一般在膜组件下方设置曝气管路，通过鼓气使气泡对膜纤维表面进行吹脱并使膜纤维产生抖动，以达到对膜组件的清洗目的，而分置式 MBR 一般通过定期对膜组件进行水（气）的反向冲洗来实现；虽然分置式运行需要较高的能耗，但由于其置于反应器之外，更适合于高温、高酸碱等恶劣的处理环境，同时具备较高的膜通量。综上所述，两种类型的反应器根据各自的特点有相应的适用范围。从目前的应用状况来看，一体式 MBR 适于处理市政污水以及流量较大的工业废水，而分置式 MBR 适于处理特种废水和高浓度废水。

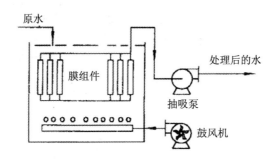

图 2-51　一体式 MBR

2. 按生物反应器需氧性分类

按生物反应器的需氧性又可分为好氧 MBR 和厌氧 MBR。好氧 MBR 工艺分别在 20 世纪 70 年代末期 80 年代早期在北美及日本开始实际应用。同时厌氧 MBR 工艺在南非和日本进入了工业污水处理市场。80 年代中期欧洲开始应用好氧 MBR 工艺。

（1）好氧 MBR

好氧 MBR 出水水质高，出水适于回用，操作简单和占地面积小等优点使其得到了广泛的应用。世界上约有 98%以上的工程是膜分离工艺与好氧生物反应器相结合。一般来说，好氧 MBR 负荷率一般在 $1.2\sim4.2$ kgCOD/（$m^3\cdot d$）。

（2）厌氧 MBR

厌氧 MBR 可作为特种废水或难降解废水的前处理过程，再根据水质的类型，结合好氧 MBR、纳滤和反渗透进行处理，使出水达标排放。利用厌氧工艺与好氧 MBR 结合处理工业废水也获得了良好的去除效果。采用两相厌氧 MBR 处理高浓度传统中医药废水，运行了 452d，COD 的去除率为 90%～99.8%。利用浸没式 MBR 和厌氧升流床过滤反应器处理猪场废水，提高了 COD 和氮的去除率，COD 和总氮的去除率分别为 91%和 60%。

传统的厌氧生物工艺有处理负荷高、低能耗、剩余污泥量小等优点，而另一方面也有启动缓慢，微生物培养困难，水力停留时间长，出水水质受外界因素影响较大等缺点。而厌氧膜生物反应器充分发挥了膜组件高效分离的特性，可有效解决由于厌氧反应器内微生物流失而影响出水水质的问题。例如，厌氧反应器内产酸和产甲烷细菌对环境条件要求苛刻，培养和富集困难，而将其与膜组件结合则可成倍提高反应器内的产酸、产甲烷菌浓度，提高系统的处理负荷和运行稳定性。

三、MBR 工作原理及工艺特点

（一）工作原理

膜生物反应器是常规活性污泥法的进一步发展。它主要由膜组件和生物反应器两部分组成。大量的微生物（活性污泥）在膜生物反应器内与基质（废水中的可降解有机物等）充分接触，通过氧化分解作用进行新陈代谢以维持自身生长、繁殖，同时使有机污染物降解。膜组件通过机械筛分、截留等作用对废水和污泥混合液进行固液分离。生物处理系统和膜组件的有机结合，不仅提高了系统的出水水质和运行的稳定性，还延长了大分子物质在生物反应器中的水力停留时间，使之得到最大限度地降解，并加强了系统对难降解物质的去除效果。因此，膜生物反应器是将膜分离装置和生物反应器结合而成的一种新的处理系统。它把膜分离工程与生物工程结合起来，以膜分离装置取代普通生物反应器中的二沉池而取得高效的固液分离效果。

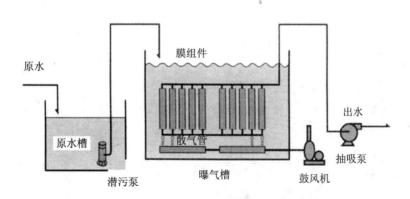

图 2-52　MBR 工艺原理图

典型 MBR 系统的流程如图 2-52。污水经预过滤后流入调节池，调节进水的水质和流量。被格栅拦截的杂质需要定期清理。接下来，调节池中的污水被泵输送至 MBR 系统，并与活性污泥进行充分的接触。污水中的有机物被微生物降解，而不能被降解的杂质则被 MBR 系统中的膜组件分离。处理后，水可达标排放或回用。此外，输送到 MBR 系统中的空气可促进反应器中流体的循环流动，提高活性污泥的降解效率，还可使发生相互摩擦，清洁膜组件。

（二）MBR 用膜

常用 MBR 工艺用膜有微滤膜（MF）和超滤膜（UF），如图 2-53 所示。目前大多数 MBR 工艺都采用 $0.1\sim0.4\,\mu m$ 的膜孔径，截留微生物絮体的活性污泥。膜材质包括有机膜和无机膜，有机膜相对便宜，应用广泛，但在运行过程中易污染，寿命短；无机膜抗污染能力强，寿命长，但制造成本较高，难以得到广泛应用。

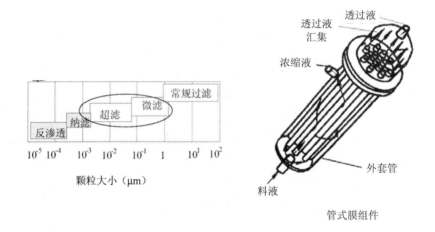

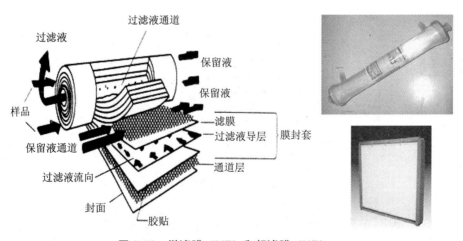

图 2-53 微滤膜（MF）和超滤膜（UF）

常用的膜材料有聚砜（PSF）、磺化聚砜（S-PSF）、聚醚砜（PES）、聚丙烯腈（PAN）、聚偏氟乙烯（PVDF）、聚乙烯（PE）、聚丙烯（PP）和陶瓷等，这些材料都耐生物降解，优选亲水性好的膜材料以耐污染。

膜组件可选用管式、板式、卷式和中空纤维，现多用中空纤维，对黏度大的进料可选用管式。

（三）MBR 对污染物的去除效果

1. 有机污染物处理效果

膜生物反应器能够有效地去除有机污染物并获得良好的出水水质。采用分置式好氧膜生物反应器对城市污水的处理，其表现出稳定的有机物去除率，即使进水 COD 在 100～800 mg/L，TN 在 10～40 mg/L 大幅度变化的情况下，COD 和 TN 去除率分别可达 96% 和 95% 以上，出水 COD 均小于 20 mg/L。水质监测指标与建设部杂用水水质标准的比较见表 2-13。

表 2-13　MBR 处理城市污水出水与建设部杂用水水质标准（CJ/T 48—1999）的比较

项　目	膜出水	杂用水标准	
		厕所冲洗、城市绿化	扫除、洗车
COD/（mg/L）	<20	50	50
悬浮物/（mg/L）	无	10	5
氨氮/（mg/L）	<1	20	20
总大肠菌数/（个/L）	未检出	3	3
pH	8.2	6.5～9.0	6.5～9.0
色度/度	<2.5	30	30
浊度/NTU	<2	10	5
嗅	无不快感觉	无不快感觉	无不快感觉

与传统活性污泥法相比，MBR 对有机物的去除效率更高，在传统活性污泥法中，由于受二沉池对污泥沉降特性要求的影响，当生物处理达到一定程度时，继续提高系统的去除效率很困难，延长很长的水力停留时间也只能少量提高总的去除效率。而在膜生物反应器中，可在比传统活性污泥法更短的水力停留时间内达到更好的去除效果，因此在提高系统处理能力和提高出水水质方面表现出一定的优势。与传统工艺相比，MBR 对含碳有机物的去除有以下特点：

① 去除率高，一般大于 90%，出水达到回用水的指标；

② 污泥负荷（F/M）低；

③ 所需水力停留时间（HRT）短，容积负荷高；

④ 抗冲击负荷能力强。

MBR 对有机物的去除效果来自两方面：一方面是生物反应器对有机物的降解作

用，MBR系统中生物降解作用增强；另一方面是膜对有机大分子物质的截留作用，大分子物质可以被截留在好氧反应器内，获得比传统活性污泥法更多的与微生物接触反应时间，并有助于某些专性微生物的培养，提高有机物的去除效率。在 MBR 系统中，膜对含碳物质去除的贡献约占 30%。在好氧反应器中应用的原理同样适用于厌氧反应器。

膜对溶解性有机物的去除来自三个方面的作用：

一是通过膜孔本身的截留作用，即膜的筛滤作用对溶解性有机物的去除，见图 2-54（a）；二是通过膜孔和膜表面的吸附作用对溶解性有机物的去除，见图 2-54（b）；三是通过膜表面形成的沉积层的筛滤/吸附作用对溶解性有机物的去除，见图 2-54（c）。在这三种去除作用机理中，各种机理作用对溶解性有机物去除的贡献并不相同。作用一只能去除溶解性有机物中分子量大于膜的截留分子量的大分子有机物，对于大量的分子量小于膜孔径的有机物的去除，主要是通过作用二和作用三去除。

膜表面的沉积层对溶解物的截留去除起着重要的作用，即溶解性物质的截留去除主要是通过沉积层的筛滤/吸附作用完成，部分是由膜表面和膜孔的吸附作用完成。

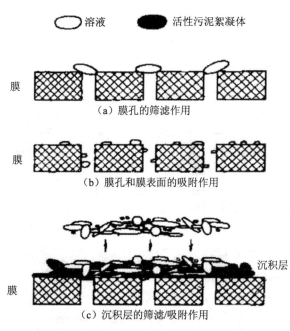

图 2-54　膜对活性污泥溶解性物质截留的机理示意图

2. 氮磷去除效果

传统的脱氮工艺主要建立在硝化、反硝化机理之上，主要形式有两级和单级

（SBR）脱氮工艺。两级脱氮工艺是指硝化和反硝化分别在好氧反应器和缺氧反应器进行，而单级脱氮工艺则是在一个反应器（SBR）内通过时间序列来实现缺氧和好氧的循环过程。对于 MBR 脱氮而言，目前多数依旧是建立在传统的硝化-反硝化机理之上的两级或单级脱氮工艺。

在膜生物反应器中，由于膜分离对硝化细菌的高效截留作用，生物反应器内可以维持高浓度的硝化细菌。通常膜生物反应器可以获得非常高的硝化效果，氨氮去除率可以达到 95%以上。通过调整适当的操作方式，膜生物反应器中也能获得很好的 TN 去除率。在膜生物反应器内控制 DO 的条件下，可以发生同步硝化/反硝化反应。

生物法除磷主要通过聚磷菌过量地从外部摄取磷，并将其以聚合态贮藏在体内，形成高磷污泥，排出系统，从而达到除磷效果。因此，泥龄短的系统由于剩余污泥量较多，可以取得较高的除磷效果。利用浸没式生物膜、生物滤池等对人工配制废水和生活污水进行除磷试验研究，得到的除磷效率在 50%～90%，在厌氧阶段释放出来的磷比进水中要高 100%～300%，生物膜干固体中磷的含量占 4.3%～6.1%。但是对于 MBR 工艺来说，一般泥龄较长，不利于磷的去除。

3. 难降解有机物处理效果

采用膜生物反应器处理含难降解有机物废水，可强化系统对难降解有机物的处理效果，提高系统对冲击负荷的承受能力。膜生物反应器较普通活性污泥法，对难降解有机物的去除效率和去除负荷更高，抗进水有毒物冲击负荷能力更强，运行更为稳定，可获得比传统工艺更好的处理效果，处理出水可以达到中水回用标准。此外，采用膜生物反应器处理制药废水、石化废水等，也取得了良好的效果。

4. 对细菌及病毒的去除效果

MBR 工艺用于城市和生活污水处理的一大优势是其物理消毒作用。传统的城市生活污水处理出水必须经过消毒工艺，一般的消毒方法是加氯和超强度光辐射。然而，加氯消毒会产生有机致癌物（三卤甲烷 THMs），对人体有害，而且具有一定的臭气负荷。紫外线杀菌对粪便大肠杆菌的去除较差。在可替代的方法中，臭氧和过乙酸的效率也受到水质的限制。

以 MBR 工艺处理生活污水则显示了一举多得的技术优势，几乎所有的 MBR 工艺都能有效去除致病菌和病毒，出水中肠道病毒、总大肠杆菌、粪链球菌、粪大肠杆菌和大肠埃希氏杆菌等都低于检测限，甚至达到检不出的水平，去除量为 6～8 lg（lg：以 10 为底的对数，用以表示对细菌去除的数量级）。出水可直接达到致病菌和病毒的排放要求，这也是选择 MBR 作为传统工艺的替代工艺的一个重要原因。

（四）MBR 工艺特点

在膜生物反应器中，由于用膜组件代替传统活性污泥工艺中的二沉池，可进行高效的固液分离，克服了传统活性污泥工艺中出水水质不够稳定、污泥容易膨胀等问题，具有下列优点：

能高效地进行固液分离，出水水质良好且稳定，可直接回用；

由于膜的高效截留作用，可使微生物完全截留在生物反应器内，实现反应器水力停留时间（HRT）和污泥龄（SRT）的完全分离，使运行控制更加灵活稳定；

生物反应器内能维持高浓度的微生物量，处理装置容积负荷高，占地面积省；

有利于增殖缓慢的微生物（如硝化细菌）的截留和生长，系统硝化效率得以提高。也可延长一些难降解有机物在系统中的水力停留时间，有效地将分解难降解有机物的微生物滞留在反应器内，有利于难降解有机物降解效率的提高；

膜生物反应器一般都在高容积负荷、低污泥负荷下运行，剩余污泥产量低，降低了污泥处理费用；

易于实现自动控制，操作管理方便。

但膜生物反应器也存在一些不足：①在运行过程中，膜易受到污染，产水量降低，给操作管理也带来不便。②膜的制造成本较高。

四、膜生物反应器的应用

20 世纪 90 年代中后期，膜生物反应器在国外已进入了实际应用阶段。加拿大 Zenon 公司首先推出了超滤管式膜生物反应器，并将其应用于城市污水处理。为了节约能耗，该公司又开发了浸入式中空纤维膜组件，其开发出的膜生物反应器已应用于美国、德国、法国和埃及等十多个国家，规模从 $380 \sim 7\,600\ \mathrm{m^3/d}$。日本三菱人造丝公司也是世界上浸入式中空纤维膜的知名提供商，在日本以及其他国家建有多项实际 MBR 工程。日本 Kubota 公司是另一个在膜生物反应器实际应用中具有竞争力的公司，它所生产的板式膜具有流通量大、耐污染和工艺简单等特点。国内在 MBR 实用化方面也有较大进度。现在，膜生物反应器已应用于以下领域。

（一）城市污水处理及建筑中水回用

1967 年，第一个采用 MBR 工艺的污水处理厂由美国的 Dorr-Oliver 公司建成。1977 年，一套污水回用系统在日本的一幢高层建筑中得到实际应用。90 年代中期，日本就有 39 座 MBR 工艺污水处理厂在运行，并且有 100 多处的高楼采用 MBR 将污水处理后回用于中水道。1997 年，英国 Wessex 公司在英国 Porlock 建立了当时世界上最大的 MBR 系统。

在市政废水领域，MBR 可应用于现有污水处理厂的更新升级，特别是出水水质难以达标排放或处理流量剧增而占地面积无法扩大的情况。受膜材料价格的影响，现阶段应用 MBR 技术的新建市政污水处理厂只限于较小规模。

（二）工业废水处理

20 世纪 90 年代以来，MBR 的处理对象不断拓宽，除中水回用、粪便污水处理外，MBR 在工业废水处理中的应用也得到了广泛关注，如处理食品工业废水、水产加工废水、养殖废水、化妆品生产废水、染料废水、石油化工废水，均获得了良好的处理效果。20 世纪 90 年代初，美国建造了一套用于处理某汽车制造厂的工业废水的 MBR 系统，处理规模为 151 m³/d，该系统的有机负荷达 6.3 kgCOD/（m³·d），COD 去除率为 94%，绝大部分的油与油脂被降解。在荷兰，一脂肪提取加工厂采用传统的氧化沟污水处理技术处理其生产废水，由于生产规模的扩大，结果导致污泥膨胀，污泥难以分离，最后采用膜组件代替沉淀池，运行效果良好。

（三）饮用水净化

随着氮肥与杀虫剂在农业中的广泛应用，饮用水也不同程度受到污染。Lyonnaisedes Eaux 公司在 20 世纪 90 年代中期开发出同时具有生物脱氮、吸附杀虫剂、去除浊度功能的 MBR 工艺，1995 年该公司在法国的 Douchy 建成了日产饮用水 400 m³ 的工厂。出水中氮浓度低于 0.1 mg/L，杀虫剂浓度低于 0.02 μg/L。

（四）粪便污水处理

粪便污水中有机物含量很高，传统的反硝化处理方法要求有很高污泥浓度，固液分离不稳定，影响了三级处理效果。MBR 使粪便污水不经稀释可直接处理。

日本已开发出被称之为 NS 系统的粪便处理技术，最核心部分是平板膜装置与好氧高浓度活性污泥生物反应器组合的系统。NS 系统于 1985 年在日本崎玉县越谷市建成，生产规模为 10 m³/d，1989 年又先后在长崎县、熊本县建成新的粪便处理设施。NS 系统中的平板膜每组约 0.4 m²，几十组并列安装，做成能自动打开的框架装置，并能自动冲洗。膜材料为截流分子量 20 000 的聚砜超滤膜。反应器内污泥浓度保持在 15 000～18 000 mg/L 范围内。到 1994 年，日本已有 1 200 多套 MBR 系统用于处理 4 000 多万人的粪便污水。

（五）土地填埋场/堆肥渗滤液处理

土地填埋场/堆肥渗滤液含有高浓度的污染物，其水质和水量随气候条件与操作运行条件的变化而变化。MBR 技术在 1994 年前就被多家污水处理厂用于该种污水的处理。通过 MBR 与 RO 技术的结合，不仅能去除 SS、有机物和氮，而且能有效去除盐类与重金属。美国 Envirogen 公司开发出 MBR 用于土地填埋场渗滤液的处理，并在新泽西建成日处理能力为 40 万加仑（约 1 500 m³/d）的装置，在 2000 年年底投入运行。该种 MBR 使用一种自然存在的混合菌来分解渗滤液中的烃和氯代化合物，其处理污染物的浓度为常规废水处理装置的 50～100 倍。在现场中试中，进液 COD 为几百至 40 000 mg/L，污染物的去除率达 90%以上。

五、MBR 生活污水处理工程举例

天津某环境工程有限公司的生活污水处理及回用实例。

膜生物反应器产品已应用于国内一些城市生活污水处理与回用实际工程中。表 2-14 为该公司部分在运行或建设中的用膜生物反应器处理污水的项目。从表中可以看出，膜生物反应器处理城市生活污水具有以下特点：① 活性污泥浓度较高，适应水质范围较广，抗冲击负荷能力强；② 设备占地面积小；③ COD 及 NH₃-N 等污染物质的去除率高，出水水质较好；④ 能耗指标较低。

表 2-14 天津某环境工程有限公司部分项目

处理规模/ (m³/d)	进水水质/（mg/L）		出水水质/（mg/L）		MLSS/ (mg/L)	占地面积/m²	电耗/ (kW·h/m³)	备 注
	COD	NH₃-N	COD	NH₃-N				
5	200～400	<30	<40	<0.5	8 000	1	0.9	洗车水
5	500～2 000	<150	<40	<0.5	15 000	1	0.9	粪便水
15	<200	<65	<20	<0.1	8 000	2.4	0.8	生活污水
20	<150	<46	<20	<0.1	7 500	2.8	0.8	医院废水
25	<200	<100	<30	<0.1	7 000	3.2	0.8	生活污水
150	<300	<120	<30	<0.1	9 000	11.6	0.65	生活污水
500	<450	<120	<30	<0.1	900	40	0.65	生活污水

在生活污水处理回用方面，以天津某大厦污水处理及回用为例，介绍膜生物反应器的应用性试验。

该大厦是集加工制造、办公、住宿于一体的综合性办公大楼。在安装膜生物反应器的同时，对该写字楼的给水系统进行了双给水系统的改造，即将卫生间进水管从原给水系统中分出，使其与屋顶回用水储水箱相连，与膜生物反应器、清水箱共同构成中水道系统。图 2-55 为该生产性试验装置示意图。

膜生物反应器的处理能力为 25 m³/d，采用 SBR 运转方式，一个周期由缺氧静置段和好氧出水段组成，缺氧段前期进水至高液位。好氧段曝气同时间歇出水，出水 8 min，停止出水 2 min，到达低液位时停止曝气开始进水。反应器分为两个单元，两单元交替进行曝气，整个系统由可编程控制器（PLC）实现了全自动化控制。该试验所采用的膜为聚偏氟乙烯中空纤维微滤膜，膜孔径为 0.22 μm，中空纤维膜的内外径分别为 0.5 mm 和 0.8 mm。整个装置共装有膜组件 6 只，每只膜组件的膜面积为 20 m²。

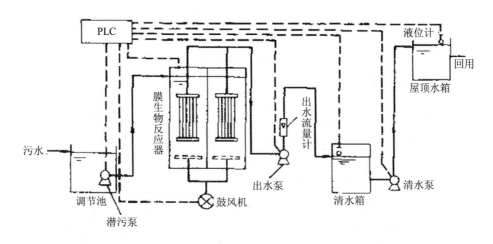

图 2-55　天津某大厦污水处理及生产性实验装置

所处理污水来自该写字楼化粪池的上清液，污水水质如表 2-15 所示。由于该楼用水主要为清洁用水和卫生间冲厕，因此污水的 COD 较低，但氨氮浓度较高。

表 2-15　天津某大厦污水处理生产性试验污水水质

水质参数	浊度/NTU	COD/（mg/L）	NH₃-N/（mg/L）	pH	水温/℃
范　围	10.5～56.8	41.5～136	6.85～38.4	7.15～7.92	9.0～27.2
平均值	25.2	95.8	23.8	7.66	16.9

试验结果表明，两个单元出水 COD 平均值分别为 33.0 mg/L 和 33.4 mg/L，氨氮去除率都在 94%以上，出水氨氮平均值小于 1.50 mg/L，低温下（本试验最低温度为 9℃）只要维持良好的氧传质条件，仍能取得 90%以上的氨氮去除率。

对该装置出水进行的一次综合水质全分析表明，除游离余氯外，其他指标都大大优于建设部颁布的生活杂用水水质标准（CJ/T 48—1999）。

该套设备本体占地仅为 3.2 m²，投资 100 余万元。能耗为 0.8 kW·h/m³。自该装置投入运行一年多来，其出水水质良好，通量稳定，仅需要在清水池投加少量漂白粉来预防细菌在管路里的滋生。该写字楼的日用水量也由原来的约 800 m³ 下降为约 150 m³，节约了用水。

学习单元六　　其他生活污水处理工艺

一、A-B 工艺

A-B 法是吸附生物降解法（Absorption Biodegradation）的简称，是原联邦德国亚琛工业大学宾克（Bohnke）教授于 20 世纪 70 年代中期所开发的一种新工艺。该工艺不设初沉池，由污泥负荷率很高的 A 段和污泥负荷率较低的 B 段二级活性污泥系统串联组成，并分别有独立的污泥回流系统。该工艺于 20 世纪 80 年代初应用于工程实践，现在得到了越来越广泛地应用。

（一）A-B 法的工艺流程与机理

1．A-B 法工艺流程

A-B 法工艺流程的主要特点是不设初沉池，由 A、B 二段活性污泥系统串联运行，各自有独立的污泥回流系统。A-B 法的工艺流程如图 2-56 所示。

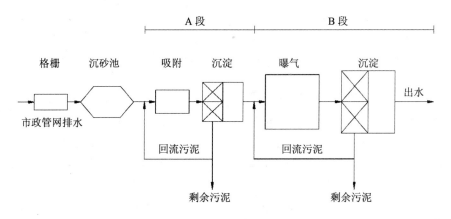

图 2-56　A-B 法工艺流程

污水由城市排水管网经格栅和沉砂池直接进入 A 段，A 段以污泥的絮凝吸附作用为主、生物降解为辅，对污水中 BOD_5 的去除率可达 40%～70%。A 段污泥负荷率高达 2～6 $kgBOD_5/$（$kgMLSS\cdot d$），水力停留时间短（一般为 30 min），污泥龄短（0.3～0.5 d）。然后再通过 B 段处理，B 段可为常规的活性污泥法，由此构成的工艺为常规 A-B 法，采用 A-B 法工艺，BOD_5 的去除率为 90%以上，而总磷的去除率约为 50%～70%，总氮的去除率约为 30%～40%，其脱氮除磷效率比一般活性污泥法高，但不能达到防止水体富营养化的排放标准。为了强化 A-B 工艺的脱氮除磷功能,可把 B 段设计成生物脱氮除磷工艺,如要求以脱氮为重点,B 段采用 A₁/O 工艺,此时 A-B 工艺为 A+A₁/O 工艺;如以除磷为重点,则 B 段采用 A₂/O(厌氧-好氧)工艺,此时 A-B 工艺为 A+A₂/O 工艺;如氮和磷均需高效去除,则 B 段采用 A₂/O(厌氧-缺氧-好氧)工艺,此时 A-B 工艺为 A+A₂/O 工艺,上述强化 A-B 工艺的脱氮除磷的工艺图分别如图 2-57~图 2-59 所示。

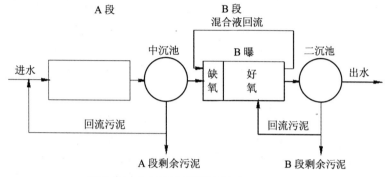

图 2-57　A-B 工艺脱氮流程（A+A₁/O）

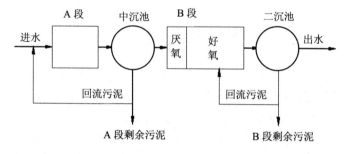

图 2-58　A-B 工艺除磷流程（A+A₂/O）

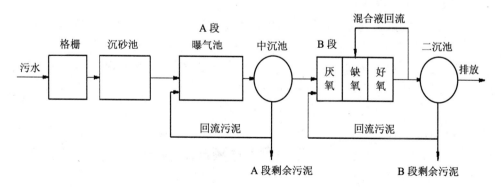

图 2-59　A-B 工艺脱氮除磷流程（A+A₂/O）

2. A-B 工艺的机理

在 A 段活性污泥系统，原污水中的悬浮固体和胶体有机污染物被活性污泥絮凝与吸附，污水中的一部分溶解性有机物被菌体生物降解，前者约占 BOD_5 去除量的 2/3，后者只占 1/3。普通活性污泥工艺中的初沉池只能去除可沉降的悬浮物，它对总悬浮物的去除率一般为 40%～60%，BOD_5 去除率为 20%～30%。初沉池不能去除难沉降的悬浮物，即胶体物质。但是，进入 A-B 工艺 A 段的污水是直接来自排水管网，其中含有大量细菌及微生物群落，与污水中的悬浮物和胶体组成悬浮物—微生物共存体，具有絮凝性和黏附力，与回流污泥混合后相互间发生絮凝与吸附，此时难沉降的悬浮物—胶体物质在得到絮凝、吸附、黏结后与可沉降的悬浮物一起沉降。再加上 A 段活性污泥对一部分可溶性有机物的生物降解作用，使 A 段对 SS、BOD_5 的去除率大大高于初沉池，一般 A 段 SS 的去除率为 60%～80%，BOD_5 的去除率为 40%～70%。正是 A 段对悬浮性和胶体有机物的比较彻底的去除，使整个工艺中以非生物降解的途径去除的 BOD_5 量大大提高，所以降低了运行和投资费用。

由于原污水的水质水量经 A 段的调节，使得进入 B 段的水质水量较为稳定，为 B 段的净化效果提供了保证。B 段的微生物主要为原生动物、后生动物和菌胶团，污泥负荷率低，为 0.15～0.30 $kgBOD_5/(kgMLSS\cdot d)$，水力停留时间为 2～3 h，污泥龄为 15～20 d，DO 为 1～2 mg/L。B 段进一步去除 BOD_5 和 COD。此外，由于 A 段对 SS 和 BOD_5 的高效去除，使其 A 段出水的 BOD_5 大为降低，从而大大减轻了 B 段污泥的有机负荷，一般 B 段负荷只占总负荷的 30%～60%，这样创造了硝化菌在微生物群体中存活的条件，为 B 段的硝化作用创造了条件。如果要求出水的 N、P 很低，则 B 段应设计成 A_1/O 工艺、A_2/O 工艺或 A_2/O 工艺，以有效地去除 N、P，其 B 段 A_1/O 工艺、A_2/O 工艺、A_2/O 工艺的原理和设计方法与前面的叙述相同。

（二）A-B 工艺特点

A-B 工艺具有如下特点：

（1）不设初沉池，A 段由曝气吸附池和中沉池组成，为 A-B 工艺的第一级处理系统。

（2）B 段由曝气池和二沉池组成。A 段和 B 段有独自的污泥回流系统，因此二段有各自独特的微生物群体，处理效果稳定。

（3）A-B 工艺对 BOD_5、COD、SS、N、P 的去除率一般均高于常规活性污泥法。

（4）A 段负荷高达 2～6 $kgBOD_5/(kgMLSS\cdot d)$，具有很强的抗冲负荷的能力，对 pH、有毒物影响的缓冲能力强，A 段的水力停留时间和污泥龄短，活性污泥中全部是繁殖速度很快的细菌。

（5）A 段活性污泥吸附能力强，能吸附污水中某些重金属、难降解有机物，以及氮、磷等植物性营养物质，这些物质通过剩余污泥的排除而得到去除，故 A 段具有去除一部分上述物质的功能。

（6）由于 A 段的高效絮凝吸附作用，使整个工艺中通过絮凝吸附由剩余污泥排放途径去除的 BOD_5 量大大提高，使 A-B 工艺比常规活性污泥法可节省基建投资 20%，节省运行能耗 15% 左右。

（7）A-B 工艺很适合于分步建设，既可缓冲投资上的困难，又能取得较好的环境和社会效益。首先可建 A 段，能缓和建设资金的严重不足，并能使污水得到较好的处理，然后再建 B 段。

（8）A-B 工艺不仅适用于新厂建设，还可适用于旧厂改造和扩建。

二、OCO 工艺

OCO 工艺是丹麦 Puritek A/S 公司经过多年的研究与实践推出的，OCO 工艺是集 BOD_5、N、P 去除于一池的活性污泥法。该工艺具有强大的脱氮除磷功能、自动化水平高、投资省等优点。

（一）OCO 工艺流程

OCO 反应池是一个为生物处理提供物理/生化环境的动力系统池，典型 OCO 工艺流程如图 2-60 所示。原水经过隔栅、沉砂池的物理处理之后，进入 OCO 反应池的 1 区，在厌氧区污水与活性污泥混合。混合液流入缺氧区 2，并在缺氧区和好氧区 3 之间循环一定时间后，流入沉淀池，澄清液排入处理厂出口，污泥一部分回流到 OCO 反应池，另一部分作为剩余污泥予以处理。OCO 工艺实际上是将 A_2/O 工艺的厌氧、缺氧、好氧池合并成具有三个反应区的圆形生化反应池，大大地减少了工艺构筑物。

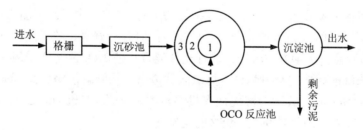

1—厌氧区；2—缺氧区；3—好氧区

图 2-60　OCO 工艺典型流程

（二）工作原理

在 OCO 反应池中存在三种不同的操作条件，可以实现对 BOD_5、N、P 的同时去除。

1. BOD₅ 和 N 的去除

在厌氧区，有机物被水解，复杂的大分子和难生物降解的有机物被分解成简单的小分子和易生物降解的有机物。在该区污水的水力停留时间短，通过搅拌机的搅动作用，使污水与污泥充分混合。

在缺氧区，NO_x-N 通过反硝化作用转化为 N_2，这时，要求污水中溶解氧浓度保持在一个较低水平（0.5 mg/L 以下），反硝化菌利用 NO_x-N 作为最终电子受体进行无氧呼吸，而作为电子供体的有机物被分解成 CO_2、H_2O 等最终产物。

在好氧区，一些有机物被分解成 CO_2、H_2O 并产生 NH_3，部分有机物被转化为污泥，NH_3 通过硝化反应被转化为 NO_x-N。

为了保证缺氧区反硝化反应的发生，必须使好氧区产生的 NO_x-N 进入缺氧区并形成混流，OCO 工艺以搅拌机代替水泵产生混流。搅拌机的作用在于形成功能分区，使污水与活性污泥完全混合。缺氧区污水与好氧区进行充分混合，OCO 工艺操作原理如图 2-61 所示。

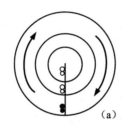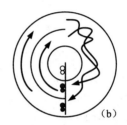

（a）好氧区搅拌机开动；（b）好氧、缺氧两区搅拌机同时开动

图 2-61　OCO 工艺操作原理

当好氧区开动搅拌机，缺氧区搅拌机关上时，OCO 中污水按图 2-61（a）箭头所示方向流动，两区的污水混合减至最少，同时开动好氧、缺氧区搅拌机，污水按图 2-61（b）箭头所示方向流动，进行充分混合，使 NO_x-N 进入缺氧区，发生反硝化反应，未降解完毕的有机物进入好氧区并被微生物降解，NH_3-N 因硝化菌的硝化作用转化为 NO_x-N。如此交替，完成有机物与 N 的去除。有机物的去除率可达 95%～99%，可实现完全硝化和 90%～95% 的反硝化。

2. P 的去除

在厌氧区，贮磷菌把贮存的聚磷盐进行分解，提供能量，并大量吸附污水中的有机物，释放 P，使污水中的 BOD₅ 浓度降低，P 的浓度升高。在好氧区，微生物利用有机物被氧化分解所获得的能量，大量吸附在厌氧阶段释放的 P 和污水中的 P，完成 P 的过度积累和超量吸收，在细胞体内合成聚磷酸盐而贮存起来，从而达到除 P 的目的。

原水水质对除 P 的作用表现在以下两点：① C/P 越高，生物除 P 效果越好，在

C/P 为 18 时，P 的去除率为 50%～70%；②原水中的可生物降解的有机物含量越高，生物除 P 效率越高。

（三）OCO 工艺特点

OCO 工艺具有如下特点：

（1）OCO 工艺由于集厌氧-缺氧-好氧环境于一池，除去除 BOD_5 外，还可实现生物脱 N 除 P 高级处理，出水水质完全达标。

（2）该工艺占地少，土建投资低，较传统活性污泥法可减少 25%～30%。

（3）利用水解作用和反硝化作用，降解有机物时对充氧量的要求降低，电耗减少，使运行维护费用降低。

（4）OCO 工艺污泥浓度高，污泥负荷低，污泥絮凝沉降好，且沉降污泥稳定，剩余污泥少。

（5）操作运行灵活，可实现全自动控制。由于各 OCO 池单独运行，可根据污水处理厂规模增大而增加 OCO 反应池数。因此，该工艺适用各种规模的污水处理厂。

学习单元七　生活污水处理厂、站设计初步

一、设计步骤

大中型城市污水处理厂的设计步骤，可分为设计前期工作，扩大初步设计，施工图设计三个阶段。

（一）设计前期工作

城市污水处理厂前期工作一般包括项目建议书、预可行性研究和可行性研究。某些项目由于情况比较特殊，程序可以适当简化，直接作可行性研究报告，以可研报告代替项目建议书。设计前期工作非常重要，要求设计人员具备踏实的专业知识和较丰富的实际工作经验。要求设计人员充分掌握与设计有关的原始数据、资料，具有深入分析、归纳这些数据、资料，并从中得出非常切合实际结论的能力。

1．项目建议书和预可行性研究

我国规定，投资在 3 000 万元以上的较大的工程项目，应进行预可行性研究，作为建设单位（习惯称甲方）向上级送审的《项目建议书》的技术附件。须经专家评审，经上级机关审批后，可以立项，就可以进行下一步的可行性研究。

《项目建议书》一般应包括以下内容：

（1）建设项目提出的必要性和依据，需引进技术和进口设备的项目，应说明国

内外技术差距、概括引进和进口的理由。

（2）项目内容范围，拟建规模和建设地点的初步设想。

（3）资源情况、建设条件、协作关系，需引进技术和进口设备的要做出引进国别、厂商的初步分析和比较。

（4）投资估算和资金筹措设想，利用外资项目要说明利用外资的理由和可行性，以及偿还贷款能力的初步测算。

（5）项目建设进度的设想。

（6）经济效益和社会效益的初步估算。

2．可行性研究

可行性研究报告（设计任务书）是在对与本项工程有关的各个方面进行深入调查研究结果的基础上进行综合论证的重要文件，它为本项目的建设提供科学依据，保证所建项目在技术上先进、可行，在经济上合理、有利，并具有良好的社会效益与环境效益。

作为建设项目前期工作的核心，可行性研究的主要任务是：进行充分的资料收集、分析和现场调研，对拟建项目建设的必要性、实施的可行性、技术的可靠性以及经济的合理性进行多角度的综合的分析论证，在多方案比较的基础上，提出最适合当地的推荐方案。由于在可行性研究阶段，污水处理厂的规模、处理标准、工艺方案、选址、工程投资等均已基本确定，因此，可行性研究是工程建设前期工作中最为关键的环节。可行性研究的成果，将直接影响到政府有关部门的决策。

可行性研究的工作成果是提出可行性研究报告，批准后的可行性研究报告是编制设计任务书和进行初步设计的依据。可行性研究报告的基本内容如下。

（1）项目背景：项目承办单位即项目法人及项目主管部门；可行性研究报告的编制依据、原则和范围；城市概况与总体规划概要；排水工程现状和城市排水规划要点。

（2）项目实施的意义和必要性。

（3）污水处理厂厂址与建厂条件：城市污水处理厂用地规划情况、用地规划批准文件；所选厂址的工程地质情况；污水处理厂用电规划、电力部门供电意向书；污水处理厂生产生活用水水源规划、水资源管理部门批文；防洪规划对污水处理厂建设标准的内容；污水处理厂厂址的交通现状与规划要求。

（4）污水处理厂的建设规模与污水处理程度；现有污水量及污水水质情况；污水量预测及建设规模；污水处理程度。

（5）污水处理工艺的方案选择与评价：污水和污泥处理工艺方案比较；污泥的最终处置。

（6）推荐方案的工程设计：污水处理厂总平面布置；污水污泥处理的工艺流程设计；主要构筑物工艺设计；土建、电器、仪表与自控设计；软弱地基的加固设计；

非标机械设计、采暖通风设计、建筑与绿化设计；污水收集系统及污水处理厂的进水管道修建设计；污水处理厂建设设计；管理机构及定员；污水处理厂出水管道及再生回用设计。

（7）工程投资估算（可行性研究的投资估算经批准后，初步设计概算不得超过10%）。

（8）资金筹措。

（9）财务评价及工程效益分析。

（二）扩大初步设计

1. 扩大初步设计的目的及任务

扩大初步设计应根据批准的可行性研究报告进行。其主要任务是明确工程规划、设计原则和设计标准，深化可行性研究报告提出的推荐方案，进行必要的局部方案比较；解决主要工程技术问题，提出拆迁、征地范围和数量以及主要工程数量、主要材料设备数量及工程概算。

批准的扩大初步设计是进行施工图设计的依据。扩大初步设计文件应满足主要设备订货、工程招标及进行施工准备的要求。

2. 扩大初步设计的基本内容

扩大初步设计文件应包括：设计说明书、设计图纸、主要工程数量、主要材料设备规格与数量和工程概算。

（1）设计说明书

详细说明深化的可行性研究中确定的推荐方案，在已确定总体方案的前提下，进行工艺、建筑、结构、电气、仪表与自控等专业的局部方案比较，解决设计过程中全部技术问题，提供主要设计参数。当采用特殊处理工艺、特殊污泥处理工艺或特殊施工工艺时，还需提供主要计算成果，以供设计审查用。初步设计中还将完成设备选型、单项构筑物上部建筑和下部建筑以及下部结构的技术设计，并最后确定总平面布置、工艺流程、竖向设计及全厂主要管线综合。扩大初步设计说明书应全面叙述本项目的全部工程内容，表达工程建成后的全貌，为施工图设计提供依据，是完成项目建设前期工作的最后内容。

（2）设计图纸

扩大初步设计图纸除提供全厂总图外，还将提供污水处理厂的水、泥、气、强电、弱电等各种系统图，各单项建筑物和构筑物的平面图和剖面图，将展示其建成后的实际面貌，满足项目法人和主管部门进行设计审查的需要。

（3）主要工程量与主要材料设备表

应能满足工程施工招标、施工准备及主要设备订货的需要。

（4）工程概算

初步设计概算是控制和确定建设项目造价的文件，设计概算批准后，就成为固定资产投资计划和建设项目总包合同的依据。概算文件应完整地反映工程初步设计内容，严格执行国家有关制度，实事求是地考虑影响造价的各种因素，正确地依据定额、规定进行编制。

概算文件包括：① 编制说明；② 总概算书；③ 综合概算书；④ 单位工程概算书；⑤ 主要建筑材料；⑥ 技术经济指标。

（三）施工图设计

施工图设计是以扩大初步设计的图纸和说明书为依据，并在扩大初步设计被批准后进行。

施工图设计的任务是将污水处理厂各处理构筑物的平面位置和高程，精确地表示在图纸上；将各处理构筑物的各个节点的构造、尺寸都用图纸表示出来，每张图纸都应按一定的比例，用标准图例精确绘制，使施工人员能够按照图纸准确施工。

施工图设计的图纸量很大，是设计内容的体现。

二、设计资料的收集

可行性研究阶段需要收集大量的资料并加以分析，一些需要收集的主要资料，包括污水处理厂所在地的自然条件、城市社会经济概况和规划资料、污染现状等。在采用新的处理工艺时，应进行小型和中型实验，取得可靠的设计参数，才能使设计建立在适用、经济、安全的基础上。

（一）设计依据

（1）可行性研究报告的批准文件。

（2）工程建设单位（甲方）的设计委托书。

（3）其他有关文件：主要是与本项工程有关的单位，如供电、供水、铁路、运输以及环保等部门签订的协议和批件等。

（4）环境影响报告书。

（二）城市概况资料

1. 城市现状和总体发展规划的资料

如人口、建筑居住标准、道路、河流、输电网、工业分布与生产规模、农业、渔业等。

2. 城市概况与总体规划资料

（1）人口：服务范围内的现状人口和规划人口，与人均生活用水指标一起，决定了污水处理厂服务范围内的生活污水量，影响到污水处理厂规模的确定。

（2）现状人均生活用水量和规划人均生活用水量：一般情况下，统计部门有现状人均生活用水量的统计数据，如果没有，也可以根据供水量和服务人口计算得出。如果没有规划人均生活用水量，可以参照经济发展程度类似、生活习惯类似的地区。

（3）经济发展水平及发展方向：包括工业结构组成、工业用水量现状等。由于我国人均水资源并不丰富，国家鼓励发展节水型工业，鼓励工业用回用水，以减少新鲜水用量。因此，单位工业产值耗水量呈逐年下降的趋势。随着工业产值的增长，工业耗水量的增长并不成正比。另外，第三产业的用水量存在着逐年增长的趋势。

（4）城市规划资料：包括城市总体规划、排水专业规划、防洪规划等。城市总体规划包括了上述人口、经济发展、用水量指标等，同时，可看出污水处理厂服务范围内的土地的规划功能。从排水专业规划上，可看出城市排水系统服务范围的划分和排水体制。对于没有排水专业规划的地区，需要结合可行性研究，在可研报告中提出污水处理厂服务范围的设想及采用何种排水体制，合理确定污水处理厂服务范围、系统布局和处理规模。从防洪规划上了解拟建污水处理厂厂址地区的防洪水位，厂区设计地坪标高应满足防洪排涝的要求，同时，高程设计中应考虑洪水位时的尾水排放。可能的话，排放口的设计还需考虑规划河床断面和规划蓝线以及河道航运功能的要求，当然，这部分工作也可以在初步设计阶段进行。

（三）自然条件资料

1. 气候条件

如风向、气温、湿度、降水等；根据当地常年主导风向，进行污水处理厂总图布置，将厂前区布置在常年主导风向的上风向，减少污水处理厂臭气对厂前区的影响。气温条件直接影响到曝气量的计算以及曝气方式的选取，设计最低水温影响到反应池的容积计算，冻土厚度影响到工艺管线的埋设深度以及土建抗冻设计等。

2. 河流水系

对当地的河流水系资料应有所了解。包括受纳水体的功能要求、类别、水文资料等。由于许多情况下，环评报告和可行性研究基本上同步进行，在来不及拿到环评报告的情况下，可以参照受纳水体的功能要求和类别，暂定污水处理的排放标准。待拿到环评报告及批复时，再作调整。受纳水体的水文资料直接影响到污水处理厂高程设计，是十分重要的基础设计数据。通常情况下，设计考虑污水在进水泵房经一次提升后，靠重力依次流经各处理构筑物后，排入受纳水体。有时，由于受纳水体的高水位远远高于常水位，经技术经济比较后，也会采取设出口泵房二次提升排放的方式。在常水位时，尾水依然靠重力排放，受纳水体水位达到一定标高时，开启出水泵，尾水经出口泵房提升排放。

3. 地形地貌

根据服务范围内的地势走向及排放水体的方位，布置厂外污水管网的走向，减少污水提升泵站的建设，节约工程投资。

4．地质概况和地震区划

在没有地质钻探资料时，可参照拟建污水处理厂厂址邻近地区的工程地质资料，进行土建工程的可行性设计。另外，可以查阅 2001 年 8 月 1 日实施的《中国地震动参数区划图》，得到当地的地震动峰值加速度以及地震动反应谱特征周期，用于结构抗震设计。

（四）有关水质、水量的资料

1．现状污水量

虽然污水处理厂的最终规模是根据规划污水量确定，但现状污水量却直接影响到一期工程规模。根据一次规划、分期实施的原则，可行性研究阶段需要根据污水厂最终规模和现状污水量，经分析比较后，提出一期工程实施规模。一期工程的规模，既要满足近期污水处理的需要，同时又要适当留有发展余地，使污水处理厂建成后，一方面，在几年之中不需要马上扩建；另一方面，又不会出现污水量常年达不到设计处理能力的情况。

2．现状污水水质

现状污水水质对污水处理厂设计进水水质有很大的参考价值。由于各个地区排水体制、经济发展水平以及生活习惯的不同，各地的污水水质不尽相同。同时，对进水水质指标的化验分析，有助于选择合适的污水处理工艺。

（五）有关编制概算和施工方面的资料

（1）当地建筑材料、设备的供应情况和价格。
（2）施工力量（技术水平、设备、劳动力）的资料。
（3）编制概算的定额资料，包括地区差价、间接费用定额、运输费等。
（4）租地、买地、征税、青苗补偿、拆迁补偿等规章和费用。

三、厂址选择

污水处理厂厂址的选择是工程前期的重点之一，总的原则是符合城市总体规划和排水专业规划；与污水收集处理系统的走向一致，使大部分污水可以无须提升自流到厂；靠近受纳水体，宜设置在城镇水体的下游，排放口的设置应考虑尾水排放对上下游取水口的影响为最小，同时，受纳水体要有足够的环境容量，尾水排放不至于明显影响该水域的水质状况；拟建厂址四周应有充足的防护距离，尽量减少污水处理厂噪声和臭气对周围环境的影响，一般情况下，有 200～300 m 绿化隔离带比较理想，同时，有扩建工程用地，需要引起注意的是，远期扩建工程用地须提请规划部门予以保留。城市污水处理厂厂址选择的考虑因素有以下几点：位于城镇水体和夏季主导风向的下游；有良好的工程地质条件；少拆迁，少占农田，有一定的卫生防护措施；便于污水、污泥的排放和利用，有扩建的可能；厂区地形不受水淹，有良好的排水条件；有方便的交通运输和水电条件；选择有适当坡度的地区，以满足污水处理构筑物高程布置的需要，减少土方工程量；应考虑远期发展的可能性，有扩建的余地。

表 2-16　城市污水处理厂的占地指标

处理水量/（m³/d）	一级处理所需面积/hm²	二级处理所需面积/hm²	
		生物滤池	活性污泥法或高负荷生物滤池
5 000	0.5～0.7	2～3	1.0～1.25
10 000	0.8～1.2	4～6	1.5～2.0
20 000	1.2～1.8	8～12	2.2～3.0
30 000	1.6～2.5	12～18	3.0～4.5
50 000	2.5～3.8	20～30	5.0～7.5
1 000 000	5.0～6.5	40～60	10.0～12.5

四、处理工艺流程的选择

污水处理厂的工艺流程指在保证处理水达到所要求的处理程度的前提下，所采用的污水处理技术各单元的有机组合。污水处理工艺流程的选定是一项比较复杂的系统工程，必须综合考虑各种因素，进行多种方案的经济技术比较，必要时应当进行深入地调查研究和实验研究工作，这样才有可能选定技术可行、先进，经济合理的污水处理工艺流程。

1．污水的处理程度

污水处理工艺流程选定的主要依据，而污水的处理程度又主要取决于处理水的出路、去向。

当处理水排放水体时，污水处理程度可考虑用以下几种方法进行确定：

（1）按水体的水质标准确定；

（2）按城市污水处理厂所能达到的处理程度（二级处理技术）确定；

（3）考虑受纳水体的稀释自净能力；

（4）处理水回用时，在进行深度处理之前，城市污水必须经过完整的二级处理，回用水要达到回用标准。

2．工程造价与运行费用

在保证处理水达到水质标准时，要尽可能地降低工程造价和运行费用。这样，以原污水的水质、水量及其他自然状况为已知条件，以处理水应达到的水质指标为制约条件，以处理系统最低的总造价和运行费用为目标函数，建立三者之间的相互关系。减少占地面积也是降低建设费用的重要措施。

3．当地的各项条件

包括当地的地形、气候条件，当地的原材料与电力供应条件等。如当地拥有农业开发利用价值不大的旧河道、洼地、沼泽地等，就可以考虑采用稳定塘、土地处理等污水的自然生物处理系统；在寒冷地区应当采用在采取适当的技术措施后，在低温季节也能够正常运行，并保证取得达标水质的工艺，而且处理构筑物都建在露天，以减少建设与运行费用。

4．原污水的水量与污水流入工况

水质、水量变化较大，选用承受冲击负荷能力较强的处理工艺，如完全混合型曝气池等。某些处理构筑物，如塔式滤池和竖流式沉淀池只适用于水量不大的小型污水处理厂。

5．工程施工难易程度

工程施工的难易程度和运行管理需要的技术条件也是选定处理工艺流程需要考虑的因素。地下水位高，地质条件较差的地方，不宜选用深度大、施工难度高的处理构筑物。

五、污水处理厂的平面布置和高程布置

（一）平面布置

污水处理厂厂区内有各处理单元构筑物；连通各处理构筑物之间的管、渠及其他管线；辅助性建筑物；道路及绿地等。污水处理厂厂区平面规划、布置主要包括以下一些内容。

1．处理构筑物的布置

污水处理厂的主体是各种处理构筑物。做平面布置时，要根据各构筑物（及其附属辅助建筑物，如泵房、鼓风机房等）的功能要求和流程的水力要求，结合厂址地形、地质条件，确定其在平面图上的位置。使联系各构筑物的管、渠简单而便捷，避免迂回曲折，运行时工人的巡回路线简短和方便；在作高程布置时土方量基本平衡；并使构筑物避开劣质土壤。布置应尽量紧凑，缩短管线，以节约用地，间距主要考虑管、渠敷设的要求，施工时地基的相互影响，以及远期发展的可能性。构筑物之间如需布置管道，其间距一般可取 5～8 m，某些有特殊要求的构筑物（如消化池、消化气罐等）的间距则按有关规定确定。

2．厂内管线的布置

污水处理厂各种管线，是联系各处理构筑物的污水、污泥管、渠。管、渠的布置应使各处理构筑物或各处理单元能独立运行，当某一处理构筑物或某处理单元因故停止运行时，也不致影响其他构筑物的正常运行，若构筑物分期施工，则管、渠在布置上也应满足分期施工的要求；必须敷设接连入厂污水管和出流尾渠的超越管，

在不得已情况下可通过此超越管将污水直接排入水体，但有毒废水不得任意排放。厂内尚有给水管、输电线、空气管、消化气管和蒸汽管等。所有管线的安排，既要有一定的施工位置，又要紧凑，并应尽可能平行布置和不穿越空地，以节约用地。这些管线都要易于检查和维修。

污水处理厂内应有完善的雨水管道系统，以免积水而影响处理厂的运行。

3. 辅助建筑物的布置

辅助建筑物包括泵房、鼓风机房、办公室、集中控制室、化验室、变电所、机修、仓库、食堂等。它们是污水处理厂设计不可缺少的组成部分。其建筑面积大小应按具体情况与条件而定。可能时设立试验车间，以不断研究与改进污水处理方法。辅助建筑物的位置应根据方便、安全等原则确定。如鼓风机房应设于曝气池附近以节省管道与动力；变电所宜设于耗电量大的构筑物附近等。化验室应远离机器间和污泥干化场，以保证良好的工作条件。办公室、化验室等均应与处理构筑物保持适当距离，并应位于处理构筑物的夏季主风向的上风向处。操作工人的值班室应尽量布置在使工人能够便于观察各处理构筑物运行情况的位置。

此外，处理厂内的道路应合理布置以方便运输；并应大力植树绿化以改善卫生条件。

在工艺设计计算时，就应考虑它和平面布置的关系，而在进行平面布置时，也可根据情况调整构筑物的数目，修改工艺设计。

总平面布置图可根据污水处理厂的规模采用 1∶200～1∶1 000 比例尺的地形图绘制，常用的比例尺为 1∶500。

图 2-62 为 A 市污水处理厂总平面布置图；图 2-63 为 B 市污水处理厂总平面布置图。

（二）高程布置

1. 高程布置的任务

污水处理厂高程布置的任务是：确定各处理构筑物和泵房等的标高，选定各连接管渠的尺寸并决定其标高。计算决定各部分的水面标高，以使污水能按处理流程在处理构筑物之间通畅地流动，保证污水处理厂的正常运行。

2. 水头损失确定

污水处理厂的水流常依靠重力流动，以减少运行费用。为此，必须精确计算其水头损失（初步设计或扩初设计时，精度要求可较低）。水头损失包括：

（1）水流流过各处理构筑物的水头损失，包括从进池到出池的所有水头损失在内；在作初步设计时可按表 2-17 估算。

（2）水流流过连接前后两构筑物的管道（包括配水设备）的水头损失，包括沿程与局部水头损失。

构筑物一览表

序号	构筑物编号	构筑物名称	序号	构筑物编号	构筑物名称	序号	构筑物编号	构筑物名称	序号	构筑物编号	构筑物名称
1	⑭	已建泵房、格栅间及吸水井	9	⑭	氧化沟	17	㉒	出水采样室	25	㉖	综合办公楼
2	⑮	格栅沉砂池	10	⑮	配水井	18	㉓	污泥浓缩池	26	㉗	值班宿舍
3	⑯	格栅沉砂池（二期）	11	⑯	终沉池	19	㉔	污泥浓缩池（二期）	27	㉘	职工食堂、浴室及开水房
4	⑰	预处理控制室	12	⑰	污泥泵房	20	㉕	均质池	28	㉙	机修、工房、仓库
5	⑱	流量检测井	13	⑱	加氯间	21	㉖	均质池（二期）	29	㉚	车库
6	⑲	总降变电所	14	⑲	接触池	22	㉗	污泥脱水机房	30	㉛	锅炉房
7	⑳	低压变电所	15	⑳	接触池（二期）	23	㉘	污泥脱水机房（二期）	31	㉜	厂区回用水泵房
8	㉑	厌氧混合池	16	㉑	巴氏槽	24	㉙	传达室	32	㉝	冲洗泵房

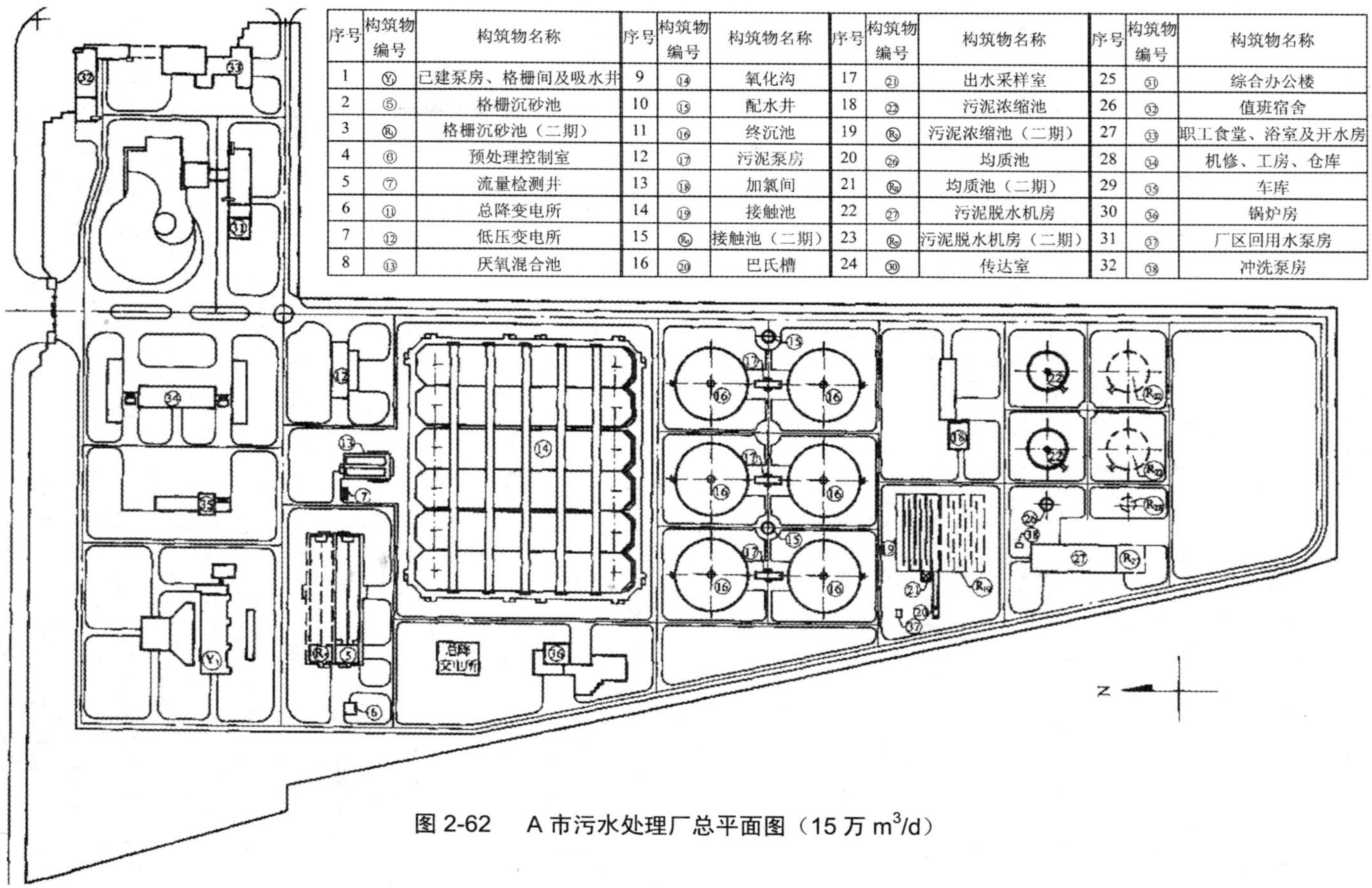

图 2-62　A 市污水处理厂总平面图（15 万 m³/d）

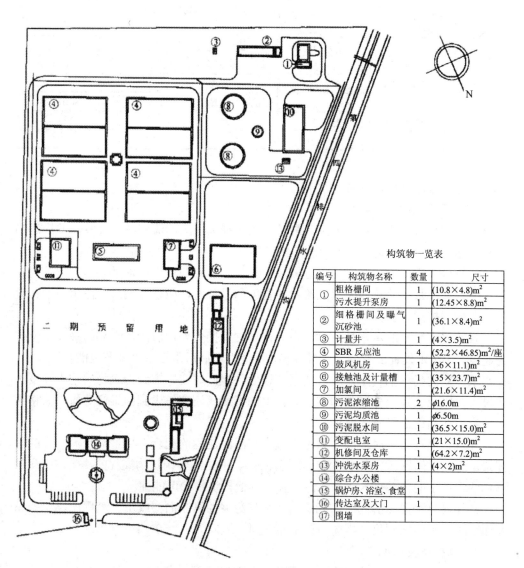

构筑物一览表

编号	构筑物名称	数量	尺寸
①	粗格栅间	1	$(10.8 \times 4.8)m^2$
	污水提升泵房	1	$(12.45 \times 8.8)m^2$
②	细格栅间及曝气沉砂池	1	$(36.1 \times 8.4)m^2$
③	计量井	1	$(4 \times 3.5)m^2$
④	SBR 反应池	4	$(52.2 \times 46.85)m^2/座$
⑤	鼓风机房	1	$(36 \times 11.1)m^2$
⑥	接触池及计量槽	1	$(35 \times 23.7)m^2$
⑦	加氯间	1	$(21.6 \times 11.4)m^2$
⑧	污泥浓缩池	2	$\phi16.0m$
⑨	污泥均质池	1	$\phi6.50m$
⑩	污泥脱水间	1	$(36.5 \times 15.0)m^2$
⑪	变配电室	1	$(21 \times 15.0)m^2$
⑫	机修间及仓库	1	$(64.2 \times 7.2)m^2$
⑬	冲洗水泵房	1	$(4 \times 2)m^2$
⑭	综合办公楼	1	
⑮	锅炉房、浴室、食堂	1	
⑯	传达室及大门	1	
⑰	围墙		

图 2-63　B 市污水处理厂总平面图

表 2-17　处理构筑物的水头水损失

构筑物名称		水头损失/cm	构筑物名称	水头损失/cm
格栅		10～25	生物滤池（工作高度为 2 m 时）：	
沉砂池		10～25		
沉淀池：	平流	20～40	1）装有旋转式布水器	270～280
	竖流	40～50	2）装有固定喷洒布水器	450～475
	辐流	50～60	混合池或接触池	10～30
双层沉淀池		10～20	污泥干化场	200～350
曝气池：污水潜流入池		25～50		
污水跌水入池		50～150		

（3）水流流过量水设备的水头损失。

3. 高程布置注意事项

水力计算时，应选择一条距离最长、水头损失最大的流程进行计算，并应适当留有余地；以使实际运行时能有一定的灵活性。

计算水头损失时，一般应以近期最大流量（或泵的最大出水量）作为构筑物和管渠的设计流量，计算涉及远期流量的管渠和设备时，应以远期最大流量为设计流量，并酌加扩建时的备用水头。

设置终点泵站的污水处理厂，水力计算常以接受处理后污水水体的最高水位作为起点，逆污水处理流程向上倒推计算，以使处理后污水在洪水季节也能自流排出，而水泵需要的扬程则较小，运行费用也较低。但同时应考虑到构筑物的挖土深度不宜过大，以免土建投资过大和增加施工上的困难。还应考虑到因维修等原因需将池水放空而在高程上提出的要求。

在进行高程布置时还应注意污水流程与污泥流程的配合，尽量减少需抽升的污泥量。污泥干化场、污泥浓缩池（湿污泥池）、消化池等构筑物高程的决定，应注意它们的污泥水能自动排入污水入流干管或其他构筑物的可能性。

在绘制总平面图的同时，应绘制污水与污泥的纵断面图或工艺流程图。绘制纵断面图时采用的比例尺：横向与总平面图同，纵向为 1：50～1：100。

4. 高程布置举例

现以图 2-64 所示的某市污水处理厂为例说明高程计算过程。该厂初次沉淀池和二次沉淀池均为方形，周边均匀出水，曝气池为四座方形池，表面机械曝气器充氧，完全混合型，也可按推流式吸附再生法运行。污水在入初沉池、曝气池和二沉池之前，分别设立了薄壁计量堰（F_2、F_3 为矩形堰，堰宽 0.7 m，F_1 为梯形堰，底宽 0.5 m）。该厂设计流量如下：

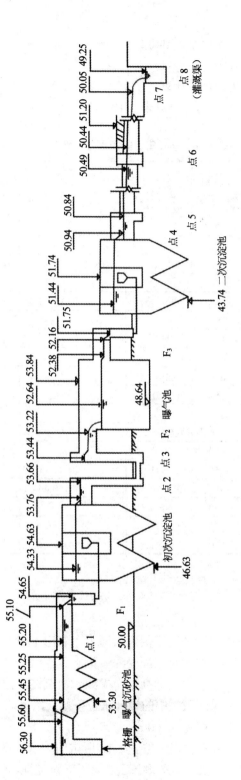

图 2-64 污水处理高程布置

近期 $Q_{avg}=174\,\text{L/s}$ 远期 $Q_{avg}=348\,\text{L/s}$

$Q_{max}=300\,\text{L/s}$ $Q_{max}=600\,\text{L/s}$

回流污泥量以污水量的 100% 计算。

各构筑物间连接管渠的水力计算见表 2-18。

表 2-18　连接管、渠的水力计算表

设计点编号	管渠名称	设计流量/（L/s）	管渠设计参数					
			尺寸 D/mm 或 $B\times H$/m	$\dfrac{h}{D}$	水深 h/m	i	流速 v/（m/s）	长度 l/m
1	2	3	4	5	6	7	8	9
⑧～⑦	出厂管入灌溉渠	600	1 000	0.8	0.8			
⑦～⑥	出厂管	600	1 000	0.8	0.8	0.001	1.01	390
⑥～⑤	出厂管	300	600	0.75	0.45	0.003 5	1.37	100
⑤～④	沉淀池出水总渠	150	0.6×1.0		0.35～0.25			28
④～E	沉淀池集水槽	75/2	0.30×0.53		0.38			28
E～F_3'	沉淀池入流管	150	450①			0.002 8	0.94	10
F_3'～F_3	计量堰	150						
F_3～D	曝气池出水总渠	600	0.84×1.0		0.64～0.42			18
	曝气池集水槽	150	0.6×0.55		0.26③			
D～F_2	计量堰	300						
F_2～③	曝气池配水渠	300②	0.84×0.85		0.62～0.54			
③～②	往曝气池配水渠	300	600			0.002 4	1.07	27
②～C	沉淀池出水总渠	150	0.6×1.0		0.35～0.25			5
	沉淀池集水槽	150/2	0.35×0.53		0.44			28
C～F_1'	沉淀池入流管	150	450			0.002 8	0.94	11
F_1'～F_1	计量堰	150						
F_1～①	沉淀池配水渠	150	0.8×1.5		0.48～0.46			3

注：① 包括回流污泥量在内。

　　② 按最不利条件，即推流式运行时，污水集中从一端入池计算。

　　③ 曝气池集水槽采用浅孔出流，此处 h 为孔口至槽底高度（亦为损失了的水头）。

处理后的污水排入农田灌溉渠道以供农田灌溉，农田不需水时排入某江。由于某江水位远低于渠道水位，故构筑物高程受灌溉渠水位控制，计算时，以灌溉渠水位作为起点，逆流程向上推算各水面标高。考虑到二次沉淀池挖土太深时不利于施工，故排水总管的管底标高与灌溉渠中的设计水位平接（跌水 0.8 m）。

污水处理厂的设计地面高程为 50.00 m。

高程计算中，沟管的沿程水头损失按表 2-18 所定的坡度计算，局部水头损失按流速水头的倍数计算。堰上水头按有关堰流公式计算，沉淀池、曝气池集水槽系底，且为均匀集水，自由跌水出流，故按下列公式计算：

$$B = 0.9Q^{0.4} \tag{2-69}$$

$$h_0 = 1.25B \tag{2-70}$$

式中，Q —— 集水槽设计流量，为确保安全，常对设计流量再乘以 1.2~1.5 的安全
系数，m^3/s；

B —— 集水槽宽，m；

h_0 —— 集水槽起端水深，m。

高程计算：

高程	（m）
灌溉渠道（点 8）水位	49.25
排水总管（点 7）水位	
跌水 0.8 m.	50.05

窨井 6 后水位
    沿程损失＝0.001×390   50.44

窨井 6 前水位
    管顶平接，两端水位差 0.05 m   50.49

二次沉淀池出水井水位
    沿程损失＝0.003 5×100＝0.35 m   50.84

二次沉淀池出水总渠起端水位
    沿程损失＝0.35－0.25＝0.10 m   50.94

二次沉淀池中水位
    集水槽起端水深＝0.38m
    自由跌落＝0.10m
    堰上水头（计算或查表）＝0.02 m
    合计   0.50 m   51.44

堰 F_3 后水位
    沿程损失＝0.002 810＝0.03 m
    局部损失＝$6.0\dfrac{0.94^2}{2g}$＝0.28 m
    合计   0.31 m   51.75

堰 F_3 前水位
    堰上水头＝0.26m
    自由跌落＝0.15m
    合计   0.41 m   52.16

曝气池出水总渠起端水位

沿程损失＝0.64－0.42＝0.22 m　　　　　　　　　52.38

曝气池中水位

集水槽中水位＝0.26 m　　　　　　　　　52.64

堰 F_2 前水位

堰上水头＝0.38 m

自由跌落＝0.20 m

合计　　　　　　0.58 m　　　　　　　　　53.22

点 3 水位

沿程损失＝0.62－0.54＝0.08 m

局部损失＝5.85×0.025＝0.14 m

合计　　　　　　0.22 m　　　　　　　　　53.44

初次沉淀池出水井（点 2）水位

沿程损失＝0.002 4×27＝0.07 m

局部损失＝$2.46 \times \dfrac{1.07^2}{2g}$＝0.15 m

合计　　　　　　0.22 m　　　　　　　　　53.66

初次沉淀池中水位

出水总渠沿程损失＝0.35－0.25＝0.10 m

集水槽起端水深＝0.44 m

自由跌落＝0.10 m

堰上水头＝0.03 m

合计　　　　　　　0.67 m　　　　　　　　54.33

堰 F_1 后水位

沿程损失＝0.002 8×11＝0.04 m

局部损失＝$6.0 \dfrac{0.94^2}{2g}$＝0.28 m

合计　　　　　　0.32 m　　　　　　　　　54.65

堰 F_1 前水位

堰上水头＝0.30 m

自由跌落＝0.15 m

合计　　　　　　0.45 m　　　　　　　　　55.10

沉砂池起端水位

沿程损失＝0.48－0.46＝0.02 m

沉砂池出口局部损失＝0.05 m

沉砂池中水头损失＝0.20 m

合计	0.27 m		55.37

格栅前（A点）水位

过栅水头损失 0.15 m　　55.52m

总水头损失 6.27 m

思考与习题

1. 活性污泥法有哪些特点？常见的活性污泥法运行工艺有哪些？

2. 微生物的生长曲线包含了哪些内容？它在污水处理中具有什么实际意义？

3. 简述影响活性污泥处理的因素。

4. 何为污泥沉降比、污泥浓度和污泥指数？它们在活性污泥法运行中的重要意义为何？

5. 什么是污泥龄？污泥龄在废水生物处理中有什么重要意义？

6. 简述活性污泥净化废水的机理。

7. 曝气池和二次沉淀池各有何作用？

8. 常用的曝气设备有哪些？各适用于什么场合？

9. 何谓 SBR 法？请列出你所知道的变种 SBR 工艺，并简述它们的特征和优点。

10. 试简单论述氧转移的基本原理和影响氧转移的主要因素。

11. 活性污泥系统中常发生的异常现象有哪些？产生的原因是什么？

12. 曝气方法和曝气设备的改进对活性污泥法的运行有什么意义？有哪几种曝气方法和曝气设备？各有什么优缺点？

13. 污泥的脱水通常采用哪些方法？各有何特点？

14. 常规的城市污水处理厂二级生物处理工艺的主要去除对象是什么？为什么要加上脱氮除磷功能？

15. 简述生物脱氮除磷原理？常见的脱氮除磷工艺有哪些？

16. 污水处理工程的初步设计和施工图设计各有哪些特点？

17. 污水处理厂（站）的工艺设计包含哪些重要内容？

18. 对于污水处理厂（站）设计的平面布置图应当考虑哪些问题？

19. 对于污水处理厂（站）设计的高程布置图应当考虑哪些问题？

20. 曝气池和沉淀池的运行管理有哪些要点？

21. 某酿造厂采用活性污泥法处理废水，废水量为 24 000 m^3/d，曝气池容积为 8 000 m^3。经初次沉淀，废水的 BOD_5 为 300 mg/L，经处理 BOD_5 去除率为 90%，曝气池混合液悬浮固体浓度为 4 g/L，其中挥发性悬浮固体占 75%。试求 N_s、每日剩余污泥量、每日需氧量和污泥龄。

钢铁工业废水处理与利用

【情境描述】

　　该情境主要是钢铁工业废水处理与利用。学生了解钢铁工业污水来源及分类，掌握烧结厂、炼铁厂、炼钢厂、轧钢厂废水的特性、处理工艺原理、处理流程、设备与运行维护等知识。

　　钢铁工业是我国经济建设的基础工业，是我国经济发展、国防建设等必不可少的基础材料的生产部门，将在较长时期内处于不可替代的地位。钢铁生产包括采选、烧结、炼铁、炼钢、轧钢等多个生产环节，钢铁工业用水量大。我国重点钢铁企业2005—2007年的吨钢耗用新水量分别为 8.6 m^3/t、6.43 m^3/t、5.31 m^3/t，这表明我国钢铁工业用新水量已逐步降低。

学习单元一　钢铁工业废水来源和性质

　　钢铁工业废水主要来源于生产过程用水、设备与产品冷却水、烟气洗涤、设备和场地清洗水等。70%以上的废水来源于冷却水，生产工艺过程排出的废水只占较小的一部分。废水含有随水流失的生产用原料、中间产物和产品以及生产过程中产生的污染物。间接冷却水仅受热污染，冷却后即可再利用；直接冷却水与产品等直接接触，含有污染物，经处理方可利用或串级使用。钢铁工业废水中主要含酸、碱、酚、氰化物、石油类及重金属等有害物质，如不达标外排，将严重污染环境。

一、钢铁工业废水来源及分类

　　钢铁工业废水按来源不同可分为以下几类：

　　（一）矿山和选矿废水

　　矿山废水为矿井排水、堆石场排水、尾矿库渗漏和溢流水。矿山废水水量和所含污染物取决于矿山地理环境、气候、地质、矿种和矿物组成。矿井、堆石场等作业废水一般呈酸性。

（二）烧结厂废水

废水来源于气体除尘和冲洗地面、设备用水，含有大量悬浮物，处理后可循环利用或外排。

（三）炼铁厂废水

废水主要有高炉煤气洗涤水、冲渣污水、铸铁机排水及冷却水。高炉煤气洗涤水含有大量悬浮物及酚、氰、硫酸盐等，处理后可循环利用。间接冷却水冷却后可循环利用，也可与其他冷却设备串级使用。

（四）炼钢厂废水

废水主要包括烟气洗涤污水、冲渣污水及各种冷却水。烟气洗涤水含大量悬浮物及各种可溶物。用混凝等方法除去悬浮物，冷却后可循环使用。

（五）轧钢厂废水

废水主要包括含酸废水、含碱废水、含油废水、直接冷却水和间接冷却水。含酸废水中有各种酸类，相应的铁盐和重金属离子。含碱废水含碱性物、悬浮物、油类。含油废水有各种油类、乳化液、悬浮物和氧化铁皮。间接冷却水仅是水温升高，冷却后可循环使用。直接冷却水含有悬浮物和各种油类。

钢铁工业按所含的主要污染物性质可分为：含有机污染物为主的有机废水和含无机污染物为主的无机废水，以及仅受热污染的冷却水。例如焦化厂的含酚氰废水是有机废水，炼钢厂的转炉烟气除尘废水是无机废水等。

按所含污染物的主要组成分为含酚废水、含油废水、含铬废水、酸性废水、碱性废水与含氟废水等。

二、钢铁工业废水主要污染物与特征

钢铁工业废水的水质，因生产工艺和生产方式的不同有很大差异。有时即使采用同一种工艺，水质也有很大变化。如氧气顶吹转炉除尘废水，在同一炉钢的不同吹炼期，废水的 pH 值可在 4～14，悬浮物可在 250～2 500 mg/L 变化。间接冷却水在使用过程中仅受热污染，经冷却后可再利用。直接冷却水，因与产品物料等直接接触，含有同原料、燃料、产品等成分有关的多种物质。归纳起来，钢铁工业废水的污染物主要有以下五种。

（一）无机悬浮物

悬浮固体是钢铁生产过程中（特别是联合钢铁企业）所排放废水中的主要污染

物。主要由加工过程中产生的氧化铁所组成，其来源如原料装卸损失、焦炉生物处理装置的遗留物、酸洗和涂镀作业线水处理装置以及高炉、转炉、连铸等湿式除尘净化系统或水处理系统等，分别产生煤、生物污泥、金属氢氧化物及其固体。悬浮固体还与轧钢作业产生的油和原料厂外排废水有关。正常情况下，这些悬浮物的成分在水环境中大多无毒（焦化废水的悬浮物除外），但会导致水体变色、缺氧和水质恶化。

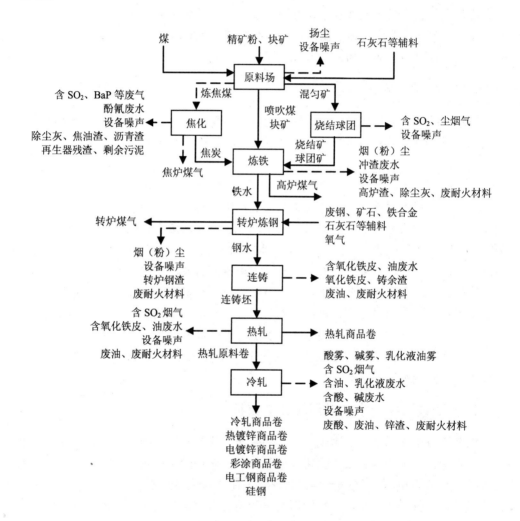

图 3-1　现代大型联合钢铁厂主要生产工艺与节点排污示意

（二）重金属

钢铁工业排水含有不同程度的重金属，如炼钢过程的水，而冷轧机和涂镀区的排放物可能含有锌、镉、铬、铝和铜。

另外，来自钢铁生产的金属（特别是重金属）废物可能会与其他有毒成分结合。例如与氨、有机物、润滑油、氰化物、碱、溶剂、酸等相互作用，构成并释放对环境有更大污染的有毒物。因此，必须采用生化、物化法处理，最大限度地减少废水、废物所产生的危害和污染。

（三）油与油脂

钢铁工业废水中的油和油脂污染物主要来源于冷轧、热轧、铸造、涂镀和废钢储存与加工工艺过程等。多数重油和含脂物质不溶于水，而乳化油则不同，在冷轧中乳化油使用非常普遍，是该工艺的重要组成部分。油在废水中通常有四种形式：

（1）浮油铺展于废水表面形成油膜或油层。这种油的粒径较大，一般大于$100 \mu m$，易分离。混入废水中的润滑油多属于这种状态。浮油是废水中含油量的主要部分，一般占废水中油类总含量的80%左右。

（2）分散于废水中的油粒状的分散油，呈悬浮状，不稳定，长时间静置不易全部上浮，油粒径$10 \sim 100 \mu m$。

（3）乳化油在废水中呈乳化（浊）状，油珠表面有一层由表面活性剂分子形成的稳定薄膜，阻碍油珠黏合，长期保持稳定，油粒微小，为$0.1 \sim 10 \mu m$，大部分在$0.1 \sim 2 \mu m$。轧钢的含油废水，常属此类。

（4）溶解油是以化学方式溶解的微粒分散油，油粒直径比乳化油还小。

一般而言油和油脂危害较小，但排入水体后引起水体表面变色，会降低氧传导作用，对水体鱼类、水生物破坏性很大，当河、湖水中含油量达$0.01 mg/L$时，鱼肉就会产生特殊气味，含油量再高时，会使鱼呼吸困难而窒息死亡。水稻田中含$3 \sim 5 kg$油时，就明显影响农作物生长。乳化油中含有表面活性剂，有致癌物质，在水中危害更大。

（四）酸性废水

钢材表面上形成的氧化铁皮（FeO、Fe_3O_4、Fe_2O_3）都是不溶于水的碱性物质（氧化物），当浸泡在酸液或在表面喷洒酸液时，这些碱性氧化物就与酸发生一系列化学反应。

钢材酸洗通常采用硫酸、盐酸。不锈钢酸洗经常采用硝酸-氢氟酸混酸酸洗。酸洗过程中，由于酸洗液中的酸与铁的氧化作用，使酸的浓度不断降低，生成铁盐类，pH值不断增高，当酸浓度下降到一定程度后，必须更换酸洗液，这就形成酸洗废液。

经酸洗的钢材常需用水冲洗以去除钢材表面的游离酸和亚铁盐类，这些清洗或冲洗水又产生低浓度含酸废水。

酸性废水具有较强的腐蚀性，易于腐蚀管渠和构筑物；排入水体，会改变水体

pH 值，干扰水体自净，影响水生生物和渔业生产；排入农田土壤，易使土壤酸化，危害作物生长。当中和处理的废水 pH 值达到 6～9 时，才可排入水体。

（五）有机需氧污染物

钢铁工业排放的有机污染物种类较多，如炼焦过程排放各种各样的有机物，其中包括苯、甲苯、二甲苯、萘、酚、多环芳烃等。以焦化废水为例，废水中多达 52 种有机物，其中苯酚类及其衍生物所占比例最大，占 60% 以上，其次为喹啉类化合物和苯类及其衍生物，所占比例分别为 13.5% 和 9.8%，以吡啶类、苯类、吲哚类、联苯类为代表的杂环化合物和多环芳烃所占比例在 0.84%～2.4%。

炼钢厂排放的有机物可能包括苯、甲苯、二甲苯、多环芳烃、多氯联苯（PCBs）、二噁英、酚、VOC_s 等。这些物质如采用湿式烟气净化，不可避免地残存在废水中，这些物质的危害性与致癌性是非常严重的，必须妥善处理方可排放。

表 3-1　钢铁工业废水污染特征和主要污染物

排放废水的单元（车间）	污染特征						主要污染物																
	混浊	臭味	颜色	有机污染物	无机污染物	热污染	酚	苯	硫化物	氟化物	氰化物	油	酸	碱	锌	镉	砷	铅	铬	镍	铜	锰	钒
烧结	●		●		●																		
焦化	●	●	●	●	●		●	●	●	●	●												
炼铁	●		●	●	●		●		●		●				●		●					●	
炼钢	●		●	●	●			●		●													
轧钢	●		●	●	●					●													
酸洗	●		●		●					●			●	●		●					●	●	
铁合金	●		●	●		●													●			●	●

三、钢铁企业各工序排污分析

钢铁工业废水中主要污染物 COD、悬浮物、石油类、氨氮、酚、氰化物（按氰根计）在各工序中的分布情况如下：

排放 COD 量按大小排列依次为焦化、炼铁、轧钢、炼钢和烧结，分别占总量的 43.68%、21.33%、19.78%、12.72% 和 2.40%；对悬浮物而言，只有烧结工序排放量较少，占总排放量的 7.75%，其他工序排放量相近；废水中氨氮主要来源于焦化工序，占总排放量的 93.68%；焦化工序是废水中氰化物的主要产生源，占总排放量的 85.65%，其次是炼铁占总排放量的 11.46%，烧结排放的氰化物很少，只有 0.03%。

综上所述,废水中 COD、氨氮、酚、氰等有毒物,均以焦化工序最显著,分别占 43.68%、93.68%、87.87%和 85.65%, 说明焦化工序在钢铁企业污染中最为严重。

学习单元二 烧结厂污水处理与利用

烧结的生产过程是把铁矿粉（精矿粉或富矿粉）、燃料（焦粉或无烟煤）和熔剂（石灰石、白云石或生石灰）按一定比例配料混匀以后,在高温烧结机上点火燃烧,利用燃料燃烧和低价铁氧化物氧化反应放出的热,使混合料局部熔化并将散粒颗粒黏结成块状烧结矿,作为炼铁原料。在燃烧过程中,同时部分去除硫、砷、锌、铅等有害杂质。烧结矿经冷却、破碎、筛分而成 5～50 mm 粒状料送入高炉冶炼。

烧结系统是冶炼前原料准备的重要组成部分。烧结工艺系统流程自配料开始至成品矿输出为止,包括焦炭破碎筛分、配料、混合、点火、烧结、冷却、成品筛分等工序,因此,烧结系统用水特征有:工艺用水;工艺设备冷却水;除尘用水与清扫用水等。

一、烧结厂废水的来源及特点

烧结系统产生废水主要来自湿式除尘器、冲洗输送皮带、冲洗地坪和冷却设备产生的废水。有的烧结厂上述四种兼而有、有的只有其中两三种,一般情况下有湿式除尘、冲洗地坪两种废水。先进的大型烧结厂（如宝钢烧结厂）则不设地坪冲洗水,改为清扫洒水系统,为烧结废水循环利用与实现"零"排放提供有利条件。

烧结系统所采用的原料全部为粉状物料,粒径很细,生产废水中含有大量粉尘,粉尘中含铁量为 40%以上,同时还含有焦粉、石灰料等有用成分。烧结厂外排废水挟带固体悬浮物,细粒污泥较多,黏性大,渗透性小,含量为 0.5%～5%,pH 值为 10～13。悬浮物中矿物含量高,有较高的回收利用价值。因此,烧结系统设置废水处理设施从废水资源与原料资源利用着手,可产生良好的环境、经济与社会效益。

（一）烧结厂废水来源

根据烧结系统用水要求,其废水来源主要有五种。

（1）胶带机冲洗废水

冲洗废水中所含悬浮物（SS）量达 5 000 mg/L。循环水水质要求悬浮物的浓度应不大于 600 mg/L。

（2）净环水冷却系统排污水

净环水主要用于设备的冷却,使用后仅水温有所升高,经冷却后即可循环利用。水经冷却塔冷却时,由于蒸发与充氧,使水质具有腐蚀、结垢倾向,并产生泥垢。

（3）湿式除尘废水

除尘废水中的悬浮物的质量浓度高达 5 000～10 000 mg/L。

（4）煤气水封阀排水

水中含有酚类等污染物。

（5）地坪冲洗水

（二）烧结废水特征

（1）烧结系统外排废水的水量与水质不均衡；

（2）烧结系统外排废水中矿物含量高，有较好的回收利用价值；

（3）烧结系统废水污泥粒径小，黏度大，渗透性小，脱水困难。

二、烧结系统废水处理

烧结系统处理废水的目的，一是要对处理后的废水循环利用；二是对沉淀的固体矿泥进行回收利用。这是判断烧结废水处理工艺选择是否合理的基础。

间接设备冷却排水的水质并未受到污染，仅水温有所升高，其仅作冷却处理即可循环使用（即经循环水系统）。为保证水质，系统中应设置过滤器和除垢器或投加阻垢剂，并且需补充新水。根据用水点标高和水压要求，该系统可分为普压（0.6 MPa）和低压（0.4 MPa）循环系统。循环系统一般采用两种方式。规模较小的烧结厂推荐用一个循环水给水系统和如图 3-2 所示的循环水流程，该流程充分利用设备冷却的出水余压进入冷却塔，节能且流程简单。规模较大的烧结厂推荐用两个压力循环水给水系统和如图 3-3 所示循环水流程。

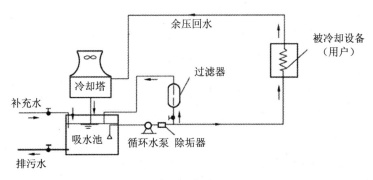

图 3-2　净循环水流程（一）

生产废水处理后要求 SS≤220 mg/L，一般通过沉淀或浓缩处理后水质可以达到使用要求（其中还需补充部分新水），构成浊循环水系统。主要作为冲洗、清扫地坪、冲洗输送皮带和湿式除尘用水。

生活污水由于量少，一般集中输送到钢铁总厂一并处理。小规模烧结厂生活污水经化粪池等处理后排入雨水管。也有生活污水及雨水一起排入钢铁厂内相应下水道，不进行单独处理。

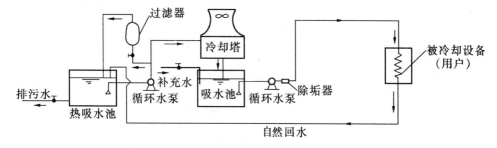

图 3-3　净循环水流程（二）

混合工艺加水水质要求水中杂质颗粒直径不大于 1 mm，以防止堵塞喷嘴孔眼，水中的悬浮物含量要求不能对原矿成分产生影响，所以一次混合可加部分矿浆废水，二次混合应采用新水或净循环水。

大型烧结厂的煤气管道水封阀排水系间断排水，但排水中含有酚类有机物，应将该废水积存起来，定期用真空罐车送往焦化废水处理系统一同处理。

另外，生产废水中的矿泥含铁量高，是宝贵的矿物资源和财富。某厂通过矿泥回收，三年内就回收了其废水处理设施的投资费用，故矿泥回收也是生产废水处理的主要目的。矿泥回收一般有以下三种方式：

（1）当设有水封拉链或浓泥斗时，矿泥回收到返矿皮带后混入热返矿中，此时要求矿泥的含水率不能太高（不大于 30%），不能在皮带上流动或影响混合矿的效果。

（2）矿泥（含水率 70%～90%）可作为一次混合机的部分添加水，通过混合机工艺回收。

（3）将经过脱水的矿泥（含水率 18%左右）送到原料厂回收。

三、烧结厂废水的利用

要降低烧结厂的废水排放率，应提高废水的串级使用率，即增加串级用水量。

进入烧结厂的新水首先满足设备冷却用水要求，冷却排水作为物料添加用水（包含喷洒用水），应尽量减少外排水量。如图 3-4 所示，A 为新水用户，B 为一次串级用水户，C 为二次串级用水户，当 C 需添加水，无须外排水时，串级用水优于循环水。

提高循环用水率是减少排放率的重要措施。为减少废水排放率，冷却水冷却后需循环使用。除尘、冲洗地坪废水净化处理后，可用作设备冷却水和除尘器用水。烧结厂生产中，由于物料添加水与污泥带水等损耗，需要补充新水，稳定循环水的水质。

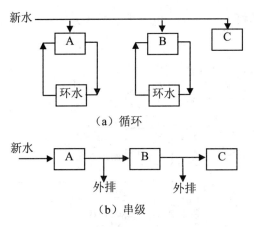

图 3-4　烧结厂循环水与串级用水的对比

学习单元三　炼铁厂废水处理与利用

炼铁系统是钢铁企业的重要组成部分之一。炼铁厂是钢铁联合企业的重要污染源之一。煤气洗涤水是炼铁厂的主要废水，其消耗量为 $2.2 \sim 2.5\ m^3/km^3$ 煤气。废水中含有铁矿石微粒、焦炭粉末以及其他氧化物等杂质。此外，还含有酚、氰等有毒物质，瓦斯泥产生量为 $6 \sim 8\ kg/t$（Fe）。

一、炼铁厂废水的来源及特点

炼铁系统用水主要用于高炉和热风炉冷却、高炉煤气洗涤、鼓风机站用水、炉渣粒化和水力输送以及干渣喷水等。此外还有部分用于润湿炉料和煤粉、平台洒水、煤气水封阀用水等。

（一）废水来源

炼铁系统废水分为净循环水和浊循环水，根据其使用过程和条件大致可分为设备间接冷却废水、设备和产品的直接冷却废水、生产工艺过程废水等。

1. 设备间接冷却废水

高炉的炉腹、炉身、出铁口、风口、风口大套、风口周围冷却水及其他不与产品或物料直接接触的冷却水废水都属于设备间接冷却废水。废水因不与产品或物料接触，使用后水温升高，如直接排放至水体，可能造成一定范围的热污染，因此这种间接冷却用水一般多设计成循环供水系统，在系统中设置冷却塔（或其他冷却建筑），废水得到降温处理后即可以循环使用。

2. 设备和产品的直接冷却废水

设备和产品的直接冷却废水主要来自高炉炉缸的喷水冷却、高炉在生产后期的炉皮喷水冷却以及铸铁机的喷水冷却。产品的直接冷却主要指铸铁块的喷水冷却。直接冷却废水特点是水与产品或设备直接接触，不仅水温升高，而且水质受污染（一般经沉淀、冷却后即可再作为直接冷却水循环利用）。

3. 生产工艺过程废水

炼铁厂生产工艺用水以高炉煤气洗涤水和炉渣粒化水为代表。高炉冶炼过程中，由于焦炭在炉缸内燃烧，而且是一层炽热的厚焦炭由空气过剩而逐渐变成空气不足的燃烧，结果产生一定量的一氧化碳气体$[\varphi(CO)>20\%]$，故称为高炉煤气。从高炉引出的煤气，先经干式除尘器除掉大颗粒灰尘，然后用管道引入煤气洗涤系统进行清洗冷却。清洗、冷却后的水就是高炉煤气洗涤废水。这种废水水温高达60℃以上，含有大量的由铁矿粉、焦炭粉等所组成的悬浮物以及酚、氰、硫化物和锌等，水中悬浮杂质达$500\sim5\,000\,mg/L$。由于该废水水量大、污染重，必须进行处理，然后尽量循环利用。

表 3-2 炼铁系统各废水水质
单位：mg/L

废水类别		pH 值	悬浮物	总硬度（以CaCO₃计）	总含盐量	Cl⁻	SO₄²⁻	总 Fe	氰化物	酚	硫化物
煤气洗涤水	大型高炉	7.5～9.0	500～3 000	225～1 000	200～3 000	40～200	30～250	0.05～1.25	0.1～3.0	0.05～0.40	0.1～0.5
	小型高炉	8.0～11.5	500～5 000	600～1 600	200～9 000	50～250	30～250	0.1～0.8	2.0～10.0	0.07～3.85	0.1～0.5
	炼锰铁高炉	8.0～11.5	800～3 000	250～1 000	600～3 000	50～250	10～250	0.001～0.01	30.0～40.0	0.02～0.20	—
冲渣水		8.0～9.0	400～1 500	—	230～800	100～300	30～250	—	0.002～0.70	0.01～0.08	0.08～2.40
铸铁机废水		7.0～8.0	300～3 500	550～600	300～2 000	30～300	30～250	—	—	—	—

（二）炼铁系统的废水特征

（1）高炉、热风炉的间接冷却废水在配备安全供水的条件下仅作降温处理即可实现循环利用，采用纯水作为冷却介质的密闭循环系统经过降温处理后，只要系统运转的动力始终存在，就能够持续运转；

（2）设备或产品直接冷却废水（特别是铸铁机废水）被污染的程度很严重，含有大量的悬浮物和各种渣滓，但这些设备和成品对水质的要求不高，所以经过简单的沉淀处理即可循环使用，不需要做复杂的处理；

（3）生产工艺过程废水包括高炉煤气洗涤和冲洗水渣废水。由于水与物料直接接触，其中往往含有多种有害物质，必须认真处理方能实现循环使用。

二、炼铁厂废水处理与利用

现代大型钢铁厂要使企业吨铁用水量少，节水节能效果好，必须做到用水的高质量和处理严格化；执行严格的用水标准与排放标准；严格实行按质用水、串级用水、循环用水、废水利用等分级用水管理；严格实施高的循环用水率以及注意各工序间废水水量、水温、悬浮物和水质溶解盐类平衡，充分利用各工序水质差异，实现多级串接与循环利用，最大限度地将废水分配或消失于各级生产工序中，实现炼铁系统废水"零"排放。

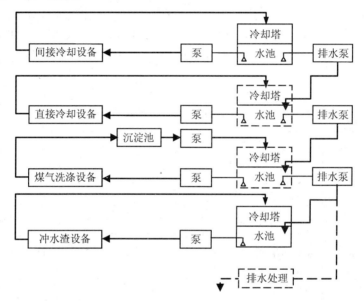

注：图中虚线表示经济技术比较后才可增设的设施。

图 3-5　炼铁系统废水资源利用处理一般工艺流程

如宝钢的高炉循环水设备，水先在净循环系统使用，污水排入污循环继续使用，再用于煤气洗涤，最后用于高炉冲渣，按质分级节约用水。为延长高炉寿命，降低高炉冷却耗水量，许多炼铁厂取消高炉冷却水开路循环系统，采用软水闭路循环技术。目前我国高炉用水循环率约 95%，少量外排。高炉煤气洗涤水的治理，采用混凝电化学、磁场等处理方法，收效甚佳。

（一）炼铁厂废水净循环废水处理与利用技术

净循环废水是指不与产品、物料直接接触的冷却废水，由于不与物料、产品直接接触，通常称为设备间接冷却水系统。

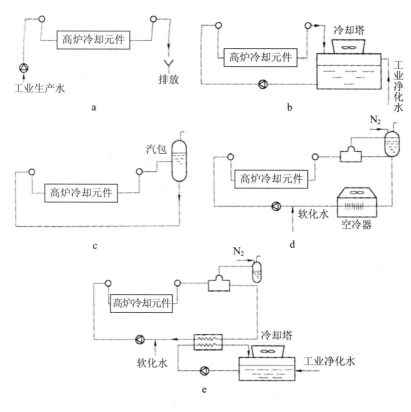

a—工业生产水直流冷却；b—工业净化水敞开式循环冷却；c—汽化冷却；
d—空气、水冷却软水密闭循环冷却；e—水、水冷却软水密闭循环冷却

图3-6　各种形式的高炉冷却系统

设备间接冷却水系统分为一般工业用水开路循环和高质水（软水或纯水）闭路循环。采用何种循环系统应根据高炉各不同冷却部位对水量、水质、水压、水温的不同要求以及本企业或当地的供水条件等，通过技术经济比较后再确定。工业开路循环系统中，由于水中不仅存在悬浮物，而且存在各种盐类物质，随着循环的进行，悬浮物和溶于水中的盐类物质因水的蒸发而得到了浓缩，周而复始，浓缩的结果就会带来结垢和腐蚀以及黏泥等水质障碍，从而影响循环，所以在冷却的同时，需投加防垢、防腐药剂，定量排污，并定量补充新水，定期投加杀菌、灭藻、防止微生物的药剂。采用优质水（软水或纯水）进行高炉炉体冷却时，使用过后的水同其他间接冷却用水一样只是被加热，一般采用水-水（或水-气）热交换器经间接冷却，将优质水的水温降下来。由于优质水中存在溶解氧，与设备和管道的铁离子发生电化学反应，故容易发生腐蚀倾向，因此在系统中还须投加一定的防腐剂、杀藻剂以保

护设备和管道。

（二）高炉煤气洗涤水处理与净化技术

高炉煤气必须经过净化除尘才能使用。从高炉引出的煤气称荒煤气，通常每立方米煤气中含有 $10\sim40$ g 炉尘。高炉、热风炉等许多加热设备都要求高炉煤气含尘量低于 10 mg/L，因此高炉煤气必须洗涤净化。但洗涤工艺的选择主要取决于煤气用户的要求、炉顶煤气压力和灰尘的物理化学性质等条件。

高炉煤气洗涤水是炼铁厂清洗和冷却高炉煤气产生的含有大量的悬浮物（主要是铁矿粉、焦炭粉和一些氧化物）、酚氰、硫化物、无机盐以及锌金属离子等。高炉煤气洗涤废水应适当处理，循环使用。其循环系统由沉淀、冷却、水质稳定和污泥脱水等工序构成。

表 3-3　每洗一次废水中物质增加值

项目名称	甲厂		乙厂	
	波动范围	平均值	波动范围	平均值
暂时硬度（以 $CaCO_3$ 计）/（mg/L）	$11.4\sim35.7$	20	$15\sim60$	43.9
永久硬度/（mg/L）	$12.5\sim32.0$	21.4	—	—
溶解固体/（mg/L）	$73\sim110$	97	$50\sim100$	57.6
$\rho(Cl^{-1})$/（mg/L）	$16.4\sim29.4$	24	$10\sim40$	27.6
悬浮物/（mg/L）	$600\sim800$	726	$20\sim1\,500$	335.5
酚/（mg/L）	$0.05\sim0.24$	0.11	$0.2\sim1.0$	0.456
氰/（mg/L）	0.02	0.25	$2\sim2.5$	2.35
水温/℃	—	—	$3\sim15$	12

1. 常用的高炉煤气洗涤循环水处理工艺

（1）塔文系统水处理流程

采用湿法除尘传统工艺流程，即重力除尘器→洗涤塔→文氏管→减压阀组→净煤气管→用户。煤气洗涤水处理流程见图 3-7，可处理含尘量小于 10 mg/m³ 的煤气废水经高架排水槽，流入沉淀池，上清液送到冷却塔冷却，再送车间洗涤设备循环使用。洗涤池下部泥浆用泥浆泵送污泥处理间脱水。系统设有加药间，投加混凝剂和水质稳定药剂，保持水质稳定。

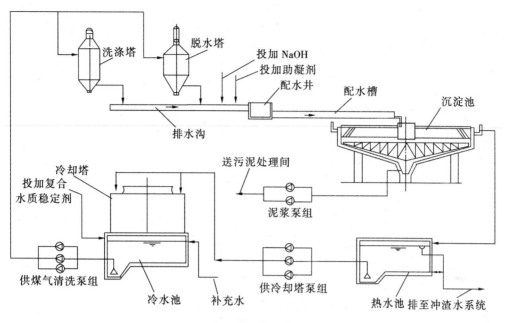

图 3-7　煤气洗涤水处理流程

（2）双文系统水处理流程

采用两级可调文氏管串联系统净化高炉煤气，高炉煤气先进入重力式除尘器，再进入煤气清洗设施一级文氏管与二级文氏管（以下简称一文二文，系统简称双文系统），经调压阀组、消音器，最后送至净煤气总管，送给厂内各设备使用。二文排水由高架水槽流入一文供水泵吸水井，由一文供水泵送水供一文使用，一文回水由高架水槽流入沉淀池，沉淀后上清水流入二文泵吸水井，由二文供水泵供二文循环使用。沉淀池泥浆由泥浆泵送泥浆脱水间脱水。

双文串联供水系统，可减少煤气洗涤用水量和相应水处理构筑物，净化煤气送透平余压发电，不需冷却塔设备。

高炉煤气洗涤水悬浮物粒径在 50～600 μm，利用沉淀法去除，多采用辐射式沉淀池、平流沉淀池或斜板沉淀池，可自然沉淀或投加凝聚剂混凝沉淀。

自然沉淀将废水排入沉淀池或浓缩池，溢流经冷却后循环使用，出水悬浮物含量约 100 mg/L，成闭路循环，循环率达 96%，运行期间没有排污。自然沉淀法节省药剂费用，节约能源；但水力停留时间长，占地面积大。颗粒过细时出水悬浮物含量偏高，管道积泥较多，冷却塔和煤气洗涤设备污泥堵塞现象严重。

混凝沉淀是用混凝剂使水中细小颗粒凝聚吸附结成较大颗粒沉淀。投加聚丙烯酰胺（<0.3 mg/L）混凝沉淀，使沉降效率达 90%。循环时间较长和循环率较高时，聚丙烯酰胺和少量 $FeCl_3$ 复合使用，可去除细小颗粒，处理效果较好。对难以处理

的煤气洗涤废水，混凝-电化学处理效果良好。用磁场处理，不利于溶液抑泡，但强化出水净化效果，利于废水利用。为确保循环水系统碳酸钙不结垢，须采用水质稳定措施。高炉煤气洗涤废水处理流程如图3-7所示。

结团凝聚或结团造粒流化床，形成高密度团粒状絮凝体——结团絮凝体，提高固液分离速度，效率比传统处理工艺显著提高。

2. 高炉煤气洗涤循环水的全面处理

要解决循环水质稳定问题，必须对循环水质进行全面处理。所谓循环水质全面处理，是指控制悬浮物、成垢盐、腐蚀、微生物、水温等。掌握高炉煤气洗涤废水特性，通过水质全面处理，可以获得更好效果。

（1）悬浮物的去除

炼铁系统的废水污染，以悬浮物污染为主要特征，高炉煤气洗涤水悬浮物的质量浓度达 $1\ 000\sim3\ 000\ mg/L$，经沉淀后出水悬浮物的质量浓度应小于 $150\ mg/L$，方能满足循环利用的要求。

（2）温度的控制

经洗涤后水温升高，通称热污染，循环用水如不排放，热污染不构成对环境的破坏。但为了保证循环，针对不同系统的不同要求，应采取冷却措施。

（3）水质稳定

水的稳定性是指在输送水过程中，其本身的化学成分是否起变化，是否引起腐蚀或结垢的现象。既不结垢也不腐蚀的水称为稳定水。所谓不结垢不腐蚀是相对而言，实际上输水管道和水处理设备都有结垢和腐蚀问题，但若控制在允许范围之内，即称水质是稳定的。

为保持水质稳定，在沉淀池进口投加苛性钠调整 pH 值在 $7.0\sim8.0$，使水中溶解的金属盐类变为不溶于水的氢氧化物，投加高分子助凝剂加速氢氧化物沉淀析出，减少污水中硬度成分，除去悬浮物。在沉淀池出口投防垢剂阻垢。

水质稳定主要是重碳酸钙、碳酸钙之间的平衡问题。水中游离二氧化碳少于平衡量，产生碳酸钙沉淀；超过平衡量，产生二氧化碳腐蚀。高炉煤气洗涤水和煤气接触，煤气中的 CaO 和 CO_2 生成碳酸钙，在生产中循环水碳酸盐硬度不断增加，若水质不稳定将严重结垢。水垢除 $CaCO_3$，还含有悬浮物，如 Fe_2O_3、Al_2O_3、CaO、SiO_2、C 等。

解决洗涤循环水系统结垢的方法有酸化法、CO_2 吹脱法、碳化法、渣滤法和不完全软化法。

$CaCO_3$ 溶解度小，$CaSO_4$ 溶解度大，酸化法是在高炉煤气洗涤水中投加硫酸，缓解结垢。

CO_2 吹脱法在洗涤废水进沉淀池前曝气处理，吹脱废水中溶解的 CO_2，破坏结垢物质的溶解平衡，使其结晶析出，在沉淀池去除，避免系统结垢。但曝气管理较难，耗电较多，曝气池污泥需要处理，使运用受到限制。

碳化法将含有 CO_2 的烟道废气通入洗涤水，增加洗涤水中的 CO_2，使 CO_2 与水中易结垢的 $CaCO_3$ 反应，生成溶解度大的 $Ca(HCO_3)_2$，要维持水中游离 CO_2 含量在 $1\sim3$ mg/L，使 $Ca(HCO_3)_2$ 不分解，保证供水管道不结垢。其化学平衡式为：

$$CaCO_3 + CO_2 + H_2O \Longleftrightarrow Ca(HCO_3)_2$$

渣滤法是高炉煤气洗涤废水与高炉冲渣水联合处理的方法，用粒化高炉渣为滤料，使高炉煤气洗涤水通过滤料过滤，过滤后的水暂时硬度下降，缓解系统结垢。但渣滤法处理能力有限，且渣滤过程中洗涤废水中的瓦斯泥堵塞滤料，增加清理和维修时间。

不完全软化法将沉淀池处理的洗涤废水一部分送到加速澄清池，加入石灰乳和絮凝剂，利用石灰的脱硬作用除去洗涤水暂时硬度，往循环水中通入 CO_2，形成溶解度较大的 $Ca(HCO_3)_2$ 消除水垢。

（4）氰化物处理

当洗涤水中含氰质量浓度较高时，应考虑对氰化物进行处理，尤其是当废水取出悬浮物后欲外排时。大型高炉的煤气洗涤水水量大，含氰物质浓度低，可不考虑进行氰化物处理。小型高炉，尤其是炼锰铁的高炉洗涤水，含氰质量高，应进行处理。处理方法主要有：

1）碱式氯化法。在碱性条件下，投加氯、次氯酸钠等氯系氧化剂，使氯化物氧化成无害的氰酸盐、二氧化碳和氮。此处理效果好，但处理费用较高。

2）回收法。个别炼锰铁的高炉，含氰质量浓度很高时，可用回收法。先调整废水的 pH 值，使呈酸性，然后进行空气吹脱处理，使氰化氢逸出，收集后用碱液处理，最后回收氰化钠。

3）亚铁盐络合法。向废水中投加硫酸亚铁，使其与水中的氰化物反应生成亚铁氰化物的络合物。它的缺点是沉淀池污泥外排后，可能还原成氰化物，再次造成污染。

4）生成物氧化法。利用微生物降解水中的氰化物，如塔式生物滤池，以焦炭或塑料为滤料，氰化物去除率可达 85% 以上。

【实例】 某钢铁厂高炉煤气洗涤水处理系统改造实践

某钢铁厂拥有 4 座炼铁高炉，总容积 460 m³。其中 1#、2# 100 m³ 高炉煤气采用湿法处理工艺。

煤气洗涤系统流程：高炉煤气→重力除尘器→洗涤塔→文氏管→脱水器→水封→煤气总管。

两座高炉产生 350 t/h 煤气洗涤水，悬浮物含量 367 mg/L，还含有少量酚、氰、硫酸盐、钙离子及镁离子。水温 50～60℃，呈暗褐色。用自然沉淀法处理，悬浮物含量仍大于 200 mg/L，用混凝沉淀法处理。工艺流程如图 3-8。

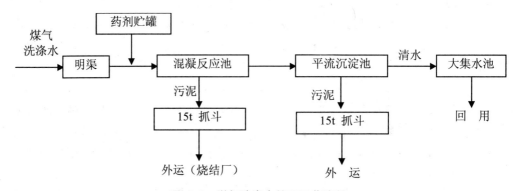

图 3-8　煤气洗涤水处理工艺流程

将 500 g 粉状聚丙烯酰胺（PAM）投入 1 m³ 加药罐中搅拌制成 0.05%溶液，慢慢注入废水，整个周期 4 h；投加苛性钠，调整 pH 值在 7～8，使废水中碳酸钙变为不溶于水的氢氧化物，在 PAM 作用下将水中 SS、硬度成分析出，氰化物在较高 pH 值时易溶解。

处理后年排废水 3.066×10⁶ t 全部回收。

（三）高炉冲渣水处理与利用技术

高炉渣是炼铁时排除的废渣，一般每炼 1 t 生铁，产生 300～900 kg 高炉渣。高炉渣的处理方式有急冷处理（水淬和风淬）、慢冷处理（在空气中自然冷却）和慢急冷处理（加入少量水并在机械设备作用下冷却）。水淬过程中产生的废水即为高炉冲渣废水。

大量的水急剧熄灭熔渣时，废水的温度急剧上升，甚至可以达到 100℃。其次是受到渣的严重污染，使水的组成发生很大变化。一般冲渣废水组成及水渣颗粒组成分见表 3-4。废水组成随炼铁原料、燃料成分以及供水中的化学成分不同而异。特别是冶炼铁合金的厂，如锰铁高炉还含有酚、氰、硫化物等有害物质。

表 3-4　冲废渣水组成成分

分析项目/(mg/L)	全固形物	溶解固形物	不溶固形物	铁铝氧化物	灼烧减量	Ca	Mg	灼烧残渣	总硬度（以 N 计）
含量	253	158.7	94.3	2.7	61.6	191	30.09	8.71	2.37

分析项目/(mg/L)	OH^-（以 N 计）	CO_3^{2-}（以 N 计）	HCO_3^-（以 N 计）	总硬度（以 N 计）	SO_4^{2-}	Cl^-	CO_2	耗氧量	SiO_2	pH 值
含量	0	0.2	2	2.2	35.72	10	21.32	2.55	7.95	7.04

高炉渣水淬工艺，除渣池水淬法，存在渣水分离后的废水治理问题。冲渣废水

的治理，主要是对悬浮物和温度的处理。

冲渣废水应处理后可循环使用。循环使用对水质的要求低于排放的要求，处理费用低。冲渣水温度高，大量被汽化蒸发，冲渣水系统应设计为只有补充水和循环水，而无"排污水"。

循环给水系统应设置沉淀过滤、冷却、加压设施。冲渣水水温高会导致：① 冲渣时产生大量泡沫渣、渣棉和蒸汽，对水渣运输、渣沉淀和滤池的工作不利；② 工作环境差；③ 水泵气蚀，降低泵的出力，影响泵的使用寿命；④ 易产生人身事故；⑤ 设备易损坏；⑥ 维修困难，要进行冷却。冲渣水压大易产生渣棉，渣棉不易沉淀去除，进入渣滤池易堵塞滤层，影响滤池的能力。根据生产经验，一般使用压力为 0.12～0.15 MPa。

渣水分离的方法有沉淀过滤法、过滤法、转鼓过滤法和图拉法等。

（1）沉淀过滤法

冲渣水经高炉前多孔喷嘴喷出冲渣，渣水混合物经渣沟进入平流沉渣池，大部分渣沉淀（约 95%），沉渣池出水经分配渠进入过滤池（过滤池的水渣为滤料）。过滤后的水经加压泵送冷却塔冷却，供高炉冲渣循环使用，或用泵将水送入高位冲渣水池，水池上设喷水冷却或冷却塔，由高位冲渣水池直接供高炉冲渣用水。

（2）过滤法（也称 OCP 法）

熔融炉渣在炉前通过粒化头冲成水渣，渣水混合物由冲渣沟流入过滤池过滤脱水，过滤后清水通过阀门组贮存于热水池，用热水泵送至冷却塔冷却到 60℃ 以下贮于冲渣贮水池内。寒冷地区，可用热水泵把热水送采暖后再返回冲渣水池，待下次冲渣时使用。截留于滤池内的脱水渣用抓斗吊车清除外运。OCP 法具有操作简单、可靠、易于维修、电耗低和水渣质量好的优点，与沉淀过滤法比较，占地少，但池子较深。

（3）转鼓过滤法（也称 INBA 法）

将冲渣后的渣水混合物引至转动的圆筒形设备内，通过均匀分配器进入转鼓，转鼓的外筒是不锈钢丝编制的网格结构，进入转鼓的渣和水分离。水从转鼓下部流出；渣随转鼓做圆周运动，被带到上部靠自重落至装在转鼓中心的输出皮带上送出。该法动力消耗小，对设备和管道磨损少，没有浮渣产生。

（4）图拉法。图拉法工艺流程见图 3-9。该装置占地省、用水量小。高炉渣用粒化器冲洗，经转鼓脱水器分离渣水，水渣用皮带机运出。过滤的水流入上水槽，由溢流槽流入下水槽，用渣浆泵送至粒化器循环使用，消耗的水由新水补充到下水槽中。

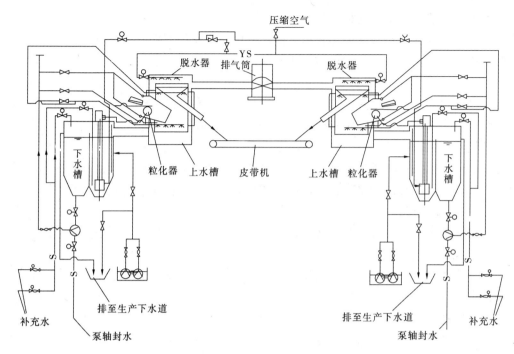

压缩空气

YS

脱水器　排气筒　脱水器

下水槽　粒化器　上水槽　皮带机　上水槽　粒化器　下水槽

补充水　排至生产下水道　泵轴封水　排至生产下水道　泵轴封水　补充水

图 3-9　图拉法水冲渣工艺流程

【实例】　某厂 2 000 m³ 高炉过滤法（OCP 法）处理冲渣废水。

出渣速度平均为 4～5 t/min，最大 6～8 t/min；冲渣渣水比为 1：10（最大渣量时为 1：7）；冲渣水量为 2 400～3 000 m³/h；冲渣水压为 0.25～0.3 MPa；吨渣补充水量<1 m³；滤池个数为 4 格；设计平均过滤速度为 6 m³/（m²·h）；反冲洗介质用压缩空气；反冲洗强度（标态）60～90 m³/（m²·h）；反冲洗空气压力 0.06 MPa。

水冲渣循环水系统主要由渣过滤池、热水泵组、冷却塔、高位冲渣水池和鼓风机房组成。设 4 个过滤池，每个滤池尺寸为 20 m×10 m，滤池底部标高−4.50 m，下部为热水池，池底标高为−10 m。4 个滤池分为两组，轮流进行过滤和清洗交换作业。

由上部水渣和底部石英砂组成双层过滤层。水渣粒径及布气管以上石英砂滤料组成如下：

粒径 2～4 mm——厚度 230～250 mm，粒径 4～8 mm——厚度 200 mm，

粒径 8～16 mm——厚度 200 mm，粒径 16～25 mm——厚度 110～150 mm。

过滤池上部设有两块移动蒸汽盖板，轨道跨距 19.3 m，盖板轴距 8.4 m，盖宽 10.8 m，可在工作时盖住滤池，水渣蒸汽通过排气烟道排入高空。

过滤池上设龙门抓斗吊车及振动卸料斗 2 台，起吊质量 11 t，跨度 21 m，抓斗容积 5 m³，起升高度 15 m。

过滤池下部热水池中安装 3 台立式水泵，每台泵流量 $Q=1\ 660～2\ 400$ m³/h，扬

程 $H=63.5\sim58.6$ m。

在高位冲渣池上部，有双曲线形水冷却塔一座，冷却水量 2 400 m³/h，降温 15℃。高位冲渣水池，圆形直径 40 m，深度 3 m，有效容积 3 000 m³。鼓风机房在过滤池旁边，选用 RF-290 型罗茨鼓风机两台，每台风量（标态）7 000 m³/h，风压 0.07 MPa。

学习单元四　炼钢厂废水处理与利用

炼钢是将生铁中含量较高的碳、硅、磷、锰等元素降低到允许范围内的工艺过程。由于炼钢工艺的发展以及冶炼钢种的需要，炉外精炼技术与设备的完善，形成炼钢-炉外精炼-连铸三位一体的炼钢工艺流程。炼钢厂废水分为生产废水、设备和产品直接冷却水和设备间接冷却水。生产废水主要是烟气除尘污水，含有大量氧化铁和其他杂质，是炼钢厂的主要污水。

一、炼钢厂废水的来源及特点

（一）氧气顶吹转炉的净、浊循环废水

氧气转炉在吹炼时产生大量含有一氧化碳和氧化铁粉尘的高温烟气，其中一氧化碳高达 90%以上，粉尘含铁量也在 70%以上，因此对转炉高温烟气进行冷却与净化是回收煤气、余热和氧化铁粉尘的重要技术工艺与措施。它由两部分组成，首先对高温转炉烟气进行冷却，后对经冷却的转炉烟气进行净化，二者都要产生废水，前者为高温烟气冷却废水，因不与烟气直接接触，称为设备间接冷却水，亦为净循环冷却水；后者因为与物料直接接触，称为浊循环废水。

（二）转炉高温烟气间接冷却废水

转炉高温烟气冷却系统包括活动裙罩、固定烟罩和烟道。其中活动裙罩与固定烟罩和烟道必须采用水循环冷却，并应对冷却高温烟气所产生的蒸汽加以回收利用。根据构造的不同，活动裙罩又分为上下部裙罩；固定烟罩分为上部烟罩和下部烟罩；采用气化冷却烟道，则分为上部锅炉和下部锅炉。日本 OG 法对转炉烟气进行冷却时，对活动裙罩和固定烟罩采用密闭热水循环冷却系统，而烟道采用强制汽化冷却系统。上述两个冷却系统的水（汽）均不与物料（烟气）直接接触，废水经冷却处理后循环使用。为保证密闭热水循环系统的水质稳定而需外排一部分排污水，并作为钢渣处理系统的补充水。汽化冷却系统除设置蓄热器外，还需设置除氧器，采用纯水汽化冷却。

（三）转炉高温烟气净化除尘废水

纯氧顶吹转炉冶炼，含有浓烟的高温气体通过烟罩进入烟道，经余热锅炉回收烟气部分热量，进入除尘系统。烟气通过一文和二文清洗灰尘，降低烟气温度，完成除尘任务。

供两级文氏管除尘和降温的水，通过脱水器排出，成为转炉除尘污水，其排放量为 $5\sim6\ m^3/t$ 钢。通常除尘污水量相当于供水量，串联供水比并联水量可减少一半。如宝钢炼钢厂 300 t 纯氧顶吹转炉，用二文、一文串联供水，污水量设计值仅约 $2\ m^3/t$ 钢。转炉烟气除尘一文的污水含尘量及水温最高。

燃烧法净化系统的污水 pH 值降低，冶炼过程加入石灰粉末使污水 pH 值增高，呈碱性。

未燃法烟气净化污水的烟尘粒径较大，较易沉淀。燃烧法烟气净化污水中的烟尘粒径较细，难以沉降。

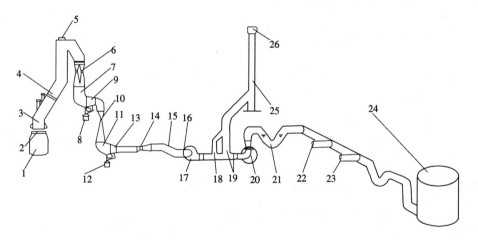

1—转炉；2—活动裙罩；3—固定烟罩；4—汽化冷却烟道；5—上部安全阀；6—第一级手动可调文氏管；7—第一级弯管脱水器；8—排水水封槽；9—水雾分离器；10—第二级 R-D 文氏管；11—第二级弯管脱水器；12—排水水封槽；13—挡水板水雾分离器；14—文氏管流量计；15—下部安全阀；16—风机多叶启动阀；17—引风机及液力耦合器；18—旁通阀；19—三通切换阀；20—水封逆止阀；21—V 型逆止阀；22—2 号系统；23—3 号系统；24—煤气炬；25—放散塔；26—点火装置

图 3-10　某厂转炉烟气湿式净化回收系统流程

转炉高温烟气经活动裙罩、固定烟罩的密闭循环热水冷却以及烟道的自然冷却后，通常烟气温度由 1 450℃降至 1 000℃以下，然后进入烟气净化系统。炉气处理工艺的不同，除尘废水的特性也不同。采用未燃法炉气处理工艺，除尘废水的悬浮物以 FeO 为主、废水呈黑灰色，悬浮物颗粒较大，废水 pH 值多在 7 以上，甚至可达 10 以上。采用燃烧法炉气处理工艺，除尘废水中的悬浮物则以 Fe_2O_3 为主，且其颗粒较小，废水多为红色，呈酸性，但当混入大量石灰粉尘时，燃烧法废水则呈碱性。

（四）连铸机的净、浊循环废水

水是连铸生产过程中不可缺少的重要介质。连铸过程其实就是用强制水冷使钢水凝固的过程。其用水主要分为三类：一是设备间接冷却水；二是设备和产品的直接冷却水；三是除尘废水。

（1）设备间接冷却水

设备间接冷却废水主要指结晶器和其他设备的间接冷却废水。因为是间接冷却，所以用过的水经降温后即可循环使用，称为净循环水。在循环供水过程中，应注意做到水质稳定。主要包括防结垢，防腐蚀，防藻类等。

（2）设备和产品的直接冷却水

设备和产品的直接冷却水，主要指二次冷却区产生的废水。为改善连铸坯表面质量和防止金属不均匀冷却，在浇注工艺上，往往还需要加入一些其他物质，这样就将使二次冷却区的废水不但含有氧化铁皮和油脂，而且还可能含有硅钙合金、萤石和石墨等其他混合物，水温较高。

（3）除尘废水

除一般的场地洒水除尘产生的废水外，主要是指设在连铸机后的火焰清理机除尘废水。为了清理连铸坯和成品钢材的质量，在经过切割的钢坯表面，用火焰清理机烧灼铸坯表面的缺陷。火焰清理机操作时，产生大量含尘烟气和被污染的废水，其中冷却辊道和钢坯的废水中，含氧化铁皮；清洗煤气的废水中，含有大量的粉尘。

（4）转炉钢渣冷却废水

钢渣水淬法处理工艺，因渣与水直接接触，水中悬浮物质浓度很高，硬度很大，废水应进行处理后方可利用。

连铸机生产废水中，主要是连铸机二次冷却区废水和火焰清理机的除尘废水。前者主要含有氧化铁皮、油脂及硅钙合金、萤石、石墨等，水温较高。后者多含有呈金属粉末状的分散性杂质，悬浮物的质量浓度约为 1 500 mg/L。

由于连铸废水水质因各厂而异，变化较大，特别是与生产工艺、操作水平有关，而且废水中悬浮物颗粒物粒径变化也较大，通常大于 50 μm 的占 15%左右，小于 5 μm 占 40%以上，因此，连铸废水处理的目的是去除悬浮物与油类后利用。

二、转炉除尘废水的处理

（一）转炉烟尘污水处理工艺流程

转炉除尘废水要实现稳定循环，需经沉淀处理，沉淀污泥含铁量高，应回收利用。

用自然沉淀去除转炉除尘污水中的悬浮物，可将悬浮物降低到 $150\sim200$ mg/L。在辐流式沉淀池或竖流式沉淀池前投加混凝剂，或用磁力凝聚器磁化可提高效果。较好的方法是使用水力旋流器，将大颗粒的悬浮物（大于 $60\,\mu m$）除去以减轻沉淀池的负荷。在污水中投加聚丙烯酰胺，使出水的悬浮物含量降低到 100 mg/L 以下，可循环使用。

氧化铁屑可用磁力分离法，经预磁沉降、磁滤净化和磁盘处理。在沉淀池加入分散剂（又称水质稳定剂），利用螯合和分散作用防垢、除垢。

高炉煤气洗涤水与转炉除尘污水混合可保持水质稳定。高炉煤气洗涤水含有 HCO_3^-，转炉除尘污水含有 OH^-，发生如下反应：

$$Ca(OH)+Ca(HCO_3)_2 \longrightarrow 2CaCO_3\downarrow+2H_2O$$

生成的碳酸钙在沉淀池除去，转炉除尘污泥含铁量高达 70%，具有较高利用价值。

常用转炉烟尘污水处理工艺流程：

1. 混凝沉淀—水稳定剂流程

从一级文氏管排出的污水经明渠进入粗颗粒分离器，将大于 $60\,\mu m$ 的粗颗粒分离防止管道堵塞。沉渣送烧结，出水加絮凝剂进入圆形沉淀池混凝沉淀，沉淀池出水加适量分散剂防止结垢，送二级文氏管使用。沉淀池污泥用泥浆泵送出处理。流程见图 3-11。

2. 药磁混凝沉淀—永磁除垢流程

污水经明渠进入水力旋流器分离粗颗粒，粗铁泥经二次浓缩送烧结厂利用；旋流器溢流水经永磁处理后进入污水分配池与聚丙烯酰胺溶液混合，进入斜管沉淀池沉淀，出水经冷却塔后流入集水池，清水经磁除垢装置后循环使用，污泥浓缩后经真空过滤机脱水，送烧结使用。流程见图 3-12。

3. 磁凝聚沉淀—水稳定流程

污水经磁凝聚器磁化进入沉淀池，沉淀池出水投加碳酸钠使水质稳定，沉淀池污泥经过滤机脱水送烧结。流程见图 3-13。

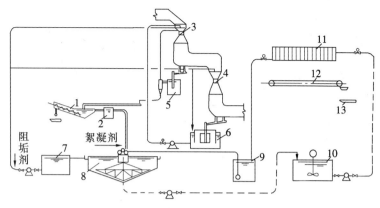

1—粗颗粒分离槽分机；2—分配槽；3——级文氏管；4—二级文氏管；
5——级文氏管排水水封槽及排水斗；6—二级文氏管排水水封槽；7—澄清水吸收池；8—浓缩池；
9—滤液槽；10—原液槽；11—压力式过滤脱水机；12—皮带运输机；13—料罐

图 3-11　转炉烟气净化污水混凝沉淀—水稳定剂处理流程

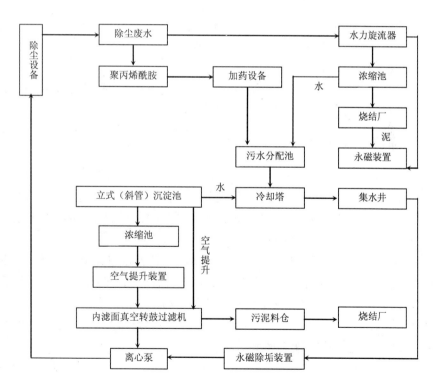

图 3-12　药磁混凝沉淀—永磁除垢装置工艺流程

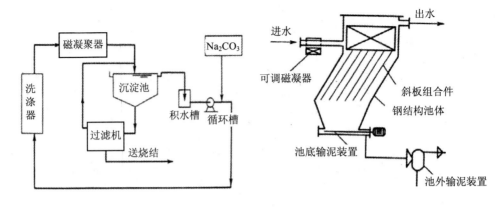

图 3-13　磁凝聚沉降—水稳定工艺流程　　　　图 3-14　　斜板沉淀池

（二）主要构筑物

转炉烟尘污水处理构筑物有粗颗粒分离装置（去除污水中≥60 μm 的粗颗粒，以减轻沉淀池负荷，防止污泥管道和脱水设备堵塞）、沉淀浓缩池等。粗颗粒分离装置包括分离槽、耐磨螺旋分级输送机、料斗和料罐等。沉淀池用圆形沉淀浓缩池，需有一定深度以保证有足够停留时间。

斜板沉淀池常用于小型烟气净化污水处理。沉淀效率高、占地面积小、运行管理简单等优点。斜板沉淀池组成如图 3-14 所示。

三、连铸废水处理

连铸机生产污水包括设备间接冷却水、设备和产品直接冷却水和除尘水。

设备间接冷却污水是结晶器和其他设备的间接冷却水，降温后可循环使用，单位耗水量为 5～20 m³/t 钢。循环供水应注意水质稳定，投加防结垢、防腐蚀、防藻类药剂。

设备和产品直接冷却污水是二次冷却污水，单位耗水量为 0.5～0.8 m³/t 钢。经过喷淋，水被加热，被氧化铁皮和油脂污染，还含有硅钙合金、萤石、石墨等物质。

除尘污水是设在连铸之后火焰清理机的除尘污水。

连铸污水处理采用沉淀、除油、过滤、冷却和水质稳定措施，使之能循环使用。图 3-15 是连铸污水处理典型流程。

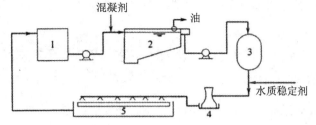

1—铁皮坑；2—沉淀除油池；3—过滤器；4—冷却塔；5—喷淋

图 3-15　典型连铸污水处理流程

（一）以物理方法为主的处理工艺

平流式沉淀池→泵→除油过滤器→冷却塔→冷水池→泵→用户。其核心设备为除油过滤器，滤料为经加工后的核桃壳，主要利用核桃壳对浮油的吸附性能。该方法在石油行业极为广泛，应用于回用水处理。

（二）以化学方法为主的除油沉淀处理工艺

主要工艺流程为：初沉池→调节池→化学除油器→热水池→冷却塔→冷水池。在化学除油器反应区分别投加除油剂与凝聚剂；化学除油器泥浆水排至浓缩池，浓缩后污泥脱水，上清液回化学除油器复用。其中所投加药剂为絮凝剂和除油剂，常用的絮凝剂为聚合氯化铝，除油剂为净水灵（高分子聚合物）等，投加方式为计量泵自动投加。该方法摒弃了单纯传统的物理除油方式，可有效去除浮油，还可去除乳化油和溶解油。

（三）物理与化学方法相结合的处理工艺

气浮→加药破乳絮凝→沉淀。该工艺将物理与化学处理方法融为一体，对去除浮油、乳化油、溶解油均有良好效果。

（四）重力旋流沉淀池的使用

采用重力式旋流沉淀池代替一次铁皮坑的流程，污水通过旋流器处理，经冷却后循环使用。

重力旋流沉淀池的类型有上旋式旋流沉淀池、下旋式旋流沉淀池、外旋式旋流沉淀池、带斜管除油旋流沉淀池。上旋式旋流沉淀池由于进水管埋没太深，容易堵塞，施工困难，检修清理不便，现很少使用。

国内炼钢连铸水处理设计流程，由以往单纯的物理方法处理逐渐向物理-化学方法相结合的处理工艺转变。不论采用怎样的水处理工艺，首先应控制污染源源头，提高设备的运行能力和操作水平，才能确保水处理系统的正常运行。

学习单元五　轧钢厂废水处理与利用

按轧制温度的不同，轧钢系统可分为热轧和冷轧两类。

轧钢系统废水的水量、水质是随轧机种类、生产能力、机组组成、生产工艺方式及操作水平等因素而异。不同的生产工艺、不同的设备、产生的废水性质和数量不相同。生产各种热轧、冷轧产品过程中均有废水和废液产生。

一、轧钢废水的来源及特点

热轧废水来源于热轧直接冷却水（又称作浊环水），含有大量不同粒度的氧化铁皮和润滑油，水量大，温度高。

热轧生产时，热机的轧辊、轴承，输送高温轧件的各类辊道，初轧机的剪机、打印机，宽厚板轧机的热剪、热切机，中板轧机的矫直机，带钢连轧机的卷取机，大中型轧机的热锯、热剪机，钢管轧机的穿孔、均整、定径、矫直机等部位均需直接喷水冷却。

冷轧废水，包括废酸、废碱废水、含油及乳化液废水，含有酸、碱、油、乳化液、少量机械杂质和以铁盐为主的金属盐类，有时还有含少量铬、氰酸等。

冷轧车间主要用水为间接冷却水，约占车间用水量的 90%。其主要用水机组为：酸洗机组、冷轧机组、脱脂机组、退火机组以及连续热镀锌、连续电镀锌、电镀锡和硅钢机组等。

二、热轧废水处理

热轧厂的废水主要是轧制过程中冷却轧辊、轧辊轴承等设备及轧件时的直接冷却水。废水中的主要污染物是粒度分布很广的氧化铁皮及润滑油类，此外，热轧废水的温度较高，大量废水直接排出时，将造成一定的污染。

不少热轧产品出厂前需要酸洗，有时还要碱洗中和。热轧厂也可能产生酸性或碱性的废液和废水。某些产品，如钢管和线材，除酸洗外，有时还要镀锌和磷化处理。

由于热轧废水的以上特点，处理时主要采用沉淀、机械除油、过滤、冷却等物理方法，处理后的废水一般均能循环利用。热轧废水的循环利用率在钢铁厂是最高的。

热轧废水通过多级净化和冷却，提高循环水质，减少排污和新水补充量，提高水的循环利用率。回收污水中分离的氧化铁皮和油类，减少环境污染。

热轧废水处理应主要解决两方面的问题，一是通过多级净化的冷却，提高循环水的水质，以满足生产上对水质的要求，同时减少排污和新水补充量，使水的循环利用率得到提高。二是回收已经从废水中分离的氧化铁皮和油类，以减少其对环境的污染。

热轧浊环水系统处理主要包括固液分离、油水分离及循环水冷却。净化构筑物有一次铁皮坑或水力旋流沉淀池、二次铁皮沉淀池、重力或压力过滤器等。冷却构筑物采用逆回流或横流式机械抽风冷却塔。

1. 工艺流程

（1）一次沉淀工艺流程。见图 3-16。用水力旋流沉淀池净化水质，去除氧化铁皮及除油。设计负荷一般为 $25\sim30\ m^3/\ (m^2\cdot h)$，废水在池内停留时间为 $6\sim10\ min$。与平流沉淀池相比，占地小，管理方便。

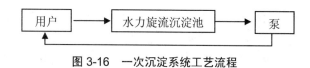

图 3-16　一次沉淀系统工艺流程

（2）二次沉淀工艺流程。见图 3-17。系统中可设冷却塔，降低水温。

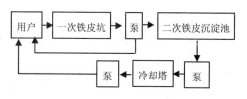

图 3-17　二次沉淀系统工艺流程

（3）沉淀-混凝沉淀-冷却工艺流程。见图 3-18，是较完整的工艺流程，用加药混凝沉淀进一步净化，使循环水悬浮物含量<50 mg/L。

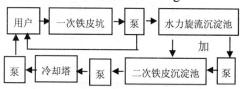

图 3-18　沉淀-混凝沉淀-冷却工艺流程

（4）沉淀-过滤-冷却工艺流程。如图 3-19 所示。热轧废水经沉淀处理，再用单层和双层滤料压力过滤器净化，使出水悬浮物达 10 mg/L，含油量达 5 mg/L。净化废水通过冷却塔使循环供水温度不高于 $35\sim40℃$。压力过滤器（滤罐）滤速 40 m/h，进水压力 0.25~0.35 MPa，过滤周期 12 h，压缩空气反冲洗时间 8 min，反冲洗强度 15m³/（m²·h），反冲洗压力 70 kPa；用水反冲洗 14 min，反冲洗强度 40 m³/（m²·h），反冲洗压力 50 kPa。

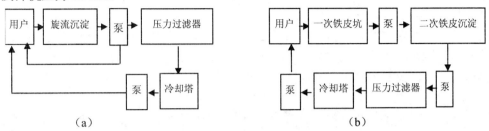

图 3-19　沉淀-过滤-冷却工艺流程

2. 浊环水系统常用构筑物

热轧废水处理主要构筑物有：铁皮坑（沟）、旋流式沉淀池、高速过滤器（又名高速深层过滤器）、带式撇油器、管状撇油器以及磁盘分离装置等。

（1）铁皮沟。轧钢车间沿轧线布置水冲铁皮沟，用连续、低压给水方式，在铁皮流槽的起点、变坡、拐点处加入冲洗水，依靠流槽中的水流速度和水深，清除轧制产生的氧化铁皮。

（2）沉淀池。有平流沉淀池（已很少使用）、斜板沉淀池和旋流沉淀池。旋流沉淀池（图 3-20）是轧钢厂常用的构筑物，与平流沉淀池相比，沉淀效率达 95%~98%，投资省、经营费用少、占地小、清渣方便。

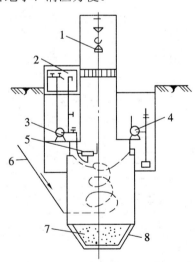

1—抓斗；2—油箱；3—油泵；4—水泵；5—撇油管；6—井水管；7—渣坑；8—护底钢板

图 3-20　旋流式沉淀池

旋流沉淀池按进水方向分为上旋式和下旋式，按进水位置分为中心筒进水和外旋式进水，大型轧钢厂多用外旋式沉淀池。含氧化铁皮的污水沿切线方向进入旋流池，大颗粒铁皮在进水口附近下沉，较小颗粒被旋流卷入沉淀池中央沉淀，细颗粒随水流出。

斜板沉淀池在沉淀池内装有许多间距较小的平行倾斜板，增加沉淀面积、提高处理水量。按进水方向分为上向流斜板沉淀池、下向流斜板沉淀池和横向流（又称侧向流）斜板沉淀池。横向流斜板沉淀池从斜板侧面平行于板面进水，水沿水平方向流动，泥浆由池底排出，水和泥浆流动方向垂直。在氧化铁皮污水和转炉烟气净化污水处理中使用较多。

3．浊环水处理系统应用实例

某公司于 1993 年建成一厚板车间，年产厚板 100 万 t，投资 7 350 万元建成循环水处理系统。其浊环水处理系统见图 3-21。

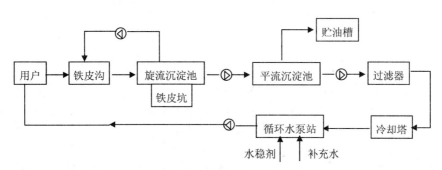

图 3-21　某厚板车间浊环水处理系统

轧机在轧制过程中的直接冷却水含有大量的氧化铁皮和少量的润滑油和油脂，油和油脂主要是在液压元件油缸的泄漏和检修时流出的。钢板车间直接冷却水系统（层流冷却水除外）氧化铁皮粒径在 1.0 mm 上的约占 50%，0.1～1.0 mm 占 40%～45%，因此，具有很好的沉淀性能。

含氧化铁皮水经轧机和辊道下的氧化铁皮沟流入一次铁皮沉淀池（铁皮坑或旋流沉淀池），氧化铁皮初步沉淀，出水一部分送去冲氧化铁皮和加热炉冲粒化渣；另一部分送二次沉淀池进一步处理，池面浮油用刮油机刮到池子一端（平流沉淀池），由带式除油机或布拖式撇油机收集回收，水经溢流堰溢流至泵站吸水井，加压送压力过滤器和冷却塔过滤和冷却，回水循环使用。

浊环水系统的一次升压提升泵用高强耐磨泵，可减少换泵次数和维修工作量，确保运行安全、可靠；非直接冷却废水不得排入该系统，以免破坏系统的水量平衡；要注意事故紧急排水措施，以免泵站被淹。

4. 热轧含油废水处理工艺

含油废水处理工艺流程如图 3-22 所示。含油废水排入调节槽，分离出油和污泥。浮油排入浮油槽，送废油再生系统。去除浮油和污泥的含油废水经混凝沉淀和加压浮上，使水净化，重复利用或外排；油渣排入渣槽，经泥渣混凝槽，离心脱水成为含油泥饼。

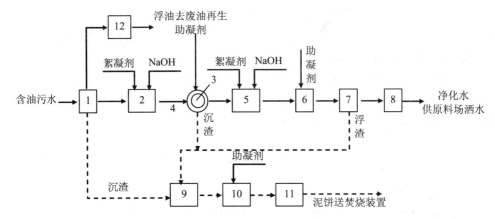

1—调节槽；2——一次反应槽；3——一次凝聚槽；4—沉淀池；5—二次反应槽；6—二次凝聚槽；7—气浮池；8—净化水池；9—泥渣贮槽；10—泥渣混凝槽；11—离心脱水槽；12—浮油贮槽

图 3-22　含油污水处理工艺流程

三、冷轧污水处理

（一）冷轧废水的来源

冷轧一般是指不经加热的轧制，如冷轧板、冷轧卷材的生产。为了保持冷轧材的表面质量，防止轧辊损伤，冷轧钢材必须清除表面的氧化铁皮后才能进行冷轧。采用酸洗方法清除氧化铁皮时，将产生大量的酸洗废液。酸洗后的钢材经喷洗、漂洗或再经钝化、中和后，用热风吹干。

酸洗漂洗水含有水、酸和二价铁盐，在连续酸洗机组，这种废水连续排放，是冷轧酸性废水的主要来源。酸洗机组检修时，将向废水处理机组排出大量高浓度酸洗废液，其成分与废酸不同。酸洗、漂洗后的带钢采用钝化或中和处理时，将产生少量钝化或碱洗液。

冷轧带钢除以上几种常用的金属镀层外，还有镀铝、镀铜、镀铅、镀镍等产品，如采用碱性镀铜工艺时，有时可能产生含氰废水。生产冷轧非金属涂层产品时，除了需进行预处理外，在涂漆或涂塑前还要进行磷化或钝化处理，将产生含铬或含磷酸盐的废水。

冷轧带钢均采用保护气体退火，并以电解水的方法制取氢气。制取电解水的过程中，也有少量酸、碱废水排出。

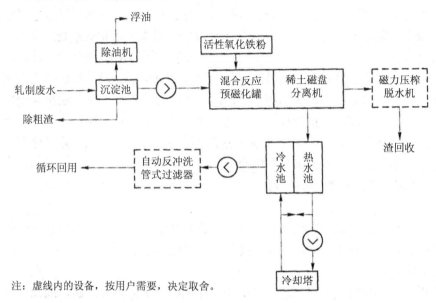

图 3-23　活性氧化铁粉除油与磁力压榨脱水工艺流程

（二）冷轧废水处理的原则

处理冷轧废水时要注意：

（1）掌握污水的种类、水量、化学成分和排放要求，以便采取有效措施。

（2）不同种类、浓度的废水，要用专门管道送入相应的处理构筑物，含重金属的废水治理前不允许与其他废水混合，以降低治理难度，减少运行费用，提高治理效率。

（3）对间断排出的废水可通过调节池实现连续操作。

（4）冷轧废水主要是化学处理，包括油、乳化液分离、氧化、还原、中和、混凝、沉淀、污泥浓缩及脱水等单元操作。

（5）应充分利用冷轧废水中的有效成分。例如，用酸洗废液和酸洗漂水中的 Fe 和酸，还原含铬废水；用酸洗废液和酸漂洗水中的酸和盐类，对乳化液破乳；对废铬酸及废油回收处理；用酸性废水和碱性废水中和等。

（三）冷轧含油和乳化液废水处理与利用

冷轧的含油、乳化液废水主要来自冷轧机机组、磨辊间和带钢脱脂机组以及各机组的油库排水等。其中既有游离态油，也有乳化油，主要含有润滑油和液压油，废水排放量较大，成分波动也较大。含油及乳化液废水化学稳定性好，处理难度较大。

对于含油及乳化液工业废水的处理方法和技术，其处理手段大体为以物理方法分离，以化学法去除，以生物法降解。在 20 世纪 70 年代，各国广泛采用气浮法去除水中悬浮态乳化油，同时结合生物法降解 COD。日本用电絮凝剂处理含油水、用超声波分离乳化液、用亲油材料吸附油。近几年发展用 MBK 法处理含油水，滤膜被制成板式、管式、卷式和空心纤维式。美国还研究出动力膜，将渗透膜做在多孔材料上，应用于水处理中。含油废水处理难度大，往往需要多种方法组合使用，如重力分离、离心分离、溶剂油提、气浮法、化学法、生物法、膜法、吸附法等。对于含油污水常常采用的工艺为用隔油法去除悬浮态油，用气浮法去除乳化态油，用生化法去除溶解态油和绝大部分有机物。

1. 含油、乳化液废水按处理原理分类

（1）物理法

有重力分离法、颗粒粒化法、过滤法、膜分离法等。具体使用设备有隔油池、过滤罐、隔油罐、粗颗粒罐、油水分离器、气体浮选器等。

（2）物理化学法

有浮选法、吸附法、凝聚法、盐析法、酸化法、磁吸附分离法，或几种方法联合处理等。

（3）化学法

分为化学破乳、化学氧化法。其中化学氧化法有空气氧化法、臭氧氧化法、氯氧化法、Fenton 试剂氧化法、$KMnO_4$ 氧化法、双氧水氧化法和二氧化氯氧化法等。

（4）电化学法

有电解法、电磁吸附分离法、电火化法等。

（5）生物处理法

有好氧生物法、厌氧生物法、自然生物处理等。

（6）其他方法

有浓缩焚烧法、加热法、超声波分离法等。

2. 按油类产生和排放过程分类

（1）分离法

通过外力作用，如机械力、磁力和物理化学作用力，把油类从水中分离出来，达到废油净化和油类的利用目的。

（2）转化法

通过化学、物理化学、电（光）化学、超声波等或生物作用使废水中油类污染物分解转化为无害物质。

（3）稀释分散法

通过稀释扩散、吸油剂、分散剂等使废水中油类降低，达到自然净化程度。

（四）冷轧含铬等重金属废水处理与利用

1. 重金属废水的来源

冷轧系统含铬等废水主要来自热镀锌机组、电镀锌、电镀锡、电工钢等机组。随着高层建筑、深层地下和海洋设施、大跨度高载重桥梁、军用舰艇、飞船、航空航天器材的发展，生产高强度合金架构钢、不锈高强耐蚀钢、超高强耐热钢、各种工具钢、轴承钢的生产，以及各种镀层产生的废水如镀铬、镀铅、镀镍、镀锌、镀铜等重金属废水将日益剧增。

2. 处理方法

重金属废水的处理方法可分为两大类：

第一类，使废水中呈溶解状态的重金属转变为不溶的重金属化合物，经沉淀和浮上法从废水中除去。具体方法有中和法、硫化法、还原法、氧化法、离子交换法、离子浮上法、活性炭法、铁氧化法、电解法和隔膜电解法等。

第二类，将废水中的重金属在不改变其化学形态的条件下进行浓缩和分离，具体方法有反渗透法、电渗析法、蒸发浓缩法等。

通常采用第一类方法，在特殊情况下才采用第二类方法。从重金属回收的角度看，第二类处理方法比第一类处理方法优越，因为后者是重金属以原状浓缩直接回用于生产工艺中，比前者需要使重金属经过多次化学形态的转化才能回用要简单得多。但是，第二类方法比第一类方法处理废水耗资较大，有些方法目前还不适用于处理大流量工业废水，如量大浓度低的废水。通常是根据废水的水质、水量等情况，选用一种或几种处理方法组合使用。

重金属废水处理基本方法有：

（1）中和沉淀法处理重金属

向重金属废水投加碱性中和剂，使金属离子与羟基反应，生成难溶的金属氢氧化物沉淀，从而予以分离。

用该方法处理时，应知道各种重金属形成氢氧化物沉淀的最佳 pH 值及其处理后溶液中剩余的重金属浓度。

（2）中和凝聚法处理重金属

凝聚沉淀是有效去除废水中重金属的方法。在碱性溶液中铝盐和铁盐等能生成吸附能力很强的胶团，它们不仅能吸附废水中重金属离子，而且还能捕集和并包裹废水中的重金属一起沉淀。

3. 含多种重金属废水的处理

在废水处理时，常有多种重金属离子共存于同一废水中，在采用中和处理时，须注意共存离子的影响、共沉淀现象或络合离子的生成。某些溶解度大的络合物离子对重金属离子在水中生成氢氧化物沉淀干扰很大。CN^-离子对于一般重金属干扰很大。氨氮离子过剩时，也干扰氢氧化物的生成。因此，在选用中和处理时，应对这些离子进行必要的预处理。另外，在有几种重金属共存时，虽然低于理论 pH 值，有时也会生成氢氧化物沉淀，这是因为在高 pH 值沉淀的重金属与在低 pH 值下生成的重金属沉淀物产生共沉淀现象。

（1）硫化物沉淀法处理重金属废水

向废水中投加硫化钠或硫化氢等硫化物，使重金属离子与硫离子反应，生成难溶的金属硫化物沉淀的方法称做硫化物沉淀法。由于重金属离子与硫离子$[S^{2-}]$有很强的亲和力，能生成溶解度极小的硫化物，因此，用硫化物除去废水中溶解性的重金属离子是一种有效的处理方法。

（2）铁氧体法处理重金属废水

日本电气公司（NEC）研究出一种从废水中除去重金属离子的新工艺。该公司把制作通信用高级磁性材料——"超级铁氧体"的原理和工艺，用于重金属废水处理。它的做法是：在含重金属离子的废水中加入铁盐，利用共沉淀法从废水中制取铁氧体粉末。

（3）膜分离法处理重金属废水

膜分离法包括扩散渗析、电渗析、隔膜电解、反渗透和超滤等方法。这些方法能有效地从重金属废水中回收重金属，或使生产废液再回收。膜分离法在重金属废水处理中起到重要的作用。

（五）冷轧酸洗废液与低浓度酸碱废水处理与利用

酸洗是冷轧厂不可缺少的工序。由于冷轧钢材需采用酸洗去除表面氧化铁皮，随之而产生酸洗废液和酸性漂洗水。酸洗废液因酸性强度大，应再生利用。酸性漂洗废水，常采用中和处理排放。酸洗废液与酸性漂洗水的酸性物质随酸洗液的成分而异，有硫酸、盐酸、硝酸或硝酸与氢氟酸混合配置的酸洗液，故其酸洗废液和酸性漂洗废水，含有相应的酸与金属盐类和少量油类。

中和处理是冷轧废水处理时必不可少的一道工序：对大多数水生物和农作物而言，其正常生产的 pH 值为 5.8～8.6，这也是排放标准规定的基本范围；作为生物处理或混凝沉淀处理的预处理；有时，为了去除废水中的某些金属离子或重金属离子，使之生成不溶于水的氢氧化物沉淀，再通过混凝沉淀而分离。对冷轧废水，因为含有大量的二价铁盐，在中和处理生成 $Fe(OH)_3$ 沉淀的同时，也能去除约 50%的 COD。

1. 冷轧酸洗废液资源化处理技术现状

钢铁酸洗废液中一般含有 0.05～5 g/L 的 H^+ 和 60～250 g/L 的 Fe^{2+}，已被各国作

为危险废物进行管理，如美国将其列入《资源保护与再生法案》，我国将 pH≤2 的废酸列入《国家危险废物名录》。其排放量正随着钢材产量和质量的提高而增加，我国每年排放量大约为近百万立方米。传统上亦不敢采用石灰、电石渣或 $Ca(OH)_2$ 对其进行中和处理，产生的泥渣再处理困难，占用大量土地并造成二次污染，同时造成资源浪费。

2. 处理方法

为了保护环境，节约及合理利用资源，国内外学者进行了大量的研究和探索，提出了多种处理和回收方法及技术，取得了较好的应用效果。

（1）回收铁盐法

废酸液浓缩后可析出相应的铁盐。

（2）制备铁磁体法

用铁盐合成 Fe_3O_4 超微粒子是目前制备铁磁流体最廉价的方法，其中铁盐成本占总成本的一半以上。用盐酸废液制备水基铁磁流体使合成成本降低 35% 以上。

（3）制备无机高分子絮凝剂

用硫酸酸洗废液制备聚合硫酸体能达到正规方法制备的质量指标。

（4）制备颜料

用废酸液生产氧化铁颜料的技术已在世界范围内广泛应用。

（5）制备超细金属磁粉

用废酸液制备针状超细金属磁粉是一种高附加值技术。

（6）焙烧回收法

直接焙烧法利用 $FeCl_2$ 在高温条件下、有充足水蒸气和适量氧气的气氛中定量水解的特性，在焙烧炉中直接将 $FeCl_2$ 转化为盐酸和 Fe_2O_3，是一种最彻底、最直接处理酸洗废液的方法。

【实例】 某公司冷轧厂生产冷轧热镀锌板，电镀锌板和中、低牌号的电工钢，规模为 140 万 t/a，其中冷轧产品 45 万 t/a、热镀锌产品 35 万 t/a。全厂产生废水量如下：酸碱废水，平均 200 m^3/h，最大 300 m^3/h；含铬废水，平均 20 m^3/h，最大 30 m^3/h；含油废水，平均 10 m^3/h，最大 20 m^3/h。

废水经处理达到如下排放标准：

pH=8.9；SS<50 mg/L；Cr^{6+}<0.5 mg/L；总铬<1.5 mg/L；油<5 mg/L；COD_{Cr}<100 mg/L；BOD_5<25 mg/L；阴离子表面活性剂<10 mg/L；色度<50 倍。

废水的处理流程见图 3-24。

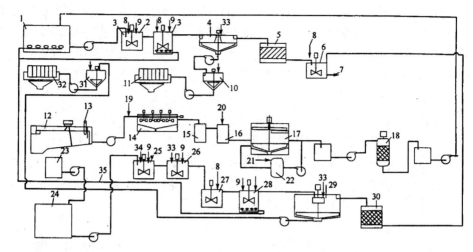

1—酸碱废水调节池；2—中和池；3—中和曝气池；4—澄清池；5—过滤池；6—最终中和池；
7—排放管；8—石灰乳；9—盐酸；10—酸碱污泥浓缩池；11—酸碱污泥板框压滤机；
12—含油废水调节池；13—除油机；14—导气气浮池；15—油分离池；16—絮凝池；
17—溶气气浮池；18—核桃壳过滤器；19—破乳剂；20—絮凝剂；21—压缩空气；
22—溶气罐；23—浓铅酸调节池；24—稀铅酸调节池；25—铬第一还原池；26—铬第二还原池；
27—第一中和池；28—第二中和池；29—铬污水澄清池；30—过滤池；31—铬污泥浓缩池；
32—铬污泥压滤机；33—絮凝剂；34—废酸；35—空气管

图 3-24 某公司冷轧厂废水处理流程

思考与习题

1. 钢铁工业废水来源主要有哪些？
2. 烧结厂废水来源主要有哪些？
3. 连铸废水处理的处理方法有哪些？
4. 简述冷轧含油和乳化液废水处理利用途径。

学习情境四 有色冶金工业废水处理与利用

【情境描述】

　　该情境主要介绍有色冶金工业废水处理与利用的相关知识。以典型有色冶金工业工艺为例，讲述有色冶金工业废水种类及特点，并引导学生进行污染源分析。通过有色冶金行业重金属废水处理典型工艺，巩固所学的中和、化学沉淀、混凝、化学还原、离子交换等基本理论知识，按照废水特点逐一介绍了重有色金属冶炼废水、轻有色冶金冶炼废水、稀有金属冶炼废水、黄金冶炼废水的处理与利用。要求学生掌握典型有色冶金生产工艺及污染源掌握有色冶金工业水污染物种类及特点，熟悉中和、化学沉淀、混凝、化学还原、离子交换、氧化还原、吸收、吹脱等废水处理工艺原理、设备及运行方式，掌握各种典型处理工艺流程和工艺的操作运行等。

学习单元一　有色冶金工业废水的来源及性质

　　有色冶金主要包括除铁、锰、铬以外的冶炼。由于铜、铅、锌等有色金属矿石有各种伴生元素存在，所以有色冶炼废水中含有汞、镉、铅、铬、锌、铜、钴、镍、锡等重金属及类金属砷离子和氟的化合物。重金属废水主要来源于金属矿山矿坑内排水、废石场淋浸水、选矿厂尾矿排水、有色金属冶炼生产过程中（包括烧结、焙烧、熔炼、浸出、净化、电解等工序）产生的废水、有色金属加工厂酸洗水、电镀厂电镀废水等企业。

　　矿床开采过程中大量的地下水渗流到采矿工作面，这些矿坑水排至地表，是矿山废水的主要来源；矿石生产过程中排放大量含有硫化矿的废石，露天堆放时与空气和水或水蒸气接触，生成金属离子和硫酸根离子，遇雨水或堆置于河流、湖泊附近，所形成的酸性废水会迅速大面积扩散。其中含有重金属离子、酸、碱、固体悬浮物及选矿时应用的各种药剂，个别矿山废水中甚至含有放射性物质等。矿山废水排放量大，持续性强，排放地点分散，不易控制与治理，且污染范围大，浓度不稳定。废水呈酸性或碱性，还可能含有可溶性化合物、有毒的氰化物及有机污染物。

　　酸性废水排入矿山附近的河流、湖泊等水体，会导致水体的 pH 值发生变化，抑制或阻止细菌及微生物的生长，妨碍水体的自净；酸性水与水体中的矿物质相互作用会生成某些盐类，对淡水生物和植物生长产生不良影响，甚至威胁动植物的生命；如不加以处理随意排放，将会严重污染地表水和地下水，对人和水中生物造成极大的危害，甚至对其周边生态环境产生毁灭性的后果。

重金属废水排入水体后，无论采用何种处理方法或微生物都不能降解，只不过改变其化合价和化合物种类。除部分为水生生物、鱼类吸收外，大部分均沉积于水体底部。水中重金属的浓度随水温、pH 值和氧化还原性质不同而迁移变化。天然水体的 OH^-、Cl^-、SO_4^{2-}、NH_3^+、有机酸、氨基酸、腐殖酸等，都可以同重金属生成各种络合物或螯合物，使重金属在水中的浓度增大。如有色冶金生产排出的酸性废水中，存在离子态重金属，当废水进入自然水体，pH 值因稀释而增大，这时部分重金属离子将水解为难溶于水的氢氧化物沉淀到底泥中。通常水体底泥处于厌氧状态，在一定条件下，重金属离子可能被还原为低价态或生成有机或螯合物，重新进入水体，在水体中不断迁移转化，造成长期危害。某些重金属及其化合物毒性较大，对水体中鱼类及水生生物和农作物造成严重的危害。通过饮水和食物链的作用，可在人体内富集，使人中毒以致死亡。

学习单元二　重有色金属冶炼废水处理与利用

重有色金属指的是铜、铅、锌、镍、钴、锡、锑、汞等有色金属。冶炼方法一般分为湿法和火法两种。火法冶炼系利用高温，湿法冶炼系利用化学溶剂，使有色金属冶炼与脉石分离，但湿法和火法不是绝对分开的，许多生产工艺都是综合的。重有色金属冶炼废水主要来自炉套、设备冷却、水力冲渣、烟气洗涤净化及湿法、制酸等车间排水。其水质随金属品种、矿石成分、冶炼方法不同而异。

一、重有色金属冶炼生产废水来源及特点

典型的重有色金属如 Cu、Pb、Zn 等的矿石一般以硫化矿分布最广。铜矿石 80%来自硫化矿，冶炼以火法生产为主，炉型有白银炉、反射炉、电炉或鼓风炉以及近年来发展起来的闪速炉；目前世界上生产的粗铅中 90%采用熔烧还原熔炼，基本工艺流程是铅精矿烧结焙烧，鼓风炉熔炼得粗铅；锌的冶炼方法有火法和湿法两种，湿法炼锌的产量占总产量的 75%～85%。

（一）废水来源

重有色金属冶炼废水中的污染物主要是各种重金属离子，其水质组成复杂，污染严重。其废水主要包括以下几种：

（1）炉窑设备冷却水。冷却冶炼炉窑等设备产生，排放量大，约占总量的40%。

（2）烟气净化废水。冶炼、制酸等烟气进行洗涤过程中产生，排放量大，含有酸、碱及大量重金属离子和非金属化合物。

（3）水淬渣水（冲渣水）。火法冶炼中产生的熔融态炉渣进行水淬冷却时产生，含有炉渣微粒及少量重金属离子等。

（4）冲洗废水。对设备、地板、滤料等进行冲洗所产生的废水，还包括湿法冶炼过程中因泄漏而产生的废液，此类废水含重金属和酸。

重有色金属冶炼废水中的污染物主要是各种重金属离子，其水质组成复杂、污染严重。表4-1列出了几种炉型重有色金属冶炼废水的水质状况。

表4-1　几种炉型重有色金属冶炼废水

冶金方法（炉型）	废水类别	废水主要成分/(mg/L)
反射炉（某冶炼厂）	熔炼、精炼等废水	Cu　102.4、Pb　5.7、Zn　252.35、Cd　195.7、Hg　0.004、As　490.2、F　1400、Bi　640、H_2SO_4　153.8
电炉（以某厂为例）	熔炼铜废水	Cu　41.03、Pb　13.6、Zn　78.7、Cd　6.56、As　76.86
鼓风炉（以某厂为例）	铜鼓风炉熔炼	Cu　2～3、As　0.6～0.7
	铅鼓风炉熔炼	Pb　20～130、Zn　110～120
闪速炉（以某厂为例）	烟气制酸废水	H_2SO_4　150、Cu　0.9、As　8.4、Zn　0.6、F　1.5g/L
电解精炼（以某厂为例）	含铜酸性废水	pH　2～5、Cu　30～300

（二）重有色金属冶炼废水特征

（1）大量废水为冷却水，经冷却后可循环使用，通常产生少量冷却系统的排污水。

（2）火法冶炼一般都有冲渣水，这部分水主要是悬浮物含量大，并含有少量重金属离子。冲渣水用水对水质要求不高，经过沉淀后可循环使用。由于这部分水在使用过程中蒸发很大，所以在循环使用过程中必须补充一定量的水，整个系统密闭循环。

（3）有害废水主要为烟气洗涤、湿法收尘的废水，冲洗地面、洗布袋、洗设备等废水，以及湿法冶炼的跑冒滴漏。水质呈酸性，除含硫酸外，还含有多种重金属离子和砷、氟等有害元素。这部分废水如不处理直接外排，危害很大。如处理得当，处理后的废水可回用，还可以从废水中回收有价值金属或进行综合利用。

（4）由于有色金属矿物常伴有砷、氟、镉等有害元素，烟气洗涤、湿法收尘的废水水质，常随原矿成分不同而不同。在重金属冶炼过程中，砷污染比较严重。

二、重有色金属冶炼废水处理与利用

常用的处理方法有中和沉淀法、硫化物沉淀法、电解法、离子交换法和铁氧体法等。根据废水的水质、水量情况，选用一种或几种处理方法组合使用，在处理过程中既要注意废水本身的处理，也要对浓缩产物进行回收利用或无害化处理，避免流失于环境中，造成二次污染。

（一）中和沉淀法

往重金属废水投加碱性中和剂，使重金属离子与氢氧根离子反应，生成难溶的金属氢氧化物沉淀，从而予以分离。工业上常用的中和剂有石灰石、石灰、苛性钠、苏打、工业飞灰、氧化亚铁、电石渣及其他碱性废渣与废液等。石灰具有来源广泛、操作简单的优点，是常用的中和剂。

根据化学平衡式和各种氢氧化物浓度积 K_{sp}，可以导出不同 pH 值条件下污水中几种重金属离子浓度（表 4-2）。

表 4-2　单一金属离子溶液中重金属含量达标要求 pH 值

金属离子	排放标准/（mg/L）	要求 pH 值	金属离子	排放标准/（mg/L）	要求 pH 值
Cu^{2+}	1.0	9.01	Zn^{2+}	5.0	7.89
Pb^{2+}	1.0	9.47	Cd^{2+}	0.1	10.18

不同种类的重金属完全沉淀的 pH 值有明显的差别，据此可以分别处理与回收各种金属。对锌、铅、铬、锡、铝等两性金属，pH 值过高形成络合物使沉淀物发生返溶现象（图 4-1）。

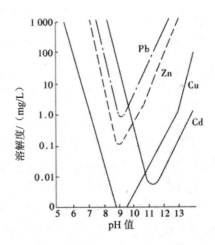

图 4-1　铜、锌、铅、镉的氢氧化物的溶解度与 pH 值的关系

如 Zn^{2+} 在 pH 值为 9 时几乎全部沉淀，但 pH 值大于 11 时则生成可溶性 $Zn(OH)_4^{2-}$ 络合离子或锌酸根离子$(ZnO_2)^{2-}$。因此，要严格控制和保持最佳的 pH 值。

中和沉淀反应可采用一次沉淀反应和晶种循环反应。前者是单纯的中和沉淀法，后者是向系统中投加良好的沉淀晶种（回流污泥），促使形成良好的结晶沉淀。其处理流程如图4-2所示。

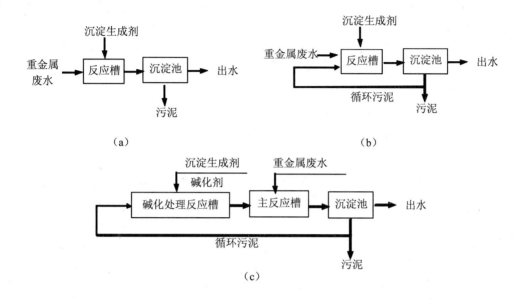

图4-2　重金属废水中和沉淀处理流程

图4-2（a）是将重金属废水引入反应槽中，加入中和沉淀剂，混合搅拌使其反应，添加必要的凝聚剂使其形成较大的絮凝，随后流入沉淀池，进行固液分离。该方法由于未提供沉淀晶种，形成的沉淀物常为微晶结核，污泥沉降速度慢，含水率高。

图4-2（b）是晶种循环处理法，其特点是除投加中和沉淀剂外，还从沉淀池回流适当的沉淀污泥，混合搅拌反应，经沉淀池浓缩形成污泥后，其中一部分再次返回反应槽。此法处理生成的沉淀污泥晶粒大，沉淀快，含水率低，出水效果好。

图4-2（c）是碱化处理晶种循环反应法。即在主反应槽之前设一个沉淀物碱化处理反应槽，定时向其中投加碱性药剂进行反应，生成的泥浆是一种碱化剂，它在主反应槽内与重金属污水混合反应，后导入沉淀池进行固液分离，浓缩沉淀的污泥一部分再返回碱化处理反应槽内。

碱性溶液中铝盐和铁盐等能生成吸附能力很强的胶团，这些胶团不仅能吸附废水重金属离子，还能捕集和包裹悬浮的重金属一起沉淀。用中和凝聚沉淀法处理冶炼废水时，废水先经消石灰中和，而后投加凝聚剂，再沉淀后排出。污泥经浓缩、真空脱水后运走。

冶炼废水含多种重金属离子，用一次中和沉淀法可使某几种金属离子沉淀完全，达到排放的标准，但有的重金属离子不能完全沉淀。可以根据各重金属离子的不同沉淀条件（pH 值不同）进行分段沉淀。如对含铅、锌、镉等冶炼废水，一次沉淀投加石灰乳时 pH 值控制在 11.5 左右，为了不使絮花遭到破坏，投加石灰乳用虹吸式的方法，此时锌、镉生成氢氧化物沉淀比较完全；二次中和用硫酸亚铁，投加聚丙烯酰胺，为节约硫酸亚铁的用量，也可适当投加部分硫酸降低 pH 值至 10.5，形成 $Pb(OH)_2$ 的沉淀。通过分段投加石灰乳和硫酸亚铁，控制不同的 pH 条件可达到分别除去重金属离子的目的，其他重金属离子及砷、氟也可共沉除去。

需要注意的是：

① 不同的重金属离子生成氢氧化物沉淀时的 pH 值不相同。重金属离子和氢氧根离子不仅可生成氢氧化物沉淀，还能生成一系列各种可溶性的羟基络合物。即在金属氢氧化物呈平衡的饱和溶液中，不仅有游离的重金属离子，还有各种羟基络合物，参与沉淀－溶解平衡。所以当碱性过强时，氢氧化物沉淀又可能形成各种羟基络合物而再溶解。

② 提高 pH 值使某种重金属离子生成氢氧化物沉淀时，应注意其他共存金属离子可能被溶解。例如，pH 值大于 11 时 Cd^{2+} 能生成 $Cd(OH)_2$ 沉淀，但须考虑到此时废水中共存的其他金属离子 Pb^{2+}、Zn^{2+}、Al^{3+} 等在该条件下又可能溶解。

③ 重金属离子可能与溶液中的其他离子形成络合物，增加其在水中的溶解度。例如，需要除去水溶液中的 Cd^{2+}，通常是将溶液的 pH 提高到 11 以上时，Cd^{2+} 便会形成 $Cd(OH)_2$ 沉淀。但此时水中若含有 CN^-，Cd^{2+} 会与 CN^- 作用形成 $Cd(CN)^{2-}$，因此，Cd^{2+} 不能被完全沉淀。

④ 在阳性介质中形成的氢氧化物沉淀，其中各小部分微细粒的氢氧化物固体物质，在排放中可能随着 pH 的降低将重新溶解于水中。

中和沉淀法具有流程简单、效果较好、操作简便、处理成本较低的优点，但渣量大，含水率高，脱水困难。

（二）硫化物沉淀法

金属硫化物溶解度通常比金属氢氧化物低几个数量级，在硫化物廉价可得的场合，向污水中投入硫化剂，使污水中的金属离子形成硫化物沉淀被去除。常用的硫化剂有硫化钠、硫化铵和硫化氢等。此法 pH 值适应范围大，产生的硫化物比氢氧化物溶解度更小，渣量少，去除率高，泥渣中金属品位高，有利于回收利用。但沉淀剂来源有限，硫化物价格比较昂贵，产生的硫化氢有恶臭，对人体有危害，造成 H_2S 的二次污染，处理后的水中 S 含量超标，需进一步处理，金属硫化物结晶较细，沉降困难，因而应用不广。

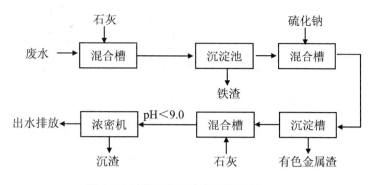

图 4-3　硫化法处理废水工艺流程

　　根据重金属硫化物溶度积大小，沉淀次序为：$Hg^{2+} \rightarrow Ag^{+} \rightarrow As^{3+} \rightarrow Bi^{3+} \rightarrow Cu^{2+} \rightarrow Pb^{2+} \rightarrow Cd^{2+} \rightarrow Sn^{2+} \rightarrow Zn^{2+} \rightarrow Co^{2+} \rightarrow Ni^{2+} \rightarrow Fe^{2+} \rightarrow Mn^{2+}$，位置越靠前的金属硫化物，其溶度积越小，处理越容易。石灰沉淀难以达到排放标准的含汞废水，用硫化物沉淀更为合理。

　　金属硫化物的溶度积比金属氢氧化物的小得多，故前者比后者更为有效。同石灰法比较，还具有渣量少、易脱水、沉渣金属品位高、有利于有价金属的回收利用等优点。但硫化钠价格高，处理过程中产生硫化氢气体易造成二次污染，处理后的水中硫离子含量超过排放标准，还需进一步处理；同时生成的金属硫化物非常细小，难以沉淀，限制了硫化物沉淀法的应用，不如氢氧化物沉淀法使用更为普遍。

（三）药剂还原法

　　用还原剂使废水中的金属离子还原为金属或价态较低的金属离子，再加石灰以氢氧化物形式沉淀。可用于铜和汞等的回收，但常用于含铬废水的处理。常使用的还原剂有硫酸亚铁、亚硫酸氢钠、二氧化硫、铁粉等。

　　如利用铁屑还原污水中的铜可以得到品位较高的海绵铜。

$$Fe + Cu^{2+} \longrightarrow Cu + Fe^{2+}$$

　　还原剂不能将污水的酸度降下来，须与中和法等联合使用，才能达到污水排放或回用的目的。硫酸亚铁法处理含铬废水处理流程如图 4-4，废水在还原槽中先用硫酸调 pH 值至 2~3，再投加硫酸亚铁溶液，使六价铬还原为三价铬；然后至中和槽投加石灰乳，调节 pH 值至 8.5~9.0，进入沉淀池沉淀分离，上清液达标后排放。

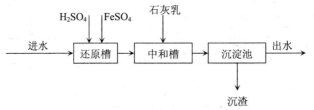

图 4-4　硫酸亚铁法处理流程

（四）电解法

电解法是从含盐的金属废液中回收金属的一种方法。通过电解使金属阳离子在阴极上还原成为金属元素，在阴极上以形成金属薄板的形式回收。

常用来处理含 Cr^{6+}（Cr_2O_7 及 Cr_2O_4）的废水，铁板阳极上还原为 Cr^{3+}，铁阴极上氧化为 Fe^{3+} 离子，电解法处理重金属废水运行可靠，操作简单，劳动条件较好。但耗电量高、电极板消耗大、处理成本较高。

（五）离子交换法

该法常用来处理电镀含铬废水，废水先通过氢型阳离子交换柱，去除水中三价铬及其他金属离子。实际生产过程中较普遍使用的流程为双阴柱全饱和流程，如图 4-5 所示。

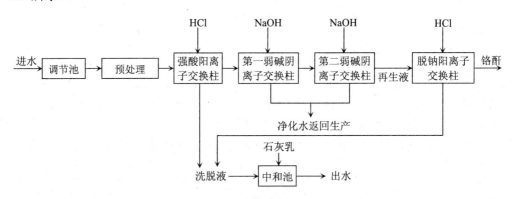

图 4-5　离子交换法处理流程

为防止废水中的悬浮物堵塞，污染离子交换树脂，废水应采用微孔过滤器、砂滤器或小白球（树脂母体）过滤器进行预处理。

离子交换法处理含铬废水能回收铬为铬酐，用于生产工艺；处理后的水质较好，可重复使用；生产运行连续性较强，不受处理水量的限制。但其基建投资较高，所需附属设备较多，操作管理要求比较严格。一般用于处理量小、毒性强的废水或回收其中的有用金属。

（六）铁氧体法

在含重金属离子的废水中加入铁盐，利用共沉淀法从废水中制取铁氧体粉末。用于提取废水中以络合物、氰化物或胺盐形式存在的重金属。首先使络合物中的重金属离子化，然后形成铁氧体或被铁氧体吸附而去除。铁氧体法的处理工艺流程如图 4-6 所示。

铁氧体法可一次去除废水中多种重金属离子，对固体悬浮物有共沉淀作用。其沉淀物不再溶解，具有磁性且颗粒较大，可通过磁性分离或过滤去除。铁氧体沉淀可处理含 Cu、Pb、Zn、Cd、Hg、Mn、Co、Ni、As、Bi、Cr、V、Ti、Mo、Sn、Fe、Al、Mg 等废水。

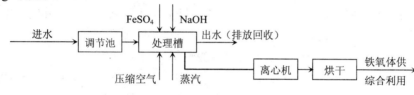

图 4-6　铁氧体法处理流程

铁氧体法处理重金属废水效果好，投资省，设备简单，沉渣少、化学性质较稳定，可减少二次污染，节省能源，所得铁氧体是优良的半导体材料。但铁氧体沉淀颗粒成长及反应过程需要空气氧化，反应温度要求 60～80℃，需处理大量废水，升温困难大，消耗能源大，经营费高。铁氧体法处理重金属废水的效果见表 4-3。

表 4-3　铁氧体法处理重金属废水的效果

金属离子	处理前含量/（mg/L）	处理后含量/（mg/L）
铜	9 500	<0.5
镍	20 300	<0.5
锡	4 000	<10
铅	6 800	<0.1
六价铬	2 000	<0.1
镉	1 800	<0.1
汞	3 000	<0.02

（七）重金属废水浓缩产品的无害化处理

重金属废水经处理形成的浓缩产物，因技术经济等原因不能回收利用或经回收利用后仍有金属残余物，不能任意弃置，应进行无害化处理，否则造成对环境的二次污染。常用的方法是不溶化或固化处理，就是将污泥等容易溶出重金属的废物同一些固定剂混合，在一定条件下，使其中的重金属变成难溶解的化合物，加入如水泥和沥青等胶结剂，将其制成一定形状、有一定强度、重金属浸出率很低的固体，也可用烧结法将重金属污泥制成不溶性固体。

三、重有色金属冶炼废水处理技术应用实例

（一）铜冶炼废水处理与利用

铜冶炼酸性重金属离子废水主要来源于铜火法初炼、湿法精炼和烟气制酸过程。采用的处理方法有中和沉淀法、硫化沉淀法和铁氧体法等。

采用石膏工艺降低酸的浓度，副产石膏，再用硫化工艺回收其中的金属，最后将处理后液与其他酸性废水混合，用石膏中和-铁盐氧化工艺进一步去除废水中的污染物。或采用中和-铁盐氧化工艺进行废水处理。对含砷高的废酸，可采用中和-铁盐氧化工艺或硫化沉淀工艺处理。石膏处理废酸流程如图4-7所示。

废酸经沉淀脱铅及脱除 SO_2 后，与石灰乳作用生成石膏，并脱去部分氟。废酸浓度愈高，愈有利于石膏生成，且质量愈好。废酸浓度低于 30 g/L，难以生成稳定的石膏。该工艺可降低废酸对后续设备的腐蚀。

当废酸或酸性废水中重金属含量较高，有回收价值，可用 Na_2S 作沉淀剂，通过控制反应 pH 值和氧化还原电极电位使有价金属生成硫化物沉淀，返回利用。硫化沉淀工艺见图4-8。

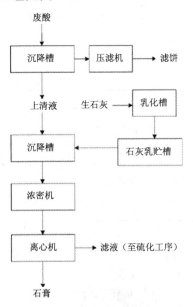

图4-7　石膏处理废酸流程

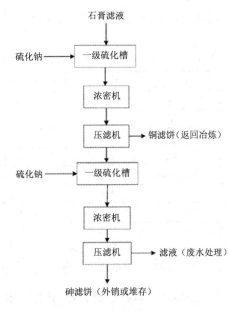

图4-8　硫化法处理酸性废水流程

经上述两流程处理后仍含有一定的硫酸及铜、砷等杂质，再用中和-铁盐氧化工艺处理。先用石灰乳一次中和，使 pH＝7±0.5；投加硫酸亚铁为砷的共沉剂，曝气氧化，二次中和，控制二次中和 pH＝10.0±0.5；再加入高分子絮凝剂（聚丙烯酰胺），经浓密、澄清、圆筒过滤后，废水中的砷、氟及其他杂质进入无害的中和渣，经处理后的外排水达标排放。

（二）铅锌冶炼废水处理与利用

铅锌冶炼废酸来源于烟气净化工序；酸性废水主要来源于湿式除尘洗涤水、硫酸电除雾的冷凝液和冲洗液以及受尘、酸污染的冲洗水等。酸性废水中含有铅、锌、铜、砷、氟等杂质，相对于铜冶炼厂的酸性废水水质，铅锌冶炼废水中铜含量较低。主要采用中和沉淀法和铁氧体法。

处理酸度大、重金属含量高的废酸污水时，多采用三段中和处理流程：先用石灰乳进行一段中和，形成含氟化钙的石膏，降低废酸酸度；然后用石灰乳进行二段中和，除去砷和大部分重金属；三段采用中和-铁盐氧化流程，除去残余的砷和重金属。

处理酸度小、重金属含量不高的酸性废水，可采用中和沉淀-污泥回流流程。

废酸处理后液和酸性废水的混合液的处理，多采用二段中和-絮凝流程，即一段石灰乳中和、二段石灰乳中和、澄清前加絮凝剂。

图 4-9 是混合金属离子废水的工艺流程。

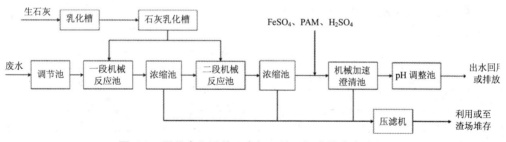

图 4-9　两段中和法处理含铅、锌、镉冶炼废水流程

（三）含汞废水的处理与利用

从废水中去除汞的方法有：硫化物沉淀法、活性炭吸附法、金属还原法、离子交换法等。一般偏碱性的含汞废水用硫化物沉淀法处理。偏酸性的含汞废水用金属还原法处理。低浓度的含汞废水用活性炭吸附法或化学凝聚法处理。

（1）硫化物沉淀法

向废水中投加石灰乳和过量的硫化钠，在 pH＝9～10 弱碱条件下，硫化钠与废水中的汞离子反应，生成难溶的硫化汞沉淀。

$$Hg^{2+} + S^{2-} \rightleftharpoons HgS$$

$$2Hg^+ + S^{2-} \rightleftharpoons Hg_2S \rightleftharpoons HgS\downarrow + Hg$$

硫化汞沉淀的粒度很细，大部分悬浮于废水中。为加速硫化汞沉降，同时清除存在于废水中过量的硫离子，再适当投加硫酸亚铁，生成硫化铁及氢氧化亚铁沉淀。

$$FeSO_4 + S^{2-} \longrightarrow FeS\downarrow + SO_4^{2-}$$
$$Fe^{2+} + 2OH^- \longrightarrow Fe(OH)_2\downarrow$$

硫化汞的溶度积为 4×10^{-53}，硫化铁为 3.2×10^{-18}。故生成的沉淀主要为硫化汞，它与氢氧化亚铁一起沉淀。

（2）化学凝聚法

向废水中投加石灰乳和凝聚剂，在 pH=8～10 弱碱性条件下，汞和铁或铝的氢氧化物凝聚体共同沉淀析出。

一般铁盐除汞效果较铝盐好。硫酸铝只适用于含汞浓度低及水质比较浑浊的废水，如废水水质较清，含汞量较高时，处理效果明显降低。

采用石灰乳及三氯化铁处理，若进水汞含量为 2 mg/L、5 mg/L、10 mg/L、15 mg/L，出水汞含量依次为 0.02 mg/L、小于 0.1 mg/L、小于 0.3 mg/L 及小于 0.5 mg/L。

药剂消耗量指标见表 4-4。

表 4-4　药剂消耗

废水含汞量/（mg/L）	FeCl₃/（mg/L）	CaO/（mg/L）
<10	4～10	20～30
10～20	10～15	30～100
>20	10～30	100～200

（3）金属还原法

利用铁、铜、锌等毒性小而电极电位低的金属（屑或粉），从溶液中置换汞离子。以铁为例：

$$Fe + Hg^{2+} \longrightarrow Fe^{2+} + Hg\downarrow$$

某厂废水含汞 100～300 mg/L，pH=1～4。处理流程如图 4-10 所示。废水经澄清后，以 5～10 m/h 的滤速一次通过两个紫铜屑过滤柱，一个黄铜屑铅过滤柱和一个铝屑过滤柱。出水含汞降至 0.05 mg/L 左右，处理效果为 99%。当 pH≥10 时，处理效果显著下降。

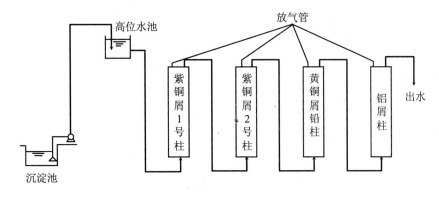

图 4-10　金属还原法处理流程

某厂废水含汞 0.6～2 mg/L，pH=3～4。以 8 m/h 左右的滤速通过 d≥18 目球墨铸铁屑过滤柱，出水含汞 0.01～0.05 mg/L，pH=4～5。铁汞渣用焙烧炉回收金属汞，每 200 kg 可回收 1 kg 金属汞，纯度 98%。

某厂含汞废水处理效果见表 4-5。

表 4-5　金属还原法处理含汞废水效果

废水含汞量/（mg/L）	pH 值	出水含汞量/（mg/L）	过滤介质
200	—	0.05	铜、铁屑
10～20	1.5～2.0	0.01	铁屑
6～8	<1	0.1	铜屑
1	3～4	0.05	铁粉

（4）硼氢化钠还原法

利用硼氢化钠作还原剂，使汞化合物还原为金属汞。

$$Hg^{2+}+NaBH_4+2OH^- \rightarrow Hg+3H_2\uparrow+NaBO_2$$

某厂废水含汞 0.5～1 mg/L，pH=9～11。采用硼氢化钠处理，其流程如图 4-11 所示。

废水与 NaBH₄ 溶液在混合器中混合后，在反应槽中搅拌 10 min，经二级水力旋流器分离，出水含汞量降至 0.05 mg/L。硼氢化钠投加量为废水中汞含量的 0.5 倍左右。

硼氢化钠价格较贵，来源困难，在反应中产生大量氧气带走部分金属汞，需用稀硝酸洗涤净化，流程比较复杂，操作麻烦。

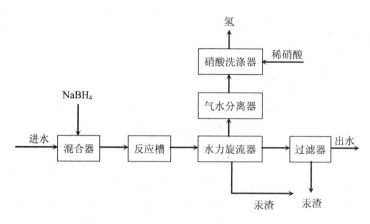

图4-11　硼氢化钠还原法处理流程

（5）活性炭吸附过滤法

利用粉状或粒状活性炭吸附水中的汞。其处理效果与废水中汞的含量和形态、活性炭种类和用量、接触时间等因素有关。在水中离解度越小、半径越大的汞化合物，如 HgI_2、$HgBr_2$ 等越易被吸附，处理效果越好。反之，如 $HgCl_2$，处理效果则差。此外，增加活性炭用量及接触时间，可以改进无机汞及有机汞的去除率。

废水含汞 $1\sim3$ mg/L，pH=$5\sim6$。向预处理池及处理池中各投加废水量5%的活性炭粉，利用压缩空气搅拌 30 min 后，静置沉淀 1 h，出水含汞量可降至 0.05 mg/L。

学习单元三　轻有色金属冶炼废水处理与利用

轻有色金属指密度小于 4.5 g/cm^3 的有色金属材料，包括铝、镁、钠、钾、钙、锶、钡、钛等金属。轻有色金属冶炼废水主要指铝、镁冶炼生产废水和钛生产氯化炉收尘冲渣废水和尾气淋洗水等。

一、轻有色金属冶炼生产废水来源及特征

（一）铝冶炼废水来源与水质特征

铝冶炼生产过程中，废水产生于各类设备的冷却水、各类物料泵与轴承丰润水，石灰炉排气的洗涤水，各类设备、出槽及地坪的冲洗水，生产过程跑、冒、滴、漏以及赤泥输送与浓缩池排水等。废水中主要含有碳酸钠、氢氧化钠、氯酸钠、氢氧化铝及含有氧化铝的粉尘、物料等。

氧化铝厂生产废水量大，含碱浓度高，对环境和水体危害较大。

（二）镁冶炼废水来源与水质特征

镁生产以含有 $MgCl_2$ 或 $MgCO_3$ 的菱镁矿、白云石、光卤石或海水为原料。其生产方法有电解法和热法（还原法）等。我国目前采用氯化电解法生产镁，以菱镁矿为原料。

菱镁矿的主要成分是 $MgCO_3$。在菱镁矿经过破碎、氯化、电解、铸锭等工序制成成品镁的过程中，氯在氯化工序作为原料参与生成 $MgCl_2$ 的反应，而在 $MgCl_2$ 电解过程中从阳极析出，再被送往氯化工序参与氯化反应，氯被循环使用。因此，氯和氯化物是镁冶炼（电解法）废水的主要污染物。

镁冶炼废水的特征见表 4-6。

表 4-6　镁冶炼废水特征

废水类别	来源	废水特点
间接冷却水	镁厂的整流所、空压站及其他设备冷却水	未受污染，仅温度升高
尾气洗涤水	氯化炉尾气	呈酸性，含有氯盐
洗涤水	排气烟道和风机洗涤水	
氯气导管冲洗废水	氯气导管	
电解阴极气体洗涤水	电解阴极气体经石灰乳喷淋洗涤而得	排出的废水含有大量氯盐
镁锭酸洗镀膜废水	镁锭酸洗镀膜车间	量少，但含有重铬酸钾、硝酸、氯化铵等

二、轻有色金属冶炼生产废水处理与利用

（一）铝冶炼废水处理与工艺选择

铝冶炼废水的治理途径有两条：一是从含氟废气的吸收液中回收冰晶石；二是对没有回收价值的浓度较低的含氟废水进行处理，除去其中的氟。

含氟废水处理方法有混凝沉淀法、吸附法、离子交换法、电渗析法及电凝聚法等，其中混凝沉淀法应用较为普遍。按使用药剂的不同，混凝沉淀法可分为石灰法、石灰-铝盐法、石灰-镁盐法等。吸附法一般用于深度处理，即先把含氟废水用混凝沉淀法处理，再用吸附法做进一步处理。

（二）镁冶炼烟气洗涤废水处理与利用

镁冶炼烟气中主要污染物是 Cl_2 和 HCl 气体，氯化炉以含 HCl 为主，镁电解槽阴极气体中主要是 Cl_2。一般治理方法是先用袋式除尘器或文丘里洗涤器去除氯化炉烟气中的演出和升华物，然后与电解阴极气体汇合，引入多级洗涤塔，用清水洗涤

吸收 HCl，再用兼性溶液洗涤吸收 Cl_2。常用的吸收塔设备有喷淋塔、填料塔、湍球塔等，吸收效率可达 99%以上。

进一步处理循环洗涤液，可获得副产品。一般循环水洗涤可获得 20%以下的稀盐酸；加入 $MgCl_2$、$CaCl_2$ 等镁盐能获得高浓度 HCl 蒸汽，再用稀盐酸吸收可制取 36%浓盐酸；或用稀盐酸溶解铁屑制成 $FeCl_2$ 溶液，用于吸收烟气中的 Cl_2 生产 $FeCl_3$，经蒸发浓缩和低温凝固，制得固态 $FeCl_3$，作为防水剂、净水剂使用。用 NaOH、Na_2CO_3 吸收 Cl_2 可生成次氯酸钠，作为漂白液用于造纸等部门。如果这些综合利用不能实现，则应对洗涤液进行中和处理后排放。

还原法冶炼镁过程产生的各种排水基本不污染水环境，可以直接或经沉淀后外排。电解法冶炼镁过程产生气体净化废水和氯气导管及设备冲洗废水，含盐酸、硫酸盐、游离氯和大量氯化物，常用石灰乳或石灰石粒料作中和剂中和后排放。

（三）氟化盐生产废水处理与利用

从萤石中制取的冰晶石（Na_3AlF_6）、氟化铝（AlF_3）和氟化镁（MgF_2）等氟化盐是冶炼镁和铝的重要熔剂和助剂。氟化盐生产过程产生的废水包括含低浓度氢氟酸、氟化物和悬浮物的真空泵水冷器排水，设备和地面冲洗水，石膏母液，含高浓度氢氟酸、氟化物、硫酸盐和悬浮物的各种氟化盐产品母液。含氟酸性废水一般用石灰乳进行中和反应生成氟化钙和硫酸钙等沉淀物，经沉淀后上清液外排或回用，沉渣经浓缩过滤后堆存或再经干燥获得石膏产品。在干旱地区，含氟酸性废水可送往石膏堆场，利用石膏中剩余的 $Ca(OH)_2$ 中和，废水在堆场内澄清后回用。

（四）含氟废水处理与利用

含氟废水处理方法一般分为混凝沉淀法和吸附法。其中混凝沉淀法使用最为普遍。根据所用药剂的不同，又可分为石灰法、石灰-铝盐法、石灰-镁盐法、石灰-过磷酸钙法等。混凝沉淀法，可使氟含量下降到 10～20 mg/L。

吸附法一般用于深度处理。

（1）石灰法

向废水中投加石灰乳，使钙离子与氟离子反应，生成氟化钙沉淀。

$$Ca^{2+}+2F^- \rightarrow CaF_2 \downarrow$$

18℃时，氟化钙在水中的溶解度为 16 mg/L，按氟计则为 7.7 mg/L，故石灰法除氟所能达到的理论极限值约为 8 mg/L。一般经验，处理后水中氟含量为 10～30mg/L。石灰法处理含氟废水的效果见表 4-7。

表 4-7　石灰法处理含氟废水效果　　　　　　　单位：mg/L

进水氟含量	1 000~3 000	1 000~3 000	500~1 000	500
出水氟含量	20	7~8（沉淀 24 h）	20~40	8

　　石灰法除氟国内较为普遍，具有操作管理简单的优点。但泥渣沉降缓慢，较难脱水。

　　用电石渣代替石灰乳除氟，效果与石灰法类似，但沉渣易于沉淀和脱水，处理成本较低。

　　为提高除氟效率，在石灰法处理的同时投加氯化钙，在 pH>8 时，可取得较好的效果。

　　（2）石灰-铝盐法

　　向废水中投加石灰乳，调整 pH 值至 6~7.5。然后投加硫酸铝或聚合氯化铝，生成氢氧化铝絮凝体，吸附水中氟化钙结晶及氟离子，沉淀后除去。其除氟效果与投加铝盐量成正比。

　　某厂酸洗含氟废水含氟 63.5 g/L，投加石灰 98~127.4 g/L，搅拌 45 min，搅拌速度 150~170 r/min，出水含氟量降低至 17.4~10.4 mg/L。

　　若在含氟 10.8 mg/L 的出水中投加硫酸铝 0.6~2 g/L，搅拌 3min，搅拌速度 120~150 r/min，出水含氟量可降至 4~2.2 mg/L。

　　（3）石灰-镁盐法

　　向废水中投加石灰乳，调整 pH 值至 10~11 然后投加镁盐，生成氢氧化镁絮凝体，吸附水中氟化镁及氟化钙，沉淀除去。镁盐加入量一般为 F:Mg=1:(12~18)。

　　镁盐可采用硫酸镁、氯化镁、灼烧石灰石及白云石硫酸浸液。

　　某厂含氟废水采用投加石灰、白云石处理，反应终点 pH 为 8.5，镁盐投加量按 F：Mg = 1：（12~18）控制。当搅拌 5 min，沉淀 1 h 后，含氟量由处理前的 23.0 mg/L 降至 3.0 mg/L。每 1 m³ 废水药剂耗量为白云石（含 MgO 20%）3.6 kg、工业盐酸 2.4 kg、石灰（有效氧化钙大于 60%）1.5 kg。

　　该法处理流程简单，操作便利，沉降速度较快。但出水硬度大，循环使用时，管道容易结垢；硫酸用量大，成本较高。

　　（4）石灰-磷酸盐法

　　向废水中投加磷酸盐，使之与氟生成难溶的氟磷灰石沉淀，予以除去。

$$3H_2PO_4^- + 5Ca^{2+} + 6OH^- + F^- \longrightarrow Ca_5F(PO_4)_3 \downarrow + 6H_2O$$

　　磷酸盐有磷酸二氢钠、六偏磷酸钠、化肥及过磷酸钙等。

　　（5）其他方法

　　含氟废水还有许多处理方法，如活性污泥法、离子交换法、电渗析法、电凝聚法等。

当含氟废水中共存硫酸根、磷酸根等其他离子时，对用活性氧化铝法除氟有严重影响。而离子交换法由于离子交换树脂价格较贵，以及氟离子交换顺序比较靠后，因而树脂交换容量容易迅速消失，使用上也受到一定限制。

电渗析法可用于含氟废水的深度处理。某厂含氟废水经石灰-聚合氯化铝处理后，出水含氟 10～24 mg/L，pH=7。再用 400 mm×1 600 mm 400 对膜两极两段电渗析器进行处理试验，处理量为 30 m³/h，总电压 448～420 V，总电流 40～43 A，出水含氟量小于 1 mg/L。

电凝聚法用于含氟废水处理效果较好。某厂烟气除尘废水含氟 20 mg/L，投加石灰乳调 pH 值至 8.5，氟含量为 15.5 mg/L，进入用铝板作电极的电解槽电凝聚处理，电流密度 0.25 A/dm²，出水含氟 6.25～7.75 mg/L。

三、轻有色金属冶炼废水处理及利用工程实例

某铝厂是一个生产氧化铝、电解铝为主的大型企业。其氧化铝生产采用联合法，铝锭（电解铝）生产采用预焙阳极电解槽，碳素制品以生产阳极炭块为主。

（1）废水来源、水质及处理水量

该厂排水系统为生产、生活及雨水合流制系统，废水来自氧化铝分厂、自备热电站、碳素制品分厂、水泥分厂、电解铝分厂、机修分厂和运输部的设备滞留冷却排水，设备洗涤以及地面冲洗排水，循环水系统运行不平衡时的溢流排水及各分厂的生活排水。

氧化铝生产用水占工业生产用水的 70%以上，因此其排水的水量和水质对水量和水质以及废水治理措施有决定性的影响。

废水总排放口的水质见表 4-8。

表 4-8　某铝厂总排放口废水水量水质

排放量/(m³/d)	pH 值	总碱度(以 Na₂CO₃ 计)/(mg/L)	悬浮物/(mg/L)	可溶物/(mg/L)	氯化物/(mg/L)	氟化物/(mg/L)	COD/(mg/L)	油/(mg/L)
23 200	9.8	249	383	1 061	52.7	1.24	11.3	8.37

（2）废水处理工艺流程与主要构筑物

排水中除含碱量高外，悬浮物和石油类也较高。废水处理站主要是去除废水中的油类、悬浮物和其他机械杂质，然后加液氯消毒，再用泵送回场内重复使用。一部分回水用于热力锅炉水膜除尘和水冲灰渣；另一部分回水送往循环补充水处理站，与一定量的蒸发车间循环回水、赤泥堆场回水和新水混合反应后补入循环水系统。废水治理工艺流程如图 4-12 所示。

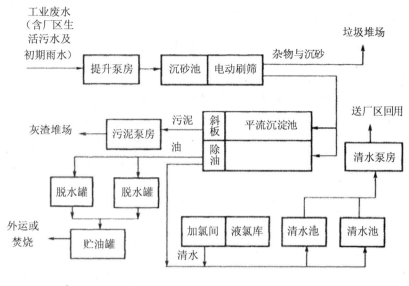

图 4-12　工业废水治理工艺流程

学习单元四　稀有金属冶炼废水处理与利用

稀有金属，通常指在自然界中含量较少或分布稀散的金属。根据其物理、化学性质或矿物原料中共生状况分为：稀有轻金属，如锂、铷、铯、铍等；稀土金属，如钪、镧等；稀有分散性金属，如镓、铟、锗等；稀有放射性金属，如铀、钍等锕系元素等。

一、稀有金属冶炼生产废水来源与特征

（一）稀有金属冶炼废水来源

稀有金属和贵金属由于种类多（约 50 多种）、原料复杂、金属及化合物的性质各异，再加上现代工业技术对这些金属产品的要求各不相同，故其冶金方法相应较多，废水来源的种类也较为复杂。

在稀有金属的提取和分离提纯过程中，常使用各种化学药剂，这些药剂就有可能以"三废"形式污染环境。稀有金属生产中用强碱或浓硫酸处理精矿，排放的酸或碱废液都将污染环境。某些有色金属矿中伴有放射性元素时，提取该金属所排放的废水中就会含有放射性物质。

稀有金属冶炼废水主要来源为生产工艺排放废水、除尘洗涤水、地面冲洗水、

洗衣房排水及淋浴水。

（二）稀有金属冶炼废水特征

稀有金属冶炼废水的主要特点有：

（1）稀有金属冶炼废水水量较少，有害物质含量高；

（2）由于有色金属矿石中伴生元素的存在，废水含有多种毒性元素；

（3）不同品种的稀有金属冶炼废水，均有其特征，如放射性稀有金属、稀土金属冶炼废水均含有放射性，铍冶炼废水含铍，半导体材料冶炼废水含砷、氟以及硒、铊来源于该金属生产排水等。

二、稀有金属冶炼废水处理与利用

（一）稀有金属冶炼废水处理技术

稀有金属冶炼厂废水大都采用清污分流，对生产工艺有害物质含量高的母液，一般采用蒸发浓缩法，回收其中的有用物质，如从钨母液中回收氟化钙；钼母液中回收氯化铵；铌母液中回收氟化铵、氟硅酸钠及硫酸钠等。或返回生产中使用，如硫酸萃取法制取氢氧化铍流程中，反萃后的含铍沉淀废液，返回使用。

必须外排的少量废水，一般采用化学法处理。根据废水水质不同，分别投加石灰、氢氧化钠、三氯化铁、硫酸亚铁、硫酸铝等化学药剂。

含铍废水用石灰石中和处理，经沉淀、澄清后去除率可达 97.8%，过滤后可提高到 99.4%，水中铍余量可达 1 μg/L 以下，处理效果较用三氯化铁、硫酸铝等为好。

含钒废水用三氯化铁处理，混凝、澄清后可除去 93%，过滤后可提高到 97%，处理效果较石灰、硫酸好。中、低水平放射性废水用石灰石、三氯化铁处理，可除去铌 97%～98%、锶 90%～97%，用硫酸铝可除去锶 56%、铯 20%。对去除铀冶炼废水中的镭等低等水平放射性废水用锰矿过滤处理，去除率为 64%～90%。

离子交换或活性炭吸附多用于最后处理。

生物处理一般用于含有大量有机物质、稀有金属浓度较低的废水。生物法用于铍的二级处理时，废水含铍浓度不能超过 0.01 mg/L。用活性污泥处理含钒废水，活性污泥每克吸收钒达 6.8 mg，未出现不利影响，超过此量，则开始影响生物群体。

在稀有金属冶炼、提取和分离提纯过程中，常使用各种化学药剂，或用强碱、强酸处理和溶析精矿，因此，稀有金属冶炼废水特征包括：（1）较强的酸碱性；（2）放射性；（3）含氟；（4）含砷、矾、铍等有毒物质等。

（二）稀土含砷废水处理技术

在不同的酸、碱条件下，砷的形态不同：在强酸条件下，砷多以 As^{3+}、As^{5+} 的形态存在；在弱碱条件下，砷存在的形态为 H_3AsO_3、H_3AsO_4 及 $H_2AsO_3^-$；在从弱酸到中性条件下，砷存在的主体形态为 AsO_3^{3-}、AsO_4^{3-}；在碱性条件下，砷仅以 AsO_3^{3-}、AsO_4^{3-} 的形态存在。

（1）氢氧化铁共沉淀处理法

对含砷废水大量的处理实验和运行实践结果证实，氢氧化铁的效果最为显著，而其他金属氢氧化物的效果则较差。

含砷废水中所含有的砷多以砷酸或亚砷酸的形态存在，单纯使用中和处理不能取得良好的去除效果。氢氧化物具有良好的吸附性能，利用它的这一性质能够取得较高的共沉淀效果。而与其他类型金属相比较，氢氧化铁有更高的吸附性能，这也是使用氢氧化铁处理含砷废水的主要原因之一。

铁盐的投加量，应根据原废水中砷含量而定。原水中砷的浓度与投加的铁盐浓度之比称为"砷铁比"（Fe/As）。处理水中砷的残留浓度与砷铁比值有关。氢氧化铁处理含砷废水过程最适合 pH 介于较大的范围，当砷铁比值较小时，最适 pH 值为弱酸性，而当砷铁比值较大时，则为碱性。

砷铁比值与 pH 值是决定含砷废水处理效果的两大因素。图 4-13 及图 4-14 分别为 pH 值、砷铁比（Fe/As）与 As 的残留量的关系。从图 4-13 可见，在 pH 值一定的条件下，在 pH 值为 11 时处理水中 As 的残留量最低。从图 4-14 可见，如欲使处理水中残留 As 量处于较低的程度，必须采用较高的砷铁比值。

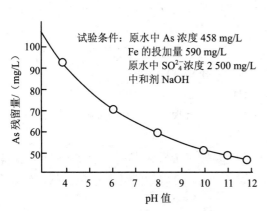

图 4-13 氢氧化铁处理含砷废水
As 残留量与 pH 值的关系

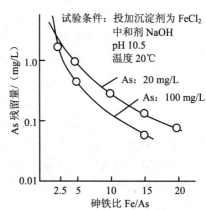

图 4-14 氢氧化铁处理含砷废水
As 残留量与砷铁比值的关系

在考虑含砷废水中含有其他金属，存在着某些干扰因素的条件下，采用 5 以上的砷铁比，使 pH 值介于 6.9～9.5，处理水中砷的残留量可满足排放标准 0.5 mg/L 的要求。

（2）石灰法

一般用于含砷较高的酸性废水。投加石灰乳，使与亚砷酸根或砷酸根反应生成难溶的亚砷酸钙或砷酸钙沉淀。

$$3Ca^{2+}+2AsO_3^{3-} \rightarrow Ca_3(AsO_3)_2 \downarrow$$

$$3Ca^{2+}+2AsO_4^{3-} \rightarrow Ca_3(AsO_4)_2 \downarrow$$

某废水含砷 6 315 mg/L，处理流程如图 4-15 所示。

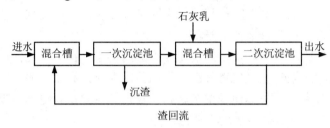

图 4-15　石灰法二级处理流程

废水先与回流沉渣混合，分离沉渣后上清液再投加石灰乳混合沉淀。当石灰投加量为 50 mg/L 时，出水可达排放标准。如先不与回流沉渣混合即用石灰法处理，出水含砷往往超过排放要求。石灰法操作管理简单，成本低廉；但沉渣量大，对三价砷的处理效果差。由于砷酸钙和亚砷酸钙沉淀在水中溶解度较高，易造成二次污染。

（3）石灰-铁盐法

一般用于含砷量较低、接近中性或弱碱性的废水处理。砷含量可降至 0.001mg/L。

利用砷酸盐和亚砷酸盐能与铁、铝等金属形成稳定的络合物，并与铁、铝等金属的氢氧化物吸附共沉淀的特点除砷。

$$2FeCl_3+3Ca(OH)_2 \longrightarrow 2Fe(OH)_3 \downarrow +3CaCl_2$$

$$AsO_4^{3-}+Fe(OH)_3 = FeAsO_4+3OH^-$$

$$AsO_3^{3-}+Fe(OH)_3 = FeAsO_4+3OH^-$$

当 pH>10 时，砷酸根及亚砷酸根离子与氢氧根离子置换，使一部分砷反溶于水中，故终点 pH 值最好控制在 10 以下。

由于氢氧化铁吸附五价砷的 pH 值范围要较三价砷大得多，所需的铁砷比也较小，故在凝聚处理前，将亚砷酸盐氧化成砷酸盐，可以改进除砷效果。铁、铝盐除砷效果见表 4-9。

表 4-9　铁、铝盐使用条件及除砷效果

药　剂	最佳 pH 值	最佳铁砷、铝砷比	去除率/%
$FeSO_4 \cdot 7H_2O$	8	$Fe^{2+}/As=1.5$	94
$FeCl_3 \cdot 7H_2O$	9	$Fe^{3+}/As=4.0$	90
$Al_2(SO_4)_3 \cdot 7H_2O$	7～8	$Al^{3+}/As=4.0$	90

某厂废水含量 400 mg/L，pH=3～5，处理流程如图 4-16 所示。

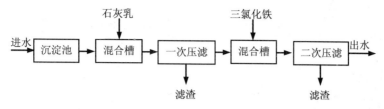

图 4-16　石灰-铁盐法处理流程

向废水中投加石灰乳调整 pH 值至 14，经压缩空气搅拌 15～20 min，用压滤机脱水，滤出液砷含量降至 7.6 mg/L，砷除去率 98%。然后投加三氯化铁，压缩空气搅拌 15～20 min，再用板框压滤机压滤，出水含砷 0.44　mg/L。处理 1 m³ 废水生石灰耗量为 3 kg，三氯化铁耗量为 1.3 kg。

石灰-铁（铝）盐法除砷效果好，工艺流程简单，设备少，操作方便。但砷渣过滤较困难。

（4）硫化法

在酸性条件下，砷以阳离子形式存在。当加入硫化剂时，生成难溶的 As_2S_3 沉淀。

某厂废水含砷 121 mg/L，锑 5.93 mg/L，硫酸 3.9 g/L，处理流程如图 17-6 所示。

在混合槽中向废水投加硫化钠 1.05 g/L，搅拌反应 10 min，然后进入沉淀池投加高分子絮凝剂，以加速沉降分离。出水 pH=1.4，砷含量 0.29 mg/L，锑 0.04 mg/L。在混合槽投加硫化钠时产生的硫化氢气体，需用氢氧化钠溶液吸收。处理 1 m³ 废水药剂消耗：工业硫化钠为 0.75 kg，高分子絮凝剂为 0.004 kg。

硫化法净化效果好，可使废水中砷含量降至 0.005 mg/L；但硫化物沉淀需在酸性条件下进行，否则沉淀物难以过滤；上清液中存在过剩的硫离子，在排放前需进一步处理。

（5）软锰矿法

利用软锰矿（天然二氧化锰）使三价砷氧化成五价砷，然后投加石灰乳，生成砷酸锰沉淀。

$$H_2SO_4+MnO_2+H_3AsO_3 \rightarrow H_3AsO_4+MnSO_4+H_2O$$
$$3H_2SO_4+3MnSO_4+6Ca(OH)_2 \rightarrow 6CaSO_4 \downarrow +3Mn(OH)_2+6H_2O$$
$$3Mn(OH)_2+2H_3AsO_4 \rightarrow Mn_3(AsO_4)_2 \downarrow +6H_2O$$

某厂废水含砷 4～10 mg/L、硫酸 30～40 g/L，处理流程如图 4-17 所示。

废水加温至 80℃，曝气 1 h；然后按每克砷投加 49g 磨碎的软锰矿（MnO_2 含量为 78%～80%）粉，氧化 3 h；最后投加 10%石灰乳调整 pH 值至 8～9，沉淀 30～40 min，出水含砷可降至 0.005 mg/L。

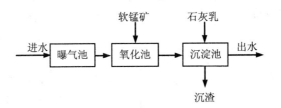

图 4-17　软锰矿法处理流程

（三）稀土放射性废水处理技术

1. 铀矿山废水处理基本方法

在矿山生产时期，矿坑水一般在井下被收集后，由泵提升至地表集中处理后排放。矿坑水处理分为矿坑水流出前的处理和流出后的处理。流出前的处理包括淹井前井下采场的清洗、密闭、井下设备的拆除以及在淹井过程中往矿坑水中投加石灰等进行处理；流出后的处理一般使用矿山原有的废水处理设施。

当废水处理的代价-效益比极不合理时，对于各种有害元素浓度较低的矿坑水或地表水提流量较大、有足够的稀释能力且人烟稀少的地区，经优化分析，可以将矿坑水直接排放至地表水体。如新疆某铀矿的矿坑水就采用直接排放、加强监测的办法解决。对有些铀矿山，可以采用封堵墙加壁后注浆等堵水方法，封堵矿山的坑（井）口或钻孔，切断矿坑水的流出通道，如某铀矿就采取了全部坑井封堵的措施。

溶浸矿区地下水污染的净化方法主要有化学处理法、生物处理法、抽水处理法、自然净化法等。化学处理法是将化学试剂投加到含水层中，使之与污染物质发生还原、沉淀等作用，以达到净化目的；抽水净化法即不断抽出被污染的矿层水，未被污染的地下水从四周流入含矿含水层冲洗矿层，从而使含矿含水层的水质逐渐被净化；自然净化法是利用残留于地下水中的污染物质在天然水动力作用下随着地下水流动被地下水稀释，并在运动过程中与岩石发生化学反应（如离子交换、吸附及沉淀等自然净化作用）使污染物质浓度逐渐降低达到净化的效果，是一种最经济的地下水治理方法，但所需时间长。为了同时获得较好的净化效果和最大的经济效益，主要考虑采用注入碱性溶液清洗法来降低污染物的浓度。

（1）溶解与沉淀

对于钙、铁、锰、铜、铀等污染物来说，其溶解过程即是地下水的污染过程。溶解作用使地下水中污染组分浓度增加，而沉淀作用可使这些污染离子从地下水中沉淀析出，是一种净化过程。污染物的溶解度对其在水中的迁移和沉淀起着控制作用，其他影响因素还包括污染物浓度、水化学成分、水的 pH 值、E_h 值以及温度等因素。采用碱性法来降低这些污染物的浓度就是通过控制地下水体的 pH 值，使其中的部分金属离子生成氢氧化物沉淀、硫酸盐、碳酸盐沉淀，从地下水中析出而去除。

（2）酸碱中和

地浸开采场地的注酸活动是造成当地地下水酸化的重要原因，天然水的 pH 值通常介于 7.2～8.5，当地下水所含酸性污染物超过其缓冲能力时，即被酸化。酸性矿山废水不仅造成矿山附近地下水酸化，而且可能污染流经矿区的河水，造成更大范围的酸污染。酸污染一般含酸 3%甚至 4%以上。治理时首先应当考虑综合利用，对于低浓度的含酸废水，在没有经济有效的回收利用方法时，应考虑采用中和法进行治理。

（3）吸附作用及离子交换

含水岩石颗粒表面电荷分布不均而使其带负电荷或正电荷，从而具有吸附地下水中阳离子或阴离子的能力。吸附能力的大小主要取决于颗粒的比表面积，一些细颗粒岩石具有很大的吸附容量，能够阻止污染物的迁移，它主要对污染水中的铝、铜、锰、一价铁等金属离子起作用。U、Ra 等易被黏土矿物和有机质吸附，所以吸附作用对于阻止放射性元素的迁移有重要意义。污染组分被吸附强度取决于其浓度和水的 pH 值，一般随着组分浓度的增加，其吸附量增加，阴离子的吸附量随着 pH 值降低而增加，阳离子则随着 pH 值升高吸附量增加。

（4）氧化-还原作用

氧化-还原作用可以改变污染物的迁移能力，许多变价元素的迁移和沉淀都与氧化-还原作用密切相关，在氧化环境中，铀元素由难溶低价态 U^{4+}氧化成易溶的高价态 U^{6+}，从而大大提高了铀的迁移能力。铜、铅、锌、钒、铬等重金属元素在强酸性氧化环境中也易于溶解迁移而造成污染。为降低污染物的迁移能力，还应适当控制碱性清洗液的电位值。

在回收铀矿山废水和铀矿石浸出液的工艺和设备中，穿流式筛板塔流化床逆流离子交换回收铀工艺和装置因其适应性广、处理量大、结构简单、加工维修方便、操作性能稳定等优点，多年来它的研究与应用得到迅速发展，并在我国铀矿山获得成功应用。

2. 铀矿山废水中镭的去除

（1）二氧化锰吸附法

二氧化锰吸附法除镭的方法中应用最多的是软锰矿吸附法。软锰矿是一种天然材料，来源广，容易得到，适合处理碱性含镭废水。

天然软锰矿吸附废水中镭的过程属于金属氧化物的吸附过程，软锰矿中二氧化锰与废水接触时，软锰矿表面水化，形成二氧化锰，它带有氢氧基，这些氢氧基在碱性条件下能离解，离解的氢离子成为可交换离子，对碱性水中镭表现出阳离子交换性能。

影响软锰矿除镭的因素包括粒度、接触时间、pH 值等，其变化对废水中镭的去除均产生相应的影响。研究表明，在碱性条件下，pH 值对软锰矿去除镭的影响很大，当进水 pH 值为 8.8 时，穿透体积为 1 500 床体积；当进水 pH 值为 9.25～9.90 时，穿透体积为 6 000 床体积，后者比前者大 4 倍。

软锰矿除镭工艺如图 4-18 所示。

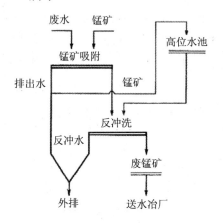

图 4-18　软锰矿除镭工艺流程

（2）石灰沉渣回流处理含镭废水

就低放射性废水而言，核素质量浓度常常是微量的，其氢氧化物、硫酸盐、碳酸盐、磷酸盐等化合物的浓度远小于其溶解度，因此它们不能单独地从废水中析出沉淀，而是通过与其常量的稳定同位素或化学性质近似的常量稳定元素的同类盐发生同晶或混晶共沉淀，或者通过凝聚体的物理或化学吸附而从废水中除去，这即为采用石灰沉渣处理微量含镭废水的理论基础。

含镭废水处理工艺流程如图 4-19。矿井废水首先进入沉淀槽，加入氯化钡进行一级沉淀，二级沉淀采用石灰乳沉淀；在两级沉淀中间设一混合槽，将二级沉淀的石灰沉渣回流进混合槽，在废水进行二级沉淀前与沉渣混合。

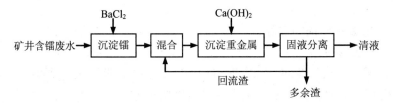

图 4-19　石灰沉渣回流处理含镭废水工艺流程

实际长期运行的结果表明，采用石灰沉渣回流处理铀矿山含镭废水可行，处理出水中的各种有害元素的含量均低于国家标准，见表 4-10。

表 4-10　某实例石灰沉渣处理含镭废水长期运行结果

运行时间/h	出水中金属离子浓度/(mg/L)							
	U	Ra/(Bq/L)	Pb	Zn	Cu	Cd	Mn	浊度/NTU
0～24	0.005	0.149	0.063	0.090	0.016	0.000	0.050	2.3
24～48	0.000	0.125	0.063	0.150	0.026	0.003	0.000	0
48～72	0.001	0.149	0.073	0.193	0.013	0.003	0.070	0.7
72～96	0.000	0.174	0.090	0.200	0.000	0.000	0.170	5.5
96～120	0.000	0.167	0.000	0.256	0.006	0.000	0.180	5.3
120～144	0.000	0.178	0.050	0.310	0.010	0.000	0.013	5.8
144～168	0.000	0.170	0.040	0.220	0.000	0.000	0.000	5.8

（3）其他技术

除软锰矿吸附除镭、石灰-钡盐法除镭以外，除镭的方法还有重晶石法等。这些方法各有利弊，具体应用时根据所处理的对象而加以选择。软锰矿来源广，适合处理碱性废水；硫酸钡-石灰沉淀法能有效地去除镭，适合处理铀矿山酸性废水；而重晶石法适合处理 SO_4^{2-} 含量高的碱性废水；相比之下，重晶石的价格稍微低于软锰矿；硫酸钡沉淀法的工艺操作过程要比吸附法复杂。

此外，沸石、树脂、其他天然吸附剂，蛭石、泥煤或一些表面活剂都可以从废水中吸附或从泡沫中分离镭。

3. 放射性金属生产废水处理技术

除去放射性金属生产过程中所产生废水中的放射性物质和其他有害物质，使之达到排放标准。这些废水来自湿法生产工艺及地面冲洗水，含铀、钍、镭等放射性元素。

含铀、钍等的废水可用石灰乳和活性炭进行处理。废水中投加石灰乳经沉淀后，上清液再经活性炭柱或锰矿柱吸附，可有效去除放射性金属。例如铀冶炼废水中的镭等低放射性废水经锰矿柱处理，去除率可达 90%。处理后废水和其他一般废水共同排入均化池，再投加氯化钡进行处理。均化池出水投加废磷碱液并用氢氧化钠调 pH 值至 8～9，澄清后上清液可达到水质排放标准；沉淀污泥经浓缩脱水，压滤渣送入放射性废渣库，滤液返回均化池。中、低水平放射性废水用石灰和铁盐处理，可除去铌 97%～98%、锶 90%～97%。用硫酸铝可去除锶 56%、铯 20%左右。

三、稀有金属冶炼废水处理与利用实例

某稀有金属冶炼厂是生产荧光剂氧化钇及低钇稀土冶炼厂。其氧化钇生产工艺流程如图 4-20。

生产废水主要来自生产车间的冲洗排水，废水量约为 1 500 m³/d。其水质pH=4.5，铀为 0.5 mg/L，钍为 0.06 mg/L，COD 为 640 mg/L。

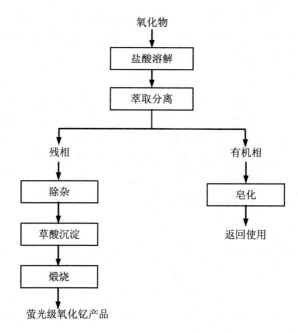

图 4-20   氧化钇生产工艺流程

废水属低水平放射性废水，pH=4.5，排至中和池中投加石灰乳，中和至 pH=7，流至澄清池澄清，在澄清池中投加混凝剂。上清液经机械过滤器、锰砂过滤器排至尾矿库后沉淀排放。沉渣用板框压滤机压滤，并密封贮存，处理工艺流程如图 4-21 所示。处理效果见表 4-11 所示。

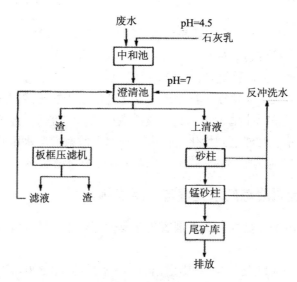

图 4-21   废水处理流程

表 4-11 处理效果

项目	pH 值	铀/(mg/L)	钍/(mg/L)	COD/(mg/L)
处理前	4.5	0.50	0.06	638
处理后	7	0.03	0.01	143

学习单元五 黄金冶炼废水处理与利用

一、黄金冶炼废水特征

冶炼是生产黄金的重要手段，黄金冶炼的主要物料有重砂、海绵金、钢棉电积金和氰化金泥。重砂、海绵金、钢棉电积金冶炼工艺简单，而氰化金泥冶炼工艺多样。

黄金冶炼的废水主要含有氰和重金属离子。废水中的重金属离子，一般产生于除杂工序，故含量不会太高，通常采用中和法处理。如有回收价值时，亦可采用中和沉淀法、硫化物沉淀法、氧化还原法等处理回收技术。对于废水中氰的去除，要根据废水中氰离子浓度进行相应的处理。含氰量高的废水，应首先考虑回收利用；含氰量低的废水才可处理排放。回收的方法有酸化曝气-碱吸收法回收氰化钠溶液，解吸后制取黄血盐等。处理方法有碱性氯化法、电解氧化法、生物化学法等。对于含金废水，由于金是贵金属，应首先提取和回收利用。

二、黄金冶炼废水处理与利用技术

（一）含金废水处理与利用技术

金是一种众所周知的贵金属，从含金废液或金矿砂中回收和提取金，既做到了含金资源的充分利用，又可创造出极好的经济效益。常用的含金废水处理和利用方法有电沉积法、离子交换法、双氧原子交换法以及其他技术。

（1）电沉积法

电沉积法是利用电解的原理，利用直流电进行溶液氧化还原反应的过程，在阴极上还原反应析出贵金属，如金、银等。

电沉积法回收金，是将含金废水引入电解槽，通过电解可在阴极沉积并回收金。阴极、阳极均采用不锈钢，阴极板需进行抛光处理；电压为 10 V，电流密度为 0.3～0.5 A/dm^2。电解槽可与回收槽兼用，阴极沿槽壁设置，电解槽控制废水含金浓度大于 0.5 g/L，回收的黄金纯度达 99% 以上，电流效率为 30%～75%。为提高电导性，可向电解槽中加少量柠檬酸钾或氰化钾。采用电解法可以回收废水中金含量的 95% 以上。

上述电解法回收金是普遍应用的传统方法。利用旋转阴极电解法提出废水中的黄金，回收率可达到 99.9% 以上，而且金的起始浓度可低至 50 mg/L，远远低于传统法最低 500 mg/L 的要求。该方法可在同一装置中实现同时破氰，根据氰的含量，向溶液中投加 NaCl 1%～3%，在电压 4～4.2 V，电解 2～2.5 h，总氰破除率大于 95%。进一步采用活性炭吸附的方式进行深度处理，出水能实现达标排放。

旋转阴极电解回收黄金的工艺流程如图 4-22 所示。

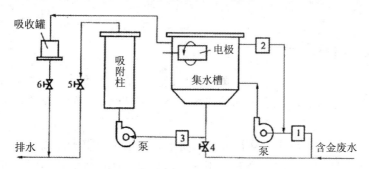

1，2，3—计量槽；4，5，6—调节阀

图 4-22　旋转阴极电解回收黄金工艺流程

（2）离子交换树脂法

离子交换树脂的具体应用可以归为五种类型：转换离子组成、分离提纯、浓缩、脱盐以及其他作用。采用离子交换树脂处理含金废水即是利用其转换离子组成的作用进行的。在氰化镀金废水中，金是以 $KAu(CN)_2$ 的络合阴离子形式存在的，可采用阴离子交换树脂进行处理，工作原理如下：

$$RCl + KAu(CN)_2 \rightarrow RAu(CN)_2 + KCl$$

交换后的树脂由于 $Au(CN)_2$ 络合离子的交换势较高，采用丙酮-盐酸水溶液再生树脂可以获得满意的效果，洗脱率可达到 95% 以上，在洗脱过程中，$Au(CN)_2$ 络合离子被 HCl 破坏，变成 AuCl 和 HCN，HCN 被丙酮破坏，AuCl 溶于丙酮中，然后采用蒸馏法回收丙酮，而 AuCl 即沉淀析出，再经过灼烧过程便能回收黄金。

在实际应用过程中，多采用双阴离子交换树脂串联全饱和流程，处理后废水不进行回用，经过破氰处理后排放。常用的阴离子交换树脂为凝胶型强碱性阴离子交换树脂 717，其对金的饱和交换容量为 170～190 g/L，交换流速小于 20 L/(L·h)。

（3）过氧化氢还原法

在无氰含金废水中，金有时以亚硫酸金络合阴离子形式存在。过氧化氢对金是还原剂，对亚硫酸根则是氧化剂。因此，在废水中加入过氧化氢时，亚硫酸络合离子被迅速破坏，同时使金得到还原。反应过程如下：

$$Na_2Au(SO_3)_2 + H_2O_2 \rightarrow Au\downarrow + Na_2SO_4 + H_2SO_4$$

过氧化氢用量根据废水的含金量而定。一般投药比为 Au：H_2O_2=1：（0.2～0.5），加热 10～15 min，使得过氧化氢反应完全析出金。

（4）其他处理和回收技术

含金废水的处理还可以采用萃取、还原、活性炭吸附等方法进行处理，广东某金矿采用萃取、碱液中和和特定还原剂回收废液中金，再采用活性炭吸附后外排，处理后的排放水中含金量小于 0.1 g/m^3，pH 接近中性。

此外，采用硼氢化钠、氯化亚铁、新型活性炭纤维可以从含金废水中回收金。含金废水还可以采用生态的方法进行富集，早在 1900 年，Lungwitz 就提出利用指示植物可以寻找金矿。

（二）含氰废水处理与利用

氰化物中的 CN^-，在 pH＝6～8 条件下，遇水以 HCN 形式存在，酸性极弱，有苦杏仁的臭味，最低可感受浓度为 0.001 mg/L。在水溶液中或无水状态，与少量无机酸或某些物质共存时才稳定，否则会逐渐转变成暗红色的固体聚合物。CN^-离子容易与某些金属形成络合物，按形成体的化合价和它的配位数，络合物有不同的类型。腈是烃基与氰基的碳原子相连接的一种化合物，常温下低碳数的是液体，而高碳数的是固体。腈有特殊的臭味，但毒性比 HCN 低得多。

氰化物虽属剧毒，但有较强的自净作用，在天然水体中氰化物的净化过程一般有以下两个途径：① 氰化物的挥发作用，氰化物与溶于水中的 CO_2 作用产生 HCN，向空中逸出。② 氰化物的生物化学作用，氰化物在水中游离氧的氧化作用下可以形成 NH_4^+和 CO_3^{2-}。该过程说明水体中的微生物促进了氰化物的氧化作用，该过程不是简单的化学氧化过程，而是生物化学氧化过程。

氰化物的自净速度与起始浓度、供氧状况、沟渠特点、生物因素、温度、日照及 pH 值等多种因素有关。氰化物废水的排放标准为 0.5 mg/L，生活饮用水、地面水的水质标准为 0.05 mg/L。

高浓度含氰废水的回收利用

（1）酸化曝气-碱液吸收法

向含氰废水投加硫酸，生成氰化氢气体，再用氢氧化钠溶液吸收。

$$2NaCN+H_2SO_4=2HCN+Na_2SO_4$$

$$HCN+NaOH \rightarrow NaCN+H_2O$$

处理流程如图 4-23 所示。

废水经调节、加热和酸化后，由发生塔顶部淋下；来自风机和吸收塔的空气自塔底鼓入，在填料层中与废水逆流接触。吹脱的氰化氢气体经气水分离器后，由风机鼓入吸收塔底部，与塔顶淋下的氢氧化钠溶液接触，生成氰化钠溶液，汇集至碱液池。碱液不断循环吸收，直至达到回用所需浓度为止。发生塔脱氰后的排水，首先排至浓密机沉铜（如含有金属铜离子时），然后用碱性氯化法处理废水中剩余的氰含量，达到排放标准后排放。

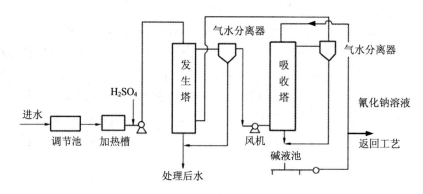

图 4-23　酸化曝气-碱液吸收处理流程

某厂废水 pH=12，含氰化钠 500～1 500 mg/L，铜 300～500 mg/L，锌 230 mg/L，平均流量 130 m³/d。采用本法处理，氰化钠回收率 93%；铜回收率 80%。物耗：硫酸为 7 kg/m³；工业烧碱为 1.5 kg/m³；煤为 7 kg/m³；电耗为 6 kW·h/m³。

发生塔脱氰后的废水含氰 40～60 mg/L，用碱性氯化法处理。回收费用大体与处理费相当，略有盈余。

发生塔的效果与进水温度、水量、加酸量等因素有关。当废水氰化钠含量 900～1 700 mg/L、淋水量 2.5 m³/(m²·h)、加酸量 4.5～5 g/L(废水)、温度 16～18℃，发生塔出口排水氰化物余量为 30～60 mg/L。当加温到 35～40℃时发生塔出口排水氰化物余量为 10～40 mg/L。吸收塔的吸收效果一般不受条件影响，吸收率大于 98%。

（2）解吸法

用蒸汽将废水中的氰化氢蒸出，使其与碳酸钠、铁屑接触，生成黄血盐。

$$4HCN+2Na_2CO_3 \longrightarrow 4NaCN+2CO_2+2H_2O$$
$$2HCN+Fe \longrightarrow Fe(CN)_2+H_2$$
$$4NaCN+Fe(CN)_2 \longrightarrow Na_4Fe(CN)_6$$

处理流程如图 4-24 所示。

废水经两次加热后，进入解吸塔顶部，与塔底通入的蒸汽逆流相遇，蒸出废水中的氯化氢气体。脱氰后的废水可回用于生产。解吸塔顶部出来的 101～103℃含氰蒸汽加热至 130～150℃后，从底部进入解吸塔。预热至 105～110℃的碳酸钠循环液从塔顶淋下与塔内铁屑填料及含氰蒸汽接触，生成黄血盐钠。碱液不断循环吸收，直至黄血盐含量达 300～350 g/L，抽出结晶，并向碱槽补充新碱液。

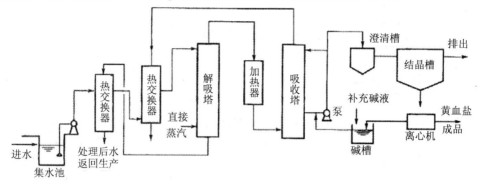

图 4-24   解吸法处理流程

某厂废水含氰 150～300 mg/L，脱氰后排水含氰 20～30 mg/L，脱氰效率 80%～90%。

（3）碱性氯化法

向含氰废水中投加氯系氧化剂，使氰化物第一步氧化为氰酸盐（称为不完全氧化），第二步氧化为二氧化碳和氮（称为完全氧化）。

$$CN^- + ClO^- + H_2O \longrightarrow CNCl + 2OH^-$$

$$CNCl + 2OH^- \longrightarrow CNO^- + Cl^- + H_2O$$

$$2CNO^- + 4OH^- + 3Cl_2 \longrightarrow 2CO_2 + N_2 + 6Cl^- + 2H_2O$$

pH 对氧化反应的影响很大。当 pH>10 时完成不完全氧化反应只需 5 min；pH<8.5 时，则有剧毒催泪的氯化氢气体产生。而完全氧化则相反，低 pH 值的反应速度较快。pH=7.5～8.0 时，需要 10～15 min；pH=9～9.5 时，需时 30 min；pH=12 时，反应趋于停止。

在处理过程中，pH 值可分两个阶段调整。即第一阶段加碱，在维持 pH>10 的条件下加氯氧化；第二阶段加酸，在 pH 值降至 7.5～8 时，继续加氯氧化。但也可一次调整 pH=8.5～9，加氯氧化 1 h，使氯化物氧化为氮及二氧化碳。后一方法投氯量需增加 10%～30%，操作管理简单方便。

氧化剂投量与废水中氰含量有关，大致耗量见表 4-12。当废水中含有有机物及金属离子时，耗氯量还要增高。

表 4-12   氧化剂投量

氧化剂	不完全氧化	完全氧化
Cl_2	2.75	6.80
$CaOCl_2$	4.85	12.20
$NaClO$	2.85	7.15

处理流程按水量大小确定。有间歇处理和连续处理两种。间歇处理要设两个反应池，交替使用。连续处理流程如图 4-25。

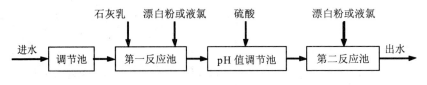

图 4-25 碱性氯化法处理流程

某厂废水含氰 200～500 mg/L，pH=9，排入密闭反应池中投加石灰乳，调整 pH＞11，通入氯气，用塑料泵使废水循环 20～30 min，即可排放。反应池中的剩余氯气用石灰乳在吸收塔中吸收，石灰乳再用泵送至反应池作调 pH 值用。氯气投加量 CN：Cl_2=1.4：8.5。

碱性氯化法是目前普遍使用的方法，用于废水中氰含量较低的情况。

（4）电解氧化法

在以石墨为阳极，铁板为阴极的电解槽内，投加一定量的食盐，通直流电后，阳极产生氯，将废水中的简单氰化物和络合物氧化为氰酸盐、氯及二氧化碳（氧化反应同前）。

当废水含氰量小于 200 mg/L 时，用电解氧化法处理后出水含氰量可小于 0.1 mg/L。

对含氰量大于 500 mg/L 的废水，可不投加食盐直接电解，CN⁻在阳极失去电子而被氧化：

$$2CN^- \rightarrow (CN)_2 + 2e$$

$$(CN)_2 + 4H_2O \rightarrow (COO)_2^{2-} + 2NH_4^+$$

但一次处理后的出水，达不到排放标准。

电解氧化法除氰的有关工艺参数见表 4-13。

表 4-13 电解含氰废水工艺参数

废水中含氰质量浓度/（mg/L）	槽电压/V	电流密度/（A/dm²）	电解时间/min
50	6～8.5	0.25～0.30	25～30
100	6～8.5	0.25～0.40	45～30
150	6～8.5	0.30～0.45	50～35
200	6～8.5	0.40～0.50	60～45

根据运行经验，处理氰含量 25～100 mg/L 的废水，食盐投加量一般用 1～2 g/L，电流密度用 0.4～0.7 A/dm² 处理效果较好。但存在电流效率不稳定，产生有害气体

以及处理费用较高的问题。

（5）加压水解法

置含氰废水于密闭容器（水解器）中加碱、加温、加压，使氰化物水解，生成无毒的有机酸盐和氨。

$$NaCN + 2H_2O \rightarrow HCOONa + NH_3$$

某厂废水含氰 229.8 mg/L，加碱调整 pH 值至 9～9.5，加温至 173℃，压力为 0.8 MPa，反应 45 min，出水含氰降至 2.3 mg/L。

某镀铜含氰废水含氰 20 mg/L，加碱 2 000 mg/L，加铁使废水中的铁铜离子比为 2，加温至 179℃，压力为 0.9 MPa，反应 60 min，出水含氰量在排放标准以下。

压力水解法不仅可处理游离氰化物，还可处理氰的络合物，对废水含氰浓度的适应范围广，操作简单，运转稳定。缺点是工艺复杂，成本高。

（6）生物化学法

利用分解氰能力强的微生物分解无机氰和有机氰。常用设备有生物滤池、生物转盘和表面加速曝气池。

一些焦化厂利用塔式生物滤池处理含氰废水，氰去除率为 95%。某化纤厂用塔式生物滤池和生物转盘串联处理丙烯腈废水，丙烯腈去除率 99%。用表面加速曝气池处理，曝气 9 h，出水可符合排放标准。

（7）生物-铁法

用活性污泥法并投加铁盐处理含氰废水。用铁盐作为凝聚剂能提高活性污泥氧化能力，改善污泥絮凝沉降性能。在水质波动较大的条件下，能保持较好的处理效果，出水水质稳定。当含氰量为 40 mg/L 左右时，仍有良好的处理效果。

某厂试验资料：废水含氰低于 20 mg/L，用活性污泥法处理，出水含氰 0.2～1.2 mg/L；用生物-铁法处理，出水含氰则稳定在 0.1 mg/L 左右。废水含氰大于 20 mg/L，用活性污泥法处理，出水含氰量也随之而增加，而用生物-铁法处理，出水含氰量则较稳定。

（8）自然降解法

某些含氰浓度较低的选矿废水可以送往尾矿池进行自然降解处理，可单独泵至接收池，也可作为固体浸渣的输送介质泵至尾矿池。有的用单独的储液池接收废液，但一般都是把这些废液排放到接收所有采选工艺废水用的污水池中集中处理。

如果废水在池中有足够的停留时间，又能进行循环的话，那么依靠自然环境力的作用就能使包括氰化物在内的很多污染物的浓度有所下降。这些自然环境力包括阳光引起的光分解，由空气中的 CO_2 产生的酸化作用、由空气中的氧引起的氧化作用、在固体介质上的吸附作用、生成不溶性物质的沉淀作用以及生物学作用等。太阳光能使亚铁氰络合离子中的一部分氰解离出来。这种解离出来的氰，从其他金属络合物中释放的氰以及游离的 CN^-，通过空气中 CO_2 的作用逐渐降低废水的 pH 值，能转化成挥发性的 HCN。如果对池中废水施以机械或热搅动，以及空气对流作用，又进一步加速了 HCN 的挥发。

随着过剩的氰离子浓度的降低，又会发生 $Zn(OH)_2$、$Cu(CN)_2/ZnFe(CN)_4$ 等沉淀反应。可见氰化物的降解是物理、化学和生物作用的综合结果。但废水在尾矿池中停留时间比较短，所以由空气中的氧产生的氧化作用和生物降解作用不可能成为主要作用，自然降解受许多因素的影响，包括废水中的氰化物的种类及浓度、pH、温度、细菌存在、日光、曝气及水池条件（面积、浓度、浊度、紊流、冰盖等），目前对此做定量研究的不多。

冬季由于气温降低或结冰，使自然降解效率大大降低。可以采用提高搅动程度和增加与空气接触等措施使这些不利因素得到部分地克服。另外，可以把一个大型污水池分割成几个小池，利用含 CO_2 的废气在池内搅动，可以进一步提高自然降解作用。如果有条件可以将含有有利于氰等成分发生化学反应物质的工业废水引入尾矿水池，冬季引入，一直保持到次年夏天，那时氰的浓度可由 100 mg/L 降至 1 mg/L 以下。自然降解法对轻度污染的废水除氰是可以达到处理目的的，但对污染程度较重或成分比较复杂的废水来说，单独使用此法就很难达到处理目的，但它作为一种含氰废水的预处理方法是很有价值的。

三、某金矿冶炼厂废水处理与利用工程实例

某黄金冶炼厂以载金炭（吸附金后的活性炭）为原材料，加工生产金锭，通过酸洗再生活性炭、火法再生活性炭。主要生产工序有：载金炭解吸-电积工序、粗金泥湿法-电解精炼工序、活性炭酸洗再生工序、活性炭火法再生工序、银渣金银分离及回收工序。冶炼厂生产工艺流程如图 4-26 所示。

利用活性炭吸附 $Au(CN)_2^-$ 的同时，还能吸附其他对环境能够产生有害影响的物质，如铜、镉、砷、CN^- 等。冶炼厂生产中使用的会对环境造成有害影响的辅助材料有片碱、硝酸、盐酸、亚硫酸钠、硫酸。

生产废水中对环境造成影响的有害物质主要有废酸、废碱、固体悬浮物（SS）、铜、铅、锌、镉、砷、CN^-。目前，黄金冶炼厂各工段废水如下：

（1）解吸-电积工段污水：废液呈碱性，含有 CN^- 及重金属污染物。

（2）湿法-电解精炼工段污水：废液呈酸性，含有重金属和悬浮物。

（3）酸洗再生工段：废液呈酸性，含有少量 CN^- 悬浮物及重金属离子等污染物。

（4）银渣金银回收工段：废液呈酸性，含重金属离子等污染物。

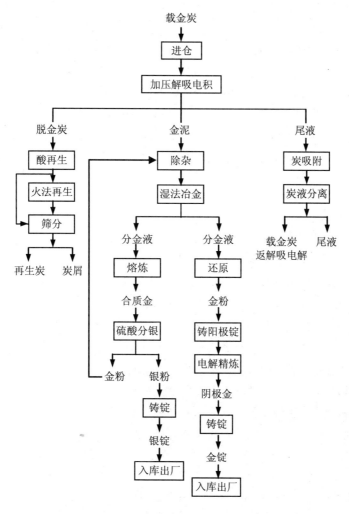

图 4-26　某金矿冶炼厂生产工艺流程

该黄金冶炼厂采用以废治废的综合处理方法，其工艺流程如图 4-27 所示。

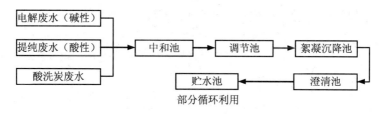

图 4-27　废水处理工艺流程

在此处理系统中处理池总容量为 585 m³，其中贮水池容量为 340 m³。处理工艺采用中和-碱氯-混凝沉降法联合工艺。碱氯法中，使用的碱是石灰，使用漂白粉产生有效氯，以此来处理污水中残余的总 CN⁻，其去除率达到 97.4%；混凝沉降法使用三种物质混凝的办法来共同处理重金属，其去除率达到 98% 以上，尤其对 Cu、Zn 离子去除率基本上可达到 100%；中和法中也是使用石灰作中和剂，用来调整污水的 pH 值，使其在 6～9，实际生产中一般控制 pH 值 7～8，有利于去除金属离子。

另外，采用此废水处理工艺，能去除污水中悬浮物。例如，黄金冶炼厂存在 1% 左右的炭损失，形成粉末，悬浮在水中，若不做处理，看上去水是浓黑的，严重影响水的色度。经试验，利用此方法处理后，废水中悬浮物去除率达到 99% 以上，并且能有效地去除金属离子。

思考与习题

1. 通过实例说明有色冶金工业废水的来源有哪些？

2. 结合媒体报道的污染事件简要说说有色冶金工业废水的特点与危害。

3. 画出铜冶炼企业的含重金属废水的处理与利用流程。

4. 含砷废水的处理与利用方法有哪些？

5. 简述冶金工业废水的分类及控制途径。

6. 试述含重金属离子废水危害，其主要处理方法有哪些？

7. 有机废水的主要来源及主要处理方法有哪些？

8. 食品工业废水的主要特点及处理方法有哪些？

9. 化学工业废水的来源及处理方法有哪些？

10. 轻工业废水的来源及处理方法有哪些？

11. 电镀车间的含铬废水，可以用氧化还原法和离子交换法等加以处理，在什么条件下，用离子交换法进行处理是比较适宜的？

12. 试述隔油池基本原理。

13. 试述我国冶金工业废水处理的发展现状。

14. 用 Na_2SO_3 处理某工业含铬污水，已知污水量为每天 6 m³，废水中含 Cr（Ⅵ）浓度为 100 mg/L，为将水中 Cr（Ⅵ）全部还原成为 Cr（Ⅲ），问每天需要多少 Na_2SO_3？（已知 Cr 的相对分子质量为 52，Na_2SO_3 的相对分子质量为 126）

学习情境五

化学工业废水的处理与利用

【情境描述】

该情境主要介绍化学工业废水处理与利用的相关知识。在讲述典型化工工艺流程的同时引导学生分析污染源种类及特点。逐一介绍了含油废水、含酚废水、硝基化合物废水、酸碱废水的处理与利用。要求学生能掌握典型化工生产工艺流程的污染源分析，在一定程度上能提出针对特定化学工业生产的废水利用方案，掌握含油废水、含酚废水、硝基化合物废水、酸碱废水等典型化工废水处理与利用工艺。

学习单元一　化学工业废水来源和性质

化工生产过程中排放的污染物质大多是结构复杂、有毒有害和生物难以降解的有机污染物，处理的难度大。在全国工业废水排放总量中，化工行业名列前茅，全国十大废水污染大户中化工行业占了六个。化学工业在国民经济中既是用水大户，也是废水排放大户。从行业上看，排水量最大的是化肥、硫酸、烧碱、化纤、钛白粉等行业，占到化工废水排放总量的80%左右；农药、染料、有机化工等排水量虽然不大，但是含有毒有害物质浓度高，极难治理，对人体、动植物和生态环境的污染危害最大。

一、化工废水来源、分类与特点

（一）化工废水的来源

化工废水产生的原因多种多样，归纳起来主要有以下几种途径：

（1）化工生产的原料和产品在生产、包装、运输、堆放的过程中因一部分物料流失又经雨水或用水冲刷而形成的废水。

（2）化学反应不完全所产生的废料。在可逆化学反应中，由于反应条件和原料纯度不同，原料在反应过程中难以得到完全的转化，而只能达到一定的产率。化工生产一般的产率只有 70%～90%，有的产品工序长，产率则更低，往往要几吨原材料才能生产 1 t 产品，部分原料在不同的环节转入废水中。

（3）副反应所产生的废料。例如，原油或重油裂解制取烯烃时，产生一些黏稠物质，即不饱和烃聚合物；丙烯腈生产中形成的乙腈和氢氰酸等。这些副产物的分离较困难，常常随废水排放。

（4）生产过程排出的废水。如焦炭生产中的水力割焦排水，蒸汽蒸馏和汽提过程排水，以及酸洗或碱洗中的排水等。

（5）冷却水。化工生产常在高温下进行，因此，对成品或半成品需要进行冷却，采用水冷时，将排放冷却水。如果直接冷却，冷却水与反应物料直接接触，不可避免地在排出冷却水时，带走部分物料，形成废水污染。如果用间接冷却，冷却水不直接与反应物接触，排出的冷却水温度升高，可能形成热污染。而且为了保证冷却水系统不产生腐蚀和结垢，常常在冷却水系统中投加水质稳定剂，当加有这些药剂的冷却水排出时，也会造成废水污染。

（6）设备和管道的泄漏。化工生产和物料输送过程中，由于设备和管道密封不良或操作不当，往往形成泄漏。其他如在装卸、取样过程中，也常常有泄漏现象。

（7）设备和容器的清洗。化工生产的设备、管道和容器经常需要清洗，其残存的物料会随着清洗水一起成为废水排出。

（8）开停车或操作不正常的情况，会排出大量的、高浓度的废水。

（二）化工废水的水质特点

由于化学工业是对各种资源进行化学处理和转化加工的生产部门，具有多产品、多原料、多工艺、多方法等特点。化工废水对环境造成的污染危害，以及应采取的防治对策，取决于化工废水的特性，即污染物的种类、性质和浓度。化工废水的水质特征，不单依废水类别而异，往往因时因地而多变。不同的化工废水，其水质差异很大。化工废水的特点主要表现为以下几个方面。

（1）毒性大。化工废水中的某些污染物毒性很大。例如，重金属汞、铅、镉、铬等；农药废水中的有机氯、有机汞，以及多环芳烃、芳香胺等致癌物质。

（2）组成复杂，污染物浓度高。化工废水，特别是石油化工废水，一般组成都很复杂，含有各种有机酸、醛、醇、酮、酯、醚等，BOD_5、COD 都很高。排入水体后，大量消耗水中的溶解氧，直接威胁水生生物的生存。

（3）水质、水量不稳定。化工生产很多是间歇性生产，排放的废水随时间变化很大，很不稳定。

（4）水温较高。化学反应常在高温下进行，排出的废水水温较高。高温废水排出入水体造成热污染，降低水中的溶解氧，直接威胁水生生物的生存。

（5）含营养物较多。化工生产的原料和产品常常包括氮、磷等化合物，因此，生产过程排出的废水往往含有氮、磷等生物生长所需的营养物质，有时导致水中藻类和微生物大量繁殖，消耗水体中的溶解氧，造成鱼类窒息。

（6）废水含油。化工废水，特别是石油化工废水常常含油，增加了废水处理的复杂性。

（7）水体污染后恢复较困难。化工废水中有些污染物，如汞排入水体后，沉于水底，造成底泥污染，很难治理。而且还会由无机汞转为甲基汞，加深危害，可迁移转化，不易降解。

（三）化工废水的分类

化工废水中污染物质繁多，分类方法不一，种类也很多。

根据废水的主要成分，可分为有机废水，无机废水和综合废水。有机废水是指废水中的污染物主要是有机物，无机废水一般以无机污染物为主，综合废水是指废水中既含有有机污染物，也含有无机污染物，并且两者含量都很大。

废水中如果某一成分在污染物中占首要地位，则常常以该成分取名，如含酚废水、含氰废水、含氮废水、含汞废水等。

根据废水的酸碱性，也可将废水分为酸性废水和碱性废水。

二、化工废水处理新技术

（一）光催化臭氧法——UV/O_3法

光催化臭氧法即在投加臭氧的同时，伴以光（一般为紫外光）照射，其效率大大高于单一紫外法和单一臭氧法，臭氧在紫外光辐射下会分解产生活泼的羟基自由基，再由羟基自由基氧化有机物。因而它能氧化臭氧难以降解的有机物，如乙醛酸、丙二酸、乙酸等，其中紫外线起着促进污染物的分解，加快臭氧氧化的速度，缩短反应时间的作用。在 UV/O_3法作用下，酚及 TOC 的去除率随 pH 值升高而升高，在一定的 pH 值时，三种方法的处理效果为 O_3/UV＞O_3＞UV。

（二）臭氧金属催化氧化法

金属氧化法是以固状的金属（金属盐及其氧化物）为催化剂，加强臭氧氧化反应。该技术的目的是促进 O_3 的分解，以产生自由基等活性中间体来强化臭氧化。其关键是高效的金属催化剂的制作与筛选。目前已研究和筛选出的有铜锰锌钙类的催化剂。活性炭负载 TiO_2 催化臭氧氧化去除水中的酚氯乙酸的研究结果表明 100 mg/L 的含酚废水，在臭氧氧化空气流量 0.05 m^3/h，O_3 浓度 3.46～8 mg/L，pH 为 6.5～8 时 30 min 去除率即达 99%，比单纯臭氧氧化法脱酚率提高 30%。100 mg/L 的氯乙酸废水在臭氧氧化空气流量为 0.05 m^3/h，O_3 浓度为 6.62 mg/L 时，pH＝3.8，30 min 后 COD 去除率即达 75%以上。

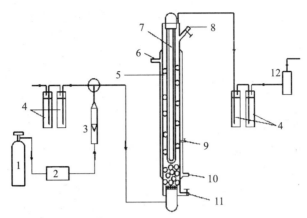

1—O$_2$ 钢瓶；2—臭氧发生器；3—流量计；4—2% KI 溶液；5—臭氧接触器；6—循环水出口；
7—紫外灯；8—进料口；9—取样口；10—循环水进口；11—出料口；12—臭氧破坏器

图 5-1　水处理法工艺流程

（三）臭氧生物炭深度处理

图 5-2　臭氧生物炭深度处理工艺流程

　　经过处理后的化工废水从二沉池出水进入生物炭滤池，生物炭滤池对污水的净化机理主要是：①活性炭颗粒及其表面生长的生物膜对废水中的悬浮物进行生物絮凝和接触絮凝，将其过滤去除；②活性炭对废水中溶解性有机物的吸附和富集作用；③活性炭表面及空隙中生长的微生物在较长的有机质停留时间内对降解速度较慢的有机物进行氧化分解，起到对活性炭的生物再生作用。当废水进入臭氧混合器后，臭氧氧化能使水中难以生物降解的有机物，如天然有机物断链、开环，氧化成短链的小分子物质或分子的某些基团被改变，臭氧溶于水中产生的羟基自由基与水中的显色官能团（如双键等）结合，断链破键，使显色官能团失色，并与水中细菌病毒等结合，使其迅速脱水分解，以达到对污水的消毒、杀菌、脱色、除臭以及除去污水中有害物质（如亚硝酸盐等），降低水中的 COD、BOD$_5$ 及悬浮物固体等目的，从而有利于后续处理。经臭氧处理后的出水无色、无味、外观似自来水。采用生物炭-臭氧技术处理污水，可脱色除臭，进一步降低水中的 COD，同时还可以起到杀菌消毒的目的，使出水达到国家规定的生活杂用水水质标准。

学习单元二　含油废水的处理与利用

一、含油废水的来源和性质

（一）含油废水的来源

含油废水的主要工业来源之一是石油工业。含油废水是由石油生产、精炼、贮存货运输，或使用中产生。特别是炼油工业，产生大量的含油废水（包括乳化油），主要来自油气和油品的洗涤水、反应生成水、机泵填料函冷却水、化验室排水、油罐切水、油槽车洗涤水、炼油设备洗涤排水、地面冲洗水等。

（二）含油废水的性质

水体污染的含油废水主要指石油类废水和焦油类废水，含油量为几十至几千 mg/L，最高可达数万 mg/L。国家污水综合排放标准石油类一级允许排放标准为 10 mg/L。

废水处理中所涉及的含油废水中的油是指液态或低熔点的石油制品，是一种成分复杂的烃类化合物，主要包括脂肪烃、芳香烃、烯烃、炔烃等。是许多产品或中间体的原料；在生产过程中，也作溶剂使用，用于石油或其他加工品加工。

烃类化合物由于其 C—H 键比较牢固，所以其 COD 或 BOD_5 值均较低，其生物可降解性差。一般长碳链的烃类化合物比短碳链的烃类化合物易于降解。大部分烃类对微生物的毒性小，只是在高浓度时，由于水中的油污将活性污泥包结起来，影响微生物的呼吸而阻碍生化反应的进行。含油废水还含有脂类，脂不是一种特定的化合物，而是一种半液态化合物的总称，一般包括脂肪酸、皂类、脂肪、蜡以及其他类似的可被萃取的物质。

油脂的特点可从极性、生物降解性和物理性质三方面来描述。极性油脂通常来源于动植物，如食品加工废水中。非极性油脂主要来源于石油及其他矿产资源。一般地说，极性油脂可生物降解，非极性油脂难生物降解。废水中的油脂按其物理形态可以划分为四种：浮油、分散油、乳化油和溶解油。

浮油是粒径>60 μm 的油珠，以连续相的形式漂浮于水面，形成油膜或油层。废水中的油大部分（80%以上）呈大颗粒悬浮状态。

分散油是粒径 10~60 μm 油珠，以微小油滴悬浮于水中，静置后浮至水面形成浮油。

乳化油是粒径<10 μm，大部分为 0.1~2 μm 油滴，废水含表面活性剂，使油滴

成稳定的乳化液分散于水中，不易从水中分离。

溶解油是以化学方式溶解的微粒分散油，油粒直径比乳化油小，水中溶解度为5～15 mg/L。

含油废水被排到江河湖海等水体后，油层覆盖水面，阻止空气中的氧向水中扩散；水体由于溶解氧减少，藻类光合作用受到限制，影响水生生物的正常生长，使水生动植物有油味或毒性，甚至使水体变臭，破坏水资源的利用价值；牲畜饮了含油废水，会感染致命的食道病；用含油废水灌溉农田，油分及其衍生物将覆盖土壤和植物的表面，堵塞土壤的孔隙，阻止空气透入，使果实有油味，或使土壤不能正常进行新陈代谢和微生物新陈代谢，严重时会造成农作物减产或死亡。另外，由于溢油的漂移和扩散，会荒废海滩和海滨旅游区，造成极大的环境危害和社会危害。但更主要的危害是石油中含有致癌烃，被鱼、贝富集并通过食物链危害人体健康。因此，对化学工业行业产生的含油废水进行有效处理极其重要。

二、含油废水处理

含油废水的处理是先通过初级处理将浮油（游离油或乳化油）与水及乳化油分离，再采用二级处理技术破坏油-水乳液并分离剩余的油。任何油水分离技术的处理效果都与油脂的上述 4 种形态在废水中的含量和分布有关，而且由于含油废水中通常含有可能影响处理效果的其他成分，因此一种处理方法也许只对某种特定的废水才有效。

（一）初级处理技术

初级处理是利用油水之间相对密度的差异进行分离。含油废水的处理应首先考虑回收油类物质，并充分利用经过处理的水资源。因此，可首先利用隔油池回收浮油或重油。隔油池适用于分离废水中颗粒较大的油品，处理效率为 60%～80%，出水中含油量为 100～200 mg/L。废水中的细小油珠和乳化油则很难去除。

（1）重力隔油池

重力隔油池是处理含油废水最常用的一种设备，也是最简单的去除浮油的方法。其处理过程通常是将含油废水置于池中进行油水重力分离，然后撇去废水表面油脂。重力隔油池可分为平流式隔油池（API）、平行斜板隔油池（PPI）、波纹斜板隔油池（CPI）。平流式隔油池（API）工艺过程：含油废水从重力隔油池的一端流入，从另一端流出。当废水流经池子时，由于停留时间较长（90～120 min），密度小于 1 g/mL 的油滴即浮于水面，而密度大于 1 g/mL 的沉于池底。在出水口装有直径为 200～300 mm 的钢管，沿其轴径方向开有一宽度为 60°的切口。平时切口向上，当水面积有一定厚度的油层时，将此管绕轴转动，使切口浸入水面油层中，将油导出池外。用 API 可以去除浮油和分散油，且对除去脂类和废乳化油有相同的效果。其优点是结构简单、管理和运行方便、除油稳定。但缺点是池子体积大，占地面积大。

其他两种重力分离池都为斜板隔油池，平行斜板隔油池（PPI）和波纹斜板隔油池（CPI）。这两种设备与 API 不同之处在于分离槽中安置了斜板，可有效地减少油珠垂直上升的距离，使油珠在斜板的下表面聚集成较大的油滴。与 API 相比，有明显的优点：占地面积只有 API 的 15%～20%，费用也较低，见表 5-1。

（2）旋涡分离法

旋涡分离法是一种利用旋涡原理来收集水面浮油的技术。废水以切线方向进入分离器后，即在分离器内形成圆周运动，产生旋涡。在离心力的作用下，浮油被汇集于旋涡的中心，并由位于旋涡眼的导管将其导出。

表 5-1 API、PPI、CPI 隔油池特性比较表

项目	API 式	PPI 式	CPI 式
除油效率/%	60～70	70～80	70～80
占地面积（处理量相同时）	1	1/2	1/4～1/3
可能去除最小油滴粒径/μm	100～150	60	60
最小油滴的浮上速度/（mm/s）	0.9	0.2	0.2
分离油的除去方式	刮板与集油管集油	利用压差自动流入管内	集油管集油
泥渣除去方式	刮泥机	移动式的吸泥软管	重力排泥
平行板的清洗	无	定期清洗	定期清洗
防火防臭措施	有着火危险，散发臭气	不易着火，臭气不多	有着火危险，臭气较少
附属设备	刮油刮泥机	卷场机、清洗设备及单轨吊车	无
基建费	低	高	较低

（二）二级处理技术

二级处理技术主要破坏经过初级分离后的油水乳浊液，并把破乳后的油水从相中分离出来。乳化液中的油珠细小，表面形成界膜，多数界膜带有电荷，油珠外围形成双电层，使油珠相互排斥，极难接近。要达到油水分离，必须破坏油珠的界膜，使油珠接近聚集成较大油滴浮到水面，称破乳。

破乳方法有利用电场力使乳化液颗粒在运动中相互碰撞，破坏其界膜和双电层结构，聚集成较大颗粒油滴的高压电场法。向含油废水投加破乳剂，破坏油珠的水化膜，压缩双电层，使油珠聚集变大与水分开的药剂法。其中盐析法向含油废水投加盐类电解质，破坏油珠的水化膜；凝聚法向含油废水投加无机絮凝剂，将油珠结合成聚合体；酸化法加酸破坏乳化油珠的界限，使脂肪酸皂变为脂肪酸分离；盐析-凝聚混合法投加电介质和凝聚剂，加速油珠聚结。此外还有离心法、超滤法等。

乳化液破乳后，用下述方法处理。

（1）气浮法

主要用于隔油池出水的高级处理，去除细小油珠和乳化油。气浮法是将空气以微小气泡形式注入水中，使微小气泡与在水中悬浮的油粒黏附，因其密度小于水而上浮，形成浮渣层从水中分离。方法是将适量的空气通入含油废水中，形成大量微小气泡，在气泡作用下构成水、气、油珠三相非均一体系。在界面张力、气泡上浮力和静水压力差的作用下形成气-油珠结合体上浮而实现油水分离。可除去隔油池处理后残留水中粒径为 10～60 μm 的分散油和乳化油，出水的含油量可降至 30～50 mg/L。气浮法由于装置处理量大、产生污泥量少和分离效率高等优点，在含油废水处理方面具有巨大的潜力。

欲提高气浮效果可投加浮选剂，浮选剂具有破乳作用和起泡作用；还有吸附架桥作用，可以使胶体粒子聚集随气泡一起上浮。另外，在原有气浮装置的基础上进行改善也可进一步提高除油效率，如将浮选池结构由方形改为圆形减少了死角或采用溢流塔板排除浮渣等。

气浮法按气泡产生的方法，可分为布气气浮法、溶气气浮法和电解气浮法三种。

1）布气气浮法。主要是借助于机械剪力将混入水中的气泡破碎，或将空气先分散成细小气泡后进入废水，进行气水混合上浮。常用方法有叶轮气浮法、射流气浮法以及多孔材料（如扩散板、微孔管、帆布管等）曝气上浮法。布气气浮法的优点是设备简单，管理方便，电耗较低。缺点是气泡破碎不细，一般不小于 1 000 μm，上浮效果因而受到限制。此外，采用多孔材料曝气气浮法，多孔材料容易堵塞，影响运行。

2）溶气气浮法。从含过饱和空气的废水中析出气体，产生气泡以实现上浮。常用的有加压溶气气浮法和真空气浮法，前者应用较普遍。加压溶气气浮法是用水泵将废水送入溶气罐加压，同时注入空气使其在压力下溶解于废水。一般溶气时间为 2～4 min。然后废水通过减压阀进入上浮池。溶入废水中的空气由于突然减到常压，便形成许多细小的气泡逸出，实现上浮。上浮池内的上浮时间一般不少于 1 h。目前常采用将经过气浮处理的部分废水（30%～50%）加压回流进入未经加压的废水中实现气浮的方法。其优点是加压废水量小，可减少电耗，同时可以防止未处理的废水中油品在加压溶气时进一步乳化。真空上浮法是使废水中的气泡在减压（真空）条件下逸出。溶气上浮法的主要优点是产生的气泡直径可小到 30～120 μm。气泡直径小，在供气量相同时，气泡吸附时的比表面积就大，气泡上浮速度减慢，与吸附质点的接触时间增加，可以提高上浮效果。溶气气浮法被认为是处理脂肪提取业废水最有效的方法，可以达到 80%～90%的油脂去除率。如果加入化学药剂，去除率可能达到90%以上。因此，溶气气浮法获得广泛应用。

3）电解气浮法。利用电能在含油废水中的电解氧化还原效应，由此在电极上产生的微小气泡的上浮作用来净化含油废水。如采用可溶性阳极材料，还可以同时发生电解混凝作用以净化废水。

4）混疑沉淀-气浮法。在气浮时投加适当混凝剂，与废水中的油快速混合，生成絮状物漂浮液面或沉于池底，提高气浮效果。铁盐或铝盐等化学混凝剂（有时可以辅以有机聚合电解质）特别有利于提高空气气浮法的效率。常用的混凝剂有：硫酸铝、明矾及三氯化铁等。

（2）过滤法

过滤除油是小油珠凝聚和大油珠直接除去两种机理的综合过程。其影响因素包括废水的性质、油脂的浓度、油珠的大小、固体废物的含量及水力状况等。

含油废水经隔油池、气浮或混凝沉淀-气浮处理，再经过滤处理，含油量降到 10 mg/L 或更低。过滤设备有砂滤池和膜过滤法。

1）砂滤池。有压力滤池（密闭式）和普通的快滤池。过滤后用加压空气反冲或用热水反洗，去除滤层上截留的油分。废水要不含堵塞砂滤层的重油。

2）膜过滤法。利用微孔膜截留油珠，除去乳化油和溶解油。滤膜有超滤膜、反渗透膜和混合滤膜等。超滤膜的孔径为 0.005～0.01 μm，比乳化油的粒径小，反渗透膜的孔径比超滤膜孔径小；混合滤膜的孔径在 1 μm 以上，由亲水膜和亲油膜组成（亲水膜是经化学处理的尼龙超细无纺布，只允许水通过，亲油膜为聚丙烯超细无纺布，只让油粒通过），可使油水分离。

在适当的条件下用过滤法能得到良好的出水性质，但大部分含油废水都不能通过简单的过滤法处理。

（3）絮凝法

近年来，絮凝技术由于其适应性强、可去除乳化油和溶解油以及部分难以生化降解的复杂高分子有机物，且投加量少的特点而被广泛应用于含油废水的处理。但是，由于油田含油废水成分复杂，对于特定处理对象选用的絮凝剂无法在理论上作出预测，则必须通过大量的试验来筛选。

常用的絮凝剂主要有无机絮凝剂、有机絮凝剂和复合絮凝剂三大类。无机高分子絮凝剂（如聚合氯化铝、聚合硫酸铁等）较低分子量无机絮凝剂处理效果好且用量少，效率高，但存在产生的絮渣多、不易后续处理等缺点。

（4）电凝聚法

电凝聚法原理是利用可溶性电极（铁电极或铝电极）电解产生的阳离子与水电离产生的 OH⁻（氢氧根负离子）结合生成的胶体，与水中的污染物颗粒发生凝聚作用来达到分离净化的目的。同时在电解过程中，阳极表面产生的中间产物（如羟自由基、原子态氧）对有机污染物也有一定的降解作用。

电凝聚法具有处理效果好、占地面积小、设备简单、操作方便等优点，但是它存在阳极金属消耗量大、需要大量盐类作辅助药剂、能耗高、运行费用较高等缺点。

在保证处理效率的同时，应减少电极的损耗并降低耗能。

（5）其他方法

1）吸附法。吸附法用亲油性材料，吸附废水中的油。常用吸附材料为活性炭，具有良好的吸油性能，可吸附废水中的分散油、乳化油和溶解油。活性炭的吸附容量小，再生困难，一般用作最后一级处理，使出水含油降至 0.1～0.2 mg/L。

吸附树脂是新型有机吸附材料，吸附性能好，易于再生复用。煤炭、吸油毡、陶粒、石英砂、木屑、稻草等也有吸油性，可作吸附材料。

吸附材料吸附油饱和后，可再生复用或用作燃料。

2）生物氧化法。油是烃类有机物，可用微生物分解氧化成二氧化碳和水。此法用于含油 30～50 mg/L，需生物降解的有毒废水。含油废水含悬浮物少，有机物多以溶解性或乳化态存在，COD 较大，有利于生物的氧化作用。可用活性污泥和生物滤池法生化处理。

3）酸碱处理法。含油废水细微油滴中由于覆盖着一层带有负电荷的双电层，对含油废水用酸将 pH 值调至酸性，产生的质子就会中和双电层，改变其带电情况，破坏其稳定性，促进油滴凝聚，并得到分离。

4）吹脱与蒸馏法。吹脱与蒸馏法主要用来处理废水中低沸点、易挥发的烃类化合物，如各种烃类溶剂。

废水中含有的有机化合物，如果其挥发度大于 0.64，即可有效地利用吹脱将其除去。例如，含苯及甲苯的废水，在 0～60℃内可在填料塔中用空气吹脱处理，吹脱的含苯及甲苯的空气可用焚烧法处理。含苯废水如果用汽提法进行处理，可使废水中苯的浓度降低到 10 mg/L 以下。含苯和甲苯的废水，可将其加热到 90～98℃，用蒸馏法回收。

5）萃取法。在某些特殊的情况下，可用萃取法除去水中含有的油和烃类化合物。即用溶解度小的溶剂去除溶解度大的油或烃类化合物的方法，或是利用容易蒸馏回收的溶剂或用溶剂来破乳、集油的一种方法。

例如，在生产烷基苯的过程中，废水中的烷基苯可用多烷基苯或制备烷基苯时的蒸馏残液作为萃取剂来萃取除去。多烷基苯的用量为水相的 1/30～1/20，一般搅拌 15～20 min，即可达到去除烷基苯的目的。

6）旋流器分离。废水在旋流器中做高速旋转运动，废水中的悬浮颗粒（机械杂质或微细油滴）可因惯性力的作用，其密度大的颗粒（如机械杂质）被甩向外围，而密度小的杂质（如细微油滴）则被推向内层中心，利用这一原理可使废水中的油滴得以回收。

三、含油废水处理技术应用

含油废水的处理流程，一般是先经初步油水分离（如用隔油池）后，再进行第二步油水分离（上浮或混凝）。这种工艺既可防止处理装置被油品堵塞，又可更好地发挥各个装置的除油性能。在流程中若再用泵提升前先进行一次除油，可以减少乳化程度。对于油水比重差较小的废水，或用经过处理的水时，应使用过滤装置。对于粒度大、凝固点高的含油废水，在处理装置中应有加热、保温设备，在处理装置的选材上，要考虑温度的影响。

含油废水、废油及含油泥渣，由含油废水处理系统、废油再生系统、含油泥渣处理系统集中处理。

废油再生工艺流程见图5-3。

从含油污水回收的废油集中到废油槽，蒸汽加热后经调节槽送入一次加热槽加热，静置分出浮油、油泥和含油污水，浮油进入二次加热槽加热并静置分离，浮油加入助滤剂压滤后进入分离油槽，产生再生油。污水送含油污水处理系统，沉渣送含油泥渣焚烧系统。

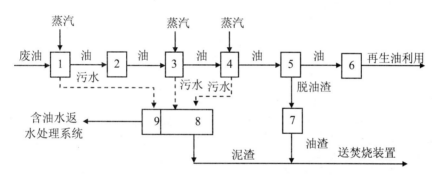

1—废油接收槽；2—调节槽；3——次加热槽；4—二次加热槽；5—压滤机；

6—分离油槽；7—脱油渣接收槽；8—泥渣接收槽；9—分离水槽

图5-3　废油再生工艺流程

炼油废水的处理一般都是以含油废水为主，处理对象主要是浮油、乳化油、挥发酚、COD、BOD_5及硫化物等。对其他一些废水（如含硫废水、含碱废水）一般是进行预处理，然后汇集到含油废水系统进行集中处理。集中处理方法仍以生化处理为主。其中，含油废水要先通过上浮、气浮、粗粒化附聚等方法进行预处理，除去废水中的浮油和乳化油后再进行生化处理；含硫废水要先通过空气氧化、蒸汽汽提等方法，除去废水中的硫和氨再进行生化处理。

（一）工艺流程

某炼油厂炼油废水处理工艺流程如图5-4所示。

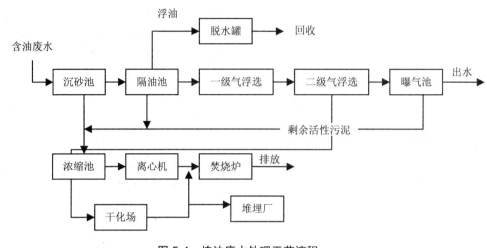

含油废水 → 沉砂池 → 隔油池 → 一级气浮选 → 二级气浮选 → 曝气池 → 出水

浮油 → 脱水罐 → 回收

剩余活性污泥

浓缩池 → 离心机 → 焚烧炉 → 排放

干化场 → 堆埋厂

图 5-4 炼油废水处理工艺流程

  工艺流程主要为隔油工序，一、二级浮选工序和生化处理工序。污水经过沉淀处理后，进入曝气系统；曝气出水经压力管道排放。设有隔油、气浮、曝气、泵房、空气压缩机等工序。按其功能可分为以下四部分。

  （1）隔油系统。含油废水由厂区自流入废水处理装置内，经过水封井、格栅、沉砂池、计量槽、配水井，自流入隔油池。废水中的可浮油在隔油池停留过程中，经处理后浮出水面，收油时通过集油管流入集油间，再用污油泵打入污油脱水槽，经加温沉降脱水，合格污油再用污油泵送往接收罐区。隔油池处理后的水进入下一级气浮泵。隔油池前设有事故调节池，用于水量、水质的调节。

  （2）气浮系统。隔油池出水仍含有部分浮油及乳化油，采用加压溶气气浮法去除。隔油池出水通过泵进入溶气罐，溶气罐加入压缩空气使其溶于水中，在经过减压后，水中过饱和空气形成许多极微细的气泡释放出来，在上升至水面的过程中，由于气泡表面的张力作用，将乳化于水中的油珠带到水面，然后将浮油刮至集沫槽中，让其自流入油泥池，再用泵打入油泥干化场。为了进一步提高气浮效果，在一、二级气浮泵入口分别投加絮凝剂。

  （3）曝气系统。经过二级浮选处理过的水，自流至曝气系统配水井，从曝气池的底部进入池内，在表面曝气叶轮旋转产生的离心力作用下，通过导流筒，将活性污泥和污水组成的混合液提上来，同时吸入空气，强烈搅动将气泡打碎，使气水充分混合，并将水由叶轮向四面甩出，形成水跃，增加水和气的接触机会，从而增加水中的溶解氧。混合液在曝气区内循环后，经过导流区流向澄清区。在澄清区内，活性污泥和净化水进行分离，活性污泥沉降到池底沿回流缝回到曝气区，剩余污泥由排泥阀排出，净化水则经曝气池周围的出水槽流出排放。

（4）污泥处理及处置系统。隔油池及沉砂池所产生的油泥及曝气池产生的活性污泥经浓缩池浓缩后，采用离心机进行离心脱水，然后再进行焚烧处理，也可直接送固体废弃物堆埋场作填埋处置。隔油池产生的轻质油送脱水罐，经加热使油水分层进而得以分离，油脱水后回收再利用。而气浮产生的乳化油，因含有絮凝剂，又不易脱水，故送干化场自然晾干，晾干后可以进行焚烧处理或直接送堆埋场作填埋处理。

（二）处理效果

该法的处理效果，进出水水质见表 5-2。

表 5-2　进出水水质对照表

项目	油/ (mg/L)	硫化物/ (mg/L)	挥发酚/ (mg/L)	COD/ (mg/L)	BOD$_5$/ (mg/L)	氰化物/ (mg/L)	pH 值
进水	3 000	5	30	500	300	2	6～9
二浮出水	40	1	20	300	200	1	6～9
最终出水	10	1	0.5	120	60	0.5	6～9

（三）运行管理

（1）保证含油废水的处理效果，为后续工艺创造良好的水质条件。进水中如硫、酚、轻油突然增加或 pH 值大幅度变化，将直接影响气浮效果。同时，预处理水质达不到设计要求，将影响生化系统的运行，严重时会破坏活性污泥系统的污泥活性。尤其在乳化油和重油进入生化系统后，活性污泥颗粒被油黏附并包裹，微生物的呼吸、新陈代谢及生长繁殖受到限制，生化处理效果下降，有时会出现污泥上浮、微生物大量死亡等现象，严重影响生产的正常进行。因此，在生产运行中，要严格监控进水水质变化情况，保证生产平稳受控。在完成正常操作同时，加强水质监测，及时准确地分析判断系统的工艺运行状况，及时调整工艺运行方式。运行中，一般对进水的油、COD、挥发酚、氰化物、磷酸银、氨氮等每日分析一次，对 pH 值 2 h 分析一次（pH 值的变化在某种程度上可以反映水质的变化）；同时注意进行及时的直观检查，遇到异常情况，立即增加分析项目与频率。根据分析与判断，对于因操作原因造成的水质波动要从操作上予以完善；如果进水水质恶化，要立即切换至调节池予以缓冲，以防生化系统受到冲击，待水质好转后再缓慢少量将其逐步送回。

（2）做好浮油回收，防止二次污染。浮油脱水前要静止 12 h 以上。并采用蒸汽加热至 60～80℃，温度要严格控制在此范围内。采取罐底排水的方式除去油中水分，保证脱水处理后油中含水不大于 5%；同时，脱水操作必须严防污油流入下水道造成二次污染。进油和向外送油前后，污油管线必须及时用蒸汽吹扫，防止油污黏挂管线内壁或阀门及设备内，造成堵塞，影响生产正常运行。

（3）处理好油泥，创造出良好的环境效益。油泥是炼油废水处理的产物，也是含油废水去除污染物效果的最终体现，但油泥又比较难以处理。最彻底的治理方式是全部焚烧，但焚烧前要进行浓缩和脱水。多种油泥汇合到一起进行浓缩，可达到预期的浓缩效果。脱水设备则比较难以选择。实践证明，采用转鼓式离心机对油泥进行脱水，基本上满足油泥脱水的要求。脱水后油泥含水率在 80% 左右，大大减轻了油泥焚烧的负担。

（4）保持活性污泥系统污泥的活性和数量是维持系统长期稳定运行的关键。炼油废水水质变化频繁，极易对活性污泥造成危害；同时，其营养源比例也满足不了 $BOD_5：N：P＝100：5：1$ 的需要。运行中一般投加磷酸氢二钠作为磷源，来补充系统中对磷的需求。但如果系统有生活污水作补充营养源的话，则可不必投加任何营养物。运行中，遇有水质冲击时，可暂停部分曝气池进水，进行充氧闷曝，使活性污泥得以再驯化，待活性恢复后再进水运行；然后再对另一部分曝气池进行同样的恢复性驯化，保证全系统的连续稳定运行。另外，通过提高进水质量、加强鼓风曝气，并加大剩余污泥排放量，使系统活性污泥快速繁殖，曝气池内微生物得以置换，活性污泥快速恢复其活性。

学习单元三　含酚废水的处理与利用

一、含酚废水的性质

含酚废水来自石油、煤加工和化学工业。

含酚废水危害性较严重。酚类是羟基[—OH]与芳烃核环连接的化合物，气味特殊，有一定水溶性。随羟基数目增加，沸点和熔点升高，溶解度增大。沸点＜230 ℃的酚类如苯酚等，多为挥发酚；沸点＞230℃的酚类如苯二酚等，多为不挥发酚。含挥发酚废水危害更为严重。

吸入含酚蒸汽，会使人的神经、肝、肾受到损害，降低肺的抵抗力。含酚水溶液易被皮肤吸收，长期饮用高浓度含酚水，会出现头晕、脱发、失眠、厌食、恶心、呕吐、腹泻、贫血和乏力等症状。水体中含酚 0.1～0.2 mg/L，鱼肉有异味，不能食用；影响鱼类产卵繁殖，使鱼类洄游改道；抑制水生微生物、海藻和软体动物生长。水体中酚的浓度达到 1～10 mg/L，鱼类死亡绝迹。用含酚废水灌溉农田，使作物果实含酚而不能食用；含酚浓度大于 100 mg/L 的废水使作物减产或枯死。含酚浓度为 0.002 mg/L 的水加氯消毒，形成氯酚产生恶臭气味。含酚废水排放标准是挥发酚小于 0.5 mg/L。

二、含酚废水处理及利用

各种处理技术对降低不同初始浓度的含酚废水都有效，物化法和生物法在工业上的应用较为成功，有很好的处理效果。但能否成功地把某一特定的处理方法应用到某一特殊的工业系统中，取决于废水中污染物的组成，因为含酚废水中往往含有较高浓度的其他污染物，需要进行某些特殊的处理。

含酚浓度高于 500 mg/L 的废水称高浓度含酚废水，应考虑酚的回收利用；含酚浓度 5~500 mg/L 的废水，则称为中等浓度含酚废水，应尽量降低废水中酚的含量；含酚浓度低于 5 mg/L 的废水称低浓度含酚废水，应尽量在系统中循环使用，酚浓度提高后再进行酚的回收利用。处理后的废水可循环使用或排放。

（一）高浓度含酚废水的处理

高浓度含酚废水应尽可能加以回收利用，既避免资源浪费，增加经济效益，也利于酚的深化处理。

1. 萃取法

对水量大、含酚浓度高的废水处理，可采用萃取法。溶剂萃取脱酚法是工业上常用的一种脱酚方法，适用于处理高浓度含酚废水，也可作为生物化学氧化法的前处理部分，既能回收酚，又可减轻生物氧化处理的负担。

用萃取剂吸收废水中的酚，经化学处理，脱除回收溶剂中的酚，溶剂再生循环使用。其流程示意见图 5-5。

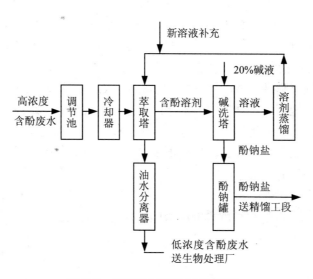

图 5-5　高浓度含酚废水回收流程

常用萃取剂有：苯、硝基苯、无萘洗涤油、醋酸丁酯、异丙醚、丁醇、异丙醇、芳香油、重油、轻油、磷酸三甲酚、苯酚溶剂及 N,N-二甲废基乙酰胺（N-503）等。

常用萃取设备有脉冲（往复式）筛板塔和离心萃取器，用苯提取废水中的酚，出水酚含量降至 $100\sim150$ mg/L，脱酚效率可达 $93\%\sim97\%$。在回收萃取酚时，多数使用碱类，如烧碱等。用蒸汽汽提分离溶剂，或用 NaOH 洗出酚，使萃取剂循环使用。

2．吸附法

吸附法广泛用于含酚废水的处理。在含酚废水处理过程中，主要是物理吸附，有时是几种吸附形式的综合作用。选用吸附性能好，吸附容量大，容易再生，经久耐用的吸附剂是保证分离效果的关键。

吸附法一般适用于水质成分单一、含酚浓度稍低的废水处理。当含酚浓度很高时，处理效果较差。对于含酚量很高的废水，可先通过化学絮凝和过滤处理后，将废水中的含酚量降低，再采用吸附法处理，可达到较好的效果。

美国、英国用此法从水质较单纯的化工厂、农药厂废水中回收酚。英国菲逊·比斯特农业化学公司的废水经活性炭吸附处理，酚含量由 800 mg/L 降为 8 mg/L，脱酚效率达 99%。美国用大孔吸附树脂从含酚废水中回收酚获得成功。捷克斯洛伐克相当普遍地用廉价的吸附剂炉渣处理焦化厂含酚废水，除酚效率可达 75%。用活性炭滤器作为炼油厂废水高度净化设备，也已在国内使用。

3．液膜法

液膜法是近年发展起来的一种新型废水治理分离技术，液膜除酚采用水包油包水（W/O/W）体系。液膜由溶剂（如煤油）和表面活性剂构成。在分离的过程中使被分离的物质（酚）同时进行萃取与反萃取，通过液膜传递从而达到分离和浓缩的目的。

液膜脱酚的过程为：乳状液通过搅拌形成许多细小的乳状液滴，分散在含酚废水中。这时，内水相为 NaOH 水溶液，外相为含酚废水。液膜内水相与外相相隔开。废水中酚能透过液膜进入内水相，作为弱酸与 NaOH 反应生成酚钠，酚钠不溶于油，而向水相进行扩散所以不会返回外水相而扩散到被处理的废水中，这样可以达到分离目的。液膜法工艺分为制浮、摘触、破乳三步。具有工艺简单、高效快速、选择性高、分离效率高、乳液经破乳后可重复使用等优点。液膜法适用于对高低浓度含酚废水的处理，除酚率可达 99.9%。

近年来国内外对液膜法处理含酚废水的研究取得了很大进展。20 世纪 90 年代初我国建成了 50 t/d 的高浓度含酚废水的液膜处理工业装置已用于塑料厂、石化厂等含酚废水厂的治理。

4．其他方法

（1）蒸汽脱酚法

在汽提脱酚塔中用蒸汽蒸出废水中的挥发酚，酚与蒸汽形成共沸混合物，使废水得到净化。用碱液淋洗蒸汽中的酚，得到酚钠盐。该法回收酚的质量好，处理水量大，操作简便。但因设备较庞大，只能回收挥发酚，蒸汽耗量大（处理 1 mg/L 的废水，约需 200 kg 蒸汽和 2.2 kgNaOH），脱酚效率仅为 75%～85%。用热气脱酚，除酚效率可提高，但耗气量较大。

（2）蒸发浓缩法

对水量小、浓度高的含酚废水，可用蒸发浓缩法回收。在含酚废水中加碱生成酚钠盐，送入锅炉作锅炉的用水，蒸出的蒸汽中不含酚，用作热源，含酚钠盐的水在锅炉中浓缩。取出浓缩液，用酸中和回收酚。

（3）离子交换法

以弱碱性阴离子交换树脂吸附和再生酚的效果最好，该法选择性高，对废水的预处理要求严格，必须除去悬浮物和油类。

（4）焚烧法

焚烧法也是高浓度含酚废水处理的一种实用方法，浓度为 7 000mg/L 的酚溶液可通过焚烧方法进行处理。

（二）中等浓度含酚废水的处理

中等浓度的含酚废水浓度范围为 5～500 mg/L。无回收价值含酚废水浓度低于 500 mg/L，或经回收处理后含酚浓度仍在每升数十毫克以上的废水，必须无害化处理才能进行排放或回用。适用于中等浓度含酚废水的工艺包括生物法、活性炭法及化学氧化法。

1. 生物法

在无高浓度有毒物质或预先脱除有毒物质的情况下，对中等浓度含酚废水来说，生物处理是应用最广的一种方法。生物处理工艺包括氧化塘、氧化沟、生物滤池及活性污泥法等。其中，活性污泥法优于其他生物方法，有较高的处理效率。

活性污泥由大量的细菌和原生动物组成，这些生物通过自身的新陈代谢过程，分解和降解水中的有机物，使有机物转化为无机物。污水中溶解的有机物（如酚），渗透过细菌的细胞膜为细胞所吸收，固体和胶体有机物则是细菌体外由细菌所分泌的酶分解成溶解的物质，然后渗透进细菌细胞，细胞通过自身的生命活动把有机物质分解、氧化，部分合成自身的细胞。酚类在微生物分解下氧化成二氧化碳和水，具体氧化反应如下：

苯酚　　　　　邻苯二酚　　→中间产物　　　　　丁二酸　　　醋酸

活性污泥中含有大量的细菌（主要是杆菌和球菌），这些细菌不但能分解酚类，还可以同时氧化其他芳香族化合物，如粗苯类等，因此活性污泥法处理含酚废水，不仅可以去掉酚，还可以去除污水中的其他有机物。

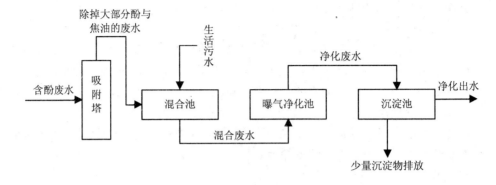

图 5-6　活性污泥法净化含酚废水系统

采用活性污泥法的条件和设备主要有以下几方面：

（1）含酚废水中不得含有焦油及其他油类物质。否则，会破坏微生物的活动，使微生物死亡。因此，要求进入生物处理装置的含酚废水，要预先除去油分。

（2）含酚废水中要有充足的溶解氧。因此，需要建一个较大容量的曝气池，用机械方法搅动，使水与空气始终保持充分接触，保证废水中有足够的溶解氧，以维持好氧性生物的有效活动。

（3）含酚废水的水温要求控制在 17～30℃，有利于生物的生化活动。若水温低于 10℃，利用酚的微生物就会丧失活性，生命活动将会停止。同样，温度高于 35℃，微生物的活动也会减弱。

（4）含酚废水中要有丰富的养料，以保证微生物生命活动的继续。一般含酚废水不含有磷和氮，而微生物生活活动不可缺少的就是磷和氮。因此，要进入生物处理装置的含酚废水，含氮应在 15 mg/L 以上，含磷在 5 mg/L 以上。为了满足要求，可将含酚的工业废水与含氮磷丰富的生活污水混合，然后送入生物处理装置。因此需要混合池。

（5）含酚废水的成分与数量应当稳定。含酚废水有很大的波动时，对生物活动产生不良影响，微生物的适应条件变坏。

（6）废水的 pH 值要求控制在 7～9，氨的含量低于 2 g/L。

活性污泥法净化含酚废水的大致过程示意见图 5-6。工艺流程为：将含酚废水与活性污泥送入混合池，混合后的废水进入曝气池，用叶轮旋转充氧或用压缩空气充氧，微生物将酚氧化分解为 CO_2 和 H_2O。曝气处理后的废水送入沉淀池，沉淀后上部水排放，下部污泥部分循环使用，部分排出干化。此法脱酚效率可达 95%～99%，出水含酚为 0.3～1.0 mg/L。为使出水的 COD 低于 100 mg/L，可用延时曝气。为保证微生物的营养，废水中的 BOD_5、氮、磷比为 100：5：1，磷含量不足，必须补充。废水在生物处理前，可掺生活污水 10%～15%。

生物法处理含酚废水，具有处理效率高、适应能力强、占地面积小的优点，已用于焦化厂、煤气厂、化纤厂。

2. 吸附法

对水量小，废水中悬浮物少的高浓度制药、化工含酚废水，用吸附法回收酚。吸附法是采用活性炭、硅藻等吸附剂，吸附水中的酚，常用吸附剂有活性炭、磺化煤、焦炭、褐煤、泥煤、煤渣、碳酸钙、沼铁矿等。使吸附剂具有强化吸附的交换过程、简化的再生技术及廉价高效是发展趋势。最常用的吸附剂是活性炭。用活性炭吸附，脱酚效率可达 99%，但活性炭再生困难。

用磺化煤作吸附剂，脱酚效率稍差，吸附前需除去悬浮物、油类，再生较难。但设备简单，制作方便，医药工业应用较多。磺化煤与酚反应：

$$R—SO_3H+C_6H_5OH \longrightarrow R—SO_3H \cdot C_6H_5OH$$

废水中的酚，被磺化煤吸附饱和后，用 5%NaOH 溶液冲洗磺化煤，得到的酚钠盐溶液送入中和塔，用硫酸（或通入二氯化碳）中和析出酚。磺化煤经碱脱酚，再用 $6\%H_2SO_4$ 溶液冲洗，恢复（活化）吸附能力。其示意流程见图 5-7。该法酚的回收率为 85%～90%，最高达 98%。

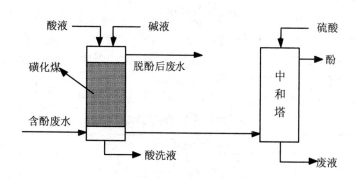

图 5-7　磺化煤吸附法脱酚示意

3. 化学氧化法

化学氧化法脱酚采用的氧化剂包括：高锰酸盐、氯、二氧化氯、次氯酸钠、臭氧及过氧化氢。高锰酸盐处理初始浓度为 125 mg/L 的含酚废水时，脱酚效率仅为 62%，过氯化法投加过量的氯气氧化水中的酚，消除氯和酚化合生成氯酚。二氧化氯和臭氧是有效的强氧化剂，可使酚全部分解，没有氯酚的臭味。用纯氧氧化低浓度含酚废水，出水酚含量可降至 0.01 mg/L，处理效果好，但成本较高。还可采用燃烧法和电解法。用电解氧化法处理木材纤维板和石油裂解的含酚废水，酚去除率可达 80%，耗电 2.5～3.0 kW·h/m³（废水）。工艺简单，但一次性投资高。

酚与氯反应的过程中，由于不完全反应会产生具有强烈气味并导致氯酚化合物生成。对于氯氧化法，需要投加很高浓度的氯才能达到酚完全氧化的效果。最主要的干扰是其他可氧化物质存在，这些物质也消耗氯。对于橡胶回收废水，采用氯法可使酚浓度从 5 mg/L 减少到 0 mg/L。氯法已被用于处理铁合金工业的湿法洗涤水以脱去其中的酚及氰化物。

臭氧与二氧化氯也是较好的脱酚氧化剂。臭氧氧化能力是氯的 2 倍，杀菌率是氯的数百倍，用它来处理含酚废水时，无恶臭物产生。它的脱酚效率较高，在含酚废水 pH 值较高时是有效的。此法的特点：不需要调节 pH 值，可以按照一般废水的条件进行反应，随着 pH 的增加，反应进行得更顺利，当 pH 值为 12 时最为适当，pH 值越高，臭氧消费量也越小。与氯氧化和二氧化氯氧化法相比，运转费用更低。

4. 其他方法

（1）化学沉淀法

投加化学药剂，使废水中的酚生成沉淀物分离回收。树脂厂的高浓度含酚和甲醛废水，经蒸发浓缩，酚与甲醛缩合成酚醛树脂回收。投加氧化钙可使泥煤煤气站废水中的酚、脂肪酸变为钙盐。

化学法成本高，化学药剂来源较难，只用来处理少量低浓度含酚废水。

（2）消除法

以含酚废水代替清水，用于焦炭出炉熄焦，高炉出渣熄渣，或作为煤气发生炉灰皿注水，使废水中的酚燃烧或以吸附水的形态随炉渣排出。此法使部分挥发酚排入大气中，污染周围空气，对设备有腐蚀性。采用该法应控制废水中酚浓度<150～200 mg/L。含酚废水处理方法的比较，见表 5-3。

表 5-3 含酚废水处理方法的比较

处理方法	适用范围	处理效果/%	优点	缺点
活性污泥法	含酚浓度<500～600 mg/L	95～99	处理效果好，设备简单	运转管理要求较高
生物滤池	含酚浓度<300 mg/L	85～95	设备简单，运转管理方便	处理效果稍差，占地较大
化学氯化法	少量低浓度含酚废水	99～100	处理效果稳定可靠，设备简单	成本高，有些药剂来源较困难
消除法	低浓度含酚废水	—	免除了复杂的处理设备	污染周围大气，对设备有一定腐蚀

（三）低浓度含酚废水的处理

生物处理法通常能把酚浓度降低到 0.5～1.0 mg/L 的水平，其他方法也可将酚浓度脱至 1.0 mg/L 以下。对于这类低浓度含酚废水的处理一般都以化学法或物化法来代替生物法。

经生物法处理后出水含酚浓度为 0.16～0.35 mg/L 的炼油厂废水可用臭氧处理的方法进一步使酚浓度降至 0.03 mg/L。

活性炭吸附作为第三级处理工艺对于痕量有机物的脱除作用也被充分地肯定，其对低浓度含酚废水的处理也相当有效。该法在较低的 pH 值下对酚及其他有机酸的脱除最为有效。

使用大孔聚苯乙烯树脂从废盐水中脱除酚，一个三塔串联连续处理系统可使进口浓度为 5.0 mg/L 废水中的酚脱除 99%。1%浓度的氢氧化钠溶液可使树脂再生。

（四）含酚废水的循环处理

在生产中排出废水经过适当处理后再返回原工序或经过其他工序供其他企业使用，以减轻对水体的污染，这就是含酚废水循环重复使用。高浓度（1 000 mg/L 以上）的含酚废水，第一步是回收，第二步是处理，经过处理过的水再重复使用，酚浓度提高后再进行酚的回收利用，如图 5-8。

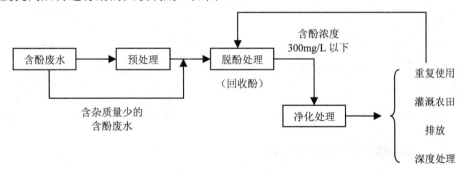

图 5-8　含酚废水的循环处理

含酚废水的循环处理包括酚水循环系统和酚水掺入循环供水系统两种方式。

酚水循环系统用于焦化厂最终冷却器排出的含酚废水和煤气发生站的洗涤废水。焦化厂含酚废水代替工业冷却循环系统用水，长期封闭循环，新鲜水只作为补充水，系统每年仅换水数次。煤气站的含酚废水，采用废水清浊分流，定期换水，改善洗涤塔循环系统水质，实现长期封闭循环使用，避免了大量的酚水外排。但是要做到完全封闭，还需要进一步的研究水量平衡，解决水质控制等问题。化工厂煅烧活性炭的回转炉排放的烟中带有焦油，用水洗涤后水中含有大量的酚，采用酚废水循环使用后，可长期不再排放含酚废水，每天节省新鲜水 1 000 多吨。

酚水掺入循环供水必须对含酚废水进行预处理，除去废水中的游离氨、焦油、悬浮物等杂质，然后按补充水量的 3%～10%将含酚废水掺入循环供水系统。

含酚废水回收利用方法的比较，见表 5-4。

表 5-4　含酚废水回收利用方法比较

回收利用方法	适用范围	回收效果	优点	缺点
汽提法	适宜于焦化厂含挥发酚为主的含酚废水	80%左右	方法较简单、直接、操作较方便	只能回收挥发酚；填料塔庞大、笨重，效率较低
蒸发浓缩法	少量高浓度含酚废水	90%以上	可消除排放	对锅炉操作、管理有一定影响
塔式萃取设备	含酚浓度在 1 000 mg/L 以上，性质不限	90%～95%	回收效率高	设备较多、较大，废水有新的污染
离心机萃取	含酚浓度在 1 000 mg/L 以上，性质不限	90%～95%	回收效率高；设备小	机器制造及安装要求较高；废水有新的污染
活性炭或磺化煤吸附	少量含酚废水	85%～90%	设备简单，制造方便	再生麻烦；预处理要求较高；吸附剂较贵
酚水封闭循环法	适用于煤气洗涤系统	—	不排或少量排放废水，减少了危害	循环系统中如果水的杂质去除效率较差，将影响生产
酚水掺入循环供水系统	厂内有净循环供水系统	—	不排或少量排放废水，减少了危害；循环水水质稳定，减缓金属腐蚀	酚水预处理要求较高，否则会影响生产

三、含酚废水处理技术应用

以含酚废水的实际治理过程为例，介绍含酚废水的处理流程、设备、处理效果等。

1. 实例描述

实例中的含酚废水来源于焦化厂的各主体生产装置工艺排水，主要来自脱硫、硫胺、蒸氨、粗冷终冷及煤气管道冷凝液排水等。含酚废水主要含有 COD、酚、NH_3-N 等污染物。根据原水水质特征，首先进行预处理，使水质水量得以均衡、稳定，并符合生化处理要求。预处理后对废水进行活性污泥法生化处理，使有机污染物得以降解、去除。生化处理后对废水进行活性炭吸附工艺处理，进一步去除废水中残余的污染物。其流程如图 5-9 所示。

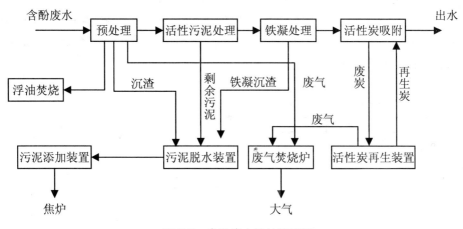

图 5-9 含酚废水的处理流程

每段工艺情况介绍如下：

（1）预处理

含酚废水自生产工艺装置以压力流流入调整槽，进行水质、水量的调节和均和。调整后的废水自流至曝气槽，在预曝气槽内鼓入空气，挥发性物质逸出后由焚烧炉焚烧掉。经预曝气后的废水至中和槽，根据废水的 pH 适当加酸或碱，使其经中和后呈中性。中和后废水流出时，在管线上加入压缩空气，然后流入浮上槽。在浮上槽中，浮油、乳化油及部分酚气浮上升，重渣油得以沉降。上浮的浮油和沉降的重渣油排至浓缩槽进行浓缩，经浓缩后的浮油送回脱水装置，脱水后将浮油回收；沉渣送至污泥脱水间脱水后焚烧。本段工艺流程如图 5-10 所示。

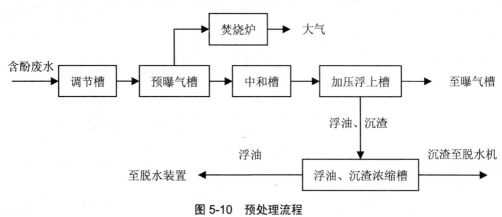

图 5-10 预处理流程

（2）生化处理

经预处理后的废水流至曝气槽进行生化反应处理，经生化反应后曝气槽出水至沉淀池，在沉淀池中进行泥水分离，经污泥泵完成污泥回流及剩余污泥排放。二沉池出水流入反应槽，在反应槽内投加 $FeCl_3$ 及 $FeSO_4$ 进行絮凝反应，反应后出水流至絮凝沉淀池再次沉淀。剩余活性污泥和絮凝沉淀污泥进入浓缩池，经浓缩后由带式脱水机脱水，脱水后产生的泥饼送其他工艺，如掺入焦炭中作焚烧处理。本段工艺流程如图 5-11 所示。

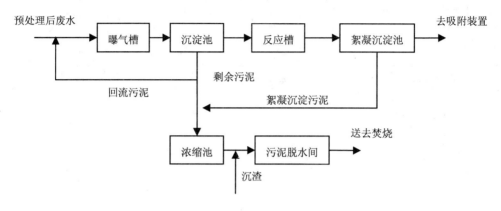

图 5-11 生化处理工艺流程

（3）活性炭吸附处理

经生化处理后的废水再进入过滤器中，对其进行吸附前的预处理，以进一步降低废水中悬浮物的含量。过滤后废水用水泵送入四座吸附塔。吸附塔为固定床式，塔内填 4.3 m 厚粒状活性炭，运行时三塔串联通水，一塔进行再生作业。吸附后废水再次进行 pH 值调整，呈中性后排出。塔中活性炭依次定期卸出进行再生，以恢复其吸附能力，进行重复使用。排出的废炭经水洗—酸洗—水洗后，可除去废炭中的重金属盐类；然后将废炭送入再生炉，在 850℃的温度下，经干燥、炭化、活化，使其恢复吸附能力，送回吸附塔再利用。活性炭处理流程如图 5-12 所示。

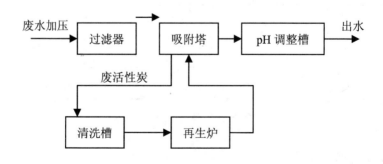

图 5-12 活性炭吸附流程

2．实际运行效果

实际运行效果见表 5-5。

表 5-5 运行效果比较

水 质	COD/ （mg/L）	酚/ （mg/L）	油/ （mg/L）	总 CN/ （mg/L）	SS/ （mg/L）	总 NH₃/ （mg/L）
原污水（调整槽出口）	1 276.7	204.9	4.2	5.2	41.9	671.3
预处理（稀释水槽出口）	788.1	139.4	2.0	4.0	52.2	431.6
生化处理（曝气槽出口）	240.7	0.14	1.1	2.2	182.8	456.7
铁凝处理（过滤器出口）	123.4		1.2	0.34	15.5	
吸附处理（吸附塔出口）	25.9	未检出	0.7	0.42		437.2

3．运行分析及讨论

（1）本装置在处理工艺中未投加任何药剂的情况下仅进行气浮和沉淀处理，各类污染物指标降低幅度平均在40%左右。说明其处理效果非常好。

（2）投加铁盐絮凝剂进行生化处理后废水的补充处理，悬浮物去除率达91.5%。

（3）生化处理 COD 去除率为69%，基本达到了生物处理的效果。但是本工艺对氨氮无去除功能。按《污水综合排放标准》，出水氨氮远远超过国家规定值。因此，还需要进一步改进，增加氨氮去除功能。

（4）活性炭吸附可使 COD 进一步去除 79%，但对氨氮仍没有去除效果，这段工艺选择并不十分理想。

（5）原污水悬浮物含量较低，而生化反应后悬浮物含量高出原水 3 倍多，说明生化处理后二次沉淀池沉淀效果不好，或可能存在污泥膨胀的现象。

（6）工艺流程过长，增加了运行成本。

学习单元四　硝基化合物废水的处理与利用

硝基化合物在化学工业中常是制备各种胺类化合物的原料，其本身也常作为香料及医药产品。炸药工业生产有机类硝基化合物，也生产这些化合物与无机盐类的混合物，在生产过程中排出含硝基化合物的废水。如 TNT 酸性废水中，含有三硝基苯、三硝基甲酸、TNT 的各种异构体、脂肪族硝基化合物、酚类的多硝基化合物等。

硝基化合物废水：在阳光照射下，有不同颜色和特殊气味，对人类、水生动植物造成不同程度的危害。这类化合物具有高化学稳定性，难以生物降解。低浓度的硝基化合物，也会抑制水生动植物的生长，导致污水处理厂的生物滤池和活性污泥的作用消失，阻碍水体的自净过程。还能在水体中，通过食物链富集，加剧对生物、人畜的危害。水体中存在低浓度硝基化合物，鱼类有特殊气味。若硝基化合物经皮肤、呼吸道和消化道侵入人体，会造成手、臂、面部水肿，引起胃炎，伴发恶心、呕吐和上腹部疼痛，严重时会出现皮肤、结膜感染，肝肿大等不良症状。国家对硝基化合物在废水中的浓度有较高的要求，严格规定硝基苯类的含量不得超过 5 mg/L；硝基苯类的化合物最高排放标准为 2.0 mg/L，苯胺类含量不得超过 5 mg/L。

一、硝基化合物废水处理

治理硝基化合物废水的方法很多，有物化法、化学法和生物法。

（1）物化法

1）吸附法。吸附法是净化硝基化合物废水一种有效的方法。在废水中污染物浓度不高时，通常采用粒状活性炭作吸附剂，净化硝基化合物废水。

工艺流程如图 5-13 所示。

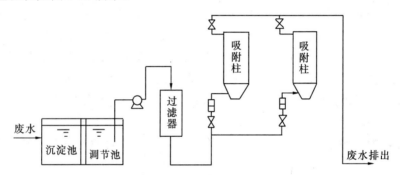

图 5-13　活性炭吸附法处理废水流程

该净化系统可除去废水中绝大部分硝基化合物，治理效果好，出水能达到排放标准。操作简便、易于管理、处理费用较低。

然而硝基化合物的废水多为酸性，设备必须防腐，废水中的悬浮物易堵塞活性炭的孔隙，应增加静置时间或预先将其除掉。吸附饱和的活性炭，可加热再生或烧毁。活性炭价格较高，再生困难，在中小企业应用受到限制。不及时处理吸附硝基化合物的活性炭，可能出现二次污染。

2）萃取法。硝基化合物浓度较高的废水，用萃取法回收，可取得一定的效果。

废水中的硝基化合物可用苯、汽油、醋酸丁酯等萃取，在用醋酸丁酯及粗汽油萃取时，硝基苯、硝基甲苯、氯代硝基苯等的去除率可达 94%。如用 N-503[N,N-二甲庚基乙酰胺]作萃取剂，能有效提取废水中的硝基化合物。硝基化合物进水浓度为 1 000 mg/L，用 N-503 萃取时，出水中硝基化合物的浓度可降到 100 mg/L 以下，出水尚须深度处理。

硝基苯及硝基酚可用苯萃取。硝基酚可从萃取液中用 4%的氢氧化钠反萃而回收。硝基苯的生产废水若用等体积的苯萃取 3 min，可使硝基苯的含量从 450～2 169 mg/L 降低到 1.2～12.8 mg/L，经分离后还含有硝基苯 0.5～1.0 mg/L 的苯，如果用生活污水稀释，可做进一步生化处理。也可用共沸蒸馏法回收苯，经处理后废水中硝基苯的含量可降低到 0.15～5.8 mg/L。

在芳烃硝化制备硝基化合物时，其后处理中常使用碱洗以除去一些硝化副反应产物，如硝基酚等。废水可先用酸进行酸析，去除析出的硝基酚，废水再用原料芳烃萃取，萃取液经干燥后再回到下一批的硝化过程中去做原料使用。若将硝基苯的反应液用 3.5%的氢氧化钠洗涤，其洗涤水用工业硫酸使 pH 降低为 2.5，沉淀物离心分离，废水用苯萃取，此时余下的废水含 0.01%～0.02%的氧化物及 0.001%的硝基苯，而水中的苯可用汽提法在废水中作进一步处理去除。

3）其他物化法。TNT 废水在 pH 高时会形成有色的复合物，再用 CA 膜进行超滤处理时，去除率可达 88%；可水解的非芳香亚硝基及硝基取代的炸药，可用强碱性离子交换树脂去除，如 RDX（1,3,5-三硝基-1,3,5-三氮环己烷）通过离子交换树脂，可使浓度降低至 0.004 mg/L 以下，树脂饱和后可用氯化钠及氢氧化钠再生；邻硝基氯苯可因超声波存在发生氧化或改性，而有利于这类废水的净化。

（2）化学法

1）沉淀法。化学混凝沉淀法用粉状活性炭吸附废水中的硝基化合物，加入明矾等混凝剂。废水明矾的浓度为 20 mg/L 时，搅拌一定时间，静置除去沉降物。该法处理效果好，但费用高，产生大量污泥，尚难采用。硝基化合物废水呈酸性，若用石灰乳中和沉淀，也可使废水净化。污泥中的硝基化合物，经旋转炉熔烧，去除有机物。但该工艺流程复杂，处理费用高，不能广泛应用。

TNT 及 RDX 可与大分子的阳离子表面活性剂形成不溶性的复合物而去除，可用来去除废水中浓度为 40～120 mg/L 的 TNT。其作用机理是部分季铵盐与多硝基化合物形成难溶的络合物所致。例如含 TNT 的废水，用烷基三甲基氯化铵在 pH 值为 10～14 时进行处理，再与泥煤混合进行过滤，可将 TNT 除去。

2）氧化法。与一般高浓度的废水相似，含有一定浓度的硝基化合物废水可用湿式氧化法处理。如在 100～300℃，0.2～10.0 MPa 时，以 Cu/Al_2O_3（或硅藻镁或是 Cu、Cr、Zn 的氧化物/Al_2O_3）作催化剂，可使90%的硝基苯得到降解。TNT 废水用湿式氧化法处理，温度为 225～300℃，出水可进一步常规生化处理。

在 TNT 废水所含 TNT 毒性很大，是不可降解物质，可在生化处理前先用臭氧处理，降低色度以及在进一步氧化处理中减少氧化剂（如高锰酸钾）的用量。而 TNT、RDX 在紫外光存在下，臭氧化的速度更为迅速。为了提高氧化能力，也可采用吸附氧化法，即先用活性炭吸附，再用臭氧氧化。此法对 TNT 的废水处理效果较好，比一般的常规吸附、焚烧及生化法为佳。

另外，炸药废水还可用光分解及电解氧化法处理。含 RDX 或 TNT 的废水，经光分解后，易形成有色物质，可做进一步的电解氧化。如 TNT 用此法可从 60～105 mg/L 的浓度降至 0.5 mg/L，并不会产生其他的有毒物质。用氧化剂如漂白粉分解废水中的苦味酸或 TNT 等硝基化合物，方法可行，但氯气耗量大，费用高。

3）还原法。用废硫酸和铁屑，加温使硝基化合物还原为胺类化合物，再进行处理。对二硝基重氮酚（DDNP）碱性废水，可采用浓缩、加硫还原、中和氧化、过滤、结晶等方法，从中回收硫代硫酸钠。

二硝基氯苯废水可用铁屑-煤渣进行处理，以提高其生物可降解性，同时可以降低 COD 至及色度，出水对生化处理没有抑制作用，并且有高的 COD 及色度去除率。

也可用金属偶，如 Cu—Zn 或 Cu—Fe 来处理 TNT 与 RDX 废水，去除率为 94%以上，出水中所含 TNT 及 RDX 的含量可降至 0.5 及 1.0mg/L，同时，BOD_5/COD_{Cr}从 0.17 增加到 0.5，表明其生化可降解性得到了提高。

一些芳香硝基化合物，可在微酸性的条件下，进行阴极还原以生成胺类，如果再将反应混合使之呈弱酸性，加入氯化钠，进行电化学反应，则原来的硝基物可变成可生化降解的偶氮、氧化偶氮及醌等化合物。

芳香硝基化合物还可在光催化下用钠硼氢还原处理，以消除其对活性污泥的毒性。

4）蒸发-焚烧法。蒸发废水，浓缩后的硝基化合物废液用焚烧法净化。处理流程：一是废水喷洒蒸发后焚烧；二是用浸没式燃烧器多级真空蒸发。如二硝基重氮酚废水，用减压蒸馏法处理，可达排放标准。该法工艺过程较长，能耗高，采用不多。

（3）生化处理法。微生物再生负载活性炭法，是将含硝基化合物的废水通过活性炭（或焦炭、矿渣），流动一段时间后，用曝气池培养的活性很强的好氧微生物再生水逆向冲洗，使有机物氧化，负载活性炭得到再生。该法再生效率不高，操作繁杂。

活性炭生物膜法是在处理硝基化合物废水的活性污泥中，投加微生物再生后的粉状活性炭，表面附有分解硝基化合物的生物膜，可增加 BOD_5 和 COD 的去除率，使酶的活力得到加强。

用生物滤池去除三硝基甲苯、二硝基酚一类硝基化合物，废水必须先中和到中性，用生活污水稀释控制硝基化合物浓度不超过 20 mg/L。否则，会抑制微生物的生长和繁殖，降解的产物易造成二次污染。

二、含硝基废水处理技术应用

活性炭吸附法处理炸药厂的 TNT 废水，采用下述工艺流程取得了良好的效果。

处理工艺分四步进行：一级沉砂池，使废水中的杂物、污泥和其他一些不溶物质能得到初步沉淀，废水则流到沉淀过滤蓄水池；二级沉淀池，池内设置挡板、隔墙或过滤网，使废水中的大部分悬浮物在池内得到进一步的沉淀和过滤；然后废水进入升流式活性炭吸附柱，利用落差使废水流到柱内进行吸附处理；吸附柱流出的酸性废水，在进行中和处理后排到受纳水体。

应特别注意的是，整个废水处理系统防止光照。光照下，TNT 逐步分解，废水的颜色会慢慢地变成粉红色，进而变成红褐色。颜色加深，说明 TNT 分解产物的增多，而活性炭则会降低对这些分解产物的吸附能力。一般来说，TNT 废水偏酸性，且在酸性介质中也有利于活性炭的吸附，但处理系统中的设备应进行防腐，治理后的废水应用 $CaCO_3$ 等调整 pH 值后再外排。

但是该法使活性炭再生困难，采用盘式再生炉或陶瓷隧道窑高温煅烧再生时，活性炭的损失率达 30%～40%，再生后的活化率为 70%～90%降低。高能耗已成为降低处理费用的关键；其他再生方法均无明显的效果。

学习单元五　酸碱废水的处理与利用

一　酸碱废水的性质

（1）酸性废水

酸性废水是 pH＜6 的废水。酸性废水分为无机酸废水和有机酸废水；强酸性废水和弱酸性废水；单元酸废水和多元酸废水；低浓度酸性废水和高浓度酸性废水。酸性废水常含有重金属离子及其盐类等有害物质。

采矿、冶金、轧钢、钢材与有色金属表面酸处理、化工、制酸、制药、染料、电解、电镀、人造纤维等行业部门都排放酸性废水，主要是硫酸废水，其次是盐酸和硝酸废水。

（2）碱性废水

碱性废水是含有某种碱类、pH＞9 的废水。碱性废水分为强碱性废水和弱碱性废水；低浓度碱性废水和高浓度碱性废水。碱性废水常含有有机物、无机盐等有害物质。

制碱、造纸、印染、制革及石油、化工生产都排放碱性废水。

（3）废水的危害

酸性废水和碱性废水直接排放，严重腐蚀管道、沟、渠和水工构筑物。排入水体，会改变水体的 pH 值，危害水体的自净能力，破坏自然生态，导致水生资源的减少甚至毁灭。碱性废水中的有机物，会消耗水体中的溶解氧，造成鱼类等水生生物缺氧窒息死亡。酸性或碱性高浓度废水，会直接毒死鱼类等水生生物；渗入土壤造成土质酸化、盐碱化，破坏土层的疏松状态，影响农作物的生长和增产；人、畜饮用影响体内代谢，使消化系统失调，引发肠胃炎。因此，酸碱废水必须处理，使 pH 处于 6～9。

二、酸碱废水处理及利用

对于酸性或碱性废水，必须考虑有无回收利用价值。浓度大于 5% 的废水，要尽可能地重复使用，回收利用；低浓度的废水，则需处理之后，方能回用或排放。

（一）高浓度酸、碱废水的回收利用

一般将含酸 10%、含碱 5% 以上的废水称高浓度废水。这类废水应考虑进行重复使用或回收利用。这样既提高了酸碱的利用价值，也减轻了废水的处理程度和处理量。

（1）重复使用

开辟一酸多用的途径，如将染料厂、合成洗涤剂厂排放的浓度 70%～80% 的废酸供磷肥厂生产过磷酸钙；将制药厂、钛白粉厂排放的浓度 15% 的稀酸用于钢材酸洗；用酸洗后浓度为 8%～10% 的稀酸生产硫酸亚铁等。

含碱浓度大于 5% 的废水也能重复使用，如印染废碱液供造纸的稻草麦草制浆；用制浆排出的废碱液生产腐殖酸铵或供农药厂作溶剂。

（2）回收利用

1）浓缩法回收酸

利用废酸液回收硫酸亚铁和酸，目前采用的方法有，自然结晶法、浸没燃烧高温结晶法、真空浓缩冷冻结晶法以及鼓式浓缩法等。

① 自然结晶法　可从酸性废水回收硫酸亚铁（$FeSO_4 \cdot 7H_2O$）。此法设备简单、投资少，但只能回收硫酸亚铁，不能回收硫酸，耗费劳力多，劳动强度大，仅用于小量废酸的回收。工艺流程见图 5-14。

$$Fe + H_2SO_4(稀) \longrightarrow FeSO_4 + H_2 \uparrow$$

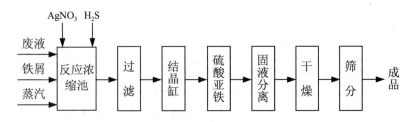

图 5-14　自然结晶法回收硫化亚铁流程

② 浸没燃烧高温结晶法工艺流程见图 5-15。将煤气燃烧的高温烟气（1 000～1 500℃）通入废酸水（浸没燃烧），使水分蒸发，留下浓缩硫酸液，原废水中的硫酸亚铁以 $FeSO_4 \cdot H_2O$ 形式结晶析出，此法热效率高（85%～90%），再生酸的浓度可

达 40%～75%。但酸雾大，需用可燃气体，适于处理量大的废酸液。

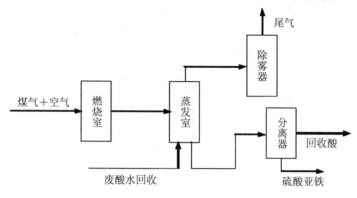

图 5-15　浸没燃烧法回收酸

③ 真空浓缩冷却结晶法工艺流程见图 5-16。用真空减压降低沸点，使水分蒸发，浓缩废酸液，经冷却降温使硫酸亚铁的结晶析出。该法可使含酸 8%～10% 的废水，浓缩到 20%～22%（有将浓度为 21% 的废酸提高到 60% 以上的实例）。无酸雾发生、自动化程度较高、节约燃料、安全可靠、操作灵活性大，但耗用耐酸材料较多，设备投资较大，适宜处理量大的废酸。

图 5-16　真空浓缩冷冻结晶法工艺流程

④ 加酸冷冻结晶法与真空浓缩冷冻结晶法基本相同，区别是否加浓硫酸提高酸浓度。此法工艺简单、投资较少、不需蒸发热能、在常温下操作，设备防腐易解决。

2）燃烧法回收碱

燃烧法回收碱工艺流程见图 5-17。把含碱浓度为 10%～20% 的黑液，经蒸发器使其浓度达到 45% 以上，进燃烧炉继续浓缩黑液，有机化合物钠盐（NaOR）和碱加热分解成无机钠盐 Na_2O，与碳反应还原成硫化钠，燃烧后的熔融物溶于水得到绿液，主要成分是碳酸钠，加石灰转化成氢氧化钠。此法适用于大、中型木浆造纸，工艺成熟，应用较广。

3）扩散渗析-隔膜电解法回收酸碱

扩散渗析-隔膜电解法回收酸碱，利用阴离子交换膜渗析器处理酸性废水，将废水和纯水分别通入阴膜两侧，阴膜只允许 H^+ 和 SO_4^{2-} 通过，扩散（浓差作用）至纯水一侧，将 $FeSO_4$ 残液藏留在原室中。废酸中的 90% H_2SO_4，可渗析回收。回收酸中含有少量 $FeSO_4$，不影响回用。残液用隔膜电解法处理，可回收硫酸，得到纯铁。该法设备简单、回收率高，但扩散掺析降低回收硫酸的浓度，隔膜电解耗电高，回收 1 kgH_2SO_4，耗电 4 kW·h，回收 1 kg 纯铁耗电 6～7 kW·h。

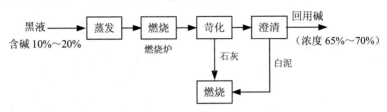

图 5-17　燃烧法黑液碱回收工艺

用阳离子交换膜可从碱性废水中回收碱。阳膜只允许 Na^+ 和 OH^- 扩散透过，其余物质留在原室中，从而回收 NaOH。

4）电渗析法回收酸碱

电渗析法回收酸碱用阴离子交换膜、阳离子交换膜或复合离子交换膜，组装成不同形式的阴极室、阳极室和膜间隔室，分别回收硫酸、纯铁（硫酸亚铁）、氢氧化钠等。此法工艺简单、操作方便，但耗电量大、对进水水质要求严格，只能用来处理少量废液。

5）鲁特纳法回收盐酸

鲁特纳法回收盐酸。盐酸酸洗钢材废酸液，含 HCl 30～40 g/L，$FeCl_2$ 100～140 g/L。通过喷雾燃烧将盐酸变为气态，氯化亚铁分解成 HCl 和 Fe_2O_3，即 $2FeCl_2+2H_2O+1/2O_2 \longrightarrow Fe_2O_3+4HCl$，用水吸收 HCl 气体得到再生盐酸，再生率达 99%，酸的浓度可达到 190 g/L。

几种硫酸酸洗废液的处理方法比较，见表 5-6。

表 5-6　硫酸酸洗废液处理方法比较

方法	优点	缺点
浓缩冷冻法	1.处理过程不需加新酸； 2.可控制较低的结晶浓度，降低再生酸中硫酸亚铁含量，有利于酸洗； 3.蒸发效率高，无二次污染	1.需要冷冻设备，投资大； 2.不能连续生产，劳动强度大
蒸喷真空结晶法	1.能连续生产，操作简便； 2.无二次污染； 3.有余热蒸汽利用，更为合适	1.要加新酸； 2.再生酸中硫酸亚铁含量相对较好； 3.蒸汽喷射器喷嘴易磨损； 4.要求冷却水水温不大于 25℃

方法	优点	缺点
浸没燃烧法	1.蒸发效率高； 2.占地面积小，投资省	1.设备要防腐； 2.产品销路不广； 3.二次污染较大
扩散渗析-电解法	扩散渗析法不耗电、设备简单、占地少	残液用电解法耗电大，两者配套有困难
氯化氢置换法（鲁特纳法）	能回收全部硫酸和氧化铁	要求设备防腐、投资大、运转费高

（二）低浓度酸碱废水的处理

无回收利用价值的低酸度（通常低于 4%），低碱度（通常低于 2%）废水，一般先采用中和法无害化处理后再排放至受纳水体。常用中和法有：

1．混合中和法

酸碱废水混合中和是简单而经济的方法。用选矿厂的碱性废水中和矿坑中的酸性废水。酸碱两种废水的排放量稳定，能相互平衡，方能直接汇合于管道、沟渠排放，否则应设混合调节池使中和反应时间达到 1～2 h，必要时补加中和药剂，中和过剩的酸或碱。

2．投药中和法

处理流程见图 5-18，将碱性药剂投加到酸性废水中进行中和。适于处理含重金属离子和杂质较多的酸性废水，含氟含砷等毒物的酸性废水。常用中和药剂有石灰、石灰石、氢氧化钠、氢氧化铵、电石渣、废碱渣等。

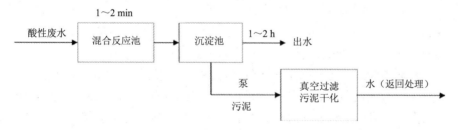

图 5-18　投药中和处理流程

氢氧化钠、氢氧化铵等药剂，中和反应完全、pH 值容易控制、中和产物不沉淀，但价格较贵，使用不多。石灰来源广、价格低廉、形成的氢氧化钙对废水中的杂质有凝聚作用，应用较普遍，但中和后的渣量较多（约占处理水体积的 2%）、沉渣脱水较难、劳动条件较差，处理成本较高，主要用于综合性酸性废水处理。

中和沉淀法处理含酸、碱污水流程如图 5-19 所示。

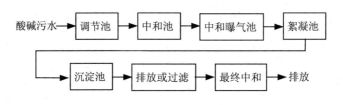

图 5-19　酸碱废水处理系统典型工艺流程

含酸、碱废水进入调节池，水量均衡调节，流入中和池中和处理，中和分两级，第一级控制 pH＝7～9，第二级控制 pH＝8.5～9.5，中和池中发生如下反应：

$$H^+ + OH^- = H_2O; \quad Fe^{2+} + 2OH^- = Fe(OH)_2$$
$$Zn^{2+} + 2OH^- = Zn(OH)_2\downarrow; \quad Sn^{2+} + 2OH^- = Sn(OH)_2\downarrow$$
$$Pb^{2+} + 2OH^- = Pb(OH)_2\downarrow; \quad Ni^{2+} + 2OH^- = Ni(OH)_2\downarrow$$

采用石灰、盐酸作中和剂，废水量较小、含酸量较小，可用 NaOH 作中和剂，但运行费用较高。产生的 $Fe(OH)_2$ 溶解度较大不易沉淀，一般需在第二级曝气处理，使 $Fe(OH)_2$ 充分氧化为溶解度较小、易于沉淀的 $Fe(OH)_3$，其反应式如下：

$$4Fe(OH)_2 + O_2 + 2H_2O = 4Fe(OH)_3\downarrow$$

曝气量根据废水中的含铁量确定。为提高废水沉淀效果，曝气后废水流入沉淀池沉淀，以去除氢氧化物和其他悬浮物。对排放标准较高的地区，沉淀池出水经过滤器处理，调整 pH 值达到排放标准后方可排放。

3. 过滤中和法

使酸性废水通过碱性固体滤层进行中和。滤层用来源广、价格便宜的石灰石或白云石。适于处理含油、含盐、悬浮物都较少，重金属污染较轻，含酸浓度较低（一般 $H_2SO_4 < 28$ g/L，HCl、$HNO_3 < 20～30$ g/L）的废水。处理流程分为普通过滤中和、升流等速过滤中和、升流变速过滤中和和滚筒过滤中和。

普通过滤中和适于处理较洁净单纯含盐酸、硝酸的废水，废水中不含大量悬浮物、油脂、重金属盐、砷、氟等。含硫酸废水不宜采用，因过滤时产生的硫酸钙覆盖滤料表面，会阻碍中和反应进行。用上升式过滤滤池，过滤速度小于 5 m/h，滤料粒径为 3～8 cm，滤层厚度 1.0～2.5 m。滤池简单、投资少；但滤速小、效率低、不能超负荷运行，处理后的出水 pH 值低，须补充处理。滤池示意图见图 5-20。

升流等速过滤中和用石灰石滤料，滤料小（粒径 0.5～3 mm），滤速高（50～70 m/L）。酸性废水自下而上通过滤层，浮起滤料，使滤料处于运动和相互摩擦状态，滤料消耗快，产生的硫酸钙能及时被水带走，保证废水处理正常进行。该法设备较小、效率高，但对滤料的粒径要求严格。

升流变速过滤中和是升流等速过滤中和的改进。为了解决滤料的粒径和倒床问题，用上大下小变截面的中和滤池（图 5-21）。扩大了滤料粒径的范围（0.5～6 mm），使滤料得到均匀膨胀，保证大颗粒不结垢，小颗粒不流失，同时也解决了倒床问题。

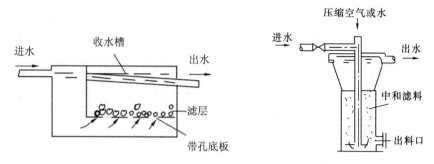

图 5-20　普通中和滤池　　　　　　　图 5-21　升流变速膨胀中和滤池

升流变速膨胀滤池解决了硫酸钙的结垢问题，仍须定期清除滤料残渣。出水中含二氧化碳，pH 值只能达到 4～5，须在中和滤池设曝气装置，使 pH 值能大于 6。

滚筒过滤中和将石灰石滤料装入卧式旋转滚筒中，见图 5-22。

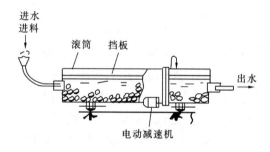

图 5-22　卧式过滤中和滚筒

酸性废水流经滚筒进行中和。此法进水酸度较高，滤料粒径范围较大（不超过150 mm）设备较复杂，动力费用较高。

在上述四种过滤中和装置之前应设调节池，减少原水及水质波动影响；其后设沉淀池，分离产生的沉渣。为使出水 pH 值达到排放标准，设曝气池，驱出 CO_2 气体。

4. 烟道气中和法

工艺流程见图 5-23。将碱性废水喷淋与烟道气中的酸性气体逆流接触中和，降低废水的 pH 值。该法要求有足够量的烟气，在处理过程中烟气不能间断。当碱性废水间断而烟气不间断时，必须有备用水供除尘用。

此法既使烟气除尘，又降低废水的碱度，pH 值可达 6～7，但废水中和后的硫化物、耗氧量、色度、悬浮物和出水温度都有所提高，要进行处理才能排放。

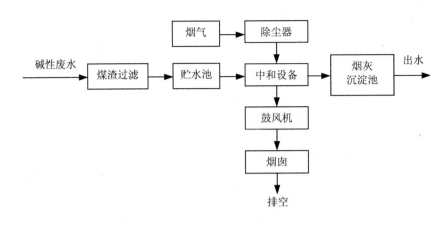

图 5-23　烟气中和碱性废水流程

三、废水处理实例

大型化工企业酸性废水水量大、成分复杂、污染严重，必须较彻底的无害化处理后才能排入水体。酸性废水先经过中和处理，或经过中和处理后再与其他废水混合进行生化处理。中和即为其中重要的关键步骤，一般要求酸水中和后 pH 值控制在 6～9。常用的中和方法有利用碱性废水进行中和、投药中和、过滤中和三种。在选择处理方法时，应根据废水中污染物种类、特征以及就近的药剂条件、生产条件、经济条件等，选择经济合理、有利于稳定运行的处理方法。

本部分所列实例中非水源附近有一股乙炔装置产生的碱性废水，用碱性废水作中和剂来中和酸性废水，达到了以废治废、资源综合利用的目的，是酸性废水治理的首选最佳方案。

1. 实例描述

流程如图 5-24 所示。两股酸性废水首先进入均质池，酸水的水质水量得到均和调节，然后进入反应池，在反应池中投加中和剂（引入电石厂送来的电石渣废液），通过搅拌器的搅拌作用，酸水和电石渣废液进行中和反应，中和反应出水呈中性后，另有三小股废水加入，出水前投加 PAM 溶液进行悬浮物的絮凝反应，进入沉淀池后，悬浮物靠重力沉降形成污泥，沉淀污泥经泵送往浓缩池，污泥经浓缩后脱水堆埋。

（1）均和

采用穿孔导流槽式均质反应池，在长方形池中设有五道纵向隔墙，将原池分割成六个小长方池，再沿对角线方向设一道斜向隔墙，又将每个小长方池分割成两个容积不一的廊道，斜向隔墙上端设穿孔集水槽，废水首先由池两端的配水槽流入各个廊道，由于每个廊道的容积不同，废水流经各个廊道所用的时间各不相同，这样使出水组分重新组合，经斜向集水槽流出，从而使水质、水量在一段时间内得到均和。

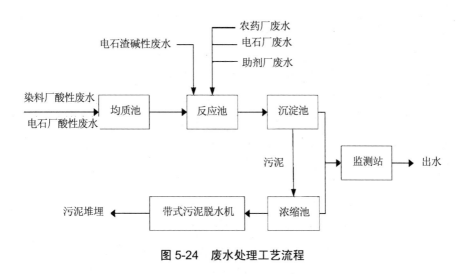

图 5-24　废水处理工艺流程

（2）中和

采用电石渣（乙炔生产中的含碱废水，其主要成分是氢氧化钙）为中和剂，对酸性废水进行中和调节。所生成的盐形成沉淀性能良好的悬浮物。悬浮物浓度可达 1 000 mg/L 以上，其中原酸水悬浮物浓度仅在 250 mg/L 左右，可见，中和反应所产生悬浮物的量很大。必须做好悬浮物的节流处理。

（3）絮凝沉淀

采用辐流式沉淀池进行悬浮物的沉淀截留，废水在进入沉淀池前投加高分子絮凝剂聚丙烯酰胺溶液（PAM），使废水中的悬浮物经絮凝反应后在沉淀池进行高效沉淀。絮凝剂的投加还可以起到另外一种作用，中和反应中生成了大量的 $CaSO_4$，这种物质容易结晶析出，黏挂在池壁、管壁上形成较厚的垢，不利于装置的稳定运行。投加絮凝剂后，$CaSO_4$ 和其他悬浮物一同絮凝成悬浮颗粒，共同下沉后形成污泥一同排出。这样，有效地阻止了结垢现象的发生。

2. 运行管理

（1）电石渣投加

作为中和剂电石渣的投加，要使酸水被中和到中性并稳定运行，必须严格控制好投加量。按酸碱当量相等的原则控制电石渣的用量。运行中，必须保证间隔 4h 分析一次酸水的酸度和电石渣的用量。由于化工生产所产生的酸水依据其生产周期和所处反应阶段不同，酸度随时都可能发生变化，而电石渣的碱度也可能有所波动。因此，在生产中必须及时分析酸碱度，根据生产负荷和水质情况调整好电石渣的投加量，使其中和效果达到均衡稳定。

（2）PAM 投加

PAM 按设计定额为 $1.0 \sim 1.5 \ g/m^3$，实际操作中，PAM 配置成 0.1%的溶液。这

样，PAM 溶液投加量即为水量的 0.1%～0.15%，运行中应根据水量的变化情况，及时调整投加量，以保证满足生产需要。

（3）排泥

由于中和反应产生的大量悬浮物，必须在沉淀池中进行有效的截留，沉淀截留后在沉淀池底部形成污泥，必须及时从沉淀池排出。否则，将影响沉淀池的有效容积，并易出现结垢、堵管等情况。在本例中采用污泥泵连续排泥，如按日截留悬浮物 30t 计，排泥含水 98%，则日排泥量必须超过 1 500 m^3，才能保证沉淀池正常运行。

（4）污泥的最终处置

化工酸性废水中和沉淀后产生的污泥中污染物种类多、含量高，必须经无害化处理。一般污泥焚烧为较好的最终处置方法。本工艺中，污泥经浓缩池浓缩至含水92%左右的污泥后，利用带式脱水机进行絮凝脱水。脱水后泥饼含水率为 70%。泥饼送至填埋场进行卫生填埋。填埋场具有防渗功能，泥中水分不能渗入地下。倒入污泥要及时覆盖压实，防止晾干后产生飞尘。污泥中的渗出水用泵抽出送回污水处理厂进行二次处理。这样，杜绝了污泥的二次污染。

3. 酸水腐蚀的防治

首先要对酸水流经的设备、管线、构筑物进行可靠的防腐处理，否则，将无法顺利完成治理任务。本例中的废水对白钢仍有较强的腐蚀作用，可见其对防腐的要求很高。酸水输送设备均采用耐腐蚀瓷泵，且泵前、后的阀门均为陶瓷阀，干线阀门采用内衬聚四氟乙烯的白钢蝶阀，搅拌器采用钛材制作，所有构筑物均衬玻璃钢防腐，流量计也加衬聚四氟乙烯防腐，管线为玻璃钢管。采取这些措施后，有效地解决了酸水腐蚀的问题，保证处理过程顺利进行。

思考与习题

1. 化工废水的来源有哪些？
2. 结合具体案例简要说说化工废水的特点与危害。
3. 画出炼油行业的含油废水的处理利用流程。
4. 画出焦化行业的含酚废水的处理利用流程。

学习情境六 轻工业废水的处理与利用

【情境描述】

通过分析造纸、印染、制革等典型轻工业生产工艺，讲授其产污环节，污染物特点及常见处理工艺和操作运行。通过学习，对典型轻工业生产工艺流程有初步了解，能根据工艺流程图分析产污环节；掌握典型轻工业水污染物的处理工艺及利用方法，了解各工艺流程的控制及运行操作方式。

学习单元一 造纸废水的处理与利用

一、造纸废水的来源及特性

造纸废水主要来源于生产工艺中的备料、蒸煮、冷凝、洗浆、漂白和抄造纸工序。通常把洗浆废水、筛选废水与漂白废水称为中段废水。

（一）备料工段废水

备料过程中产生的废水主要包括洗涤水以及湿法剥皮机排水，其中含有的主要污染物质包括树皮、泥沙、木屑等固体悬浮污染物及木材中的水溶性物质，如果胶、多糖、胶质及单宁（Tannins）等。

（二）蒸煮工段废水

植物纤维原料经过蒸煮以后，50%～80%转化为纸浆，其余20%～50%的物质则溶于蒸煮液中。制浆方法和所用原料不同，则蒸煮废液的组分也存在很大差异，其主要成分为木素、糖类及蒸煮所用的化学药剂。碱法制浆产生的废液呈黑色，称为"黑液"。酸法制浆产生的废液呈红色，称为"红液"。制浆造纸废水的污染以黑液为主。

1. 黑液

在碱法蒸煮过程中，加入的碱与纤维原料中木质素、碳水化合物反应，生成有机物的钠盐，通常纤维原料中有50%～56%的有机物溶解于蒸煮废液中，所排放的黑液是制浆过程中污染物浓度最高、色度最深的废水，呈棕黑色。它几乎集中了制浆造纸过程 90%的污染物，其中还有大量木质素和半纤维素等降解产物、色素、戊糖类、残碱及其他溶出物。每生产 1 t 纸浆约排黑液 10 t，其特征为 pH 值为 11～13，BOD_5 为 34 500～42 500 mg/L，COD 为 106 000～157 000 mg/L，SS 为 23 500～27 800 mg/L。

2. 红液

酸法制浆采用的化学药剂是以钙、镁、钠、铵等为盐基的酸性亚硫酸盐或亚硫酸氢盐。

红液的化学成分复杂，杂质约为 15%，其中钙、镁盐及残留的亚硫酸盐约为 20%，木素磺酸盐、糖类及其他少量的醇、酮等有机物约占 80%。

（三）污冷凝水

蒸煮过程的冷凝水是污冷凝水的来源之一。主要含有烯类化合物、甲醇、乙醇、丙酮、丁酮及糠醛等污染物，还可能含有硫化氢、有机硫化物及油类物质。蒸煮过程中产生的污冷凝水是制浆厂污冷凝水的另一个来源。亚硫酸法制浆中，红液蒸发污冷凝水是重要污染源，其主要污染物是醋酸，其次是甲醇及糠醛。

（四）漂白废水

经过化学蒸煮的浆液均具有一定的颜色，依原料或制浆的方法不同，浆的颜色从灰白色到暗褐色不等。为了扩大制浆的用途，提高制浆的白度，必须经过漂白、精致处理，以除去纸浆中的有色物质，并赋予纸浆所需的物理化学性质。纸浆漂白的主要方法是用氧化剂作为漂白剂，氧化破坏木质素及有色物质，使其降解，提高纸浆的纯度和白度。工业上应用较多的是含氯漂白剂，包括氯气、次氯酸钠和二氧化氯等。

漂白废水中 COD、BOD_5 负荷较大，含氯代有机物等毒性物质，还含有一些致畸、致癌、致突变物质。

（五）化学机械浆废水

化学机械浆废水中有机污染物主要来源于木片汽蒸、洗涤、化学预处理和浆料的洗涤、浓缩等处理过程。废水主要含有低分子挥发酸、高分子树脂酸、脂肪酸、酚类、多酚类等。

（六）洗浆、筛选废水

洗浆废水主要来源于洗浆机和贮槽的清洗水以及设备的跑、冒、滴、漏。筛选和净化主要是为了去除粗浆中的生片、木节、粗纤维素及非纤维素细胞、沙砾和金属屑。筛选后的浓缩排水也是筛选废水的来源之一。

（七）废纸造纸废水

废纸造纸废水主要来源于废纸脱墨、洗涤、浆料净化筛选、浓缩和纸机湿部。在制浆部分的除渣、洗浆、漂洗等过程中产生大量的洗涤废水。废纸造纸中，脱墨工艺产生的废水主要有两类：一是制浆部分的脱墨、除渣、浓缩、洗浆等过程中产生的大量洗涤废水；二是抄纸部分洗涤以及脱水过程中产生的含有纤维、填料和化学药品的"白水"。

废纸回用过程废水量大，一般每生产 1 t 脱墨浆耗水量 30～100 t；废水中含有的悬浮物主要有油墨、纤维、填料和助剂等；废水中 SS、COD、BOD_5 等污染指标高，且废水颜色深。

（八）造纸白水

造纸过程的废水主要来自于打浆、纸机前筛选和抄造等工序，这部分废水常称为"白水"，其中含有纤维碎屑、小纤维、颜料、淀粉及染料等。污染物主要以溶解性物质和悬浮固体物质存在，主要来源于原料、少量的辅助化学品及大部分的辅助剂（如防腐剂、杀菌剂、消泡剂）。

二、造纸废水的处理及利用

制浆造纸废水污染防治包括实施清洁生产与无害化处理两部分，采取的主要措施是：改进生产技术和加工工艺，以减轻工艺过程产生的污染物，特别是有毒物质；提高化学药品、热能、纤维等的回收率；进行逆流洗涤，封闭用水，回收回用废水，以减少废水排放总量；在实施清洁生产的基础上，进行末端无害化处理。

蒸煮废液是造纸废水的主要污染源，主要是通过工艺改革、综合利用与回收资源等途径来实现。对洗浆废水、筛选废水、漂白废水、造纸废水（纸机白水）四种废水的治理是在废水回用的基础上进行末端处理。

（一）废水治理利用技术

生产过程中产生的较清洁的废水，如筛洗工序的洗涤水、漂白车间洗浆机的滤出液、造纸机的白水，都可以回用。废水回用的主要途径有逆流洗涤、废水利用与封闭用水等。

采用简单的物理法，可以去除悬浮物。中和法调整 pH，生物化学法去除溶解有机物。要求高度净化时，则再采取适应的物理化学方法进行处理。表 6-1 列出了一些可供选择的基本方法，以达到不同的处理目的。

表 6-1　造纸废水的基本处理方法

污染物	处理方法		主要处理设备	效　果	备　注
悬浮物	物理法	沉淀法	沉淀池、简单沉淀槽、排除污泥设备	收回纤维、减少悬浮物	污泥脱水难
			凝聚沉淀池及排除污泥设备	回收纤维、部分脱色和除 BOD	需用凝聚剂、污泥脱水难
		过滤法	格栅、筛板、压力过滤机或离心机	回收纤维	
		浮选法	充气设备和浮选槽	回收纤维、去泡沫、油等	
pH、溶解物、BOD、COD	生物化学法	中和法	中和池、中和槽	调 pH	加酸或加碱
		氧化除臭法	曝气槽	除臭并去除部分 BOD	加氯或二氧化氯
		自然氧化法	氧化稳定塘	去除 BOD	
		表面曝气法	表面曝气氧化塘	去除 BOD	
		生物滤池法	生物滤池系统	去除 BOD	
		活性污泥法	活性污泥曝气系统	去除 BOD	污泥脱水难
		生物转盘法	澄清池、污泥池、转盘系统	去除 BOD	
		灌溉法	泵和管道	处理全部悬浮物、BOD	日久会使土壤变质
	物理化学法	吸附法 石灰法	沉淀池	脱色并去除悬浮物和少量 BOD	
		活性炭法	过滤池		
		凝聚沉淀法	沉淀池		
		薄膜分离法 反渗透法	反渗透膜装置	净化废水、回收盐基和木质素	
		电渗析法	电渗析槽系统		
		离子交换法	离子交换塔系统	去除有机和无机离子	

对于造纸机端部排出的纤维含量较高的白水，可以直接利用来稀释纸浆，使纤维、填料、胶料和水都得到充分的利用。其他纤维浓度较低的废水，送打浆工段使用或对废水进行固液分离，在回收浆料的同时，废水得到净化，以便回用或排放。可以采用混凝沉淀、气浮、筛孔过滤和离心分离等方法进行白水处理，以实现循环利用。

1. 洗涤—筛浆系统封闭循环用水

如图 6-1 所示，采用水封闭循环可节约用水，减少化学品和纤维的流失，减少排污量。为不给其前后工序（洗涤与漂白）增加负担，在采用封闭用水的同时，必须考虑增强洗浆能力。

封闭系统

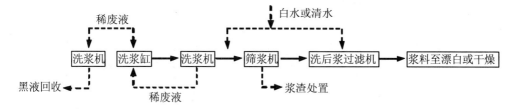

图 6-1　封闭洗涤—筛浆系统流程

2．漂白工段的封闭用水

要获得高白度纸浆，需经多种漂白剂多段漂白。工艺上常用 C 表示氯化，漂白剂是氯气；E 为碱抽提，药剂是 NaOH；H 为次氯酸盐；D 为二氧化氯漂白；O 为氧气漂白。各漂白程序中，氯化段与第一碱抽提段（即 C 与 E1）的污染负荷约占全过程的 50%～90%，后续过程排放的水可以回用。图 6-2、图 6-3 为两种不同的漂白废水封闭循环流程示意。

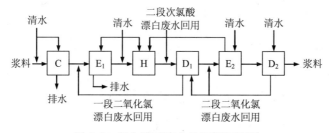

图 6-2　漂白酸碱废水分流循环流程

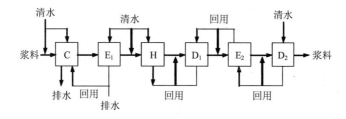

图 6-3　漂白废水逆流循环流程

3．造纸白水的回用

造纸白水回用的方式有两种：一是将经处理（降低悬浮物）的纸机白水代替清水再用于造纸过程；二是白水封闭循环再用。图 6-4、图 6-5 分别为半封闭白水系统与封闭白水系统。半封闭白水系统是将网下白水坑和伏辊坑的浓白水尽量回用，供碎浆机调节用做稀释水。

白水回收装置的主要作用是去除白水中的悬浮物。常用的回收装置有斜筛、沉淀池或澄清、气浮池、鼓式过滤机、多盘式回收机等。

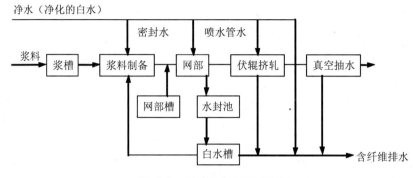

图 6-4　半封闭白水系统流程

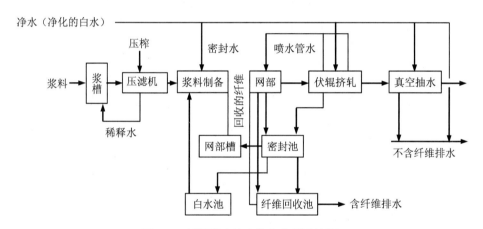

图 6-5　封闭程度较高的白水系统流程

（二）造纸废水末端处理技术

造纸工业与其他工业一样，在实施清洁生产后，还有部分废水需进行末端无害化处理，以去除残余于废水中的纤维、粗大杂物与有机污染物。造纸废水末端处理的对象是洗涤废水、筛洗废水和漂白废水，通常把这三种废水称为中段废水，中段废水的水质与制浆工艺、原材料、清洁生产的实施等多种因素有关，一般为 pH 值，8～9；COD_{Cr}，200～2 000 mg/L；BOD_5，100～600 mg/L；SS，300～1 800 mg/L；酚，0.7～1.75 mg/L；木质素，50～300 mg/L；色度较高。主要处理工艺为一级处理与二级处理，必要时也用三级处理，如图 6-6 所示。

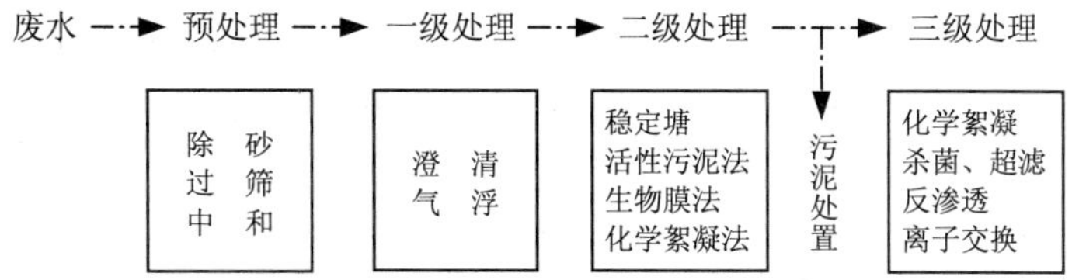

```
废水 ┈┈▶ 预处理 ━━━▶ 一级处理 ━━━▶ 二级处理 ━━━┳━▶ 三级处理
                                              ┆
    ┌──────┐   ┌──────┐  ┌──────────┐ ┌────┐ ┌──────────┐
    │ 除  砂 │   │      │  │稳定塘      │ │污泥 │ │化学絮凝   │
    │ 过  筛 │   │澄  清 │  │活性污泥法   │ │处置 │ │杀菌、超滤 │
    │ 中  和 │   │气  浮 │  │生物膜法    │ │    │ │反渗透     │
    │      │   │      │  │化学絮凝法   │ │    │ │离子交换   │
    └──────┘   └──────┘  └──────────┘ └────┘ └──────────┘
```

图 6-6 造纸废水处理的一般流程

1．一级处理

一级处理的目的是去除悬浮物，回收纤维。常用的方法有机械澄清、沉淀塘、沉淀池与气浮法等，处理效率与制浆工艺、纸品种类等因素有关。经过一级处理后，TSS 去除率为 67%～96%（一般为 80%～90%），BOD_5 去除率为 10%～50%（一般为 20%～30%）。

2．二级处理

（1）化学絮凝法（沉淀与气浮）

投加化学絮凝剂有较好的脱色效果，并提高悬浮物与 COD 的去除效果。经化学絮凝法处理后，COD 去除率为 30%～70%（一般为 30%～50%）。造纸工业常用的化学絮凝剂有明矾、三氯化铁与石灰等。总排水中的 COD 负荷较高时不宜采用此方法。一般认为，COD 负荷为 10～30 kg/t（浆）时，可选用化学絮凝法。其工艺流程如图 6-7 所示。

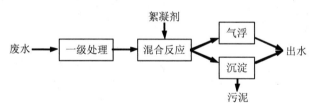

图 6-7 化学聚凝法工艺流程

（2）生物处理法

生物处理是去除造纸废水中有机污染物的有效方法。其有机污染物的去除率与制浆工艺、选用的生物处理工艺、负荷率等因素有关。其中活性污泥法处理效果最好。当有机负荷为 1 kg/（m³·d）时，BOD_5 去除率为 90%～95%，COD 去除率为 30%～65%；当有机负荷为 2 kg/（m³·d）时，BOD_5 去除率为 80%～90%，COD 去除率为 25%～60%。其工艺流程如图 6-8 所示。

造纸废水如果用生物处理时，由于废水中通常都缺乏氮、磷，应根据水质补加。补加量一般按 BOD_5：N：P＝100：5：1 的比例。由于废水中含有的木质素和树脂皂类，在曝气过程中易产生大量泡沫，影响处理效果，设计时应注意。

图 6-8　生物处理法工艺流程

表 6-2 为各种二级处理方法的比较。

表 6-2　各种二级处理方法的比较

参数	稳定塘	曝气塘	生物滤池	活性污泥	化学絮凝
所需占地面积	很大	大	小	小	小
负荷范围 kg/（m²·d）	0.005～0.01	0.04～0.2	2～5	1～4	高
BOD₅ 去除率/%	50～80	50～90	40～75	70～95	20～40
均衡需要	无	无	小	大	无
均衡能力	很大	很大	小	小	小
抵抗冲击负荷能力	很高	很高	高	有限	高
抵抗流量变化能力	很高	高	高	略高	高
抵抗负荷变化能力	很高	很高	高	略高	高
抵抗废水水质变化能力	很高	高	高	小	略小
pH 值范围	广泛	广泛	小	小	小
对停机期间的抵抗能力	好	好	略好	小	好
对低温空气的灵敏度	很高	略高	略小	小	小
营养盐需要量	小	小	略小	高	—
污泥产量	很小	小	略大	大	大
污泥沉降性	差	差	好	好	略好
维修量	很小	小	小	大	略小
可操纵性	小	小	小	大	略小
需要能力	小	高	略高	高	低
投资、安装费	低、高	低	略高	高	低
操作费	很低	略高	略高	高	高

学习单元二　印染废水的处理与利用

一、印染废水的来源与特性

纺织印染工业废水用水量大,每印染加工 1 t 纺织品耗水 100～200 t,其中 80%～90%成为废水排出。

织物性质不同，所使用的染料及其他化学药剂也有所不同，根据不同的印染物质或加工工序，进行印染废水的分类。按印染物质分，有棉布纺织印染废水、毛纺废水、化学纤维加工废水。按加工工序分：有退浆废水、煮炼废水、漂白废水，丝光废水、染色废水、印花废水和染整废水等。

（一）退浆废水

退浆是用化学药剂将织物上所带的浆料退除（被水解或酶分解为水溶性分解物），同时也除掉纤维本身的部分杂质。退浆废水是碱性有机废水，呈淡黄色，含有浆料分解物、纤维屑、酸、碱和酶类等，BOD_5 和 COD 值很高，退浆废水水量较少，但污染较重，是漂染废水有机污染物的主要来源。

（二）煮炼废水

煮炼是用烧碱和表面活性剂等的水溶液对棉织物进行煮炼,去除纤维所含的油脂、蜡质、果胶等杂质，以保证漂白和染整的加工质量。煮炼废水呈强碱性，废水量大，其主要污染物为纤维中的各种杂质和洗涤剂等，COD 和 BOD_5 高达数千毫克/升。

（三）漂白废水

漂白是用次氯酸钠，过氧化氢或亚氯酸钠等氧化剂去除纤维表面和内部的有色杂质。漂白剂大多在漂白过程中分解，故漂白废水的特点是水量大，污染程度较轻，BOD_5 和 COD 均较低，属较清洁废水，可直接排放或循环再用。

（四）丝光废水

丝光是将织物在氢氧化钠浓溶液中进行浴液处理，以提高纤维的张力强度，增加纤维的表面光泽，降低织物的潜在收缩率和提高对染料的亲和力。丝光废水一般经蒸发浓缩后回收，由末端排出的少量丝光废水碱性较强。

（五）染色废水

染色废水的主要污染物是染料和助剂。由于不同的纤维原料和产品需要使用不同的染料、助剂和染色方法，加上各种染料的上色率不同和染液的浓度不同，使染色废水水质变化很大。染色废水的色泽一般较深，且可生化性差，悬浮物少，COD 和 BOD_5 值高。

（六）印花废水

印花废水主要来自织物和设备的冲洗水及印花布后处理时的皂洗、水洗用水。

印花色浆中的浆料比染料量多几倍至几十倍，因而印花废水中除染料和助剂污染物外，还含有大量的浆料，为黏性废水，BOD_5 和 COD 含量很高。

（七）整理废水

整理废水含纤维屑、树脂甲醛、油剂和浆料等，但水量小，污染不严重。

以上印染工序产生的废水，以有机污染为主，碱性强，悬浮物多，pH 值在 9～12，COD、BOD_5 较高。一般 COD 为 500～1 000 mg/L，其中毛纺织染整废水 COD 较低，偏碱性，色泽较深。由于印染废水的碱性强，用来灌溉农田，会使土壤盐碱化，农作物减产。排入水体，因色泽深，不利于水生植物的光合作用，使水中溶解氧低，废水中有机物会消耗大量溶解氧，使鱼类难以生存，并使淤泥厌气腐化、发臭。不加处理的印染废水直接排放，会造成环境的严重污染。

印染废水的排放量与产品品质、生产工艺、生产设备及管理水平有关。表 6-3 为典型印染厂的水质特征。

表 6-3　典型印染厂的水质特征

印染厂类别	pH	色度/倍	COD_{Cr}/(mg/L)	BOD_5/(mg/L)	硫化物/(mg/L)	总固体物/(mg/L)	总悬浮物/(mg/L)
全能印染厂	9～10	300～400	600～800	150～200	0.7～1.0	900～1200	100～120
卡其染色厂	10～11	400～500	600	150	20～30	1 800～2 000	150～200
人棉染色厂	6.5～8.5	500	1200	300	2～3	2 500	500
灯芯绒染色厂	9～10	500～600	500～600	200～300	4～6	1 800～200	150
织袜厂	8～9	150～200	500～600	120～150	4～6	1 200	60～80

二、印染废水处理技术

目前，国内的印染废水处理手段以生物法为主，辅以物理法与化学法。由于近年来化纤织物的发展和印染后整理技术的进步，使新型染料、PVA 浆料、新型助剂等难生化降解有机物大量进入染料废水，给废水治理增加了难度。原有的生物处理系统 COD 去除率大都由原来的 70% 降到 50% 左右，甚至更低。色度的去除是印染废水处理的一大难题。此外，PVA 等化学浆料造成的 COD 占印染废水总 COD 的比例相当大，由于很难被普通生物所利用，其去除率只有 20%～30%。针对上述问题，进行了厌氧-好氧生物处理工艺、高效脱色菌和 PVA 降解菌的筛选与应用研究、光降解技术研究、高效脱色混凝剂的研制等。

（一）印染废水常用处理技术

印染废水的常用处理技术可分为物理法、化学法和生物法三类。物理法主要有格栅、调节、沉淀、气浮、过滤、膜技术等，化学法有中和、混凝、电解、氧化、吸附、消毒等，生物法有厌氧生物法、好氧生物法、兼氧生物法。印染废水常用处理技术见表6-4。

表6-4　印染废水常用处理技术

名称	主要构筑物、设备及化学品	处理对象
格栅与筛网	粗格栅、细筛网	悬浮物、漂浮物、织物碎屑、细纤维
中和	中和池、碱性酸性药剂投加系统；各类中和剂（硫酸、盐酸等）	pH 值
混凝沉淀（气浮）	各种类型反应池（机械搅拌反应池、隔板反应池、旋流反应池、竖流折板反应池）、加药系统、沉淀池（平流式、竖流式、辐流式）、气浮分离系统（加压溶气气浮、射流气浮、散流气浮）；药剂：$FeSO_4$、$FeCl_3$、$Ca(OH)_2$、$Al_2(SO_4)_3$、PAC、PAM、PFS	色度物质、胶体悬浮物、COD、LAS
过滤	砂滤；膜滤等过滤器（MF、UF、NF 等）	细小悬浮物、大分子有机物、色度物质
氧化脱色	臭氧氧化、二氧化氯氧化、氯氧化、光催化氧化	COD、BOD_5、细菌、色度物质
消毒	接触消毒池；氯气、NaClO、漂白粉、臭氧	残余色度物质、细菌
吸附	活性炭、硅藻土、煤渣等吸附器及再生装置	色度物质、BOD_5、COD
厌氧生物处理	升流式厌氧颗粒污泥床（UASB）、厌氧附着膜膨胀床（AAFEB）、厌氧流化床（AFBR）、水解酸化	BOD_5、COD、色度物质、NH_3-N、磷
好氧生物处理	推流曝气、氧化沟、间歇式活性污泥法（SBR）、循环式活性污泥法（CAST）、吸附再生氧化法（A/B）、生物接触氧化法	BOD_5、COD、色度物质、NH_3-N、磷

（二）印染废水处理工艺流程

物理法主要用于去除悬浮物、色度及部分 COD。投药混凝反应是物化处理的重要环节，分离工艺气浮法具有突出的优点。生化法主要采用厌氧水解-好氧氧化串联工艺，厌氧水解工艺是解决印染废水 COD 值高、可生化性差及色度高等难题的有效前置技术，经厌氧水解后大部分难降解有机物已被分解为易生物降解小分子有机物，可以提高废水可生化性，保障废水好氧生物处理的效率和出水水质。好氧氧化工艺有多种方式，如氧化沟、间歇式活性污泥法、生物接触氧化等，后者由于易于管理、产泥量少、污泥不易发生膨胀及运行成本低等特点，是目前小型企业印染废水常用的好氧生物处理方法之一，选用好氧方法时应根据企业废水的特点做出优选，必要时尽可能采取综合治理技术。

1. 水解酸化-生物接触氧化-生物炭印染废水处理工艺

见图 6-9。该工艺是近年来印染废水处理中采用较多，较成熟的工艺流程。水解酸化的目的是对印染废水中可生化性很差的某些高分子物质和不溶性物质，通过水解酸化降解为小分子物质和可溶性物质，提高可生化性和 BOD_5/COD_{Cr} 值，为后续好氧生化处理创造条件。同时，好氧生化处理产生的剩余污泥经沉淀池全部回流到厌氧生化段，进行厌氧消化，减少了整个系统剩余污泥排放，即达到自身的污泥平衡。厌氧水解酸化池和生物接触氧化池中均安装填料，属生物膜法处理；生物炭池装活性炭并供氧，兼有悬浮生长和附着生长的特点；脉冲进水的作用是对厌氧水解酸化池进行搅拌。

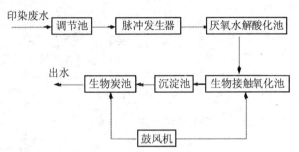

图 6-9　水解酸化-生物接触氧化-生物炭印染废水处理工艺流程

各部分的水力停留时间一般如下，调节池：8～12 h；厌氧水解酸化池：8～10 h；生物接触氧化池：6～8 h；生物炭池：1～2 h；脉冲发生器间隔时间：5～10 min。

该处理工艺系统对于 $COD_{Cr} \leqslant 1\,000$ mg/L 的印染废水，处理后的出水可达到国家排放标准，如进一步深度处理则可回用。

2. 缺氧水解-生物好氧-混凝组合工艺处理印染污水

废水水量 2 600 m³/d。废水水质：BOD_5 200～250 mg/L，COD_{Cr} 750～850 mg/L，pH 值 9～11，色度 850 倍。出水水质要求：$BOD_5 \leqslant 30$ mg/L，$COD_{Cr} \leqslant 100$ mg/L，pH 值为 6～9，色度 $\leqslant 100$ 倍。组合工艺处理印染废水工艺流程见图 6-10。

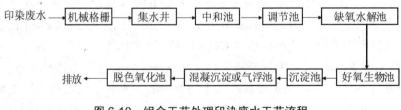

图 6-10　组合工艺处理印染废水工艺流程

该组合工艺的特点：一是好氧生物处理构筑物前采用缺氧水解池以提到废水的可生化性；二是沉淀池后设置混凝沉淀池和氧化池作三级处理，可获得较好的出水水质，达到处理要求；三是废水 SS 较低，不设置初沉淀；四是缺氧水解池内设置填料。

3. 电化学+气浮+水解酸化+两级接触氧化+二级生物炭塔+过滤处理印染废水

该工艺以生化、物化、深度处理相结合。工艺流程见图 6-11。该工艺设计水量 5 000 m³/d。主要水质指标：COD_{Cr} 1 000～1 500 mg/L，BOD_5 300～500 mg/L，S^{2-} ≤35 mg/L，色度≤1 000 倍。要求处理后出水：COD_{Cr}≤100 mg/L，BOD_5≤30 mg/L，色度≤50 倍，S^{2-}≤0.5 mg/L。

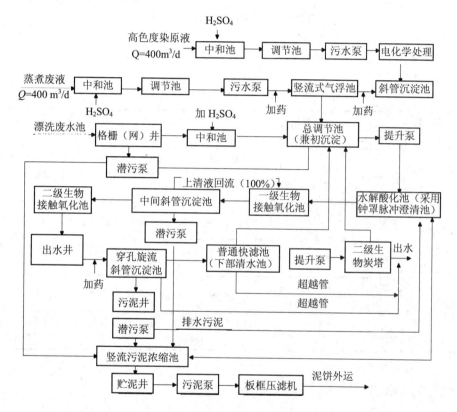

图 6-11　电化学+气浮+水解酸化+两级接触氧化+二级生物炭塔+过滤处理印染废水工艺流程

三、印染废水的深度处理技术

深度处理的对象与目标：①去除处理水中残存的悬浮物（包括活性污泥颗粒）、脱色、除臭，使水进一步澄清；②进一步降低 BOD_5、COD_{Cr}、TOC 等指标，使水进一步稳定；③脱氮、除磷，消除能够导致水体富营养化的因素；④消毒、杀菌，去除水中的有毒有害物质。印染废水的深度处理是指对已经处理达到 GB 4287—1992 的出水，再进行处理而达到相关标准，满足工业或市政回用要求的过程。典型印染废水深度处理工艺流程如图 6-12 所示。

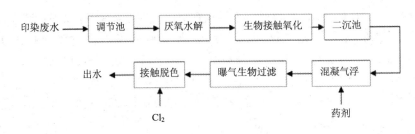

图 6-12　印染废水深度处理工艺

印染废水常用深度处理技术及其去除对象见表 6-5。

表 6-5　印染废水常用深度处理技术及其去除对象

去除对象		有关指标	采用的主要处理技术
有机物	悬浮状态	SS、VSS	混凝沉淀、过滤、微滤、超滤
	溶解状态	BOD_5、COD、TOC、TOD	混凝沉淀、活性炭吸附、臭氧氧化生物活性炭（PAC）、曝气生物滤池（BAF）、膜生物反应器（MBR）、生物稳定塘
植物性营养盐类	氮	TN、KN、NH_3-N、NO_2-N	吹脱、折点加氯、生物脱氮 H/O 技术、氧化沟
	磷	PO_4^{3}-P、TP	金属盐混凝沉淀、石灰混凝沉淀、晶析法、生物除磷 A/O 法
微量成分	溶解性无机物、无机盐类	电导度、Na^+、Ca^{2+}、Cl^-	离子交换技术、膜技术（纳滤和反渗透）
	微生物	细菌、病毒	臭氧氧化、消毒（氯气、次氯酸钠、紫外线、二氧化氯等）、光催化氧化

微滤及超滤

1. 微滤

微滤（MF）操作有无流动和错流两种，前者应用于稀料过滤和小规模过滤。错流操作又称为切线流操作，是近年来发展较很快的印染废水深度处理技术。如图 6-13 所示，一个内压式中空纤维膜，废水以切线方向流过膜表面，在压力作用下通过膜，废水中的染料及其他污染物颗粒则被膜截留而停留在膜表面形成一层污染层。废水流经膜表面时产生的高剪切力可使沉积在膜表面的颗粒扩散返回主体流，从而被带出微滤组件。由于过滤导致的颗粒在膜表面的沉积速度与流体流经膜表面时由速度梯度产生的剪切力引发的颗粒返回主体流的速度达到平衡，可使该污染层不再无限增厚而保持一个较薄的稳定水平。

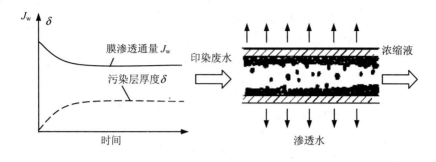

图 6-13　错流操作（动态过滤）

　　随着微滤过程的进行，膜面逐渐堆积被拦截的杂质颗粒，在操作压力的挤压下，膜的孔隙逐渐覆盖，过水阻力逐渐增高，膜的通量下降。下降的原因可能为孔堵塞、吸附、浓差极化或凝胶层的形成。印染废水中含有水溶性大分子染料（亲水性染料）物质，由于其扩散系数很小，造成从膜表面向料液主体的扩散通量也很小，因此膜表面的溶质浓度显著增高，形成膜面固着型凝胶层，此时水的渗透通量急剧减少。膜的反向清洗技术是在凝胶层尚未形成，膜孔堵塞不密实时用气反冲膜面杂质，让它处于动态条件下。微滤的截面粒径在 0.02～10 μm，渗透通量 500～1 200 L/(m²·h)，操作压力低，出水澄清。除悬浮物外，水中 COD_{Cr} 也有相当的去除率，当深度处理要求不十分高时，微滤都能满足要求。

　　2. 超滤

　　超滤膜具有精密的微细孔，对于截留水中的悬浮物、胶体、亲水性大分子染料颗粒等微粒相当有效，而且操作压力低、设备简单。其净化机理见图 6-14。

图 6-14　超滤净化机理

　　在外力作用下，被分离的废水以一定的流速沿着超滤膜表面流动，废水中的低分子量物质、无机离子，从高压侧透过滤膜进入低压侧，并作为滤液而排出；而废水中大分子染料物质、胶体微粒及微生物等被超滤膜截留，废水被浓缩并以浓缩液形式排出。由于它的分离机理主要是机械筛分作用，膜的化学性质对膜的分离特性没有影响。浓液中染料物质或表面活性剂物质可以回入调节池进行生化处理，渗透水可作中水回用。

超滤与微滤的差别是超滤对染料物质截留率高,可以回收染料。超滤的渗透通量小,为 100~500 L/(m²·h),截留分子量 1 000~3 000。超滤用于浆料回收也很有效,只是滤速要降低。超滤的渗透液通常可作为回用水。超滤法适用于棉印染行业、回收还原性染料等疏水性染料。其基本原理:将聚砜材料(成膜剂)、二甲基甲酰胺(溶剂)、乙二醇甲醚(添加剂)通过铸膜器,采用急剧凝胶工艺制成具有一定微孔的聚砜超滤膜,组装床超滤器,在压力 0.2 MPa 下,对氧化后的还原染料残液进行过滤、回收。超滤回收还原染料的工艺如图 6-15。

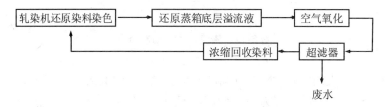

图 6-15　超滤回收还原染料的工艺

主要设备有氧化槽、超滤器、水泵等。主要技术经济指标如下:聚砜膜耐碱性强,透水性好,为防止膜表面产生浓差极化,可每月用稀酸清洗 1~2 次,每吨染色残液可回收染料 16~17 kg,电耗 20 kW·h/kg 染料;回收染料以 5%~7%投入新染料中,不影响产品质量。超滤器投资约 5 万元/台,可降低废水色度,减少 COD_{Cr}。

3. 曝气生物滤池

曝气生物滤池(Biological Aerated Filter,BAF)充分借鉴了污水生物接触氧化法和给水快滤池的设计思路,集曝气、截留悬浮物、降解有机物、高滤速、定期反冲洗等特点于一体。其结构见图 6-16。

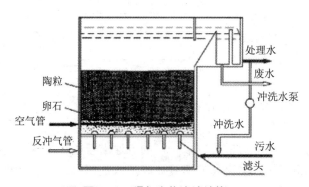

图 6-16　曝气生物滤池结构

其工艺原理:在滤池中装填一定量粒径较小的粒状滤粒,当废水均匀地洒布到滤池表面后,在废水自上而下流经滤料表面,而空气由下向上与废水逆流接触,在滤料表面会逐渐形成生物膜。影响曝气生物滤池处理效果的因素主要有滤料、池深、水力负荷、通风等。

曝气生物滤池是淹没式生物膜技术，填料上的生物量大于悬浮生物处理系统，MLSS 可达 $15\sim30$ g/L，有利于世代期较长的微生物生长。印染废水经二级生物处理后，水中 COD_{Cr} 及 BOD_5 相对较低，曝气生物滤池填料上可以生长贫营养的微生物如假单胞菌、嗜水气单胞菌、芽孢杆菌等，这些贫营养微生物比表面较大，对废水中有机物有较大的亲和力，且呼吸速率低，比增殖速度及 Monod 常数都较小，所以对营养物的竞争具有较大优势。印染废水中有机物种类较多，生物填料上的多菌种体系具有更大的降解能力，所以曝气生物滤池作为深度处理工艺对有机物浓度较低的二级生物处理出水具有很大的优势。同时与其他生物膜技术一样，填料上生物膜内都存在厌氧环境，因此具有良好的脱氮功能。预处理中应用混凝法时，水中残存的铝离子、亚铁离子絮体均能通过曝气生物滤池的填料被除去。

4. 深度稳定塘

废水二级处理出水可进入稳定塘，作为深度处理设备，可使稳定塘出水达到回用标准。这种稳定塘多用好氧塘或曝气塘。进入稳定塘的水质为 $COD_{Cr}<120$ mg/L，$BOD_5<30$ mg/L。通过深度稳定塘的处理，可使 BOD_5、COD_{Cr} 进一步降低，去除水中细菌、藻类、氮、磷等营养物质，出水澄清。由于二级生物处理出水中有机物已是较难降解的，因此 COD_{Cr} 去除率只有 $15\%\sim25\%$，BOD_5 去除率 $30\%\sim60\%$。深度稳定塘对细菌（大肠杆菌、结核杆菌等）有较好的去除能力，因此二级处理水如进入深度稳定塘前无须加氯处理。稳定塘除藻差可采用塘内养鱼除藻。养鱼可在塘内形成藻类—动物性浮游生物—鱼类这一生态系统和食物链，但进塘水水质应符合《渔业水域水质标准》。稳定塘对氮、磷的去除受温度影响大，冬季效果较差，夏天 NO_3^- 可去除 30%，TP 可去除 70%。深度稳定塘有关工艺参数见表 6-6。

表 6-6　深度稳定塘有关工艺参数

类型	BOD_5 表面负荷/[kg/($10^4m^2\cdot$d)]	深度/m	水力停留时间/d	BOD_5 去除率/%
好氧塘	$20\sim60$	$1\sim1.5$	$5\sim25$	$30\sim55$
养鱼塘	$20\sim35$	$1\sim2$	>15	

四、印染废水的深度处理回用工艺

废水的回用需要多种深度处理单元技术合理组合，这不仅与废水的水质特征、处理后水的用途有关，还与各处理工艺的互容性与经济上的可行性有关。下面列举几种印染废水二级处理出水深度处理后达到回用要求的典型工艺流程，可供参考。

工艺①：如图 6-17 所示，是传统简单实用的二级出水深度处理流程。它利用砂滤去除水中细小颗粒物，再经消毒制取再生水，可用作工业循环冷却用水、城市市政用水（浇洒、绿化、景观、消防、补充河湖等）、居民住宅的冲洗厕所用水等杂用水，以及不受限制的农业用水等。在工程应用中，再生装置设施常与二级废水处理站共同建设。当二级出水含磷不能达标时，可投加少量铝（铁、钙）盐，形成磷酸铝（铁、钙）沉淀，砂滤运行方式为接触过滤。

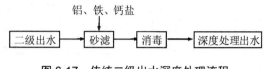

图 6-17　传统二级出水深度处理流程

工艺②：二级出水→混凝→沉淀→过滤→消毒

工艺②在工艺①的基础上增加了混凝沉淀，即通过混凝进一步去除二级处理不能去除的胶体物质、磷酸根、部分重金属和有机污染物。出水水质为 SS＜10mg/L，BOD_5＜8mg/L，优于工艺①出水。该再生水除适用于工艺①的再生利用范围外，还可用于地下水回灌（经进一步土地吸附过滤处理）。

工艺③：二级出水→混凝→沉淀→过滤→活性炭吸附→消毒

工艺③是在工艺②的基础上增加了活性炭吸附，这对去除微量有机污染物和微量金属离子、颜色，去除病毒等有毒污染物方面效果比较明显。本工艺适用于除人体直接接触外的各种工农业再生水和城市再生水，但费用比较高。

工艺④：二级出水→接触过滤→超滤（UF）→消毒

工艺④主要采用了膜分离技术，并采用接触过滤作为膜处理的预处理工艺，混凝剂将水中残存细颗粒经脱稳结成小颗粒过滤除去，以减小膜阻力，提高透水通量。通过混凝剂的电中和及吸附作用，使溶解性的有机物成为略大于膜孔径大小的颗粒，可被膜截留去除，减缓了膜污染。研究表明，当胶体表面的电位为零时，膜过滤的阻力最小，透水通量最大，这是由于此时水中残存微粒最少。将接触过滤作为超滤膜的预处理可以提高后续的膜过滤的透水通量，并且投药量很少，主要污染物去除由接触过滤承担，从而使超滤透水通量最大。接触过滤去除亲水性染料分子及溶解性残存 COD_{Cr} 效能较差。

工艺⑤：二级出水→砂滤→微滤（MF）→纳滤（NF）→消毒

工艺⑤的特点是采用微滤和纳滤。微滤可截留水中胶体和细菌病毒在内的超细污染物，还可降低水中磷酸盐含量。纳滤对一价阳离子和分子质量低于 150 的有机物去除率低，对二价以上的高价阳离子及分子质量大于 300 的有机物质的选择性较强，可完全阻挡分子直径在 1 nm 以上的分子，除去二级出水中 2/3 的盐度、4/5 的硬度、超过 90%的溶解碳和 THMs 前体物，出水接近安全饮用水标准。为减少消毒副产物（DBPs）和溶解有机碳（DOC），用纳滤比传统的臭氧、活性炭适宜。目前因为纳滤价格稍贵、该流程只有当要求较高时才采用。

工艺⑥：二级出水→颗粒活性炭吸附或氧化铁微粒过滤→超滤或微滤→消毒

工艺⑥的特点是对含有低浓度溶解性染料物质的印染废水二级处理出水利用颗粒活性炭（GAC）或氧化铁微粒过滤，可降低 COD_{Cr}，脱色效果好，再经超滤或微滤，出水水质好，可回用于生产。

工艺⑦：二级出水→曝气生物滤池（BAF）→微滤→消毒

工艺⑧：二级出水→臭氧 →生物活性炭（BAC）→微滤→消毒

工艺⑨：二级出水→投料活性污泥法（PACT）→过滤→消毒

工艺⑦～⑨ 采用曝气生物滤池（BAF）、生物活性炭（BAC）、投料活性污泥法（PACT）工艺，主要是针对二级出水 BOD_5 较高，对回用水 BOD_5 要求较严格的深度生物处理工艺。投料活性污泥法、曝气生物滤池可有效去除水中低分子量有机物，再利用微滤或过滤截留出水 SS。工艺⑧适用于 COD_{Cr}、BOD_5 相对较低的二级出水，而出水水质也较好。

工艺⑩：二级出水→深度处理稳定塘

该工艺也适用于处理二级出水 COD_{Cr}、BOD_5 相对较高的水质，但当地应有土地可以利用。由于稳定塘本身也是一种景观，出水无须投氯消毒，且管理很简单，因此在很多条件下是一种可选的印染废水二级出水深度处理回用工艺。

五、印染废水中水回用工艺

针对达标排放和纳管排放的印染废水，在大量工程实践与试验研究基础上，结合印染废水"节能减排回用"要求，建立了几套比较完善的印染废水中水回用工艺。

（一）砂滤+UF+RO/NF 处理工艺

印染废水经过前处理工艺处理后，降低废水中的 COD_{Cr}、废水中的悬浮物、浊度，进入超滤处理系统，去除更小的悬浮物、浊度和色度后再进入后续的 RO/NF 处理系统，截留废水中的污染物质，进行污染物的分离和浓缩，使出水达到生产回用水水质要求。

（二）预处理+RO/NF 处理工艺

印染废水经过生化或物化传统工艺处理后，经过二沉池出水（出水水质较好），废水中的悬浮物、COD_{Cr} 得到有效处理。二沉池上清液经过滤池或高效沉淀技术进一步去除废水中悬浮物和浊度，使出水 SDI（污染密度指数）达到<5 的要求下，再进入后续的 RO/NF 处理系统，截留废水中的污染物质，进行污染物的分离和浓缩，使出水达到生产回用水水质要求。

预处理系统：本系统采用砂滤池、快滤池或高效沉淀技术进一步去除废水中的悬浮物和浊度，使出水 SDI 达到<5 的要求。

（三）MCR/MBR+RO/NF 处理工艺

印染废水经过传统工艺处理后或者低浓度废水未经过处理，废水中的有机污染物和悬浮物的浓度较高，通过 MCR 或 MBR 处理技术，降低废水中的有机污染物和悬浮物，进入后续的 RO/NF 处理系统，截留废水中的污染物质，使出水达到回用水水质要求。

1. 膜生物反应器工艺（MBR 工艺）

MBR 工艺是膜分离技术与生物技术有机结合的新型废水处理技术。它利用膜分离设备将生化反应池中的活性污泥和大分子有机物质截留住，分离出清水，实现生化反应与清水分离同步进行，省掉二沉池。

MBR 紧凑简洁单元结构特别适合于处理成分复杂、污染物浓度高的印染废水。

MBR 工艺的优点：处理效率高、出水水质好、污泥少、水力停留时间短、占地面积小、易清洗、易更换、运行稳定、运行成本低、耐冲击能力强、COD 和色度去除效率高。

（1）工艺流程如图 6-18 所示。

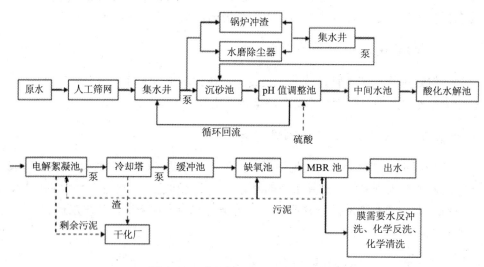

图 6-18　膜生物反应器工艺流程

（2）工艺说明

1）预处理工艺。预处理工艺包括集水井、沉砂池、pH 值调节池以及中间水池，设置 pH 值在线监测系统和自动投药系统，自动控制硫酸投加量，调节污水 pH 值至 8 左右。

2）水解酸化池。水解酸化池体尺寸为 $\Phi16\ m\times6\ m$，设计成上流式厌氧污泥床，水力停留时间为 5 h，水力负荷为 $1\ m^3/(m^2\cdot h)$，可以使污泥处于悬浮状态，便于污水和污泥充分接触混合。

3）电解絮凝池。将新建池体作为电解絮凝池，在池内安装电极（钢板、铝板），在池边装有直流电源。电解时，钢板、铝板失去电子，Fe 和 Al 原子以离子形式进入水中，成为絮凝剂的有效组分，与水中的悬浮物和色度物质发生絮凝反应，形成絮体，实现水体脱色。

4）冷却塔和缓冲池。根据 5 000 m^3/d 的排水量，安装冷却塔系统，将污水温度降至 35℃以下。为了能够随时监测冷却塔的降温效果，在缓冲池内安装在线温度传感器，可以 24 h 将数据传输到控制室。

5）缺氧池。将新建的 14.4 m×2.9 m×7.0 m、14.4 m×7.8 m×7.0 m 两座池体作为缺氧池，在每座缺氧池内安装潜水搅拌机，使污泥和污水充分混合。为了保护 MBR 工艺膜组件不被悬浮物污染，在缺氧池进水口设计筛网，过滤精度为 0.8 mm。

6）MBR 池。膜生物反应池污泥浓度设计为 6 000 mg/L，污泥负荷为 0.31 kgCOD/（kgMLSS·d），水力停留时间为 9 h。采用微滤膜进行泥水分离，污泥随着水流，进入膜区。这些污泥需要回流到缺氧池进水端，回流比为 300%。采用 PVDF（聚偏氟乙烯）微滤膜，通量为 10 L/（m^2·h），每套膜单元产水通量为 10 m^3/h，膜安装在特制的不锈钢架上。膜运行模式为出水 10～20 min，反冲洗 30 s。每周采用化学反洗 1 次，化学药剂为 2 000～4 000 mg/kg 柠檬酸和 200～400 mg/kg 次氯酸钠。

7）污泥处理系统。电解絮凝会产生浮渣，废渣量为 16 m^3/d，含水率为 97%。浮渣可以直接排到干化场进行干化处理，再随煤渣一起外运。若气候干燥少雨，电解絮凝污泥脱水性能比较好，采用干化场处理污泥是经济可行的。干化场采用砖砌，底部铺煤渣作为沥水层。

2. 膜-混凝化学反应器（MCR 工艺）

MCR 工艺是在 MBR 工艺基础上研究出一种新型的废水处理工艺。MCR 工艺将化学混凝工艺与膜分离工艺加以结合，用膜代替混凝反应中的沉淀池，起到泥水分离的作用。

MCR 工艺优点：减少了沉淀池、降低了占地面积，提高传统化学混凝的反应效率，与传统化学混凝相比，无须加药剂，出水水质好，操作灵活简便。

学习单元三　化学纤维废水治理与利用

一、化学纤维废水性质、特征

化学纤维分为人造纤维和合成纤维两大类。区别是纤维加工的原料来源和加工方法不同。人造纤维是利用自然界中纤维素或蛋白质做原料，经化学处理喷成细丝。

黏胶纤维是典型的人造纤维。合成纤维则是用煤、石油、天然气等有机化合物，经化学处理成纤维。合成纤维有涤纶、腈纶、维纶、棉纶、氯纶、氨纶、丙纶等多种。

化学纤维的品种、原材料、加工方法不同，废水水质也不同，造成的污染也有区别。通常湿法纺丝污染较严重，不仅有水的污染，还有空气的污染。干法或熔融法纺丝的水污染相对较少，化学纤维工艺废水除黏胶纤维生产过程中产生的酸性、碱性和黏胶废水外，其他的来自湿法纺丝工艺。这些废水含有合成的有机污染物、锌、二硫化碳、硫化氢等。pH 值或高或低，变化较大；部分废水带有颜色。

二、化学纤维废水治理现状和发展趋势

黏胶纤维废水处理，一般采用石灰沉淀法。而合成纤维废水量少，污染也较轻，常用生化法处理。

化纤废水组成复杂，毒性大，含有机物，污染面广，有些物质不易净化。近年来，化学纤维废水治理的发展趋势如下：

（一）改革生产工艺、设备和研究废水处理的新材料

寻找新的工艺，从根本上控制污染，以硫氰酸钠法制备腈纶，用一步法进行聚合，溶解制成纺丝原液，代替价格昂贵、毒性强、沸点高的二甲基酰胺为溶剂的纺丝原液。在黏胶长丝的洗涤中，将淋洗改为压洗，洗涤效果加强，且废水量减少 200t/t（纤维）。在黏胶纤维凝固溶剂中，用尿素代替有毒的硫酸锌，防止锌离子污染。

化学纤维中用纺前着色生产工艺，省去纤维的后加工染色工序，减少和避免染色废水的处理。

采用新材料处理化纤废水，如用离子交换材料 BUOH KC-3 和 BUOH KH-1 纤维材料净化黏胶纤维产生的含锌废水，效果很好。

在无机盐存在下，利用高辐射线照射难以生物降解的聚乙烯醇废水，使其生成固态沉淀除去水中聚乙烯酸，或在氧化剂共存下，用紫外线照射使聚乙烯酸凝聚而除去。

（二）综合利用有用物质，废水循环使用

在化纤生产中，很多反应进行得不完全。根据不同水质和废水所含物质的特性，将未反应的原料循环使用，未利用的副产品回收，废水分类收集处理循环回用。如：黏胶纤维在浆黏浸渍中产生的废碱液，可浓缩后回收碱。用蒸发浓缩回收塑化溢流酸。用结晶法去除硫酸钠回收芒硝。采用化学沉淀法，离子交换法及溶剂萃取法等回收和处理硫酸锌。处理回收有用物质后的水可回用于生产工艺之中。曝气处理废

水时产生的硫化氢、二硫化碳采用活性炭吸附回收。

在锦纶生产中，对含己内酰胺单体浓度达到4%以上的废水，采用综合利用进行回收。先蒸发浓缩，使己内酰胺浓度达到70%左右，进行间歇真空蒸馏，回收率可达95%左右。单体回收工艺流程如图6-19所示。

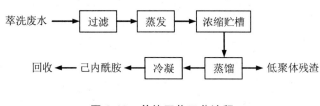

图6-19 单体回收工艺流程

三、几种化学纤维废水的处理和利用

（一）黏胶纤维

（1）黏胶纤维废水的产生

黏胶纤维废水分为酸性废水和碱性废水两大类。

1）酸性废水。酸性废水主要来自纺丝车间和酸站，包括塑化浴溢流排放水、洗纺丝机水、酸站洗涤过滤排水、洗丝水及后处理酸洗水。酸性废水的主要污染物质是硫酸和硫酸锌。

2）碱性废水。碱性废水来源于碱站排水、原液车间废胶槽、纺丝机及喷丝头洗涤水、滤布洗涤水、滤器和喷丝头维护时带出的黏胶。碱性废水的主要特征污染物是氢氧化钠和黏胶。另外，还有少量中性废水来源于蒸发器和冷凝器的排出水（洁净水）、后处理的油浴废液。

酸性废水和碱性废水不能直接在车间中和，否则碱性废水中纤维素磺酸钠遇酸析出纤维素会堵塞管道；中和时产生的硫化氢、二硫化碳也将产生严重的环境污染。

在《黏胶纤维企业环境保护设计规定》中，对黏胶纤维废水排放量做了规定，具体见表6-7。

表6-7 黏胶纤维废水排放量　　　　　　　　　　单位：m³/t（产品）

项目产品	废水量	其中酸性废水	其中碱性废水
短纤维	300	180	120
黏胶长丝	1 200	700	500

单纯黏胶纤维生产混合废水水质情况见表6-8。

表 6-8 单纯黏胶纤维生产混合废水水质情况 单位：mg/L

项目产品	pH 值	SS	S^{2-}	Zn^{2+}	COD_{Cr}	BOD_5	CS_2
短纤维	2～3	200～300	<1	30～50	150～300	50～100	1～2
黏胶长丝	2～3	100～300	<1	10～30	100～200	30～60	1～2

2010 年国家黏胶纤维行业准入条件规定，新建和改扩建黏胶行业连续纺黏胶长丝吨产品耗水量≤260 t，半连续纺黏胶长丝吨产品耗水量≤260 t，黏胶短纤维吨产品耗水量≤65 t。由于单位吨产品排水量的减少，废水水质情况也不同于表 6-8 所列数据，污染物浓度大大提高。

（2）黏胶纤维废水处理

处理原则是尽量回收利用，对浆黏浸渍过程中产生的废碱液，采用浓缩后回收碱的方法，或将碱液浓缩后，做粉末冶金黏合剂，也有的做水泥碱水剂，还有的将浆白废水用烟道气中和，再进行厌氧—好氧处理。在黑液或蒸煮球中加过氧化氢等氧化剂，降低黑液 COD_{Cr} 和色度，进行生化处理。

对塑化溢流酸用蒸发浓缩法回收，以结晶法去除硫酸钠，然后回用。用化学沉淀法或离子交换法处理、回收去酸废水硫酸锌。化学沉淀法先用石灰中和，使水的 pH 值为 6.5～7，再用氢氧化钠进行化学沉淀，沉淀物氢氧化锌可代替硫酸锌用于生产。废水经砂滤后，通过强酸型的阳离子交换树脂，使锌的交换达到 90%以上，饱和后，用芒硝进行再生，含硫酸锌的浓溶液可回收用作凝固液。交换后含大量硫酸和硫酸钠的无锌废水，可作磺化煤油再生剂。

除上述酸性和碱性废水分别处理或回收利用外，黏胶纤维废水，采用加氢氧化钙沉淀法，其流程见图 6-20。酸性废水与碱性废水混合后，送入曝气池，在 pH＝2～3 时用鼓风机曝气，除去水中硫化氢、二硫化碳。再在反应池中用石灰乳（氢氧化钙）调至 pH＝8～9，使锌离子生成氢氧化锌沉淀。除 COD 和锌离子外，一般可达到排放标准，污泥经浓缩脱水后送出。

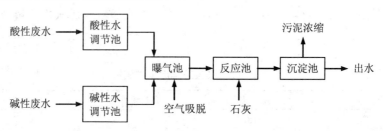

图 6-20 黏胶纤维废水处理流程

1）上述工艺流程存在如下问题：

① 曝气时硫化氢、二硫化碳进入大气形成二次污染，应对曝气池排除的气体采用碱液吸收、活性炭吸附等措施。

② 酸性废水与碱性废水混合时，纤维素在酸性条件下析出，建议增加一个固、液分离池，可以去除废水中大量的 COD。

③ 随着纤维吨产品耗水量的减少，实际生产废水污染物浓度较高，必须在上述工艺路线后增加生化、物化处理工艺，才能保证废水处理达标排放的要求。

2）提高处理效率建议采用以下措施：

① 对锌离子要掌握锌离子沉淀的最佳 pH 值条件；车间生产中应防止流失，酸浴中硫酸锌的用量不要偏上限，可使锌离子在排水中浓度小于 5 mg/L；有条件的工厂可采用离子交换、萃取法回收锌。

② 提高黏胶过滤率，减少拆台率，滤机冲洗水作溶解水利用，减少黏胶水的排放，防止各种废油进入下水道。

3）生产企业可采用以下措施减少废水的排放量：

① 生产和回收二硫化碳时，将直接冷凝改为间接冷凝，清洁的冷凝器出水可以回用。

② 二硫化碳的水封水、压送水应封闭循环。

③ 磺化机不排废水，冲洗水用作溶解水，洗车水亦可回用，黏胶滤机正冲洗水回用作溶解水。

④ 长丝生产中，淋洗改为压洗。

⑤ 回收硫酸锌后的废水代替食盐水用来再生离子交换树脂（生产软水）。

（二）聚乙烯醇纤维（维纶）废水的处理

维纶生产废水主要来自原料车间废水、纺丝及后处理车间的酸醛废水、软水站的水软化处理废水、冷却水。一般水质为：pH＝2～3；甲醛 150～200 mg/L，总酸度 1 500～2 000 mg/L，总固体 4 000～5 000 mg/L，COD_{Cr} 300～500 mg/L，BOD_5 200 mg/L。

在合成、聚合、醇解过程中产生的废水主要是有机废水，常同其他有机废水合并用焚化法处置。

在纤维生产过程中凝固浴醛化液循环使用，应加强管理控制溢流率，减少污染。后处理的水洗过程可逆流进行，节约用水，减少排放。

生产中较清洁的废水，如冷凝水、冷却水尽可能回用。循环水通常进行综合处理，即采用循环水降温，循环水旁滤措施，补充合格水，此过程可投加稳定剂避免水垢产生，避免腐蚀，并杀灭微生物。

目前酸醛废水采用中和、生化处理为主。处理流程见图 6-21。

图 6-21 维纶厂废水处理流程

首先在调节池对水质水量及水温进行调节，使之适应中和处理的要求。中和处理酸性废水，用升流式石灰石膨胀滤池或石灰乳混合反应槽，或用电石渣进行中和。预沉池和初沉池使中和池的泥渣与水达到有效的分离。当用石灰石（$CaCO_3$）中和时，由于化学反应生成 CO_2，使 pH 值为 $4.2 \sim 5.5$，要脱除 CO_2，当 pH 值达到 6.5 以上时，才能进行下一步生化处理。塔式生物滤池，通常用的填料是塑料蜂窝。处理后的水一般 BOD_5 和甲醛可去除 95% 以上，COD_{Cr} 可去除 80%。若需进一步改善水质，塔式滤池后还可增加一级生物滤池。

有的维纶厂采用表面曝气法处理，用完全混合的分建式曝气池。若进水负荷适度，各种污物的去除率：BOD_5 达 90%，COD_{Cr}85%，甲醛达 95% $\sim$ 98%。

在维纶生产中，还有一部分油剂废水。在中和后除 CO_2 的过程中，产生大量的泡沫，采用中空超滤膜浓缩回收废水中油剂，一般回收率达 80% 左右。

（三）聚丙烯腈纤维（腈纶）废水处理

腈纶又称奥纶，是聚丙烯纤维的商品名，是由 90% 以上丙烯腈（第一单体）和 5% $\sim$ 10% 的丙烯酸甲酯（第二单体）以及 1% $\sim$ 3% 的丙烯磺酸钠、甲基磺酸钠或衣康酸单钠盐（第三单体）共聚而成的聚合物。

腈纶生产由丙烯腈（约占腈纶纤维原料的 90%），丙烯酸甲酯，硫氰酸钠等做原料，这些物质在排出水中占较大比例。在湿法纺丝中所用的溶剂，如二甲基酰胺，二甲基亚砜，硫氰酸钠等，一般可进行回收。在排出的废液中，仍以溶剂占多数，其次为丙烯腈。

以硫氢酸钠作溶剂的腈纶废水处理，工艺流程见图 6-22。

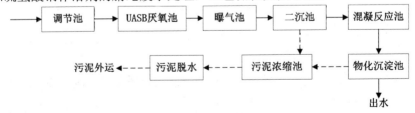

图 6-22 腈纶废水处理流程

塔滤是一种高负荷的生物滤池，处理效果一般。近年来采用优势菌种，处理效果显著提高。经塔滤和生物转盘处理后的废水，BOD_5 去除率达 90% 以上，COD 去除率达 80% $\sim$ 90%，丙烯腈去除率达 97% 以上。

典型丙烯腈废水处理的工艺流程下图所示：

进水→预曝气→调节池→曝气池→生化沉淀池→出水

该工艺采用活性污泥法，具有应用范围广、处理规模大、运行成本低等优点。但是该工艺不适合处理难生物降解的废水，而且对总氮的去处效果有限，抗冲击负荷能力小，并经常出现污泥膨胀，运行不稳定。

针对腈纶废水的特征，A/O、A_2/O 氧化沟等常规工艺可以实现对废水 COD_{Cr}、BOD_5、SS、总氮的有效去除，但丙烯腈或者丙烯酸甲酯都是难生物降解物质，必须强化生物处理的厌氧或者水解酸化作用，保证废水处理充足的水力停留时间和良好的水利条件，提高废水的可生化性，并通过填料的设置，增加生物处理系统的微生物量，有利于对难生物降解有机物微生物的保留。

（四）聚酯纤维（涤纶）废水处理

聚酯纤维的生产分为两部分。一是聚酯的制备，二是涤纶的生产。

聚酯和涤纶纺丝产生的污染物略有不同。聚酯纤维的生产过程主要为酯化、聚合等化学反应以及精馏等物理过程；聚酯纤维在生产中产生的废水中主要含有反应过程中产生的中间产物和副产物。

表 6-9　聚酯生产过程中的废水产生情况

污染物名称	产生环节	产生量
清洗废水（含 EG 等）	聚合反应装置，各种桶、槽、管道的清洗	$COD_{Cr} \geqslant 3\,000$ mg/L 约 1 300 t/万 t（聚酯）
反应废水（含 EG、DEG、TEG 等）	EG 精馏回收过程中的馏出液	$COD_{Cr} \geqslant 20\,000$ mg/L 产量极小，约 7 t/万 t（聚酯）

涤纶长丝和短纤维的生产工艺方法相仿，产生的废水种类也基本相同，但长丝生产过程产生的污染物量较大。涤纶生产过程中的废水产生情况见表 6-10。

表 6-10　涤纶生产过程中的废水产生情况

污染物名称	产生环节	产生量
油剂废水	油剂调配、卷绕丝的上油过程中产生	$COD_{Cr} \geqslant 8\,000$ mg/L $BOD_5 \geqslant 2\,500$ mg/L 约 1 800 t/万 t（短纤维） 约 6 000 t/万 t（长丝）
酸碱废水	装置的纺丝、卷绕、组件清洗、物检化验过程中产生	$COD_{Cr} \geqslant 2\,000$ mg/L $BOD_5 \geqslant 500$ mg/L 约 1 300 t/万 t（短纤维） 约 6 000 t/万 t（长丝）

针对聚酯纤维生产废水 COD_{Cr} 浓度高的特点，厌氧生物处理和好氧生物处理相结合，再辅以不同的物化工艺，是聚酯纤维废水主要处理方法。图 6-23 所示为聚酯纤维废水处理典型工艺流程。

涤纶的主要原料是对苯二甲酸和乙二醇。聚酯生产流程较短，用水量较少，生产 1 t 涤纶纤维，用水量为 30～40 t。废水中主要含甲醇、乙醇、甲醛等有机物，COD_{Cr} 和 BOD_5 值一般较低，可用活性污泥法处理，也可用焚化法处理，在聚酯纺丝工序中排出的油剂废水，可用滤超法进行油剂回收。涤纶废水处理技术较成熟，经生化处理后的涤纶废水，COD_{Cr} 和 BOD_5 去除率均达到 90% 以上。

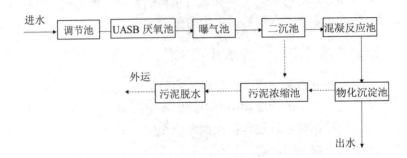

图 6-23　聚酯纤维废水处理典型工艺流程

（五）酰胺纤维（锦纶）废水处理

锦纶生产过程中会产生如下废水：甲苯氯化单元的滗析器废水；苯甲酸加氢单元的过滤器过滤废水；亚硝基硫酸制备单元硝酸浓缩塔排放的废水；硫铵结晶单元的结晶蒸发冷凝水；己内酰胺精制单元的己内酰胺水溶液三效蒸发冷凝液；锦纶单体回收单元排出的废水。图 6-24 所示为锦纶 66 生产排污情况。

制造锦纶的单体是己内酰胺，精制过程中，从萃取塔、薄膜蒸发器、三氯乙烯精制塔和真空喷射泵均排出污水。对含单体己内酰胺浓度较高的废水，先回收单体，采用浓缩，蒸馏法，回收率可达到 95% 左右。

己内酰胺废水由前述几种废水混合而成，通常用活性污泥法处理。

己内酰胺单体回收单元处理的废水主要由以下三个部分组成：含 6% 单体和低聚物的萃洗水、聚合排出的冷凝水、间歇精馏产生的含单体的冷凝水。含己内酰胺的萃洗水连续从顶部送至蒸浓塔，在真空条件下操作，蒸浓到 85%（己内酰胺低聚物含量）后由塔底进入浓缩液储罐，再进入配制罐。蒸浓塔顶蒸发的水含微量己内酰胺，经冷凝后进入萃洗系统，一部分重新用于萃洗用水，另一部分送废水处理厂。

己内酰胺单体的可生化性良好（$BOD_5/COD_{Cr}=1/2$），但是废水中还存在难以生化处理的低聚物。同时，锦纶废水总氨的达标处理是个难题，必须严格控制进入废水中的己内酰胺量。

隔油、均质等预处理可以保证后续生化处理系统的稳定性；而硝化、反硝化脱氮工艺是废水处理总氮达标的重要保证。

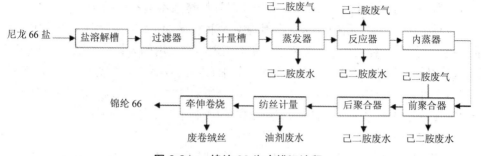

图 6-24　锦纶 66 生产排污流程

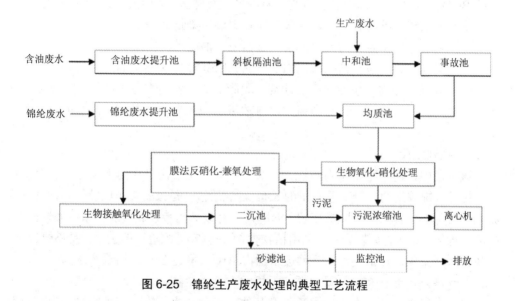

图 6-25　锦纶生产废水处理的典型工艺流程

学习单元四　制革废水处理与利用

一、制革废水的形成特点和危害

（一）制革废水的形成

制革工业产品为各类皮革。制革工业的大宗原料是猪皮、羊皮和牛皮。由于所用鞣剂不同，可将皮革分为轻革和重革两种。目前 85%以上的皮革均加工成以铬盐为鞣剂的轻革，轻革品种较多，其生产流程大致由浸水去肉、脱毛浸灰、脱毛软化、浸酸鞣制、复鞣、中和、染色、加脂等工序组成。从上述制革工业的基本加工情况来看，制革工业的原材料和加工工艺均会对环境造成不同程度的污染。

皮革加工是以动物皮为原料，经化学处理和机械加工完成。在这一过程中，大量的蛋白质、脂肪转移到废水、废渣中；在加工过程中采用的大量化工原料，如酸、碱、盐、硫化钠、石灰、铬鞣剂、加脂剂等，其中有相当一部分进入废水中。制革废水主要来自于准备、鞣制和其他湿加工工段，这些加工过程产生的废液多是间歇排出，其排出的废液是制革工业污染的最主要来源，约占制革污水排放总量的 96%。

1. 鞣前准备工段

该工段中，污水主要来源于水洗、浸水、脱毛、浸灰、脱灰、软化、脱脂。水中的 BOD_5、悬浮物、硫化物含量高，且浑浊、臭味大。为消除硫化物和碱的污染，采用酶脱毛工艺，不再有浸灰、脱灰工序。主要污染物如下：

（1）有机废物　包括污血、泥浆、蛋白质、油脂等；

（2）无机废物　包括盐、硫化物、石灰、Na_2CO_3、NH_4^+、$NaOH$ 等；

（3）有机化合物　包括表面活性剂、脱脂剂等。鞣前准备工段的污水排放量占制革总水量的 70%以上，污染负荷占总排放量的 70%左右，是制革污水的最主要来源。

2. 鞣制工段

该工段中，污水主要来自水洗、浸酸、鞣制。主要污染物为无机盐、重金属铬等。其污水排放量约占制革总水量的 8%。鞣制阶段，是改变皮革的特性，使其在存放或使用中不易腐烂，不干燥变硬、变脆，具有成品的特征。一般轻革，如鞋面革，多用铬鞣剂。重革，如鞋底革，多用植物鞣剂（拷胶）。此阶段的废水，是铬鞣废水，中和废水，染色，加油废水。铬鞣废水约占总废水量的 35%，铬鞣废水为灰蓝色，除含三价铬外，还含有少量蛋白质和无机酸。若用植物鞣料，废水为棕红色，其中丹宁酸含量很高，还含有大量木质素及其他有机化合物。铬鞣和植物鞣，也可合并使用，这些化合物在水中的溶液叫鞣皮液。

3. 鞣后湿整饰工段

该工段，污水主要来自水洗、挤水、染色、加脂、喷涂机的除尘污水等。主要污染物为染料、油脂、有机化合物（如表面活性剂、酚类化合物、有机溶剂）等。鞣后湿整饰工段的污水排放量约占制革总水量的 20%。

废水主要产生在准备和鞣制阶段。主要是高浓度氯化物的原皮洗涤水及浸酸废水；含石灰、硫化钠的强碱性脱毛浸灰废水 pH 为 8～12；含三价铬的蓝色铬鞣废水；含儿茶酸和没食子酸的茶褐色植鞣废水；含油脂及其皂化物的脱脂废水；并带有污浊和臭味。

（二）制革废水的特点

（1）制革废水水量大。一般情况下，每加工生产一张猪皮耗水为 0.3～0.5 t，生产一张水牛皮耗水为 1.5～2 t。根据产品品种和生胚类别的不同，每生产 1 t 原料皮需要用水 60～120 t。

（2）水量和水质波动大。制革加工中的废水通常是间歇式排放，其水量变化主要表现为时流量变化和日流量变化。

（3）污染负荷重。皮革工业污染碱性大，其中准备工段废水 pH 值在 10 左右，色度重，耗氧量高，悬浮物多，同时含有硫、铬等。

制革废水有毒、有害污水占总污水量的 10%～20%。其中来自铬鞣工序的污水中，铬含量在 2～4 g/L，而灰碱脱毛废液中硫化物含量可达 2～6 g/L。这两种污水是制革污水防治的重点，必须单独治理。

（三）制革废水的危害

由于制革废水中有机物含量及硫、铬含量高，耗氧量大，其废水的污染情况十分严重。主要表现在以下几个方面：

（1）色度

皮革废水色度较大，采用稀释法测定其稀释浓度倍数，一般在 600～3 500 倍之间，主要由植鞣、染色和灰碱废液造成，如不经处理直接排放，将使水体颜色发生变化，影响水质。

（2）碱性

皮革废水总体上偏显碱性，综合废水 pH 值在 8～10，其碱性主要来自脱毛等工序用的石灰、烧碱和 Na_2S。碱性高而不加处理会影响地面水 pH 值和农作物生长。

（3）悬浮物

皮革废水中的 SS 浓度高达 2 000～4 000 mg/L，主要是油脂、碎肉、皮渣、石灰、毛、泥沙、血污，以及一些不同工段的污水混合时产生的蛋白絮、$Cr(OH)_3$ 等絮状物。如不处理直接排放，这些固体悬浮物可能会堵塞机泵，排水管道及排水沟。此外，大量的有机物及油脂也会使地面耗氧量增高，造成水体污染，危害水生生物的生存。

（4）硫化物

硫化物主要来自于灰碱法脱毛废液，少部分来自于采用硫化物助软的浸水废液及蛋白质的分解产物。含硫废液在遇到酸时易产生 H_2S 气体，含硫污泥在厌氧情况下也会释放 H_2S 气体，对水体和人的危害性极大。

（5）氯化物和硫酸盐

氯化物及硫酸盐主要来自原皮保藏、浸酸和鞣制工艺，其含量在 2 000～3 000 mg/L。当饮用水中氯化物含量超过 500 mg/L 时，可明显尝出咸味，如高达

4 000 mg/L 时对人体产生危害。而硫酸盐含量超过 100 mg/L 时也会使水味变苦，饮用后易产生腹泻。

（6）铬离子

皮革废水中的铬离子主要以三价的形态存在，含量一般在 60～100 mg/L。三价铬虽然比六价铬对人体的直接危害小，但它能在环境或动植物体内产生积蓄，而对人体健康产生长远影响。

（7）化学需氧量（COD）和生物需氧量（BOD）

由于皮革废水中蛋白质等有机物含量较高又含有一定量的还原性物质，所以 COD 和 BOD 都很高。如不经处理直接排放会引起水源污染，促进细菌繁殖；同时，污水排入水体后要消耗水体中的溶解氧。

（8）酚类

酚类主要来自于防腐剂，部分来自于合成鞣制。酚对人体及水生生物的危害非常严重，是一种有毒物质，国家规定允许排放的最高浓度是 0.5mg/L。

总之，皮革废水水量大，污染负荷高，属于以有机物为主体的综合性污染，必须加以有效充分的治理。

二、制革废水的处理及利用

（一）改革工艺、减少污水和污染物的排放量

（二）从制革废水中回收有用成分

1. 含油废水中回收油脂

猪革生产脱脂工序排出的废水油脂浓度高达 6～14 g/L，废水量占总废水量的 5%～8%。废水中的油脂以甘油三酸酯及脂肪酸形式存在，若不回收，不仅浪费资源，并且给制革废水的生化处理带来很大的困难。

回收油脂的方法主要有：

（1）静态法　用酸将废水的 pH 值调至 4～5 进行破乳，并在 40～60℃的温度下静置 3 h，油脂逐渐上浮形成油脂层。再进行油水分离，回收油脂。

（2）气浮法　用硫酸调节 pH 值进行破乳，然后再用气浮法分离，回收油脂。油脂经过回收后，含脂废水中的 COD 可去除 90%以上。回收的油脂经皂化、酸化处理可以转化为混合脂肪酸。

2. 含铬鞣制废水中回收三价铬

含铬废水量约占制革废水总量的 3%，含铬浓度较高。铬以三价形式 Cr^{3+} 存在。从废水中回收 Cr^{3+} 主要采用：

（1）碱沉淀法

铬含量不高时可用石灰作沉淀剂。如果铬含量高，石灰中的钙有可能被废水中的阴离子沉淀出来，影响 $Cr(OH)_3$ 的回收纯度，改用氢氧化钠作沉淀剂，使废液中的铬沉淀（氢氧化铬），经过滤后，用硫酸溶解生成硫酸铬，回用于鞣革。

（2）废溶液直接循环利用

废铬液经沉淀过滤后，先分析确定其中各种物质的含量，再回用到浸酸或初鞣工段。

（3）萃取法

以 R 溶剂为萃取剂。萃取时，将萃取体系的 pH 值控制在 4.0 左右，R 溶剂中的 H^+ 废液中的铬离子以 3∶1 的交换比进行交换。操作前，先要中和萃取剂中部分酸（即皂化），使整个过程保持恒定的 pH 值，以保证萃取效果。反萃取前先加碱，再加酸，使反萃取顺利进行。

3. 含硫脱毛废水中回收硫

脱毛废水中含有高浓度的硫化物与蛋白质，废水量占制革废水总量的 20% 以上，硫化物含量占制革废水硫化物总量的 90% 以上。

采用加酸将灰碱法脱毛产生的硫化物转变成硫化氢气体，再用氢氧化钠吸收生成硫化钠，回用于脱毛。此法可回收废水中 90% 以上的硫化物。

其工艺流程如下：

（1）酸化

废液用泵提升到酸化器内，进行酸化反应，加酸后硫化物变成硫化氢逸出，并用管道通入氢氧化钠吸收塔内进行吸收（生成的 Na_2S 可循环使用）。废水中的粗蛋白沉淀析出。

（2）沉淀和压滤

酸化后的溶液转移到澄清池内进行沉淀，排出上清液入综合废水池待处理，把沉淀粗蛋白放入板框压滤机压出滤饼。

（3）烘干蛋白滤饼，粉碎，包装出厂

主要工艺参数：每次处理 1.5～2.0 m³ 废水；用酸量为废水量的 0.65%～0.8%；控制 pH 值为 2.5～5.5，酸化反应时间为 5～10 min；沉淀 1 h。

处理效果：每吨脱毛废水回收 10 kg 左右干蛋白，全年回收干蛋白 45 t，硫化物去除率为 99.1%，COD 去除率为 81%，全年少排 COD 150 t 左右。

（三）制革废水的处理

1. 处理方法

制革废水经过生产工艺改革、资源回收等途径降低了污染物与废水排放量。但废水中依然含有大量的有害无机离子，如 S^{2+}、Cr^{3+}、Cl^- 等，此外，还含有大量的难降解有机物质，如表面活性剂、染料、单宁和蛋白质等，需进一步进行无害化处理。无害化处理的主要技术途径为物理方法、物化方法和生物方法。

（1）物理处理法

有格栅、沉淀与气浮，通常是先用粗、细格栅除去废水中1～3 cm大小的肉屑、细屑及落毛。通过自然沉淀法或气浮法（混凝气浮）法去除制革废水中约20%的污染物。

（2）物化处理法

混合废水中还含有大量较小的悬浮污染物和胶态蛋白，投加混凝剂可加速其沉降或浮上，提高处理效果。该方法处理效果较物理处理法好，可去除磷、有机氮、色度、重金属和虫卵等，处理效果稳定，不受温度、毒物等影响，投资适中。但处理成本较高，污泥量增大，出水需进一步处理。处理工艺见图6-26。

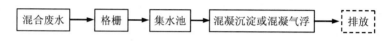

图6-26 物化方法处理混合废水基本流程

（3）生物方法

常见的生物方法有活性污泥法、生物膜法。该方法对废水中有机物（溶解性、胶体状态）去除效果明显，出水水质优于物化方法。但其工程投资高，处理效果受冲击负荷的影响较大。处理工艺见图6-27。

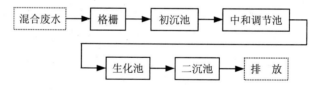

图6-27 生物法处理混合废水的基本流程

2. 脱脂废液的处理

（1）原料皮经过去肉、浸水和脱脂，原有油脂的大部分被转移到废水中，并主要集中在脱脂废液中，致使脱脂废液中的油脂、COD和BOD_5含量都很高。

（2）对脱脂废液进行分隔处理，回收油脂，可使油脂回收90%，COD去除90%，总氮去除率达18%。

（3）油脂回收可采用酸提取法、离心分离法或溶剂萃取法。

（4）废液中油脂含量较高时，采用离心分离法较高效，但较难实现，酸提取法较易为制革厂接受。

酸提取法：含油脂乳液的废水在酸性条件下破乳，使油水分离、分层，将分离后的油脂层回收，加碱皂化后再经酸化水洗，回收得到混合脂肪酸。

处理工艺流程见图 6-28。

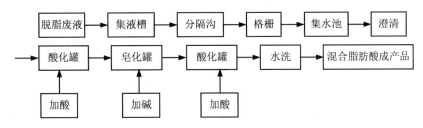

图 6-28 脱脂废液的处理工艺流程

3. 灰碱脱毛废液的处理

硫化碱脱毛技术采用的主要化工原料为硫化钠和石灰。这部分废水的 COD、硫化物、悬浮物含量和浊度值都很高，是制革工业中污染最严重的废水。灰碱脱毛废液的处理方法通常有化学沉淀法、酸吸收法和催化氧化法等。

（1）化学沉淀法

化学沉淀法处理灰碱脱毛废液工艺流程如图 6-29 所示。

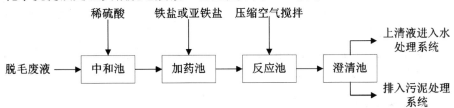

图 6-29 化学沉淀法处理灰碱脱毛废液工艺流程

加入沉淀剂使 S^{2-} 形成难溶固体物质。通常采用亚铁盐或铁盐作为沉淀剂。用亚铁盐为沉淀剂时，使 Fe^{2+} 和 S^{2-} 在 pH>7.0 条件下反应：$Fe^{2+}+S^{2-}=FeS\downarrow$。脱毛废液是强碱性溶液，通常先调节 pH 为 8～9，再加入沉淀剂，则除硫效果好。沉淀剂的投加量按废水中硫化物的量计算。

（2）酸化吸收法

酸化吸收法处理灰碱脱毛废液工艺流程如图 6-30 所示。

硫化物在酸性条件下生成 H_2S 气体，再用碱液吸收 H_2S 气体，生成硫化碱回用。

$$S^{2-}+2H^+=H_2S\uparrow$$

$$H_2S+2NaOH=Na_2S+2H_2O$$

$$H_2S+NaOH=NaHS+H_2O$$

$$Na_2S+H_2S=2NaHS$$

采用酸化吸收法处理脱毛废液，硫化物去除率可达到90%以上，COD去除率可达80%。

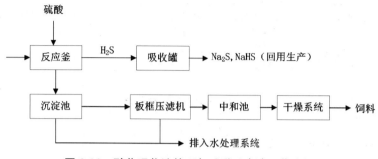

图 6-30 酸化吸收法处理灰碱脱毛废液工艺流程

4．铬鞣废液的处理

铬随废水排放会污染水体，若在碱性条件下以氢氧化物的形式沉淀，则会转化到污泥中形成二次污染。铬鞣工序产生的铬污染占总铬污染的70%，可采用减压蒸馏法、反渗透法、离子交换法、溶液萃取法、碱沉淀法以及直接循环利用等方法对废铬液进行回收和利用。

5．制革废水处理工艺流程

（1）活性污泥法处理制革废水

1）预处理工艺

预处理工艺流程见图 6-31。高浓度含铬废水单独收集，加碱沉淀回收；高浓度含硫废水单独收集，催化氧化脱硫处理。

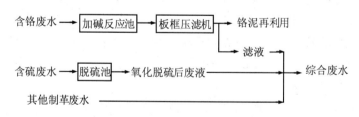

图 6-31 制革废水预处理工艺流程

2）综合处理工艺

经过预处理的制革综合废水，进行如下处理，见图 6-32。

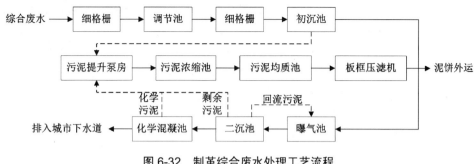

图 6-32 制革综合废水处理工艺流程

（2）物化-生物处理工艺

采用了物化-生化相结合的工艺，该工艺的出水水质较好，但投资和运行费用比单独采用物化法和生物法均要高。工艺流程见图 6-33。

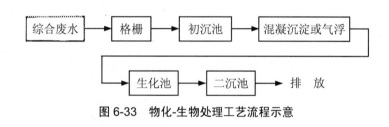

图 6-33 物化-生物处理工艺流程示意

硫化废水、铬鞣废水、加脂染色废水经预处理后的废水及其他低浓度的废水进行混合匀质，其 $BOD_5/COD_{Cr} = 0.4 \sim 0.5$，可生化性好。采用接触氧化法处理，选用合适的技术参数，其中有机负荷 0.38 kgBOD$_5$/kg（MLSS·d），容积负荷 1.75 kgBOD$_5$/（m^3·d），最终处理后废水达标排放。

（3）气浮-SBR 法

1）预处理，将硫化、加脂染色、铬鞣等废水经机械格栅后，均质均量，可经水力筛后进行初沉，以减轻气浮设施的处理负荷。

2）混凝气浮处理，去除固体悬浮物和部分胶体物，一般以聚铝为混凝剂，选定合适的气浮参数，COD_{Cr} 去除率为 50%～55%，硫化物去除率为 90%～95%，BOD_5 去除率为 85%～90%。

3）气浮处理后出水直接进入 SBR 反应池，其主要技术参数：水力停留时间 HRT = 6 h，气水比为 20～30，控制合适的营养物比例，COD_{Cr}、BOD_5、S^{2-} 的总去除率分别为 90%、95%、65%。

通过上述工艺流程处理后废水 COD_{Cr}、BOD_5、S^{2-} 的总去除率分别为 90%、99%、98%，排水均能达到国家规定的排放标准。

气浮-SBR 工艺流程具有去除污染物针对性强，效率高。同时预处理为分质处理、运行成本低、处理效果好、运行稳定、易操作管理等特点，处理后废水均能达到国家排放标准，适用于各种规模的制革企业的废水治理。

在操作管理上，要注意采取措施，消除泡沫和防止污泥膨胀。生物处理时，由于活性污泥和生物膜的吸附，以及在碱性条件下，生成氢氧化铬沉淀，可去除铬高达90%，生物处理可除去绝大部分污染物。

（4）氧化沟工艺处理制革废水

废水处理工艺流程见图6-34。

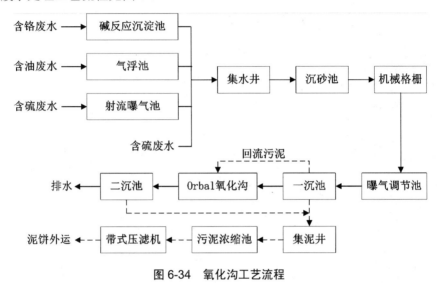

图6-34　氧化沟工艺流程

工艺流程：

各工段废水分别回收处理后，进入集水井，均匀水质水量后进入沉砂池和机械格栅，去除较大颗粒的悬浮固体，如毛、肉渣、革屑等，废水经曝气调节池，均匀水量、水质，并去除部分硫化物及有机物，进入沉淀池渣水分离。上清液进入主处理单元氧化沟进行生物处理，出水再经二沉池沉淀，由二沉池上清液出水达标排放。污泥统一收集后经过处理外运。

（5）射流曝气工艺处理制革废水

射流曝气工艺处理制革废水工艺流程见图6-35。

此外，臭氧氧化法，用于处理植鞣废水和染色废水等脱色、除臭，除酚也有很好的效果，还可以降低BOD_5、COD和杀灭废水中的致病微生物。处理制革废水所产生的污泥量很大，污泥含水率高，为便于输送，提高肥效和更好地利用能源，污泥可送到沼气池进行厌气消化处理。

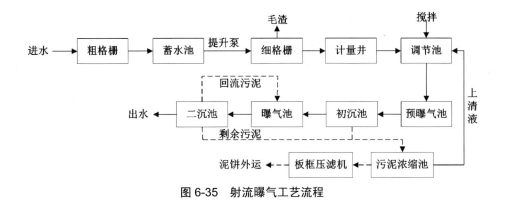

图 6-35　射流曝气工艺流程

思考与习题

1. 造纸废水的来源及主要污染指标有哪些？

2. 造纸废水处理工艺流程有哪些？各有何优缺点？

3. 造纸废水回用途径及回用工艺有哪些？

4. 制浆造纸废水回用途径及其末端处理工艺有哪些？简述工艺运行过程中需注意的问题。

5. 印染废水的来源及主要污染指标有哪些？

6. 印染废水可回收物质有哪些？简述其回收工艺。

7. 印染废水常用处理技术有哪些？处理对象是什么？

8. 试说出两种印染废水常见处理工艺流程及其操作运行注意事项。

9. 印染废水深度处理工艺有哪些？各有何特点？

10. 化学纤维废水的性质特征是什么？常见处理工艺有哪些？

11. 简述黏胶纤维废水的处理工艺流程及常见问题。

12. 简述聚丙烯腈纤维（腈纶）废水处理工艺流程及操作运行方式。

13. 简述制革废水来源、危害及其常见污染物。

14. 制革废水特点有哪些？

15. 简述制革废水处理方法。

16. 制革混合废水常见的处理方法及工艺是什么？

17. 简述化学沉淀法处理灰碱脱毛废液工艺流程及运行方式。

18. 活性污泥法处理制革废水的工艺及其注意事项有哪些？

食品、制药与其他工业废水的处理与利用

【情境描述】

在介绍食品、酿造、制药和农药等工业典型生产工艺中废水的产生、数量及污染特性的基础上，对其处理工艺的原理、处理系统的设备选择、运行维护及处理效果分析，掌握典型食品、制药及其他工业废水的处理及利用方法，了解各工艺流程的控制及运行操作方式。

学习单元一　食品工业废水的处理与利用

食品工业是以农、牧、渔、林业产品为主要原料进行加工的行业。根据所用的原料分类，可分为：肉与肉制品工业；禽蛋加工工业；水产品加工工业；制糖工业；水果蔬菜加工工业；粮食加工工业；淀粉工业；食用油脂工业；乳制品工业；发酵工业；调味品及食品添加剂工业等。

一、食品工业废水的来源及特性

（一）食品工业废水的来源

食品加工业都是以水作为工业用水和清洗用水。用水量很大，废水排放量也很大。生产每吨糖耗水 150 t；每吨啤酒耗水 35 t；每吨味精耗水 1 000 t，每吨饮料耗水 100 t，每吨酒精耗水 200 t。

食品工业废水主要来源于三个生产工段。

（1）原料清洗工段　大量砂土杂物、叶、皮、鳞、肉、羽、毛等进入废水中，使废水中含大量悬浮物。

（2）生产工段　原料中很多成分在加工过程中不能全部利用，未利用部分进入废水，使废水中含大量悬浮物。

（3）成形工段　为增加食品色、香、味，延长保存期，使用了各种食品添加剂，一部分流失进入废水，使废水化学成分复杂。

部空隙中，这种通过粒状介质层分离不溶性污染物的方法称为粒状介质过滤。它既可用于化学混凝和生化处理之后作为后续处理，也可用于活性炭吸附和离子交换等深度处理之前的预处理。

过滤除污包括阻力截留、重力沉降和接触絮凝三种机理。

阻力截留：当原水自上而下流过粒状滤料层时，粒径较大的悬浮颗粒被截留在表层滤料的空隙中，使此层滤料间的空隙越来越小，截污能力也随之变得越来越强，结果逐渐形成一层主要由被截留的固体颗粒构成的滤膜，并由它起主要过滤作用。这种作用属于阻力截留或筛滤作用。筛滤作用的强度主要取决于表层滤料的最小粒径和水中悬浮物的粒径，并与过流速度有关。悬浮物粒径越大，表层滤料的粒径越小，过滤速度越慢，就越容易形成表层滤膜，滤膜的截污能力也就越强。

重力沉降：原水通过滤料层时，众多的滤料表面提供了巨大的沉降面积。据估计，$1 m^3$ 粒径为 0.5 mm 的滤料中就拥有 $400 m^2$ 可供悬浮物沉降的有效面积，形成无数的"小沉淀池"，悬浮颗粒极易在此沉降下来。重力沉降强度主要与滤料直径和过滤速度有关。滤料越小，沉降面积越大；滤速越小，水流越平稳，越有利于悬浮物的沉降。

接触絮凝：由于滤料具有巨大的表面积，与悬浮物之间有明显的物理吸附作用。此外，用作滤料的砂粒在水中常常带有表面负电荷，能吸附带正电荷的胶体，在滤料表面形成带正电荷的薄膜，从而吸附带负电荷的杂质和各种有机物等胶体，在砂粒上发生接触絮凝。大多数情况下，滤料表面对尚未凝聚的胶体还能起接触碰撞的媒介作用，促进其凝聚过程。

实际过滤过程中，上述三种机理往往同时起作用，只是在不同条件下有主次之分。对粒径较大的悬浮颗粒，以阻力截留为主，主要发生在滤层表面，常称表面过滤；对细微悬浮物，以发生在滤料深层的重力沉降和接触絮凝为主，称深层过滤。经过一定时间的使用以后，过水的阻力增加，须采取一定的措施，如采用反冲洗将截留物从过滤介质上除去。

常用的过滤介质有两类：一种是颗粒状材料，如石英砂、无烟煤、金属屑、纤维球以及聚氯乙烯球或聚丙烯球等；另一种是多孔性介质，如格栅、筛网、帆布或尼龙布、微孔管等。

按过滤介质划分，常用的过滤设备有以下几种类型：

1. 砂滤

根据使用目的不同，采用不同形式的单层、双层或多层滤料的滤池。一般以卵石作垫层，采用粒径 0.5～1.2 mm、滤料层厚度 1.0～1.3 m 的粒状介质为滤料，用于过滤细小的悬浮物或乳化油。根据进水方式，过滤设备有重力式滤池和压力式滤池两种。单层滤料多用石英砂，双层滤料上层用无烟煤，底层用石英砂；多层滤料用无烟煤、石英砂及石榴石等。滤速可达到 8～10 m/h，甚至更大一些。使用一段时间后，滤料空隙被污物堵塞，过滤阻力增加，需用水反冲，并用压缩空气辅助吹洗，使料层重新恢复纳污的能力，继续投入运行。

砂滤属于深层过滤，在水处理中应用最多。

2．筛网过滤

筛网过滤装置的形式很多，有转鼓式、圆盘式、帘带式等。一般网眼直径小于5 mm，适用于除去废水中不能被格栅截留，难以用沉淀法处理的细小悬浮物。如滤除废水中的纤维、纸浆等纤维性物质。具体内容在前面筛除处理部分已有阐述。

3．布滤

用帆布、尼龙布或毡布等作为过滤介质，一般用于过滤细小的悬浮物（如纺织厂废水中的花衣毛等）、废水中的沉渣（如石膏）或污泥脱水等。

4．微孔管过滤

适用于过滤不溶性的盐类、煤粉等细小的悬浮物颗粒。微孔管由聚氯乙烯树脂、多孔性陶瓷等一些特殊的材料制成。将一定直径、长度的众多微孔管进行适当的组装后放在反应池内，出口与水泵的吸水管相连便构成了多孔管过滤器。运行时，废水通过微孔管的孔隙抽出，处理后的出水很清，不溶性或细小的固体颗粒悬浮物等被截留在管外。堵塞时可用清水或压缩空气反向吹洗；堵塞严重时将微孔管取出，用铁丝刷带水进行清洗。

（二）快滤池的冲洗

快滤池工作一段时间后，由于滤料层中所含污泥的数量大大增加，滤池可能出现两种情况：一是由于砂层中所含的污泥已经逐层饱和，水中悬浮杂质开始穿透砂层，随水流出滤池。使滤池出水水质下降。二是由于滤层中所含的污泥逐渐增加，使滤层孔隙逐渐变小，水头损失随之增加，达到最大允许水头损失。因此快滤池必须定期冲洗。

冲洗的目的是使砂层恢复原来的工作能力。冲洗是用一定强度的水流由下而上地通过滤层，使滤层在上升的水流中逐渐膨胀到一定高度，由滤料间高速水流所产生的剪力使滤料上吸附的悬浮物脱落下来，并随反冲水流出滤池。这样当冲洗结束时，砂粒已得到清洗，滤池可以重新投入工作。

1．滤池冲洗质量的要求

滤池的冲洗要求满足：冲洗水在整个滤池的底部平面上应均匀分布，并防止水中带有气泡；冲洗水流必须保证有足够的上升流速（即足够的冲洗强度和水头），使砂层达到一定的膨胀高度；要有一定的冲洗时间；冲洗水的排除要迅速。

2．滤池的冲洗方法

常用方法是反冲洗。

反冲洗辅以表面冲洗：如快滤池的进水浊度太高，再加上滤池的冲洗强度小，冲洗水量不足，单采用反冲洗，往往不能将滤料冲洗干净。若在反冲洗的同时辅以表面冲洗，表面冲洗管上有喷嘴或孔眼，利用射流使滤料颗粒表面的污泥更易于脱落，可提高冲洗的质量，并减少冲洗用水量。

反冲洗辅以压缩空气：一般用于粗滤料滤池的冲洗（如压力滤池或用于废水处理），因粗滤料要求冲洗强度很大，势必增大冲洗用水量，如辅以压缩空气，可以减少洗砂水量。有些快滤池冲洗强度不够，冲洗质量不高，在这种情形下，如在冲洗时辅以压缩空气，也可提高滤池的冲洗质量。使用压缩空气时，常在承托层下另加一套空气管系统。

3．冲洗影响因素

（1）滤层膨胀率

沉积于滤层内的污物靠上升的反洗水流以及滤料颗粒间的碰撞、摩擦而剥落下来，并随水流冲走。因此，反洗强度要使滤料悬浮起来，势必造成滤层的膨胀。但反洗强度过大，滤层膨胀过高，减少了单位体积流化床的滤料颗粒数，使碰撞机会减少，反洗效果变差；还会造成滤料流失和冲洗水的浪费。因此，确定适宜的反洗强度和滤层膨胀率十分重要。

在冲洗时，滤层膨胀后所增加的厚度与膨胀前厚度之比称为滤层的膨胀率，可用下式表示：

$$e = \frac{l - l_0}{l_0} \times 100\% = (\frac{\varepsilon - \varepsilon_0}{1 - \varepsilon}) \times 100\% \tag{1-8}$$

式中，e —— 滤层膨胀率（以百分率计）；

$\quad l_0$ —— 滤池膨胀前的厚度；

$\quad l$ —— 滤池膨胀后的厚度；

$\quad \varepsilon_0$ —— 滤池膨胀前的空隙率；

$\quad \varepsilon$ —— 滤池膨胀后的空隙率。

（2）冲洗强度

单位面积滤层上所通过的冲洗流量称为冲洗强度，以 L/（s·m²）计。在20℃水温下，设计冲洗强度一般按表1-7确定。但若滤料级配与规范所定相差较大，则应通过计算并参照类似情况下的生产经验确定。

表1-7　冲洗强度、膨胀率和冲洗时间

序号	滤层	冲洗强度/[L/（s·m²）]	膨胀率/%	冲洗时间/min
1	石英砂滤料	12～15	45	7～5
2	双层滤料	13～16	50	8～6
3	三层滤料	16～17	55	7～5

（三）配水系统

配水系统均匀性对冲洗效果影响很大。配水不均匀，部分滤层膨胀不足，而部分滤层膨胀过大，会导致局部发生移动，造成漏砂现象。配水系统可分为大阻力配水系统和小阻力配水系统。

1．大阻力配水系统

大阻力配水系统由一条干管和多条带孔支管组成，外形呈"丰"字形（图1-31）。干管埋于池底中心，支管埋于承托层中间，距池底有一定高度，支管下开两排小孔，与中心线成45°角交错排列。孔的口径小，出流阻力大，使管内沿程水头损失的差别与孔口水头损失相比非常小，使整个孔口的水头损失趋于一致，以达到均匀布水的目的。

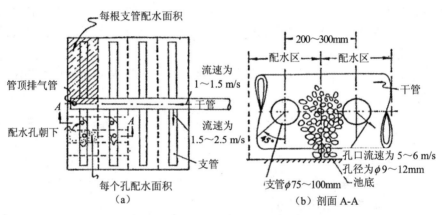

图 1-31　管式大阻力配水系统示意

大阻力配水系统的干管和支管可由经验确定，其设计数据列于表1-8。

表 1-8　管式大阻力配水系统设计参数

系数	单位	数值
干管进口流速	m/s	1.0～1.5
支管进口流速	m/s	1.5～2.5
支管间距	m	0.2～0.3
支管直径	mm	75～100
配水孔总面积		占总面积的 0.2%～0.5%
配水孔直径	mm	9～12
配水孔间距	mm	75～300

2．小阻力配水系统

小阻力配水系统则是采用配水室代替配水管，在室顶按照栅条、尼龙网和多孔板等配水装置。由于配水室中水流速度很小，反洗水流经配水系统的水头损失也大大减小，要求的冲洗水头在 2 m 以下，且结构也较简单，但配水均匀性较差，常应用于面积较小的虹吸滤池等新型滤池。图 1-32 为小阻力配水系统构造示意。

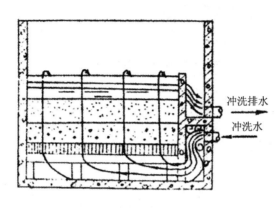

冲洗排水

冲洗水

图 1-32　小阻力配水系统示意

（四）冲洗水的供应

滤池所需的冲洗水流量，由冲洗强度与滤池面积的乘积确定。冲洗水可由冲洗高位水箱或冲洗水泵供给。后者投资省，但操作较为麻烦，在冲洗的短时间内耗电量大；前者造价较高，但操作简单，允许较长时间内向水箱输水，专用水泵小，电耗较均匀。如有地形或其他条件可利用时，建造冲洗水塔较好。

1．冲洗水塔

如图 1-33 所示，水箱中的水深不宜超过 3m，以免冲洗初期和冲洗末期的冲洗强度相差过大。水箱应在冲洗间歇时间内充满。水箱容积按单个滤池冲洗水量的 1.5 倍计算。

水箱底部高出滤池排水槽顶的高度 H_g（m）为：

$$H_g = h_1 + h_2 + h_3 + h_4 + h_5 \tag{1-9}$$

式中，h_1——冲洗水箱与滤池的沿程水头损失与局部水头损失之和，m；

　　　h_2——配水系统水塔损失，m；

　　　h_3——承托层水头损失，m；

　　　h_4——滤料层水塔损失，m；

　　　h_5——备用水头，一般为 1.5～2.0 m。

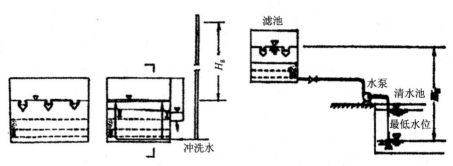

（a）用高位水箱冲洗滤池示意图　　　　　（b）用水泵供水冲洗滤池示意图

图 1-33　用高位水箱与用户水泵供给冲洗滤池示意

其中，

$$h_2 = \left(\frac{q}{10\mu K}\right)^2 \frac{1}{2g} \tag{1-10}$$

式中，q——冲洗强度，$L/(s\cdot m^2)$；

　　　　μ——孔眼流量系数，一般为 $0.65\sim0.7$；

　　　　K——孔眼总面积与滤池面积比，采用 $0.2\%\sim0.25\%$；

　　　　g——重力加速度，$9.81\ m/s^2$。

$$h_3 = 0.022H_1 g \tag{1-11}$$

式中，H_1——承托层厚度，m。

$$h_4 = \left(\frac{\rho_s}{\rho_F} - 1\right)(1 - \varepsilon_0)L_0 \tag{1-12}$$

式中，ρ_s——滤料密度，kg/m；

　　　　ρ_F——水的密度，kg/m；

　　　　ε_0——滤料膨胀前的孔隙率；

　　　　L_0——滤层厚度，m。

2. 冲洗水泵

利用水泵冲洗，其布置形式如图 1-33（b）所示。水泵的流量按冲洗一个滤池来计算，其所需水泵的扬程 H，可按下式计算：

$$H = H_0 + h_1 + h_2 + h_3 + h_4 + h_5 \tag{1-13}$$

式中，H_0——冲洗排水槽顶与清水池最低水位的高程差，m；

　　　　h_1——清水池与滤池间冲洗管道的沿程与局部水头损失之和，m；

其他符号同前。

水泵冲洗建造费用低，可以连续冲洗几个滤池。在冲洗过程中冲洗强度的变化较小。但冲洗水泵间断工作，设备功率很大，在短时间内需要消耗大量电力，因此电网负荷极不均匀。在考虑采用哪种冲洗方式时，应按当时当地的具体情况来确定，一般中小面积的滤池，偏重于水泵冲洗。

（五）过滤设备

1．普通快滤池

（1）构造及工作过程

普通快滤池应用较广，一般是矩形的钢筋混凝土池子，可以几个池子相连呈单行或双行排列。其构造如图 1-34 所示。普通快滤池的过滤工艺过程包括过滤和反冲洗两个基本阶段。过滤即截留污染物；反冲洗即把被截留的污染物从滤料层中洗去，使之恢复过滤能力。从过滤开始到结束延续的时间成为滤池的工作周期，一般应大于 8 h，最长可达 48 h。从过滤开始到反冲洗结束称为一个过滤循环。

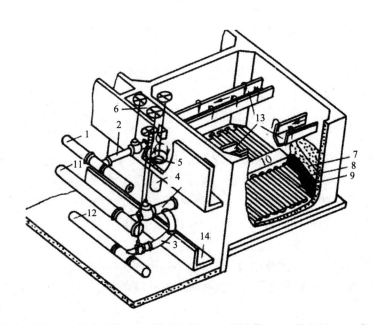

1—进水干管；2—进水支管；3—清水支管；4—排水管；5—排水阀；6—集水渠；
7—滤料层；8—承托层；9—配水支管；10—配水干管；11—冲洗水管；12—清水总管；
13—排水槽；14—废水渠

图 1-34　普通快滤池构造示意

过滤开始时，原水从进水管经集水渠、洗砂排水槽分配进入滤池，在池内水自上而下穿过滤料层、垫料层（承托层），由配水系统收集，并经清水管排出。经过一段时间的过滤后，滤料层被悬浮颗粒所阻塞，水头损失逐渐增大到一个极限值，滤池的出水量锐减；另一方面，水流的冲刷力又会使一些已截留的悬浮颗粒从滤料表面剥离下来而被大量带出，影响出水水质。此时，滤池应停止工作，进行反冲洗。

反冲洗时，关闭混水管及清水管，开启排水阀及反冲洗进水管，反冲洗水自下而上通过配水系统、垫料层、滤料层，并由洗砂排水槽收集，经积水渠内的排水管排走。反冲洗过程中，由于反洗水的进入会使滤料层膨胀流化，滤料颗粒之间相互摩擦、碰撞，附着在滤料表面的悬浮物质被冲刷下来，由反洗水带走。

滤池经过反冲洗后，恢复了过滤和截污的能力，又可重新投入工作。如果刚开始过滤时出水水质较差，则应排入下水道，直至出水合格，这称为初滤排水。

（2）滤料和垫层

滤料是滤池中最重要的组成部分，是完成过滤的主要介质。优良的滤料须满足以下要求：有足够机械强度、有足够化学稳定性、有一定颗粒级配和适当空隙率。滤料的性能指标有：

1）粒径。粒径表示滤料颗粒的大小，通常指能把滤料颗粒包围在内的一个假想的球体的直径；

2）滤料的级配。级配表示不同粒径的颗粒在滤料中的比例，滤料颗粒的级配可由筛分试验求得；

3）有效粒径。有效粒径表示能使占总质量10%的滤料通过的筛孔直径（mm），记作 d_{10}；

4）不均匀系数。d_{80} 表示能使占总质量80%的滤料通过的筛孔直径（mm），d_{80} 与 d_{10} 的比值称为滤料的不均匀系数，以 k_{80} 表示。不均匀系数越大，滤料越不均匀，小颗粒会填充于大颗粒的间隙间，从而使滤料的孔隙率和纳污能力降低，水头损失增大，因此不均匀系数以小为佳。但是不均匀系数越小，滤料加工费用也越高。通常 k_{80} 应控制在 1.65～1.8；

5）纳污能力。滤料层承纳污染物的容量常用纳污能力来表示。其含义是在保证出水水质的前提下，在过滤周期内单位体积滤料中能截留的污物量，以 kg/m^3 或 g/m^3 为单位；

6）孔隙率和比表面积。孔隙率是指在一定体积的滤料层中空隙所占的体积与总体积的比值。比表面积指单位质量或单位体积的滤料所具有的表面积，以 cm^2/g 或 cm^2/cm^3 为单位。

常用的滤料有石英砂、无烟煤粒、石榴石粒、磁铁矿粒、白云石粒、花岗岩粒以及聚苯乙烯发泡塑料等。

承托层主要起承托滤料的作用。要求不会被反洗水冲动，形成的孔隙均匀，使布水均匀，化学稳定性好，机械强度高。通常，承托层采用天然卵石或碎石。

2. 虹吸滤池

虹吸滤池是快滤池的一种，是利用虹吸原理进水和排走反冲洗水，因此节省了两个闸门。此外，它利用小阻力配水系统和池子本身的水位来进行反冲洗，不需要另设冲洗水箱或水泵，加之较易利用水力，自动控制池子的运行，所以应用较广。

与普通快滤池相同，采用小阻力配水系统，所不同的是利用虹吸原理进水和排走反洗水。虹吸滤池不需要大型进水阀或控制滤速装置，也不需冲洗水塔或水泵。比同规模的快滤池造价投资省 20%～30%，但滤池深度较大（5～6 m）。适用于中、小型污水处理厂。

虹吸滤池是由 6～8 个单元滤池组成的一个整体。滤池的形状主要是矩形，水量少时也可建成圆形。图 1-35 为圆形虹吸滤池构造和工作示意图。滤池的中心部分相当于普通快滤池的管廊，滤池的进水和冲洗水的排除由虹吸管完成。

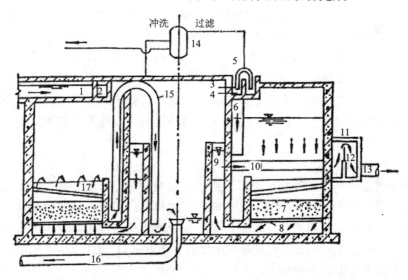

1—进水槽；2—配水槽；3—进水虹吸管；4—单元滤池进水槽；5—进水堰；6—布水管；
7—滤层；8—配水系统；9—集水槽；10—出水管；11—出水井；12—控制堰；13—清水管；
14—真空系统；15—冲洗虹吸管；16—冲洗排水管；17—冲洗排水槽

图 1-35 虹吸滤池构造

图 1-35 的右半部表示过滤时的情况，经过澄清的水由进水槽流入滤池上部的配水槽。经进水虹吸管流入单元滤池进水槽，再经过进水堰（调节单元滤池的进水量）和布水管流入滤池。水经过滤层和配水系统而流入集水槽，再经出水管流入出水井，通过控制堰流出滤池。

滤池在过滤过程中滤层的含污量不断增加，水头损失不断增长，要保持控制堰上的水位，即维持一定的滤速，则滤池内的水位应该不断地上升，才能克服滤层增长的水头损失。当滤池内水位上升到预定的高度时，水头损失达到了最大允许值（一般采用 1.5～2.0 m），滤层就需要进行冲洗。

虹吸滤池在过滤时，由于滤后水位永远高于滤层，保持正水头过滤，所以不会发生负水头现象。每个单元滤层内的水位，由于通过滤层的水头损失不同而不同。

滤池的配水系统必须采用小阻力配水系统，因此利用滤池本身滤过水的水位（清水槽内水位）即可冲洗。

图 1-35 的左半部表示滤池冲洗时的情况：首先破坏进水虹吸管的真空，则配水槽的水不再进入滤池，滤池继续过滤。起初滤池内水位下降较快，但很快就无显著下降，此时就可以开始冲洗。利用真空系统抽出冲洗虹吸管中的空气，使它形成虹吸，并把滤池内的存水通过冲洗虹吸管抽到池中心的下部，再由冲洗排水管排走。此时滤池内水位较低，当清水槽的水位与池内水位形成一定的水位差时，冲洗工作正式开始。冲洗水的流程与普通快滤池相似。当滤料冲洗干净后，破坏冲洗虹吸管的真空，冲洗立即停止，再启动进水虹吸管，滤池又可以进行过滤。

冲洗水头一般采用 1.1～1.3 m。是由集水槽的水位与冲洗排水槽顶的高差来控制。滤池平均冲洗强度一般采用 10～15 L/（s·m^2），冲洗历时 5～6 min。一个单元滤池在冲洗时，其他滤池会自动调整增加滤速使总处理水量不变。由于滤池的冲洗水是直接由集水槽供给，因此一个单元滤池冲洗时，其他单元滤池的总出水量必须满足冲洗水量的要求。

3．无阀滤池

无阀滤池与其他滤池相比有以下特点：自动进行，操作方便，工作稳定可靠；负水头；结构简单，材料节省，造价低。但滤料进出困难，滤池总高度较大；滤池冲洗时，原水也由虹吸管排出，浪费了一部分澄清的原水，且反洗污水量大。多用于中、小型给水工程，且进水悬浮物浓度宜在 100 mg/L 以内。由于采用小阻力配水系统，所以单池面积不能太大。

如图 1-36 所示，水由进水管送入滤池，经过滤层自上而下进行过滤，滤后清水从连通管进入清（冲洗）水箱内贮存。水箱充满后，水从出水管溢流入清水池。

滤池运行中，滤层不断截留悬浮物，滤层阻力逐渐增加，促使虹吸上升管内的水位不断升高，当水位达到虹吸辅助管管口时，水自该管中落下，并通过气管不断将虹吸下降管中的空气带走，使虹吸管内形成真空，发生虹吸作用，则水槽中的水自下而上地通过滤层，对滤料进行反冲洗。此时滤池仍在进水，反冲洗开始后，进水和冲洗排水同时经虹吸上升管、下降管排至排水井排出。

当冲洗水箱水面下降到虹吸破坏管口时，空气进入虹吸管虹吸作用被破坏，滤池反冲洗结束。然后，滤池又进水，进入下一周期的运行。

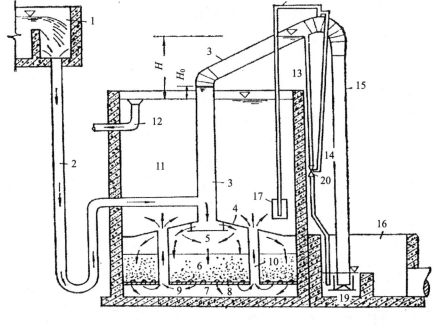

1—进水配水槽；2—进水管；3—虹吸上升管；4—顶盖；5—配水挡板；6—滤层；7—滤头；

8—垫板；9—集水空间；10—联络管；11—冲洗水箱；12—出水管；

13—虹吸辅助管；14—抽气管；15—虹吸下降管；16—排水井；17—虹吸破坏斗；

18—虹吸破坏管；19—水射器；20—冲洗强度调节器

图 1-36　无阀滤池构造

无阀滤池的运行全部自动，操作方便；节省大型闸阀，造价比普通快滤池低30%～50%。缺点是总高度较大，出水标高较高；反冲洗时要浪费一部分澄清水。

六、蒸发与结晶

蒸发与结晶是根据传热原理实现废水的净化和回收利用。在不同温度下，蒸发与结晶根据污染物（溶质）的溶解度不同，采用升温或降温的方式使溶剂蒸发、溶质结晶，进行废水的净化和有用物质的回收利用。

（一）蒸发

1. 原理

蒸发法是依靠加热使溶液中的溶剂（如水等）汽化，溶液得到浓缩的过程。对于废水，蒸发既是以浓缩、分离方式治理污水的过程，也是换热的过程。

用蒸发法处理废水，废水中非挥发性的溶解离子、固体颗粒和胶体状物质，仅有极少量随蒸汽上升而被带走，其余留在浓缩液中，处理效率在 95%以上；其适应性强，对各种粒子的去除范围宽，100～0.05 μm 的微小颗粒均能去除。用蒸发回收造纸废液中的碱、金属酸洗废液中的酸，对放射性裂变产物废水进行无害化处理，是较为有效的方法。但不足之处是耗热量大，设备费用较高，金属材料消耗量多，浓缩液仍需进一步回收或处理等。

2. 蒸发器的种类和特性

蒸发器的种类很多，按溶液的循环方式可分为自然循环蒸发器、强制循环蒸发器和不循环蒸发器等。

（1）自然循环蒸发器。

该设备比较紧凑，传热面积大，而且清洗修理也很简单方便。但循环速度不高，不适用于温差小或黏度大于 $1.0×10^{-4}$ Pa·s 的溶液，占地面积和重量都比较大。

（2）强制循环蒸发器

为提高传热系数，防止结晶或生垢，在蒸发器的循环管上安装了循环泵，使加热室中溶液的循环速度增加到 1.5～3.5 m/s，传热系数比自然循环式大 2～3 倍。这种蒸发器适用于需节约贵重设备材料用量，蒸发易结晶和黏性的溶液。缺点是蒸发器的成本高，循环系统消耗一定的能量，料液在器内停留时间较长等。

（3）薄膜蒸发器

是一种单程蒸发器，溶液在器内不做循环，只通过一次就可达到所要求的浓度，且稀浓溶液也不再相混。由于传热效率高，蒸发速度极快（仅几秒或十几秒）而受到重视，应用于中草药废水的处理，电镀废液中回收有用金属等。薄膜蒸发器又分成长管式、旋风式和回转式薄膜蒸发器等，均在生产中得到了应用。

（4）浸没燃烧蒸发器

其蒸发方法实质上是将高温烟气直接喷入被蒸发的溶液中，蒸发废液中的水分。它是以燃料（煤气或油）与空气燃烧产生的高温烟气作为加热剂，再经浸没在液面下边的出口喷嘴，直接与废液进行激烈的液相至气相传热与气相至液相的传热。由于气液两相间的温差很大，产生强烈的翻腾鼓泡，使废水迅速升温至沸点汽化，随废气排出，达到蒸发浓缩的目的。用于处理冶金工业的硫酸酸洗废液，回收硫酸和亚硫酸铁效果较好。

（二）结晶

1. 原理

结晶是溶液中的固体溶质以晶体状态析出的过程。利用过饱和溶液的不稳定原理，将废水中过剩的溶解物质以结晶形式析出，再将母液分离出来就得到了纯净的产品。利用结晶的方法可回收废水中有用物质或去除污染物。

结晶和溶解是相反的两个过程，当溶液中有足够量的溶质时，就会达到下列的动态平衡：

　　未溶解的溶质──→溶液中的溶质（溶解）

　　溶液中的溶质──→未溶解的溶质（结晶）

　　在一定温度下达到动态平衡的溶液称之饱和溶液，而溶液中溶质的浓度就是该溶质的溶解度。若溶液中溶质的浓度大于溶解度称为过饱和溶液，过饱和溶液容易结晶溶质。从溶液中获得晶体的必要条件就是使溶液达到过饱和的状态。

2. 结晶的方法

　　结晶的方法主要有两大类，即移除一部分溶剂的结晶和不移除溶剂的结晶。

　　移除一部分溶剂的结晶：溶液的过饱和状态可利用溶剂在沸点时的蒸发或在低于沸点时的汽化而达到，其适用于溶解度随温度降低而变化不大的物质的结晶，如 $NaCl$、KBr 等。按操作方式分为：蒸发式、真空蒸发式、汽化式。相对应的设备有蒸发结晶器、摇动结晶器、真空结晶器等。

　　不移除溶剂的结晶：溶剂的过饱和状态则通过冷却的方法达到，该法适用于溶解度随温度降低而显著降低的物质的结晶。主要有水冷却式和冷冻盐水冷却式两种形式。

学习单元三　　化学处理

　　化学处理法主要处理废水中的溶解性或胶体状态的污染物质。它既可使污染性物质与水分离，也能改变污染性物质的性质，如降低废水中的酸碱度、去除金属离子、氧化某些物质及有机物等，可达到比物理方法更高的净化程度。特别是要从废水中回收有用物质或当废水中含有某种有毒、有害且又不易被微生物降解的物质时，采用化学处理方法最为适宜。然而，化学处理法常采用化学药剂或材料，运行费用一般都比较高，操作与管理的要求也比较严格，在化学法的前处理或后处理过程中，还需配合使用物理处理方法。

一、中和处理

（一）概述

　　很多工业废水往往含酸或含碱。酸性废水中可能含无机酸（如硫酸、盐酸、硝酸、磷酸等）或有机酸（如醋酸、草酸、柠檬酸等）。碱性废水中的碱性物质有苛性钠、碳酸钠、硫化钠和胺类等。根据我国工业废水和城市污水的排放标准，排放废水的 pH 值应在 6～9。超出规定范围的都应加以处理。工业废水含酸、碱的量往往差别很大。通常将酸的含量大于 3%～5% 的含酸废水称为废酸液，将碱的含量大于

1%～3%的含碱废水称为废碱液。废酸液和废碱液应尽量加以回收利用。低浓度的含酸废水和含碱废水，回收的价值不大，可采用中和法处理。

废水的中和处理就是使废水进行酸碱的中和反应，调节废水的酸碱度（pH 值），使其呈中性、接近中性或适宜于下步处理的 pH 值范围。如，以生物处理而言，需将处理系统中废水的 pH 值维持在 6.5～8.5，以确保最佳的生物活力。

酸碱废水的来源很广，化工厂、化学纤维厂、金属酸洗与电镀厂等及制酸或用酸过程，都排出大量的酸性废水。有的含无机酸如硫酸、盐酸等；有的含有机酸如醋酸等；也有几种酸并存的情况。酸具有强腐蚀性，碱危害程度较小，但在排至水体或进入其他处理设施前，均须对酸碱废液先进行必要的回收，再对低浓度的酸碱废水进行适当的中和处理。通常废水中除含有酸或碱以外，往往还含有悬浮物、金属盐类、有机物等杂质，影响酸、碱废水的回收与处理。

（二）基本原理

酸性废水用碱中和，碱性废水用酸中和，两者都是中和反应。

当酸和碱的当量相等时，达到等当点。由于作用的酸、碱的强弱不同，等当点时的 pH 不一定等于 7。当强酸与弱碱中和时，等当点时的溶液 pH 值小于 7；当弱酸与强碱中和时，等当点时的溶液 pH 值大于 7。

需要投加的酸、碱中和剂的量，理论上可按化学反应式进行计算。但实际废水的成分比较复杂，干扰酸碱平衡的因素较多。例如酸性废水中往往含有重金属离子 Fe^{3+}、Al^{3+}、Cu^{2+} 等，在用碱进行中和时，会生成金属氢氧化物沉淀，消耗部分碱。此时，应通过实验得出中和曲线，以确定中和剂投加量。

图 1-37 显示不同强度的酸与强碱中和时的中和曲线。

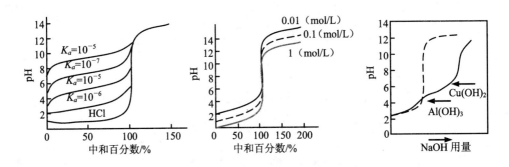

图 1-37　不同强度的酸与强碱中和时的中和曲线

（三）方法

废水中和方法有均衡法和 pH 值直接控制法。

（1）均衡法。即在均衡池中将酸性和碱性废水混合中和。由于工业废水的水量和水质一般不均衡，随生产的变化而变化。为了进行水量的调节和水质的均合，减小高峰流量和高浓度废水的影响，需设置足够容积的均衡池作为预处理的设施或中和设备，若废水中和后达不到规定的 pH 值，需加废酸或废碱进行调节。

（2）pH 值直接控制法。常用的方法有酸碱废水相互中和、药剂中和法和过滤中和法等。

酸性废水的中和：对于酸性废水，常用药剂法和过滤法进行中和。

药剂中和法能处理任何浓度、任何性质的酸性废水，对水质和水量波动适应性强，中和剂利用率高。采用的药剂有石灰、废碱、石灰石和电石渣等，药剂的选用应考虑药剂的供应情况、溶解性、反应速度、成本、二次污染等因素。通常是将石灰制成乳液湿投或石灰石粉碎成细粒后干投。处理设备包括废水调节池、石灰乳配制槽或石灰石粉碎机、投药装置、混合反应池、沉淀池以及污泥干化床等。在混合反应池中进行必要的搅拌，防止石灰渣的沉淀。废水在其中的停留时间一般不大于 5 min。沉淀池中的废水，可停留 1～2 h，产生的沉渣容积约为废水量的 10%～15%，沉渣含水率为 90%～95%，送干化床脱水干化。药剂中和法劳动条件较差、处理成本高、污泥较多、脱水麻烦，只在酸性废水中含有重金属盐类、有机物或有廉价的中和剂时采用。

过滤中和法是选择碱性滤料（如粒状的石灰石、大理石、白云石或电石渣等）填充成一定形式的滤床，酸性废水通过滤料进行中和过滤。与药剂中和法相比，其操作方便、运行费用低、劳动条件好，产生沉渣只有污水体积的 0.1%。但进水硫酸浓度受到限制。主要设备有：普通中和滤池，等速升流式膨胀中和滤池，高滤速（60～70 m/h）或高速变速升流膨胀中和滤池，滚筒式中和器等。

碱性废水常用废酸、酸性废水中和或与烟道气中和，投酸中和法是采用废强酸或酸性废水进行中和处理。所用设备和中和程序与酸性废水中和法相同。

烟道气中和法是利用烟道气中的二氧化碳与二氧化硫溶于水中形成的酸中和碱性废水。方法是将烟道气通入碱性废水，或利用碱性废水作为除尘的喷淋水，两者均可得到良好的处理效果。但处理后废水中的悬浮物含量大为增加，硫化物、耗氧量和色度也都有所增加，还需对废水进行补充处理。

选择中和方法时应考虑以下因素：

① 含酸或含碱废水所含酸类或碱类的性质、浓度、水量及其变化规律。

② 寻找能就地取材的酸性或碱性废料，并尽可能地加以利用。

③ 本地区中和药剂或材料（如石灰、石灰石等）的供应情况。

④ 接纳废水的水体性质和城市下水管道能容纳废水的条件。

此外，酸性污水还可根据排出情况及含酸浓度，对中和方法进行选择。

如工厂内同时有酸性和碱性废水时，可以先用碱性废水中和，然后剩余的酸再用碱性物质中和。

1. 酸性废水的中和处理

酸性废水中和的方法主要有投药中和法和碱性物料过滤法。

中和药剂的投加量，可按化学反应式进行估算。比较正确的方法是通过试验，根据中和曲线确定。碱性药剂的用量可按下式计算：

$$G = (K/P)(QC_1 a_1 + QC_2 a_2)$$

式中，Q —— 废水流量，m^3/d；

$\quad\ C_1$ —— 废水含酸量，kg/m^3；

$\quad\ a_1$ —— 中和 1 kg 酸所需的碱性药剂，kg；

$\quad\ a_2$ —— 中和 1 kg 酸性盐类所需的碱性药剂，kg；

$\quad\ C_2$ —— 废水中需中和的酸性盐类量，kg/m^3；

$\quad\ K$ —— 考虑部分药剂不能完全参加反应的加大系数。用石灰湿投时，K 取 1.05～1.10；

$\quad\ P$ —— 药剂的有效成分含量。一般生石灰含 CaO 60%～80%，熟石灰含 $Ca(OH)_2$ 65%～75%，电石渣含 CaO 60%～70%。

石灰的投加可以用干法或湿法。干法是将石灰粉直接计量投入水中。使用较多的是湿投法，即将石灰先消解，配制成石灰乳液，然后投加。石灰用量少时，如图 1-38 所示，生石灰先在消解槽内加水搅拌消化。消化后的石灰浆流到有机械或水力搅拌的石灰乳贮槽，加水搅拌均匀，配制成浓度为 5%～15%的石灰乳液。配制好的石灰乳用投配器控制投加量，加入到中和池。

石灰用量多时，可采用图 1-39 的石灰乳配制系统。石灰由输送带送入贮料斗，再进入石灰消解机。石灰消解机由电动机、搅拌筒和变速箱组成，利用搅拌筒的旋转和筒内螺旋叶片的搅动，石灰加水拌和消解生成石灰乳，经筛网筛后流入石灰乳槽（用以沉淀分离石灰乳中的灰、砂等杂物），然后用石灰乳泵打到贮槽，加水搅拌配制成浓度为 5%～15%的石灰乳液，再经投料箱和计量泵，将石灰乳加入到混合池。为了防止在投药箱内产生沉淀，箱内装有机械搅拌设备。

中和反应在专门的池内进行。由于反应时间较快，可以将混合池和反应池合二为一，采用隔板式或机械搅拌。停留时间采用 5～20 min。

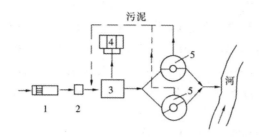

1—带格栅的沉砂池；2—格栅；3—双层沉淀池；4—干化床；5—间歇混凝沉淀用的圆形混合池

图 7-14 水果和蔬菜废水的物理化学处理

废水先经格筛处理，除去大块固体物质；然后进一步处理或排入城镇下水管道。截留的废渣作饲料或焚烧处理。

调整 pH 值去除废水中的杂质，对处理如苹果、番茄、樱桃等的废水行之有效。用铁盐、铝盐和石灰可降低 BOD_5 达 40%～50%。混凝法用来去除豆科蔬菜的胶体物，也有一定的成效。罐头厂的废水混同生活污水，采用生物滤池或活性污泥法处理经济可行。普通活性污泥法处理这种混合废水，BOD_5 范围为 1 350～4 500 mg/L，去除率达 91%～95%。高负荷生物滤池处理豌豆、青蚕豆、番茄等废水，BOD_5 去除率约为 97%。活性污泥法处理柠檬废水，BOD_5 可去除 90%，出水清新无味。

若将水果、蔬菜废水用于农业灌溉时，不必在很高程度上去除悬浮物，通常采用沟灌法；若靠近河岸有适当的土地，最好用草场灌溉法净化废水。也可因地制宜地采用喷灌法或氧化塘处理。

废水中的二氧化硫，在冷却塘中被去除。如果处理设施能使废水通过台阶跌落，起到冷却和氧化的作用，将提高这些池塘的效率。

学习单元二 酿造废水的处理与利用

酿造工业产生不同性质与浓度的废水且废水量很大。降低废水排放量与经济用水有着密切的联系，故应按其污染的程度、水温，实现逐级用水、循环用水，一水多用。严格管理，加上节约用水措施，可大幅度降低废水的排放量。

一、啤酒废水的处理

（一）啤酒废水成分与特性

啤酒废水的污染物成分是制麦、糖化、发酵等过程产生的残渣、蛋白化合物的有机物和少量无机盐类。每生产 1 t 啤酒，废水排放量为 $10\sim20\ m^3$，平均约 $15\ m^3$。目前全国啤酒废水年排放量在 2.5 亿 m^3 以上。水质及水量变幅范围大，一般为：pH $=5.5\sim7.0$（显微酸性），水温为 $20\sim25℃$，$COD_{Cr}=1\ 200\sim2\ 300\ mg/L$，$BOD_5=700\sim1\ 400\ mg/L$，$SS=300\sim600\ mg/L$，$TN=30\sim70\ mg/L$。

啤酒生产中各工序产生的废水有机物浓度和水量见表 7-12，啤酒综合废水水质指标见表 7-13。

啤酒废水的主要特点是 BOD_5/COD_{Cr} 值高，一般在 50% 以上，非常有利于生化处理。生化处理与普通物化法、化学法相比较，一是处理工艺比较成熟；二是处理效率高，COD_{Cr}、BOD_5 去除率高，一般可达 $80\%\sim90\%$；三是处理成本低，运行费用省。因此生化处理技术在啤酒废水处理中，得到了充分重视和广泛采用。

表 7-12　啤酒生产废水中主要污染物含量

pH 值	水温/℃	COD_{Cr}	BOD_5	$CaCO_3$ 碱度	SS	TN	TP
5～6	16～30	1 000～2 500	600～1 500	400～450	300～600	25～85	5～7

表 7-13　啤酒生产废水分类及有机污染物浓度

废水种类	来源	废水量/%	COD_{Cr} /（mg/L）	高浓度废水 COD/（mg/L）	总排放口（综合废水）COD/（mg/L）
高浓度有机废水	麦槽水、糖化车间的刷锅水等	5～10	20 000～40 000	4 000～6 000	100～150
	发酵车间的前酵罐后酵罐洗涤水、洗酵母水等	20～25	2 000～3 000		
低浓度有机废水	制麦车间浸麦水、刷锅水、冲洗水等	20～25	300～400	300～700	
	罐装车间的酒桶、酒瓶洗涤水、洗棉水等	30～40	500～800		
冷却水及其他	各种冷凝水、冷却水、杂菌水等	无污染物		<100	

（二）啤酒废水处理工艺

1. 接触氧化-气浮处理工艺

接触氧化-气浮工艺处理啤酒废水流程见图 7-15。

处理后均达标排放。细格栅起初步的固液分离作用，故不设初沉池；酸化池中设填料，为细菌提供呈立体状的生物床，截留和吸附水中的颗粒物质和胶体物质。微生物所需要的营养，主要为碳水化合物、氮化合物，水、无机盐类、N、P。通常

要求 $BOD_5:N:P=15:5:1$，为满足此要求，故在接触氧化池前投加氨氮。在水解细菌作用下，将不溶解性有机物水解为溶解性物质，在产酸菌协同作用下，将大分子物质、难以生物降解的物质转化为易降解的小分子物质。

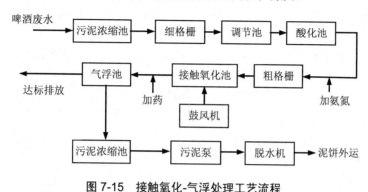

图 7-15　接触氧化-气浮处理工艺流程

　　物化法中选用加药反应气浮池的理由：一是悬浮物去除率高，普通沉淀池去除率仅为 30%左右，竖流式沉淀池为 40%～50%，而气浮可达 80%～90%；二是气浮污泥含水率为 97%～98%，气浮排渣可直接进行脱水处理，而其他沉淀池的污泥含水率达 99%以上；三是气浮池水力停留时间短，30 min 左右。而其他沉淀池的水力停留时间为 1.5～2 h，故气浮池体积小，减少占地面积。但气浮处理需要增设一套空压机、压力溶气罐、回流水泵等组成的辅助系统，操作管理相对较复杂。

2. UASB-接触氧化-气浮处理工艺

　　该处理工艺与基础氧化-气浮处理工艺在主体处理系统上相同，见图 7-16，都是水解酸化、接触氧化和气浮池。主要不同点：一是高浓度废水先采用 UASB（上流式厌氧污泥床）预处理后再进入的低浓度废水调节池，进入主体处理系统；二是主体处理系统调节池前增设了沉砂池和分离机（高浓度废水预处理系统中调节池也增设了沉砂池和分离机）。

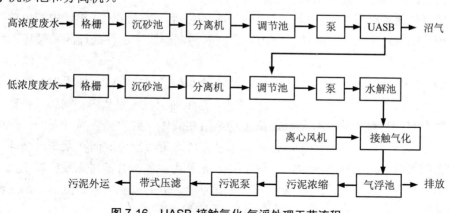

图 7-16　UASB-接触氧化-气浮处理工艺流程

某公司废水水质水量如下。

高浓度有机废水：水量为 500 m³/d，BOD₅ 为 500 mg/L，COD_{Cr} 为 2 500 mg/L，SS 为 3 000 mg/L。

低浓度有机废水：水量为 3 500 m³/d，COD_{Cr} 为 500 mg/L，BOD₅ 为 250 mg/L，SS 为 500 mg/L。

UASB 进出水水质和混合水经主体处理系统的进出水水质见表 7-14 和表 7-15。

表 7-14　UASB 进出水水质

项目	进水水质	出水水质	去除率/%
COD/（mg/L）	2 320～3 300	560～643	75.9～80.5
BOD₅/（mg/L）	800～1 640	365～407	54.4～71.2
SS/（mg/L）	634～10 760	90～1 236	85.8～88.5
pH 值	5.20～5.63	6.80～7.32	

表 7-15　混合水经处理进出水水质

项目	进水水质	出水水质	去除率/%
COD/（mg/L）	540～1 405	31.9～65.2	94.1～95.5
BOD₅/（mg/L）	179～547	16.1～28.9	93.5～95.7
SS/（mg/L）	161～752	16～54	90～92.8
pH 值	6.94～9.39	7.86～8.13	

处理后的废水与未经处理的冷却水混合，进入总排放口，按 GB 8978—1996 的排放标准，水质情况如下：COD≤100 mg/L；BOD₅≤30 mg/L；SS≤70 mg/L；pH＝6～9。可见处理后的出水水质好于设计采用的标准值，全部达标排放。废水处理工程总投资为 516 万元，总运行费用为 0.73 元/m³。

3. IC-CIRCOX 处理工艺

IC（厌氧内循环）反应器是根据 UASB 的原理，20 世纪 80 年代中期由荷兰帕克（PAQUES）公司开发成功。它由混合区、污泥膨胀床、精处理区和循环系统四个部分组成。

CIRCOX（封闭式空气提升好氧）反应器为双层立式筒体（外层为下降筒体，内层为上升筒体），废水由底部进入反应器，与压缩空气一起从内层筒体（也称上升管）向上流，与微生物充分接触，微生物黏附在载体（细砂类物质）表面，形成生物膜，使活性污泥有良好的沉降性能，不易被出水带离反应器而在系统内循环，筒体的上部做成"帽状"（直径大约 1/3），气、水和污泥的混合液进入反应器上部"帽状"的三相分离区分离；气体从上面离开反应器，澄清水从出水口流出，污泥经过沉降区返回到反应器底部。IC-CIRCOX 工艺流程见图 7-17。

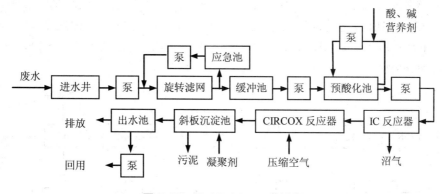

图 7-17　IC-CIRCOX 工艺流程

IC-CIRCOX 处理工艺与其他厌氧处理工艺相比有以下特点。

（1）因反应器为立式结构，高度与直径的比较大，高度为 16～25 m，故占地面积小，同时沼气收集也方便。

（2）有机负荷与微生物浓度高，有机负荷为 4～10 kgCOD/（m^3·d），微生物浓度为 15～30 kgVSS/m^3。水力停留时间短，一般为 0.5～4 h。

（3）剩余污泥少，约为进水 COD 的 1%，且容易脱水。污泥回流在同一反应器内完成，靠沼气的提升产生循环，不需要外部动力进行搅拌混合就能回流，节省动力消耗。

（4）因生物降解后出水为碱性，当进水酸度高时可通过出水的回流使进水中和，减少药剂使用量。

（5）耐冲击负荷性能强，处理效率高，COD 去除率为 75%～80%，BOD$_5$ 去除率为 80%～85%。因活性污泥在反应器内循环，泥龄很高，污泥中硝化细菌较多，故 CIRCOX 反应器适合于处理含氮化合物及其他难降解的化合物。

（6）因该反应器为封闭系统，可以容易地控制污水中易挥发物质，可根据需要设置生物过滤器或活性炭过滤器处理废气。生物气纯度高（CH$_4$ 为 70%～80%，CO$_2$ 为 20%～30%，其他有机物为 1%～5%），可做燃料加以利用。

（7）因反应器内液体的流速很高，约为 50 m/h，载体通过相互碰撞摩擦而自动脱膜，不需要另设脱膜装置；同时污水中的悬浮物很容易从反应器内冲出，允许进水悬浮物的浓度较高，不需设预沉池。

IC 反应器应用于高浓度有机废水处理，CIRCOX 适用于低浓度的啤酒生产废水和城市污水处理，两者串联起来是优化的组合，体现了占地面积小，无臭气排放，污泥量少和处理效率高的优点。

4. SBR-水解酸化处理工艺

该工艺以 SBR 为主体，工艺流程图见图 7-18。水解酸化池内设填料（球形填料），水力停留时间为 4 h 左右（利用厌氧过程的前阶段），COD 去除率 30%～40%，pH 值 4.8～5.2。SBR 反应池内反应时间约为 6 h，水温 20～25℃，污泥浓度 4 000 mg/L 左右，出水水质达到原 GB 8979—1996 一级排放标准，COD 总去除率＞92%，BOD$_5$ 总去除率＞98%。

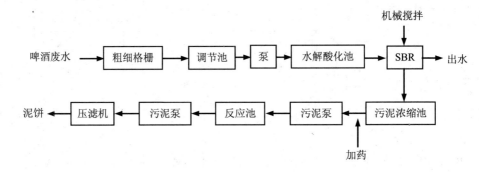

图 7-18 SBR-水解酸化处理工艺流程（SBR 为主体）

SBR 处理工艺的特点是集生物降解和终沉排水等功能于一体，与传统的连续式活性污泥法（CFS）相比，可省去沉淀池和污泥回流设施，具有运行稳定，净化效率高，耐冲击负荷，避免污泥膨胀，便于操作管理等特点。

5. CASS 反应池处理工艺

CASS 与 CAST 相似，是一种循环式活性污泥法，CASS 反应池的运行一般包括三个阶段：进水、曝气、回流阶段；沉淀阶段；滗水、排泥阶段。运行周期为 4～12 h，根据需要设定。CASS 反应池一般用隔墙分隔成三个区：生物选择区、预反应区、主反应区。生物选择区内不进行曝气，类似于 SBR 法中的限制性曝气阶段，在该区内，回流污泥中的微生物大量吸附废水中的有机物，能较迅速有效地降低废水中有机物浓度；预反应区采取半限制性曝气，溶解氧保持在 0.5 mg/L 左右，使该区存在着反硝化进程的可能；主反应区进行强制鼓风曝气，使有机物及氨氮生化与硝化。CASS 工艺流程图见图 7-19。

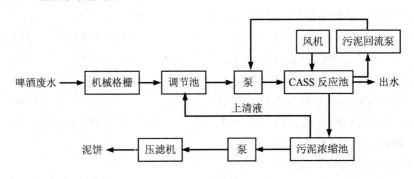

图 7-19 CASS 反应池为主体的处理工艺

6. 超深层曝气处理工艺

超深层曝气处理工艺采用两级生物处理法处理啤酒厂废水，先用深层曝气法处理高浓度啤酒废水，再掺入全厂混合废水。

根据深层曝气法处理的运行结果，用深层曝气法处理高浓度有机废水，平均气水比为 44.1：1，处理 1 m^3 的高浓度废水，共去除 COD_{Cr} 为 10.9 kg，BOD_5 为 8.5 kg，氧的利用率为 50%～60%，产菌量 4.5 kg，按售价 2.95 元/kg 计算，可收益 9.29 元左右。

用超深层曝气活性污泥法处理低浓度混合废水，污泥产量和运转费低，废水的 COD，BOD_5 去除率高，经一次处理即可达到国家排放标准。

7. 啤酒工业废水厌氧处理技术

某啤酒厂着眼于啤酒厂生产的间断性及污水浓度变化规律而率先采用清浊分流的措施，将高浓度有机废水集中起来，首先把其中的酵母和麦糟等单独进行回收；然后将余下含有少量 SS、溶解性 COD＞5 000 mg/L 的高浓度有机废水用上流式厌氧污泥床反应器进行厌氧消化处理。其基本原理是有机物在产酸菌群和产 CH_4 菌群的作用下，被降解为最终产物 CH_4 和 CO_2，以达到去除 COD 的目的。

该工艺技术关键是首先将废水清浊分流，只处理废水总量的 5%～8%的高浓度部分，即可减掉 COD 总量的 58%～60%，SS 总量的 90%以上。其次是分别回收酵母和麦糟等悬浮固体，最后将含少量 SS 的高 COD 浓度的废水用先进的生物技术处理，并同时回收大量能源——沼气。该技术适用于啤酒行业，酿造行业及以农副产品为原料的食品加工业的高浓度有机废水处理。

以上流式厌氧污泥床反应器组成的厌氧处理工艺流程见图 7-20。

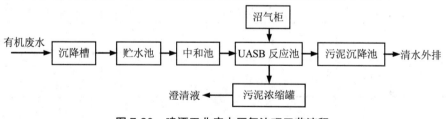

图 7-20　啤酒工业废水厌氧治理工艺流程

技术指标：COD 去除率 85%；SS 去除率＞90%；沼气产率 4～5 m^3/（m^3 污水·d）；停留时间 2.5 d；污泥产率 0.003～0.01 kg（TS）/[kg（COD 去除）]。本工艺采用浓稀分流的形式，厌氧处理高浓度废水，浓度为 5 000 mg/L，COD 去除率达 85%，高浓度水经处理后出水达 750 mg/L。高浓度与低浓度水混合排放，出水可达二级标准排放。上流式厌氧发酵法，具有技术先进，占地面积小，能耗低，一次性投资低的特点（比好氧法节省投资 1/3），是集中处理高浓度酿造废水（5 000 mg/L 以上）的最佳方法。

二、其他制酒工业废水处理技术

（一）其他制酒工业概述

制酒工业废水主要来自生产啤酒、白酒、果酒（包括黄酒、红酒、药酒）等过程产生的工业废水。制酒生产工业与原料和产品有关。大多数制酒工艺都是采用粮食淀粉作为生产原料，因此该行业废水主要含蛋白类溶解性物质。淀粉制酒分发芽和酿造两大阶段。酿造过程中主要产生冷却冷凝水，BOD_5 为 $0\sim5.4$ mg/L；清洗蒸煮器废水的 BOD_5 为 13 mg/L，再蒸馏残液 BOD_5 为 20 000 mg/L 等。发酵加工的废（渣）水平均特征：BOD_5 为 4 500 mg/L、pH 为 $6\sim7$、总固体为 10 000 mg/L、可沉悬浮固体 25 mg/L。白酒工业废水的几种废水水质和水量情况见表 7-16。对该类高 BOD_5 酿酒废水，首先回收利用其有用物质，然后采用生物滤池，可去除 BOD_5 为 $60\%\sim98\%$；厌氧消化可去除 BOD_5 为 $60\%\sim90\%$。

表 7-16 白酒工业废水的几种废水水质和水量情况

	pH 值	COD/（mg/L）	BOD_5/（mg/L）	总氧/（mg/L）	总磷/（mg/L）	SS/（mg/L）	占废水总量的比率/%
冷却水	$7.3\sim7.9$	$11.6\sim24.4$				$1\ 350\sim31\ 000$	71
蒸馏锅底水	$3.7\sim3.8$	$11\ 400\sim100\ 000$	$5\ 800\sim66\ 000$	$31.5\sim1\ 020$	$31.4\sim664$	$188\sim5\ 900$	1.6
发酵池盲沟水	$4.8\sim4.0$	$43\ 000\sim130\ 000$	$21\ 000\sim67\ 000$	932	703	$2\ 470\sim6\ 300$	很小
蒸馏工段地面冲洗水	$4.5\sim5.8$	$4\ 100\sim17\ 000$	$160\sim8\ 100$	$276\sim853$	$158\sim597$	$1\ 350\sim31\ 000$	2.4
蒸馏操作工具清洗水	$7.3\sim7.9$	污染很少				$188\sim5\ 900$	10

（二）其他制酒生产废水处理工艺与工程实例

1. UASB 与其他处理技术组合的工艺

制酒生产废水处理流程见图 7-21。该三级处理工艺减少了处理费，处理效果好，进水水质变化对整个处理系统的影响不大，可回收沼气。但是工艺流程长，操作难度大。

UASB 厌氧处理技术也可与其他处理技术（如物化处理、化学氧化处理等技术）组合成联合处理工艺。以某酒厂废水处理工程为例，采用"厌氧-好氧-物化组合处理工艺"处理制酒废水。废水水质见表 7-17。废水处理工艺流程见图 7-22。

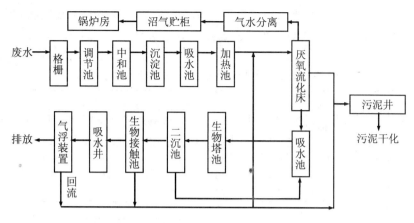

图 7-21 厌氧-好氧-气浮法三级处理工艺流程

表 7-17 某酒厂废水水质情况

项目	处理水量（m³/d）	COD/（mg/L）	BOD₅/（mg/L）	SS/（mg/L）	pH 值	温度	色度/倍
进水 出水	20	80 000～100 000 <100	40 000～60 000 <30	8 000～10 000 <70	4～5 6～7	常温	<50

色度、SS 和细菌的去除率均达 100%，BOD_5、COD 和 LAS 的去除率分别是 82.1%、84.8%和 64.58%。

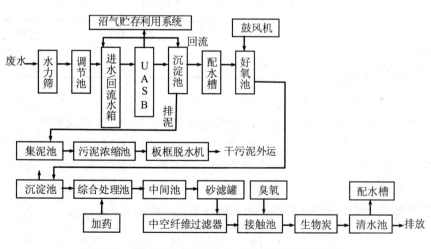

图 7-22 某酒厂厌氧-好氧-物化组合处理工艺流程

另一个厌氧-好氧组合处理方案某葡萄酒公司采用 UASB-接触氧化法工艺处理

白兰地车间生产废水。废水水质水量见表 7-18。针对水质特点，采用高浓度废水厌氧预处理和水解-好氧联合处理工艺，其流程见图 7-23。

表 7-18　某葡萄酒公司白兰地车间废水水质水量表

废水种类	排放量/（m³/d）	pH值	COD		BOD₅		SS	
			污染负荷/（mg/L）	产生量/（kg/d）	污染负荷/（mg/L）	产生量/（kg/d）	污染负荷/（mg/L）	产生量/（kg/d）
高浓度废水	60	6.0	4 000	240	3 700	220	450	27
其他废水	1 140	7.1	450	513	250	467	200	228
合计	1 200	7.1	609	753	580	687	207	255

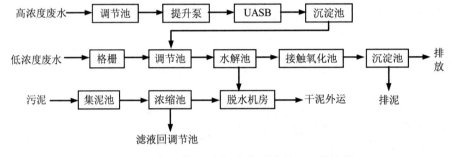

图 7-23　厌氧预处理-水解-好氧联合处理工艺流程

废水中污染物削减量见表 7-19。

表 7-19　废水中污染物削减量

项目	废水	COD	BOD₅	SS
废水处理运行后污染物削减量	1 200 m³/d	92.1 mg/L 660.1 kg/d	34.1 mg/L 652.7 kg/d	68.7 mg/d 186.3 kg/d

2. 好氧-气浮两级处理工艺

将高浓度废水和冷却水等混合后直接采用好氧法处理，工艺流程见图 7-24。该工艺处理废水量为 2 000 m³/d，推流式曝气池对 BOD₅、COD 的去除率可达 95%和90%以上，处理效果很好。好氧-气浮两级处理工艺与厌氧-好氧-气浮三级处理工艺相比，工艺简单、易于操作管理、投资较低。但也存在以下问题：增加了排入水体的有机物总量，易出现污泥膨胀，不能适应水质的剧烈变化。

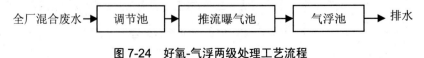

图 7-24　好氧-气浮两级处理工艺流程

3. 序批式反应器处理工艺（SBR 法）

某酒厂白酒生产排出的混合废水的 COD、BOD$_5$ 分别为 2 000 mg/L 和 800 mg/L。生产废水经处理后要达到《污水综合排放标准》（GB 8978—1996）的新扩改一级标准，即 COD＜100 mg/L，BOD$_5$＜30 mg/L，SS＜70 mg/L，pH=6～9。其处理工艺流程采用 SBR 序批式反应器处理系统，见图 7-25。运行结果表明，SBR 法处理白酒生产废水，具有较好的水质变化适应性和净化效果，且建筑物占地面积小。

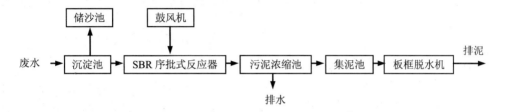

图 7-25　SBR 序批式反应器处理系统工艺流程

451

4. 氧化沟工艺

某酒业股份有限公司采用氧化沟法处理生产废水，进水水质和出水水质见表 7-20。废水处理工艺流程见图 7-26。氧化沟处理白酒废水具有投资少、处理效果好、耐冲击负荷、污泥量少且运行稳定和运行费用低的特点，运行中不需投加氮、磷营养元素，适应于污水高糖低氮磷要求，污水处理达标合格率 100%。该工艺适合处理有机物浓度低的制酒废水（COD 浓度应小于 1 000 mg/L）。

表 7-20　进水水质和出水水质　　单位：mg/L（pH 值除外）

项目	pH	COD	BOD$_5$	SS	总氮	总磷
进水	7.8～8.5	800	400	300	3～4	2～3
出水	6～9	150	60	150		

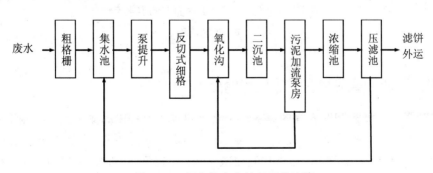

图 7-26　氧化沟废水处理工艺流程

5．其他工艺

对于高浓度的有机废水，氧化塘处理技术难以胜任，可采用厌氧或好氧的生化处理与氧化塘废水处理结合的工艺。如某酿酒总厂黄酒分厂采用"二次生化氧化塘"处理工艺处理生产废水。

三、酒精、酵母废水的处理

将甘蔗、甜菜糖蜜生产酒精和酵母废水中的浓废水同稀废水分开用不同的方法处理。

丹麦法是将浓废水亦即酵母汁，用厌氧消化，其余的稀废水用有回流的高负荷生物滤池处理，消化池的出水也一起处理。工艺流程示于图 7-27。

处理稀废水的设备是二级高负荷的生物滤池，而处理浓废水的设备则是二级有加热和搅拌的消化池，废水在消化池中停留 4d 后，BOD_5 降低了 70%～80%。两级消化比单级的效果好。处理酵母废水所产生的污泥，干污泥含氮 2%～3%，磷 1.2%～1.4%，钾 8%～10%，是有用的肥料。

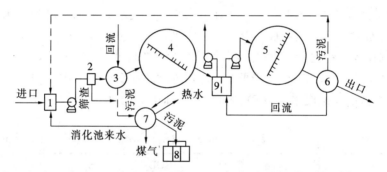

1—浓废水沉淀和均化；2—稀废水的沉淀和均化；3——一级和二级有加热和搅拌的消化池；
4—一级高负荷生物滤池；5—中间沉淀池；6—二级高负荷生物滤池；7—最终沉淀池；
8—气罐；9—污泥干化床；10—消化污泥水曝气

图 7-27 工艺流程

四、酱油、黄酱和腐乳等废水的处理

生产酱油、黄酱和腐乳等的废水，主要来自加工过程中的排水及各种冷洗水。由于生产的间歇性和季节性，废水的水量、浓度及组成都极不稳定。通常废水的 COD 在 2 000～6 000 mg/L，BOD_5 为 1 400～2 200 mg/L，悬浮性固体的浓度为 330～2 600 mg/L；pH 值为 6.0 左右；废水中的 COD：N：P：S 为 100：1.5：10.7：0.1～0.2，还含有相当的氯离子。采用上流式厌氧污泥床反应器进行厌氧消化处理，常温下运行，进水采用脉冲方式，沼气供民用，出水经氧化沟、沉淀处理后排放。

处理酿造工业废水，先经格栅或格筛去除所含的固体杂质和悬浮物，再通过沉沙池、沉淀池，分离沉淀下来的主要是有机物的污泥，既可做饲料、农业用肥料，也可进行消化，回收沼气用作能源。经消化以后的污泥是更好的肥料，无机养分易被农作物吸收，且消化过程中也能杀死致病的微生物和虫卵。处理后的废水，可回用到生产中的某些工序，也能用于农田牧草的灌溉。厌氧-好氧联合生物治理的工艺，可使一些复杂的、难降解的有机物得到较好的降解，污水可以得到高度净化，提高出水的水质。

含有大量有机污染质的废水，需经过化学-生物方法处理。先将化学污染质废水预混凝，经沉淀池除去，然后采用二级高负荷滤池，厌氧-好氧联合生物处理等工艺，可使废水中的 BOD_5 降低 90%～94%，而 COD 可除去 64%～95%。

学习单元三　　抗生素废水的处理与利用

一、抗菌素废水来源与水质特征

（一）抗生素生产废水来源

抗生素生产的发酵、分离、提取和精制等过程都产生高浓度的有机废水。抗生素废水的来源主要包括以下几个部分：

（1）提取废水、发酵废液

提取废水是指经提取有用物质后的发酵残液，也叫发酵废水，含有大量未被利用的有机组分及其分解产物，如果不含有最终产品，BOD_5 一般在 4 000～13 000 mg/L 之间。当发酵过程不正常，发酵罐体内出现染菌现象时，将会导致整个发酵过程的失败，因此为保证下一步的正常生产，必须将发酵废液与染菌丝体-发酵废液一起排入废水中，从而增大废水中有机物及抗生素类药物的浓度，使废水中 COD_{Cr}、BOD_5 出现高峰，废水中的 BOD_5 可高达 20 000～30 000 mg/L。另外，在发酵过程中由于工艺需要采用一些化工原料，废水中含有一定的酸、碱和有机溶剂等。

（2）洗涤废水

来源于发酵罐的洗涤、分离机的清洗和其他清洗工段及清洗地面等。水质一般与提取废水（发酵残液）相似，但浓度低，一般 COD_{Cr} 在 500～2 500 mg/L、BOD_5 在 200～1 500 mg/L。

（3）其他废水

抗生素制药厂大多有冷却水排放，一般污染物浓度不大，可直接排放。有些制药厂还有酸、碱废水，经简单中和后可达标排放。

（二）抗生素废水的水质特征

抗生素废水因品种交替，生产计划变更或生产事故以及提取生产本身分批操作等原因，废水的水质、水量随时间的变化很难控制，造成废水水量、水质波动较大。影响该类废水处理的主要水质特征如下：

（1）COD_{Cr}浓度高（5 000～80 000 mg/L）

主要为发酵残余基质及营养物、溶媒提取过程的萃取余液、经溶媒回收后排出的蒸馏釜残液、离子交换过程排出的吸附废液、水中不溶性抗生素的发酵过滤液以及染菌倒罐废液等。这些成分浓度高，如青霉素废水 COD_{Cr} 浓度为 15 000～80 000 mg/L、土霉素废水 COD_{Cr} 浓度为 8 000～35 000 mg/L。

（2）废水中 SS 浓度高（500～25 000 mg/L）

主要为发酵的残余培养基质和发酵产生的微生物丝状菌体。如庆大霉素废水 SS 为 8 000 mg/L 左右，青霉素废水为 5 000～23 000 mg/L。

（3）废水中含有微生物难以降解甚至对微生物有抑制作用的物质

发酵或提取过程中因生产需要投加的有机或无机盐类，如破乳剂 PPB（十二烷基溴化吡啶）、消泡剂泡敌（聚氧乙烯丙乙烯甘油醚）以及黄血盐（$K_4[Fe(CN)_6 \cdot H_2O]$）、草酸盐及生产过程中排放的残余溶媒（甲醛、甲酚、乙酸乙酯等）和残余抗生素及其降解物等，在废水中这些物质达到一定浓度会对微生物产生抑制作用。废水中青霉素、链霉素、四环素、氯霉素浓度低于 100 mg/L 时，不会影响好氧生物处理，而且可被生物降解，但当它们的浓度大于 100 mg/L 时会抑制好氧污泥活性，降低处理效果。甲醛对厌氧消化的毒物临界浓度为 200 mg/L。草酸浓度低于 5 000 mg/L 时，厌氧消化基本未受抑制，而超过 12 500 mg/L 时消化过程则完全被抑制。

（4）硫酸盐浓度高

如链霉素废水中硫酸盐含量为 3 000 mg/L 左右，最高可达 5 500 mg/L，青霉素废水为 5 000 mg/L 以上。

（5）水质成分复杂

废水中含有中间代谢产物、表面活性剂和提取分离中残留的高浓度酸、碱和有机溶剂等原料，成分复杂，易引起 pH 波动，影响生化处理效果。

根据上述废水水质特征分析，抗生素生产废水是一种高浓度、高含盐量、生化性能较差、生物抑制物质较多的有机废水，要求处理到 COD_{Cr} 300 mg/L，有机物的去除率须在 98.5%以上。在废水处理工艺的选择上，除了根据废水排放要求外，还需根据废水的水质特点，选择针对性强的污染物减排技术。目前，抗生素废水的处理技术可包括物理化学、生物化学、化学氧化三类，各自具有不同的特点，但是单一的处理工艺一般都不能使抗生素生产废水处理后出水达标排放，一般均需要多种类型的处理工艺复合进行，发挥各类工艺的优点，才能使抗生素废水达标排放。因此，废水的处理工艺应由物化处理、生化处理、化学氧化处理等进行有机组合。

部分抗菌素生产废水水质特征和主要污染因子见表 7-21。

表 7-21　部分抗生素生产废水水质特征和主要污染因子　　　单位：mg/L

抗菌素品种	废水生产工段	COD	SS	残留抗菌素	其他
青霉素	提取	8 000～15 000	5 000～23 000		
氨苄青霉素	回收溶媒后	5 000～70 000		开环物 54%	
链霉素	提取	10 000～16 000	1 000～2 000		甲醛：100
卡那霉素	提取	25 000～30 000	＜25 000	80	
庆大霉素	提取	25 000～40 000	10 000～25 000	50～70	
四环素	结晶母液	20 000		1 500	草酸：7 000
土霉素	结晶母液	10 000～35 000	2 000	500～1 000	草酸：10 000
麦迪霉素	结晶母液	15 000～40 000	4 000	760	乙酸乙酯：6 450
洁霉素	丁醇提取收液	15 000～20 000	＜1 000	50～100	
金霉素	结晶母液	25 000～30 000		80	

二、抗生素废水处理及利用

抗生素废水的前处理，一般为沉淀、气浮和吸附。生物处理可以使废水中的有机物污染物在微生物的作用下，进行降解、转化，但由于有机污染物浓度过高，废水的生化性能较差，单纯的好氧生物处理，不仅动力消耗过高，而且由于水力停留时间较长，还需泥水分离，工程占地面积大，工艺流程较长，管理复杂，处理效果也不甚理想。而厌氧生物处理容积负荷高，动力消耗低，可回收能源，还可改善废水的生化性能，但出水有机物浓度一般不能满足排放标准的要求。厌氧处理和好氧处理的有机结合，才能总体上优化处理效果，降低运行费用，也减小了占地面积，但需要较高水平的运行管理技术。

为控制制药行业工业废水污染，促进制药工业生产工艺和污染治理技术的进步，2008 年出台《发酵类制药工业水污染物排放标准》（GB 21903—2008），对发酵类制药工业企业水污染物的排放限值，不再执行《污水综合排放标准》（GB 8978—1996）中的规定。因此，制药工业废水在物化预处理和生化二级处理的基础上，还需进一步深度处理，深度处理工艺除上述混凝沉淀、气浮和吸附外，氧化工艺也是有机污染物进一步降解的必然选择。因此，抗生素废水的处理工艺应该由物化-生物-化学氧化处理构成，可行的污染物减排技术和途径为：前处理-厌氧-好氧-化学氧化组合工艺。

1. 化学氧化处理

制药废水的特点是浓度高、毒性大、色度深和含盐量高，特别是生化性较差，属难处理的工业废水。

好氧工艺的出水难以稳定达到 GB 21903—2008 要求,化学氧化处理是制药废水进一步处理和保证稳定达标排放的关键。常采用的化学氧化处理工艺有微电解处理、Fenton 试剂处理、催化氧化、湿式氧化、超临界水氧化等。

针对制药废水 COD_{Cr} 浓度高、色度深以及含有大量难生物降解毒害物质的特点,废水化学氧化技术有其独特效果。常用的抗生素废水化学氧化工艺有微电解处理法、Fenton 试剂处理法、催化臭氧氧化法、湿式氧化法、超临界水氧化法等,其中湿式氧化法、超临界水氧化法,一般用于难生化高浓度有机废水的处理。

(1)微电解处理法

在酸性介质的作用下,铁屑与炭粒形成无数个微小原电池,释放出活性极强的 [H],新生态的 [H] 能与溶液中的许多组分发生氧化还原反应,同时还产生新生态的 Fe^{2+},新生态的 Fe^{2+} 具有较高的活性,生成 Fe^{3+},随着水解反应进行,形成以 Fe^{3+} 为中心的胶凝体。工业中以 Fe_2C 作为制药废水的预处理步骤,运行表明,经预处理后废水的可生化性大大提高,效果明显。如采用柱形反应器,以铸铁屑为填料处理病毒唑废水,停留 30 min,pH 为 6.0 的条件下,COD_{Cr} 的去除率达到 23%,废水的可生性化性由 20% 提高至 30%,废水的可生化性得到了较明显的改善。

(2)Fenton 试剂处理法

过氧化氢(H_2O_2)溶液加入亚铁离子或二价铜离子后,具有较强的氧化能力,能在较短的时间内将有机物氧化分解,这就是 Fenton 试剂。Fenton 试剂具有极强的氧化能力,其产生的羟基自由基(·OH)的标准电极电位达 2.80 V,可无选择地氧化分解许多类有机化合物。在 Fenton 试剂氧化有机物的过程中,铁盐的作用除了在 H_2O_2 催化分解时产生自由基外,还是一种良好的混凝剂。在 Fenton 试剂参与的反应体系中,铁盐的各种络合物通过絮凝作用也去除了 COD_{Cr} 等有机污染物。

在处理西咪替丁制药废水中,由于 COD_{Cr} 浓度高、成分复杂、生化性差。采用 Fenton 试剂预处理,在 H_2O_2 浓度为 3 000 mg/L,$FeSO_4$ 浓度为 750 mg/L,反应时间时间为 3 h,在 pH 为 3 的反应条件下,COD_{Cr} 去除率达 50% 以上。以 TiO_2 为催化剂,并将其制膜固定在不锈钢质反应器内壁上,以 9 W 低压汞灯为光源,引入 Fenton 试剂,对某制药厂的制药废水进行了处理实验,取得了脱色率 100%、COD_{Cr} 去除率 92.3% 的效果。

(3)催化臭氧氧化

臭氧是氧的同素异形体,具有极强的氧化能力,其氧化还原电位较高(2.07 V)。因此,被广泛地应用于水和空气除臭、杀菌,染料废水脱色,COD_{Cr} 去除以及芳香族化合物分解。但臭氧氧化反应具有一定的选择性,氧化产物常常是小分子的羧酸、酮和醛类物质,不能将有机物彻底降解为 CO_2 和 H_2O 或其他无机物,因此,TOC 和 COD_{Cr} 去除率不高。为了强化臭氧处理效果,近年来,人们开发出了 O_3/OH、O_3/UV、

$O_3/H_2O_2/UV$、O_3/固体催化剂等高级氧化技术。其共同特征是产生大量的高氧化活性的羟基自由基，从而达到彻底降解有机污染物的目的。

催化臭氧化技术具有氧化能力强、反应速度快、不产生污泥、无二次污染、氧化彻底等优点，尤其是对于难降解或结构稳定的有机物能有效去除，采用 $Mn^{2+}-MnO_2$ 催化臭氧氧化降解土霉素废水，废水 COD_{Cr} 去除率由单独臭氧氧化的 35.3%提高到70.8%。用臭氧氧化法降解废水中的有机磷农药，可将其转化为无害物质，只用臭氧处理的情况下一周后有机磷的去除率为 78.03%；在催化剂的作用下，去除率可达93.85%。

（4）湿式氧化法

湿式空气氧化技术是在较高温度（150～350℃）和较强压力（0.5～20 MPa）下，以空气或纯氧为氧化剂将有机污染物氧化分解为无机物或小分子有机物的化学过程。湿式氧化发生的氧化反应属于自由基反应，包括传质过程和化学反应过程，通常分为 3 个阶段，链的引发、链的发展和链的终止。若加入过渡金属化合物，可变化合价的金属离子可从饱和化合价中得到或失去电子，导致自由基的生成并加速链发反应，起到催化作用。反应过程以氧化反应为主，但在高温和高压的条件下，水解、热解、聚合、脱水等反应也同时发生，在自由基反应中所形成的中间产物以各种途径参与链反应。

在较高温度和较高压力下，用空气中的氧来氧化废水中的溶解和悬浮的有机物以及还原性无机物，具有适用范围广、氧化速度快、装置小、可回收能源等优点，但需要高压设备，基建投资较大。以 Ti-Ce-Bi 和 CuO/Al_2O_3 作为催化剂，催化湿式氧化 Vc 制药废水，COD_{Cr} 的去除率可以达到 79%左右，同时处理后废水的 BOD_5/COD_{Cr} 从 0.17 提高到 0.6 以上。采用担载型双金属活性组分催化剂，催化湿式氧化处理农药废水，在 4.2 MPa，245℃，空速为 $2.0\ h^{-1}$，气水比为 300 的反应条件下，废水的 COD_{Cr} 去除率可达 91.3%，经处理后废水的 $BOD_5/COD_{Cr} > 0.5$。采用铜系催化剂催化湿式氧化三环唑农药生产废水，COD_{Cr} 去除率达 80%。

一般湿式氧化的 COD_{Cr} 去除率不超过 95%，湿式氧化处理的出水不能直接排放，大多数湿式氧化系统与生化处理系统联合使用。

（5）超临界水氧化法

超临界水氧化法（SCWO）实际上湿式氧化法的强化与改进，超临界水氧化技术是在水的超临界状态下进行氧化的工艺过程。超临界水对有机物和氧都是相当好的溶剂，有机物在超临界水富氧均相中进行氧化，在 400～600℃下，反应速率很快，几乎能在几秒钟之内有效地破坏有机物的结构，反应完全、彻底，使有机碳、氢完全转化为 CO_2 和 H_2O。

SCWO 处理有机废水具有显著的效果。许多化合物，包括酚类、甲醇、乙醇、吡啶、酚醛树脂、聚苯乙烯、多氯联苯、二噁英、卤代芳香族化合物、卤代脂肪族化合物、滴滴涕等，都可用超临界水氧化法处理成为 CO_2、H_2O 和其他无毒、小分子物质。林春绵等对乙酰螺旋霉素废水进行了超临界氧化降解处理，在 440℃、24 MPa 的条件下，COD_{Cr} 去除率最高可达 86.7%；氧乐果模拟废水的 COD_{Cr} 去除率可达 85% 以上；甲胺磷废水 COD_{Cr} 去除率最高可达 97% 以上。

高浓度抗生素生产废水 COD_{Cr} 为 5 000～80 000 mg/L，综合废水平均值为 2 500～5 000 mg/L。一般采用生物处理或其他处理与生物处理结合的方法。图 7-28 是高浓度制药废水处理的基本工艺流程。表 7-22 列出国内外制药废水生物处理方法。表 7-23 是国内部分制药废水处理工程的实际处理效果。

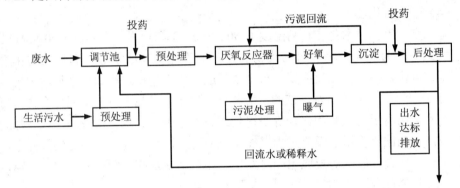

图 7-28　高浓度制药废水处理的基本工艺流程

表 7-22　国内、外制药废水生物处理方法

废水类型	处理方法	BOD₅				停留时间/h
		进水/（mg/L）	出水/（mg/L）	去除率/%	去除 BOD₅ 负荷/[kg/（m³·d）]	
抗菌素废水	厌氧+曝气三级处理	1 000～2 500	37			
抗菌素废水	高级高效器	27 350～30 010	0～2 000	90	2	300
抗菌素废水	气浮+好氧+气浮	3 349	101			
抗菌素废水	流化床	2 000	500	75		13.3
发酵废水	鼓风曝气	600	42	93	1.2	
发酵废水	表面曝气	3 100	稀释至 16	95	3	
发酵废水	鼓风曝气	4 000	100	97.5	1.95	
发酵废水	表面曝气	1 600	<25	98.0	0.69	21
青霉素	接触厌氧	10 000	1 400	86	2.3	
洁霉素	缺氧+接触氧化	350	100	94.8		10.5

废水类型	处理方法	BOD₅					停留时间/h
		进水/(mg/L)	出水/(mg/L)	去除率/%	去除 BOD₅ 负荷/[kg/(m³·d)]		
核糖霉素	厌氧-好氧	10 000~40 000	20 000~40 000	80	4~6		24~350
合成废水	接触氧化+气浮	2 000	200	90			24
金霉素水	厌氧消化	33 944	5 016	85			200
四环素	接触氧化	847	41	95	1.9		10
红霉素	流化床	950	30	97	2.6		14
红霉素、痢特灵	厌氧消化	20 178	3 397	83			480
黄连素	流化床	1 683	249	85.2	4.41		10
氨苄青霉素	接触氧化	1 000	0~200	80	1.5~2.0		10~14

表 7-23　国内部分制药废水处理工程的处理效果

序号	抗菌素种类	规模/(m³/d)	处理工艺	进水 COD/(mg/L)	出水 COD/(mg/L)	去除率/%
1	原料及中间体制药	1 500	调节-隔油-AB 法	1 600	120	92.5
2	洁霉素提取	200	水解-厌氧-好氧-混凝吸附	21 580	83.5	99.6
3	利福平、氧氟沙、环丙沙星	450	筛网-调节-气浮-缺氧-好氧-沉淀过滤	15 000~32 000	80~230	99.3
4	螺旋霉素	中试	调节-气浮-厌氧-好氧-沉淀-过滤	14 000	150	99
5	青霉素、土霉素、麦迪霉素、庆大霉素	中试	调节-气浮-厌氧-好氧-沉淀-过滤	4 000~10 000	110~200	98

2. 物化处理技术

物化处理适合于污水的预处理和深度处理，主要是通过沉淀、气浮或加药混凝沉淀、气浮的方式，去除易于分离、不影响后续工艺处理的悬浮物，或去除部分溶解态的污染物质，还可以通过吸附材料选择回收实用价值较高的物质。去除或回收的物质，一般不发生物质变化，只是物料与水的物理分离。其中预处理有回收物料、降低后续工艺处理负荷的作用，深度处理是保证废水处理达标排放的关键步骤。在制药废水处理中采用的物化法有很多，因不同的制药废水而不同。

（1）混凝沉淀法

COD_{Cr} 为 1 000~4 000 mg/L 的某制药厂抗生素废水，在 pH 为 6.0~7.5、搅拌

速度 160 r/min、搅拌时间 15 min、投加混凝剂量 300 mg/L、沉降时间 150 min，COD_{Cr} 去除率在 80%以上。混凝沉淀法在洁霉素生产废水和青霉素、四环素、利福平以及螺旋霉素等抗菌素废水等处理中均有应用。

在制药废水处理中常用的混凝剂有：聚合硫酸铁、氯化铁、亚铁盐、聚合氯化硫酸铝、聚合氯化铝、聚合氯化硫酸铝铁和聚丙烯酰胺（PAM）等。

（2）气浮法

在制药废水处理中，如庆大霉素、土霉素、麦迪霉素等废水的处理，常采用化学气浮法。庆大霉素废水经化学气浮处理后，COD_{Cr} 去除率可达 50%以上，固体悬浮物去除率可达 70%以上。某制药厂对高浓度的生产废水单独进行部分回流加压溶气气浮处理，溶气水回流比为 30%～35%，容气压力为 0.3～0.4 MPa，以硫酸铁作为凝聚剂，COD_{Cr} 的平均去除率可在 54%左右，降低后续处理过程的有机负荷。

（3）吸附

在制药废水处理中，常用煤灰或活性炭吸附预处理生产中成药、环丙沙星、米菲司酮、双氯灭痛、洁霉素、扑热息痛等产生的废水。如针对排放废水污染浓度大、水量小的特点，采用炉渣-活性炭吸附来处理制药废水，不但实用有效，而且投资小，工艺简单，操作简便。处理后废水 COD_{Cr} 得到大幅度削减，效果显著。

除了上述几种常用的物化处理方法外，某些制药废水还采用反渗透法和吹脱氨氮法等。反渗透法可实现废水浓缩和净化目的，吹脱法可降低氨氮含量，也可用离子交换、膜分离、萃取、蒸发与结晶、磁分离等方法处理废水。

3．生物处理技术

生物处理技术是目前制药废水广泛采用的处理技术，生物处理可分为好氧处理和厌氧处理两大类。

下面分别介绍在制药废水处理中取得较好效果的几种工艺流程。

（1）好氧生物处理法

① 加压生化法。加压曝气的活性污泥法提高了溶解氧的浓度，供氧充足，既有利于加速生物降解，又有利于提高生物耐冲击负荷能力。某制药厂采用加压生化-生物过滤法处理合成制药废水，其中加压生化部分采用加压氧化塔的形式，塔内的压强可达 4～5 个大气压，水中的溶解氧浓度高达 20 mg/L 以上，结果表明加压生化不仅能够去除大部分有机物，而且能够去除大部分挥发酚、石油类与氨氮类，使出水主要污染物的去除率高达 80%甚至 90%以上。

② 深井曝气法。深井曝气法是活性污泥法的一种，是高速高效活性污泥系统，和普通活性污泥法相比，深井曝气法具有以下优点：氧利用率高，可达 60%～90%，深井中溶解氧一般可达 30～40 mg/L，充氧能力可达 3 kg/m³，相当于普通曝气的 10 倍；污泥负荷速率高，比普通活性污泥法高 2.5～4 倍；占地面积小、投资少、运转费用低、效率高、COD_{Cr} 的平均去除率可达到 70%以上；耐水力和有机负荷冲击

（COD_{Cr}浓度可高达 40 000 mg/L）；不存在污泥膨胀问题；保温效果好，可保证北方寒冷地区冬天废水处理获得较好的效果。

某制药厂螺旋霉素、乙酰螺旋霉素等抗菌素药品溶媒回收工段废水和板框滤布的冲洗水两股高浓度有机废水，经深井曝气法处理的混合液经气浮池及污泥沉淀池后，进水 COD_{Cr} 3 000 mg/L 左右，深井中溶解氧 3～4 mg/L，平均停留时间仅为 3.5 h，污泥浓度（MLSS）6 000～7 000mg/L 时，其 COD_{Cr} 去除率可达 60%，有机负荷大大下降。

③ 生物接触氧化法。在制药工业生产废水的处理中，常常直接采用生物接触氧化法，或用厌氧消化、酸化作为预处理工序，来处理扑热息痛、抗生素原料药、淄体类激素等制药生产废水。接触氧化法处理制药废水时，如果进水浓度高，池内易出现大量泡沫，运行时应采取防治和应对措施。

生物流化床将普通的活性污泥法和生物滤池法两者的优点融为一体，因而具有容积负荷高、反应速度快、占地面积小、耐冲击负荷等优点。对麦迪霉素、四环素、卡那霉素等制药废水，可采用生物流化床技术进行处理，COD_{Cr} 去除率可达 80%以上。

④ 序批式活性污泥法。SBR 法具有均化水质、无须污泥回流、耐冲击负荷、污泥活性高、结构简单、操作灵活、投资省、运行稳定、基质去除率高于普通的活性污泥法等优点，比较适合处理间歇排放、水量水质波动大的制药废水。

采用 SBR 的变型 CASS 工艺处理乙酰螺旋霉素厌氧出水，当容积负荷为 1.6 kg/（$m^3 \cdot d$）时，对 SS、COD_{Cr}、BOD_5 的去除率分别是 91.6%、88.7%、95.4%。采用 SBR 工艺处理磺胺生产废水，当进水 COD_{Cr} 为 240～1 100 mg/L，$NH_3\text{-}N$ 为 14～55 mg/L 时，出水 $COD_{Cr} \leqslant 100$ mg/L，$NH_3\text{-}N \leqslant 15$ mg/L；COD_{Cr} 的去除率＞90%，$NH_3\text{-}N$ 的去除率＞70%。此外，还应用于 VB_2、青霉素、乙酰螺旋霉素废水的处理。

⑤ 固定化微生物法。它是将微生物固定在载体上或定位于限定的空间区域内，并保持其生物功能，反复利用。固定化微生物技术已用来处理四环素、阿苯哒唑、扑尔敏、布洛芬等制药生产废水，在高负荷的情况下有机污染物最高去除率可达 90%以上，比一般活性污泥法提高功效 1/3；另外，亦可在 SBR 中采用固定化微生物技术来处理氨氮含量高的制药废水。

⑥ 氧化沟工艺。在制药工业中，氧化沟处理法也得到应用。如 ORBAL 氧化沟已应用于合成制药废水，利用该型氧化沟延时曝气功能，沟内进行兼氧-好氧过程，运行结果表明，ORBAL 氧化沟不仅具有出色的去除有机污染物能力，还具有除氮功能。

（2）厌氧生物处理法

① 水解酸化处理工艺。有些有机物在好氧条件下较难被微生物所降解，通过对厌氧反应器的运行条件的控制，使厌氧生化反应仅处于有机物的水解、酸化的阶段，改变难降解有机物的化学结构，使其好氧生物降解性能提高，为后续的好氧生物处理创造良好的条件。经过水解酸化，废水的 COD_{Cr} 降低虽不明显，但废水中大量难

461

降解有机物转化为易降解的小分子有机物，提高了废水的可生化性，有利于后续好氧生物降解，节约能耗，降低了运行费用。水解酸化工艺广泛用于四环素、林可霉素、洁霉素、青霉素、庆大霉素、乙旋螺旋霉素、土霉素、阿维霉素等废水的处理上。在处理青霉素废水时，体积负荷为 6～8 kg/（m³·d），HRT 为 8～10 h，COD$_{Cr}$去除率可达 20%左右。

② 复合式厌氧反应器。复合式厌氧反应器兼有污泥和膜反应器的双重特性。反应器下部具有污泥床的特征，单位容积内具有巨大的表面积，能够维持高浓度的微生物量，反应速度快，污泥负荷高。反应器上部挂有纤维组合填料，微生物主要以附着的生物膜形式存在，另一方面，产生的气泡上升与填料接触并附着在生物膜上，使四周纤维素浮起，当气泡变大脱离时，纤维又下垂，既起到搅拌作用又可稳定水流。复合式厌氧反应器对乙酰螺旋酶素生产废水的试验研究表明，反应器的 COD$_{Cr}$容积负荷率为 8～13 kg/（m³·d），可获得满意的出水水质，但未见实际工程的报道。

③ 上流式厌氧污泥床反应器。近些年在制药工业高硫酸盐和高生物毒性废水处理也有研究和应用。在采用 UASB 法处理卡那霉素、氯酶素、VC、SD 和葡萄糖等制药生产废水时，SS 含量不能过高，COD$_{Cr}$有机负荷 3～6 kg/（m³·d），去除率可在85%甚至 90%以上。上流式厌氧污泥床-过滤器（UASB-AF）是近年来发展起来的一种新型复合式厌氧反应器，它结合了 UASB 和厌氧滤池（AF）的优点，使反应器的性能有了改善，该复合反应器在启动运行期间，可有效地截留污泥，加速污泥颗粒化，对容积负荷、温度、pH 值的波动有较好的承受能力，该复合式厌氧反应器已用来处理 VC、双黄连粉针剂等制药废水。

④ 厌氧膨胀颗粒污泥床反应器。厌氧膨胀颗粒污泥床反应器（EGSB）是在UASB 反应器的基础上发展起来的第三代厌氧生物反应器。与 UASB 反应器相比，它增加了出水再循环部分，使得反应器内的液体上升流速远远高于 UASB 反应器，加强了污水和微生物之间的接触，正是由于这种独特的技术优势，使得它可以用于多种有机污水的处理，并且获得较高的处理效率。青霉素等制药废水都含有大量的有机物和高浓度的硫酸盐，高硫酸盐有机废水的处理是当前厌氧废水处理的研究方向之一。在以乙酸为基质的情况下，采用 EGSB 反应器对含硫酸盐废水进行处理，硫酸盐转化率和 COD$_{Cr}$去除率分别高达 94%和 96%。

学习单元四　农药废水的处理与利用

一、农药废水的排放及污染特性

农药分为无机农药和有机农药两大类。高效的有机农药问世后，用量迅速增加，基本上取代了无机农药。有机农药，从化学结构上分为有机氯、有机磷和有机汞三大类。有机氯农药如：DDT、六六六、艾氏剂、氯丹等，种类很多。特点是水溶性小、脂溶性大、结构稳定；毒性作用较缓慢，残留时间长。我国于 20 世纪 60 年代开始禁止在蔬菜、茶叶、烟草等作物上使用。有机磷农药如：对硫磷（E605）、内吸磷（E059）、敌百虫、敌敌畏等。特点是毒性剧烈，除极个别品种外，易分解和被生物体内的水解酶水解，且残留时间短。有机汞杀菌剂，对人畜的毒性均较强，有蓄积性。主要蓄积在肾脏、肝脏和脑里。汞进入水体环境后，易沉淀于水体底部，大量蓄积于底泥，长期留存于自然界，危害极大。这些农药大多数化学稳定性极高，难以生物降解。排泄到自然环境中后，需很长时间甚至数年或更长的时间，才能完全分解为无害物质。如 DDT 在自然条件下的半衰期约为 15 年，在环境中通过食物链的作用，在生物或人体中逐级富集，造成危害。

水体中的农药污染源主要是，农药应用，农田径流，污染设备的清洗，事故的散落及工业废水的排放等。由于农药品种繁多，工业废水的水质复杂，主要特点是污染物浓度较高，COD 可达每升数万毫克；毒性大，废水中除农药和中间体外，还有许多有毒的物质；废水带有恶臭的气味等。为此，对农药废水的排放标准控制极严。

二、农药废水的处理防治方法

1. 采用可生物降解的新型农药

加速研究并采用药效高、毒性小的新型适用农药，替代毒性强，残留时间长的农药，是当今发展农药的一种趋势。如，在水体中，有机磷酸盐农药的持久性就比有机氯化合物低。根据环境的不同，有机磷农药的降解，可能是化学的、微生物学的，也可能是两者的联合作用。化学降解常涉及配键的水解，可能是酸催化的，如丁烯磷，也可能是被催化的，如马拉硫磷。微生物降解是被水解或被氧化。一般只能部分降解，但对二嗪农来讲，附着在杂环键上的硫代磷酸盐键的化学水解，将产生 2-异丙基-4-甲基-6-羟基吡啶，可被土壤中微生物快速降解。在正磷酸盐中，双硫磷是最能抵抗化学水解的一种，但微生物降解则把它转变成氨基双硫磷，还可继续进行降解。

应用可生物降解的农药替代难降解的农药，如替代 DDT 分子中的芳香氯原子的新化合物，既不会在动物组织中积累，也不会通过食物链富集到更高的水平。也可用锌进行中级酸还原，加快 DDT 和其他农药的降解。还可用马拉松和残杀威等农药作为 DDT 的替代型的农药。此外，如杀模松、碘硫磷、稻丰散和混杀威等也都是一些很有希望的新型农药。

2. 化学处理法

由混凝、沉淀、快滤和加氯（或次氯酸钠、二氧化氯）、臭氧氧化所组成的常规水处理流程，能降低 DDT 和 DDE 等的浓度，对硫磷也有较好的去除效果，但不能有效地去除毒杀芬和高丙体 666 等农药。将 H_2O_2 溶液与 $FeSO_4$ 按一定摩尔比混合，得到氧化性极强的 Fenton 试剂，对去除某些农药也有一定的作用。碱解是将废水的 pH 值调到 12～14，使废水中 80%以上的有机磷破坏，转化成中间产物，但不易转变成正磷酸盐，使回收磷很困难。低酸度下的酸解能将 70%有机磷转化成无机磷，处理以后的废水还需再进行生物法治理。

3．催化氧化法

根据氧化剂的不同，催化氧化法可分为湿式氧化法、Fenton 试剂氧化法、臭氧氧化法、二氧化氯氧化法和光催化氧化法。

利用湿式氧化技术后接生化处理，可使农药乐果废水的 COD 去除率由单纯生化处理时的 55%提高到 95%。由于该法须在高温高压下进行，因此对设备和安全提出了很高的要求，这在一定程度上影响了它在工业上的应用。

对氯硝基苯是一种重要的农药和化工产品中间体。用 Fenton 试剂对其废水进行预处理，可将水的可生化性 BOD_5/COD_{Cr} 由 0 提高到 0.3。但在实际应用中，过氧化氢价格较高，使其推广应用受到限制。

与 Fenton 氧化法类似，臭氧对难降解有机物质的氧化通常是使其环状分子的部分环或长链条分子部分断裂，从而使大分子物质变成小分子物质，生成了易于生化降解的物质，提高了废水的可生化性。

二氧化氯是一种新型高效氧化剂，性质极不稳定，遇水能迅速分解，生成多种强氧化剂。这些氧化物组合在一起产生多种氧化能力极强的自由基。它能激发有机环上的不活泼氢，通过脱氢反应生成自由基，成为进一步氧化的诱发剂，直至完全分解为无机物。其氧化性能是次氯酸的 9 倍多。氨基硫脲是合成杀菌剂叶枯宁的中间体，可溶于水，生产废水中其浓度较高，目前主要采用生化法处理，但效果不够理想。采用二氧化氯在常温、酸性条件下氧化，废水 COD_{Cr} 去除率可达 86%。比一般其他方法简单且费用低廉，是一种经济实用的农药废水预处理方法。

光氧化分为光敏化氧化、光激发氧化和光催化氧化。用光敏化半导体为催化剂处理有机农药废水，是近年来有机废水催化净化技术研究较多的一个分支。

4．生物处理法

农药废水处理的目的是降低农药生产废水中污染质的浓度，提高回收率，力求达到无害化的程度。

生化法是处理农药废水最重要的方法，可采用活性污泥法（鼓风曝气法）处理对硫磷废水。有机氯、有机磷农药，毒性高，还存在大量生物难降解的物质。若杀虫剂的浓度高时，对微生物有抑制作用，故在生化处理以前，还需用化学法进行预处理，或将高浓度废水稀释后再进行生化处理。

生产过程中排出的高浓度有毒的废水，经 7～10 d 的静置处理，几乎能全部分解对硫磷和硝基苯酚，去除 95%以上的 COD。

有机磷农药废水可生物降解，但固体浓度大于 6 000 mg/L 时，冲击负荷导致治理的困难。设计时应采取两级活性污泥系统。第一级可调节固体浓度，固体浓度低的废水起缓冲解毒作用，即有解毒功能的单元。

厌氧条件下，氯代烃类农药、高丙体 666 和 DDT 均易于分解。DDT 分解成 DDE 后，进一步的分解便较为缓慢。七氯环氧化物和异狄氏剂，在短时间内可降解生成中间产物。艾氏剂的分解速度与 DDD 相似；七氯环氧化物仅稍有些降解，而狄氏剂则维持不变。对于农药的分解来说，厌氧条件比好氧条件更为有利。

5. 焚烧法

废水的焚烧有一定的热值要求，一般在 105 kJ/kg 以上。片呐酮是一种重要的农药中间体，在其生产过程中会产生一种黏稠状焦油副产物，将焦油升温至 80~100℃，喷雾进炉膛，同时，将农药生产各工段的高浓度有机废水喷入进行燃烧，燃烧后经水幕洗气除尘，COD_{Cr} 和其他污染指标都能达标。当废水热值不高，或水量较大时，日常燃料消耗费用较大，目前此法国内尚未推广使用。

6. 萃取法

溶剂萃取又称液-液萃取，是一种从水溶液中提取、分离和富集有用物质的分离技术。利用液膜萃取技术对某农药厂苯肼、苯唑醇和乙基氯化物生产排放的废水进行处理，取得了很好的效果。原水处理后 COD_{Cr} 去除约 90%，BOD_5/COD_{Cr} 值由 0.02 上升为 0.34，可生化性大大提高。

7. 吸附法

吸附剂的种类很多，有硅藻土、明胶、活性炭、树脂等。由于各种吸附剂吸附能力的差异，常用吸附剂有活性炭和树脂。

（1）活性炭吸附

活性炭吸附在工业上已有不少的应用。如处理农药 1605、马拉硫磷和乐果混合废水，当废水中农药 1605：乐果：马拉硫磷=1.2：1：1（体积比）时，经活性炭吸附处理，COD_{Cr} 去除率平均为 50%~55%，有机磷除去率 90%，对硝基酚除去率 90%以上。用活性炭纤维处理十三吗啉农药废水，COD_{Cr} 由 2 462 mg/L 可降至 150 mg/L 以下，净化率达 94%。

活性炭吸附法的主要问题是不易脱附、再生困难，工业上常用高温热再生，炭的损失较大（5%~10%），再生后吸附能力下降 10%~15%，且排出的废气常带有酸性腐蚀性气体，因而对设备腐蚀较严重。

（2）树脂吸附

吸附树脂是内部呈交联网状结构的高分子球状体，具有可选择的孔结构和表面化学结构，通过分子间的非共价键力，树脂可以从水溶液中吸附有机溶质，并可方便地洗脱再生，从而实现废水中有机物质的富集、分离和回收。废水资源化的效益明显。

相对于萃取法和活性炭吸附而言，树脂吸附法具有以下特点：适用范围宽，且在非水体系中也可应用；吸附效率高，脱附再生容易，树脂性能稳定，使用寿命长；工艺合理、操作简便；资源化过程能耗低，不需高温高压，固液容易分离；在水体中不会引入新的污染物，易于实现工业化。

吸附树脂已在农药和农药中间体邻苯二胺、多菌灵、苄磺隆除草剂、甲基（乙基）-1605 有机磷杀虫剂、2,4-二氯苯氧乙酸、3-苯氧基苯甲醛、嘧啶氧磷杀虫剂生产废水的处理中得到应用。在处理废水的同时，富集回收了废水中的有用物质，创造的经济效益能够抵消或部分抵消废水处理的日常操作费用。

三、农药废水的综合治理实例

（一）A₂/O 工艺处理农药生产综合废水工程实例

某化工厂生产霜脲腈、百菌清，均为广谱保护性杀菌剂。生产过程中排放出高浓度、高毒性有机废水。某化工厂研究院利用 A₂/O 工艺对该厂的废水进行了治理，效果显著，出水达到了国家工业废水排放标准。

1. 废水来源及水质水量

废水主要由三部分组成：① 百菌清中间苯二腈生产排放的含氰、含氨废水；② 霜脲腈工艺废水；③ 生活污水及工艺冷却水。每天废水排放量 200 t，水质情况见表 7-24。

表 7-24　某化工厂废水水质情况

序号	废水来源	排放量/(m³/d)	COD/(mg/L)	BOD₅/(mg/L)	含 CN⁻/(mg/L)	NH₃-N/(mg/L)	pH 值	色度/倍	备注
1	间苯二腈车间	36	3 000～3 600	250～300	800～900	2 000	9～10	400	吸收、洗涤工序
2	霜脲腈车间	20	45 000～50 000	13 000～15 000	7～10	1 000	9～10	100	
3	循环冷却水	140	1 000	200				100	包括生活污水

2. A₂/O 工艺处理综合废水

间苯二腈生产中排放的含氰废水，CN⁻浓度高、毒性大，氨氮浓度也很高，废水中含有大量难生物降解物，BOD_5/COD_{Cr} 仅为 0.01，因此必须经过有效地预处理手段除掉有害物质，方可进行生化处理。该厂采用液膜脱氰处理，废水经预处理后提高了生物可行性，COD 去除率 40%～50%，也减轻了生化处理的负荷。该厂来自上述三部分的废水排放量 200 t/d，综合废水水质见表 7-25。

表 7-25 综合废水水质

序号	测定项目	分析结果	序号	测定项目	分析结果
1	COD/（mg/L）	3 120	5	NH$_3$-N（含量/（mg/L）	30
2	BOD$_5$/（mg/L）	1 406	6	色度/倍	100
3	BOD$_5$/COD	0.45	7	pH 值	9
4	CN$^-$含量/（mg/L）	<2			

（1）工艺参数

生化进水 COD：800～900 mg/L；

A$_2$ 段（厌氧塔）停留时间：5 h；

O 段（曝气池）停留时间：17 h；

总停留时间：22 h；

进水 pH 值：6～7；

出水 pH 值：6～8；

A$_2$ 段（厌氧塔）溶解氧含量：0.2 mg/L；

O 段（曝气塔）溶解氧含量：1.0 mg/L；

填料的 COD 负荷：1.0 kg/m^3；

回流比：50%。

（2）工艺流程示意图（见图 7-29）

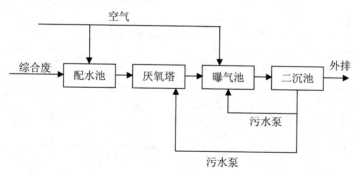

图 7-29 A$_2$/O 生化工艺流程

（3）工艺流程简述

在厌氧塔、曝气池内设有半软性填料，污泥挂膜，生物接触厌氧氧化。经过预处理后的废水泵入生化废水贮池，并与其他稀废水（包括工艺洗水、循环冷却水、地面冲洗水及生活污水等）充分混合，达到均质目的，然后泵入调配池，调节生化进水 COD 浓度 800～90 mg/L，pH 值为 9～10，通过厌氧菌的反硝化处理后，进入曝气池，进行硝化反应，硝化后生成的硝态氮按比例回流至厌氧塔，以保证氨氮的去除效果。

3．处理效果

该厂综合废水经 A_2/O 工艺处理后的水质见表7-26。

表7-26　综合废水经 A_2/O 工艺处理后水质

序号	测定项目	处理前	处理后	去除率/%
1	COD/（mg/L）	900	<120	86.7
2	BOD_5/（mg/L）	480	30	93.8
3	CN^-含量/（mg/L）	<1	微量	—
4	NH_3-N 含量/（mg/L）	30	1	96.7
5	SS 含量/（mg/L）	210	50	7.62
6	色度/倍	100	70	
7	pH 值	6	6～8	—

（二）液膜分离工艺处理含酚、含氰废水

1．间苯二腈废水的治理

某化工厂以生产农药杀菌剂为主，主要产品有霜脲腈、百菌清、代森锰锌等，在百菌清中间体间苯二腈生产过程中要排放出大量含氰废水，废水量36 t/d，水质分析见表7-27。

表7-27　含氰废水水质情况

序号	测定项目	分析结果	序号	测定项目	分析结果
1	外观	透明黄色	5	BOD_5/COD	0.01
2	色度/倍	400	6	CN^-/（mg/L）	800～900
3	COD/（mg/L）	3 600	7	pH 值	9～10
4	BOD_5/（mg/L）	36			

采用的液膜分离工艺见图 7-30 所示。

采用间歇处理，有关工艺参数如下。废水处理量 36 t/d；乳水比 1：15；萃取时间 0.5 h；处理周期 2 h。

处理效果（表 7-28）稳定运行试验：经过两个多月的调试工作，液膜装置运转正常，而且处理效果设计要求，通过了徐州市环保局的工程验收。工业化装置稳定运行情况见表 7-28。

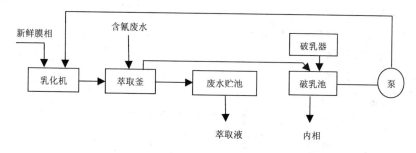

图 7-30　液膜分离工艺流程

表 7-28　液膜处理后水质情况

测定项目	处理前	处理后	去除率/%
CN⁻含量/（mg/L）	800	<2	99.8
COD/（mg/L）	3 600	1 764	51.0
pH 值	9～10	9～10	

表 7-29　液膜处理装置稳定运行情况

批次试验	原废水/（mg/L）	处理后/（mg/L）	去除率/%	批次试验	原废水/（mg/L）	处理后/（mg/L）	去除率/%
1	908	1.2	99.9	6	879	1.5	99.8
2	890	1.5	99.8	7	878	1.5	99.8
3	880	1.4	99.8	8	859	1.8	99.8
4	909	1.3	99.9	9	838	1.2	99.9
5	908	1.2	99.9	10	926	1.6	99.8

2．甲氰菊酯生产中含氰化钠废水的治理

某农药厂甲氰菊酯生产过程中排放出高浓度含氰化钠废水，该厂原采用高压碱性水解工艺治理废水，因严重的设备腐蚀问题无法运行，而且处理 1 t 废水费用需几百元。通过对该废水进行液膜分离工艺处理研究，该厂建立了一套日处理 10 t 废水的液膜处理装置。

（1）氰化钠废水水质

原废水含 CN⁻ 3 500～4 000 mg/L；盐含量 18%；pH 值为 12。

（2）工艺过程

同间苯二腈生产废水处理的液膜分离流程（图 7-30）。

（3）工艺参数

采用间歇操作，有关工艺参数如下。装置处理能力 10 t/d，萃取时间 20 min；内水相氢氧化钠含量 20%；乳水比 1∶10。

469

（4）处理效果

原废水含 CN⁻ 3 500～4 000 mg/L；

处理后含 CN⁻ <4 mg/L；

CN⁻ 去除率 99.9%；

氰化物回收率>90%；

装置运行费用<10 元/t 废水（不包括氰化钠回收价值）；

装置运转以来，各项指标均达到了设计要求。

（三）氯喹生产中含苯酚废水的治理

某化工厂在氯喹生产过程中排放高浓度含苯酚废水，日排放废水量 40 t，在对小试进行治理工艺研究的基础上，建立了日处理 40 t 废水的液膜分离工业装置。

（1）含酚废水水质

含苯酚 1 500～2 500 mg/L；COD 5 000 mg/L；pH 值 6；色度 300 倍；含盐量 5%。

（2）工艺过程

将表面活性剂、煤油和氢氧化钠溶液按一定比例加入胶体磨中制成乳浆。生产废水隔油后排入 50 m³ 贮池中均质，后定量打入萃取釜，用工业盐酸调 pH 值至 3～5，在搅拌下加入乳化液，乳水比为 1∶10。乳业与废水充分接触进行萃取反应，一次反应时间为 20 min。萃取后静置分层，脱除苯酚后的废水排入生化处理池中。乳液回用，进行第二次萃取，乳水比 1∶10，如苯酚浓度偏低可进行第三次萃取。萃取后的含苯酚乳化液采用静电破乳器使之破乳，破乳为间歇式操作，一次破乳时间 30 min。乳液破裂后分成油、水两相，水相即为回收后的酚钠液，该厂把酚钠液用于回收苯酚；油相返回重新制乳，循环使用。萃取设备为 2 个 4 m³ 的反应釜，搅拌转速 120 r/min。酚含量采用 4-氨基安替比林法测定。

（3）工艺条件

常温、常压、间歇萃取，萃取 20 min 后破乳，破乳为间歇式，乳液可继续进行三次萃取，破乳时间 30 min，pH 值控制在 4～5，水相氢氧化钠浓度 15%，乳水比 1∶10。

（4）处理效果

原水酚浓度 1 500～2 500 mg/L；

处理后酚浓度<5 mg/L；

苯酚去除率≥99.8%；

苯酚回收率>90%；

油相周期损失<2%。

（四）活性污泥法处理有机磷农药废水

某农药厂是有机磷农药开发生产的专业厂，主要产品有三大系列：① 有机磷杀虫剂系列（敌敌畏、甲拌磷、甲基对硫磷、乙基对硫磷、甲基辛硫磷、乙基辛硫磷、特丁硫磷、丙溴磷、克铃星）；② 超高效旱田除草剂系列（甲磺隆钠盐）；③ 菊酯类农药产品系列（溴氰菊酯、氯氰菊酯）。

由于该农药品种多，合成工艺复杂，废水排放量也比较大，年排放废水量达168.3 t，其中废水 COD 总量为 2 072.78 t。

在该厂农药生产所排放的废水中，大部分来自有机磷农药生产过程，主要是对硫磷、甲拌磷、特丁硫磷、辛硫磷、敌敌畏等生产工艺产生的废水，以及农药中间体乙基氯化物和乙硫醇等工艺废水，还包括地面冲洗水，每天排放量为 1 300～1 800 m³，废水 COD 浓度为 900～12 500 mg/L，日产 COD 约 16 t（农药产量按10 000 t/a 计）。有机磷农药废水混合后其水质见表 7-30。

有机磷农药废水一般均采用预处理、生化处理等工艺相结合的处理方法，以使处理后的废水能够达标排放。

表 7-30　有机磷农药废水混合后水质情况

外观	COD/（mg/L）	BOD₅/（mg/L）	TOP/（mg/L）	TOC/（mg/L）	酚钠含量/（mg/L）	NaCl 含量/（mg/L）	pH 值
褐色	8 000～12 000	3 800～5 000	800～1 400	900～1 300	3 000～5 000	5 000～15 000	7～8

1. 预处理工艺

（1）乙硫醇废水处理

乙硫醇合成工艺是采用30%NaSH 水溶液与98.5%氯乙烷，在高压釜中合成乙硫醇，以每年100%甲拌磷 3 000 t 计，每天生产乙硫醇 3.4 t，则产生废水 25 t。因在合成乙硫醇过程中，投入 30% NaSH 水溶液过量，所以废水中含有 3.4% NaSH，需要进行回收。

将 C_2H_5SH 废水放入容器中，加入 15%盐酸，废水中的 NaSH 被盐酸分解产生硫化氢，用二级碱吸收罐吸收，生成硫氢化钠，回收的 NaSH 浓度＞25%。合格的硫氢化钠可用于制备乙硫醇，废水进入生化处理装置。每日回收 30% NaSH（吸收率以 80%计）约 600 kg。这样既可使资源得到利用，减小废水臭味，又降低了生化处理负荷。

（2）特丁硫磷废水处理

特丁硫磷采用硫化物水溶液、甲醛、特丁硫醇等在一定条件下，进行缩合反应生成。

每生产 1 t 100%特丁硫磷，产生废水 8 t。将废水降温至 45℃以下，加入 NaOH 32 kg（按 100%计），进行碱解，然后再加入 60%～80%次氯酸钠 40 kg 进行氧化、脱臭。可除去废水中的 COD 为 15%～20%，处理后废水再进行生化处理。

2. 生化处理工艺

（1）工艺流程

生化处理采用推流折流鼓风曝气活性污泥法，流程示意见图7-31。

图 7-31　生化处理采用推流折流鼓风曝气活性污泥法流程

将原废水先引入格栅池隔油、去除悬浮物后，在进入组合集水井及废水贮池，经配水池调 pH 值，然后入曝气池进行生化处理。处理后出水经过沉淀池沉降，降水和污泥分开，上清液排入市政管道，污泥回流。

（2）工艺参数

装置的有关操作参数如下。

处理能力 12 000 m³/d；生化进水 COD 2 000～2 500 mg/L；污泥回流比 1∶3；曝气池停留时间 8～10 h；曝气池温度 18～35℃。

曝气池中活性污泥技术指标如下。

污泥浓度 2～3 g/L；污泥体积（体积分数）18%～25%；污泥指数 80～120 mg/L；pH 值 9～10；气液比 60∶1。

（3）生化处理效果（表 7-31）

表 7-31　有机磷农药废水生化处理效果

测定项目	进水	出水	去除率/%
COD/（mg/L）	2 000～2 500	300～400	＞85
BOD₅/（mg/L）	950～1 200	70～80	＞92
TOP/（mg/L）	150～250	10～20	＞93
TOC/（mg/L）	350～680	20～40	＞94

（五）普通活性污泥法处理有机磷农药废水

1. 工艺流程

采用表面加速曝气活性污泥法处理废水，其工艺过程为：经清污分流的各工序废水自流到蓄水池贮存，然后经集水池，用泵打入高位调节池，调节 pH 至 7～9，并加入生物营养料，再用水稀释至生化处理所需控制的进水 COD 浓度和流量，送入曝气池进行处理。净化后废水经过沉淀池沉淀后排放。沉降的活性污泥部分返回曝气池，剩余污泥排入污泥干化场，经干化发酵后做农肥使用。

废水处理工艺流程如图 7-32 所示。

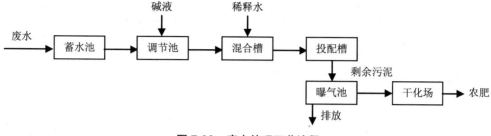

图 7-32　废水处理工艺流程

2．适用范围

适用于有机磷农药废水处理。

3．技术指标及 COD 削减分析

（1）技术指标

生化进水：BOD_5 550～600 mg/L；

生化进水：COD 小于 2 000 mg/L；

生化进水：pH 8～9；

活性污泥负荷：0.31 kg（BOD_5）/（kg·d）；

挥发性污泥浓度：8 g/L；

污泥浓度：12～15 g/L；

曝气时间 16 h；沉淀 3 h；

污泥回流缝处流速：12 mm/s；

回流窗口流速：80 mm/s；

导流室下降流速：20 mm/s；

生化反应温度：15～25℃；

溶解度：$(1.5～2)×10^{-6}$。

（2）COD 削减分析

该工艺进水 COD 浓度 1 700 mg/L；去除率为 93%；出水 COD 浓度为 116 mg/L；达到二级综合排放标准。

（六）兼氧串联好氧工艺处理农药废水

某农药化工有限公司主要产品有乐果、乙基氯化物、甲胺磷及中间体三氯化磷和三氯硫磷。现有废水处理装置采用兼氧串联好氧工艺，该装置处理能力为 1 500 t/d，总投资 500 万元。

1．工艺流程

该污水处理装置采用"兼氧池+生物滤塔"和"ICEAS（周期循环延时）曝气"

的二级生物处理工艺路线，流程见图 7-33。

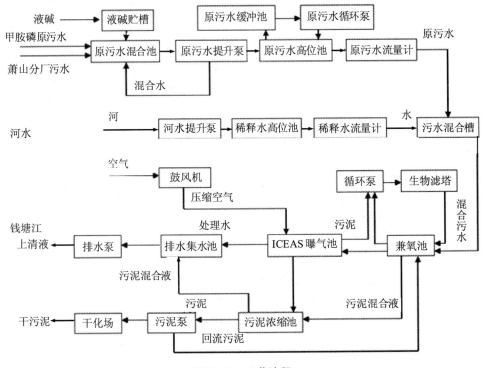

图 7-33　工艺流程

原废水（即甲胺磷废水和乐果废水）由该公司和分厂的污水集水池用污水专用管道送至原污水中和混合池，加碱调节 pH 值至 9 左右，经原污水提升泵送至污水高位池（污水量大时，污水从高位池自动溢流至污水缓冲调节池），高位池污水利用位差自流出水，经玻璃转子流量计进入污水混合槽。稀释水（河水）由泵提升至稀释水高位池，自流出水经水表计量进入污水混合槽。原污水和稀释水两股水由混合槽下部进入，经水流上升混合（控制调节 COD 浓度在 1 800～2 000 mg/L），出水流到兼氧池。水流与兼氧池内扇形混合填料上的生物膜接触，部分处理废水经循环泵提升到生物滤塔，由上至下喷淋，与填料上的生物膜接触，这部分处理废水成为有氧回流到兼氧池进水口与混合槽内溢流过来的废水混合，在兼氧池与生物滤塔间形成循环。兼氧池出水流入周期循环延时曝气池，与池内扇形混合填料上的生物膜再次接触并吸附氧化，同时利用离心式鼓风机向曝气池充氧（保持曝气池内溶解氧含量为 3.0 mg/L 左右），经过一段时间的曝气充氧后，静置 40～50 min，然后滗水同时取样（取样口在兼氧出口和曝气池出口）。当 SVI＞15% 左右时先排泥。滗水量 750 m³，每隔 12 h 为一个周期，自流到排水集水池，由排水泵送至钱塘江水体。

排泥是利用位差将来自兼氧池和 ICEAS 曝气池的污泥混合液排入污泥浓缩池，

在浓缩池内混合液澄清后，上清液溢流至排水集水池，浓缩污泥经污泥泵回流到兼氧池，剩余污泥排至污泥干化场干化，干化后人工清理。

2. 各工序处理原理与运行情况

（1）污水混合中和装置。由于甲胺磷生产废水与乐果废水的有机污染物的 pH 值各不相同，乐果污水呈酸性，甲胺磷污水呈碱性，任何一种单一污水均不利于微生物处理。为保证废水间的有效混合和调节 pH 值，本工艺采用文丘里原理，定制安装了三只射流混合器。利用原污水提升泵为动力，加碱系统利用高位碱槽的位差，将碱液直接滴加至射流混合器内，提高了中和混合效果。在实际运行中每只混合器有效面积在 10～12 m²，在 20～30 min 就能将 120 m³ 的废水从 pH 4～5 调节到 9～10。

（2）废水高位池与缓冲池。由于废水处理的时间、处理量与生产系统排放的时间、排放量有一定的时间差，且各产品排放的有机污染物性质有差异，本工艺采用两座 1 100 mm×6 500 mm×4 000 mm 的原污水高位池用作高位均质、储水，一次储不下的废水经溢流管溢流至 1 100 mm×4 300 mm×3 400 mm 的两座原污水缓冲池，总有效容积为 780 m³，实际缓冲能力 4 d 左右。待高位池的部分原污水进混合槽处理后，利用原污水循环泵将缓冲池内的原污水提升到高位池，已达到均质、缓冲、稳定流速的目的。

（3）污水混合槽。为保证进水 COD 浓度相对稳定，适合微生物生长和污染物的有效处理，根据原污水的 COD 浓度，按比例配以一定量的稀释水，两股水流经 ϕ1 400 mm×3 750 mm（有效容积 5.5 m³）的混合槽底部进入槽内，经挡板折流，使之充分混合后溢流至兼氧池。实测结果表明混合水质的 COD 浓度稳定，其数据如下。

原污水 COD 9 994.4 mg/L，流速 32 m³/h；

稀释水 COD 23 mg/L，流速 162 m³/h。

混合后水质经取样测定，COD 较稳定，见表 7-32。

表 7-32　混合后水质情况

混合水样批次	1	2	3	4	5
COD/（mg/L）	1 691.4	1 660.6	1 691.4	1 660.4	1 660.6

（4）兼氧池与生物滤塔。兼氧池与生物滤塔是该污水处理装置的主体部分之一。兼氧池的外形尺寸为 21 000 mm×6 000 mm×5 300 mm，内部装有 352 m³ 扇形填料；生物滤塔为 ϕ7 800 mm×8 000 mm，内装 ϕ325 mm 旋转布水器和 305 m³ 的 Ⅱ 型立波填料；立波填料的比表面积为 150 m²/m³，孔隙率大于 93%，水力负荷为 90～150 m³/（m²·h）。

其实际运行过程是废水由混合槽溢流进入兼氧池，部分处理废水经循环泵提升到生物滤塔，由上经下喷淋，与生物膜、空气接触，进行气、液、固三相物质交换，成为带有一定溶解氧和少量微生物的初次处理循环水，与刚进入兼氧池的处理废水混合后再与兼氧池填料上的生物膜再次接触。

污水平均停留时间为 9.6 h。

生物相情况。兼氧池内因水质处在低氧（DO＜0.3 mg/L）或无氧状态，填料上的挂膜数量较少，并伴有少量的小滴虫和数量极少、活动能力较弱的线虫，这部分线虫可能是从生物滤塔上冲刷下来进入兼氧池。生物滤塔内Ⅱ型立波填料上的生物相较为丰富，数量也较多，主要有小滴虫、线虫、沟刺斜管虫、草履虫等。从滤塔的顶部随水流向下，生物的数量、种类也有差异，滤塔顶部因受布水器的水力冲刷，挂膜、生物数量均较少，生物相种类也相对较少；随着水流在立波填料上的多次分配，到滤塔中层时水流分布较为均匀，冲刷力减少，生物膜较厚，生物相也较上层丰富。

处理效果。由于喷淋水流在滤塔上的停留时间太短，无法单独测定滤塔或兼氧池的污染物去除效果，只能综合来测定。表 7-33 为日处理 1 500 t 废水时测定的兼氧池和生物滤塔联合装置运行结果。

表 7-33　兼氧池和生物滤塔的处理结果

污染物名称	进水浓度/（mg/L）	出水浓度/（mg/L）	去除率/%
COD	1 820	1 020	44
BOD$_5$	460	402	13

从表 7-33 中可以看出，废水的 COD 去除率偏低，这是由于乐果废水难生物降解造成的。

（5）ICEAS 曝气池。本工艺采用 ICEAS 曝气，即周期循环延时曝气是该工艺的中心部分，整个池子的有效容积为 2 000 m^3，池内装有扇形填料 838 m^3，配设 BE-1 型喷嘴式混气器 48 只，KF-150 型空气提示器 2 只，一套 YS-450 型滗水器和 3 台 20 m^3/min 的离心式鼓风机。该工序在调试运行过程中，按原设计的设想单靠填料上的生物膜吸附氧化为主（即单一接触氧化）达不到设计能力，其处理量只能达到设计能力的 50% 左右。为此在后来的调试过程中增加了悬浮液，即采用以活性污泥为主、接触氧化为辅的处理形式。

处理过程是以兼氧池出水为曝气池的进水，每天分两批进、出水，每批处理量为 750 t 废水，一天 1 500 t，经曝气、静置、滗水而完成一个周期，历时 12 h，其中静置 45 min，滗水约 45 min，曝气约 10.5 h，曝气时同时进水。

控制参数如下：污泥沉降比 10%～15%，溶解氧含量为 2～3 mg/L，进水时间 5～6 h/批，出水 pH 值 6～7，出水 COD 含量为 400 mg/L 左右。

曝气池的生物相在正常情况下，活性污泥呈土黄色，凝聚性能较好，并能见到钟虫、沟刺斜管虫、滴虫等，此时在填料上的挂膜也较好。若曝气池充氧不足，污泥呈灰色或灰黑色，生物相中就见不到原生动物，而且此时在扇形填料上的挂膜变少，颜色也变深。

ICEAS 曝气池的实际运行情况，由于该段进水为兼氧池的出水，内含的污染物 BOD$_5$ 与 COD 发生了变化，比值变小，与前段兼氧池比较，处理难度增大，其运行结果见表 7-34。

表 7-34　ICEAS 曝气池的处理结果

污染物名称	进水浓度/（mg/L）	出水浓度/（mg/L）	去除率/%
COD	1 020	459	55
BOD$_5$	402	36	91

运行结果表明，采用"兼氧池+生处理工艺物滤塔"和"ICEAS 曝气"二级生物处理工艺，出水水质达到了国家污水综合排放标准（GB 8978—1996）三级标准。

（七）深井曝气法处理有机磷农药废水

1．处理工艺流程

深井曝气法是一种新型废水处理技术。该法用一个地下深井作曝气池，并利用静气压提高氧向液体中的传质速度。在深井内充满了待处理的废水和活性污泥。并被分隔为下降管与上升管两部分。当废水被连续引入深井时，污水、活性污泥与空气沿下降管下降，再返回沿上升管上升，并绕井循环、停留、处理，水则靠重力溢流出井通过气浮沉降池后排放。深井曝气法由于充氧效率高，深井中溶解氧一般可达 30～40 mg/L，相当于普通曝气池的 10 倍，因而具有快速、高速、占地省、运转费用低等优点。工艺流程如图 7-34 所示。

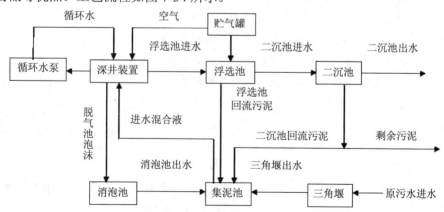

图 7-34　深井曝气法废水处理流程

2．适用范围

可用于处理有机磷中间分离废水和有机磷农药合成、脱溶废水。

3．技术指标及 COD 去除率分析

技术指标：

进水 COD：1 000 mg/L 左右；

处理水量：30～35 t/h；

池温：15～40℃；

曝气量：200～250 m³/h；

停留时间：2.8～3.3 h；

出水 DO：1～3 mg/L；

污泥浓度：6～8 g/L；

回流比：100%～200%；

COD 容积负荷：8～12 kg（COD）/（m³·d）。

COD 去除率分析：

处理有机磷农药废水采用深井曝气法，进水 COD 浓度为 1 223 mg/L，COD 去除率为 81.9%，出水 COD 浓度为 223 mg/L，出水 COD 达到三级综合排放标准。如果控制进水浓度在 1 000 mg/L 以下，或延长曝气时间，出水 COD 可达二级排放标准。

思考与习题

1．简述食品工业废水来源及其特点。

2．画出厌氧-SBR 生化法处理工艺处理屠宰废水的工艺流程，并简述其控制运行要点。

3．简述厌氧+射流曝气法处理屠宰废水工艺及其运行要点。

4．乳品及饮品工业废水常见处理工艺有哪些？

5．淀粉及制糖工业废水处理工艺有哪些？各有何特点？

6．酿造废水有哪些？常见污染物主要是什么？

7．试论述厌氧法处理啤酒工业废水的主要工艺及注意事项。

8．抗生素废水的水质和其他废水相比有何特点？

9．抗生素废水的来源和水质特征是什么？

10．哪些处理方法可应用于抗生素废水处理？

11．农药废水的来源和水质特征是什么？

12．含苯农药废水的主要处理方法及操作要点有哪些？

13．简述活性污泥法处理有机磷农药废水工艺，并说明其运行指标及操作方式。

参考文献

[1] 张自杰. 排水工程（下册）. 北京：中国建筑工业出版社，2000.

[2] 胡亨魁. 水污染控制工程. 武汉：武汉理工大学出版社，2003.

[3] 高廷耀. 水污染控制工程. 北京：高等教育出版社，1989.

[4] 高廷耀. 水污染控制工程 2 版. 北京：高等教育出版社，1999.

[5] 蒋展鹏. 环境工程学. 北京：化学工业出版社，1993.

[6] 胡侃. 水污染控制工程. 武汉：武汉理工大学出版社，1998.

[7] 张统. 污水处理工艺及工程方案设计. 北京：中国建筑工业出版社，2000.

[8] 国家环保总局科技标准司. 城市污水处理机污泥防治技术指南. 北京：中国环境科学出版社，2001.

[9] 屠海今，赵国权，郭青蔚. 有色金属冶金、材料、再生与环保. 北京：化学工业出版社，2002.

[10] 李胜海. 城市污水处理工程建设与运行. 合肥：安徽科学技术出版社，2001.

[11] 顾夏生. 水处理工程. 北京：中国建筑工业出版社，1985.

[12] 姚雨霖. 城市给水排水. 北京：中国建筑工业出版社，1995.

[13] 哈尔滨建工学院. 排水工程. 北京：中国建筑出版社，1982.

[14] 王宝贞. 水污染控制工程. 北京：高等教育出版社，1990.

[15] 《三废处理与利用》编委会. 三废处理与利用. 北京：冶金工业出版社，1995.

[16] 娄金生等. 水污染治理新工艺与设计. 北京：海洋出版社，1999.

[17] 章非娟. 工业废水污染防治. 上海：同济大学出版社，2001.

[18] 吴忠标. 大气污染控制技术. 北京：化学工业出版社，2002.

[19] 王绍文. 重金属废水治理技术. 北京：冶金工业出版社，1993.

[20] 乌锡康. 有机化工废水治理技术. 北京：化学工业出版社，1999.

[21] 杨书铭，黄长盾. 纺织印染废水治理技术. 北京：化学工业出版社，2002.

[22] 冯晓溪，乌锡康. 精细化工废水治理技术. 北京：化学工业出版社，2000.

[23] 黄铭荣. 水污染治理工程. 北京：高等教育出版社，1995.

[24] 顾国维. 水污染治理技术研究. 上海：同济大学出版社，1997.

[25] 罗固源. 水污染物化控制原理与技术. 北京：化学工业出版社，2003.

[26] 滕藤. 中国可持续发展研究. 北京：经济管理出版社，2001

[27] 伊武军. 资源、环境与可持续发展. 北京：海洋出版社，2001.

[28] 周毅. 可持续发展战略. 北京：北京科学技术出版社，2002.6.

[29] 钱易，唐孝炎．环境保护与可持续发展．北京：高等教育出版社，2000．

[30] 徐新华．环境保护与可持续发展．北京：化学工业出版社，2000．

[31] 蒋志学．人口与可持续发展．北京：中国环境科学出版社，2000

[32] [荷]布瑞汉特，[荷]弗兰科．城市环境管理与可持续发展．张明顺等译．北京：中国环境科学出版社，2003．

[33] 孙水裕．废水治理设施典型实用范例．广州：广东经济出版社，2001．

[34] 朱又春．广东省先进环境工程实例选编．广州：广东科学出版社，2003．

[35] 郑兴灿，李亚新．污水脱氮除磷技术．北京：中国建筑工业出版社，1998．

[36] 徐亚同．废水中氮磷的处理．上海：华东师范大学出版社，1996．

[37] 钱易，米祥友．现代废水处理新技术．北京：中国科学技术出版社，1993．

[38] 余淦申．生物接触氧化技术．北京：中国环境科学出版社，1992．

[39] 国家环境保护总局科技标准司．城市污水处理及污染防治技术指南．北京：中国环境科学出版社，2001．

[40] 沈耀良，王宝贞．废水生物处理新技术理论与应用．北京：中国环境科学出版社，1999．

[41] 雷乐成．水处理新技术及工程设计．北京：化学工业出版社，2001．

[42] R·E·斯皮思．工业废水的厌氧生物技术．李亚新译．北京：中国建筑工业出版社，2001．